机电一体化系统设计

（修订版）

张建民等　编著

北京理工大学出版社
BEIJING INSTITUTE OF TECHNOLOGY PRESS

内 容 简 介

机电一体化系统设计是从"系统"的观点出发,利用机械技术、微机控制技术和信息技术,通过"一体化"即机电有机结合的方法,构造最佳的系统(或产品)。本书对组成产品机械系统的元、部件和微机控制系统的元、器件的工作原理、特点、选用原则与方法进行了论述,对其静、动态特性进行了简要分析,并从机电有机结合(机电一体化)的角度,对系统(产品)的稳态设计与动态设计方法做了较详细介绍并列举了设计实例。书中还简要介绍了一些典型的机电一体化系统。书后附有常用基本逻辑符号的中外及新旧标准对照表。

本书特色明显、条理清晰、内容丰富、图文并茂、深浅适宜,不仅可作为大学本科相关专业的专业课教材,也可供夜大、函大、职大等相关专业选用,还可供从事机电一体化系统设计、制造的工程技术人员参考。

版权专有　侵权必究

图书在版编目(CIP)数据

机电一体化系统设计/张建民等编著.—2版.—北京:北京理工大学出版社,2021.8重印

普通高等教育"十五"国家级规划教材.面向21世纪机械工程及自动化、机电一体化专业规划教材

ISBN 978-7-81045-117-8

Ⅰ.机…　Ⅱ.张…　Ⅲ.机电一体化-系统设计-高等学校-教材　Ⅳ.TH-39

中国版本图书馆CIP数据核字(2006)第160643号

出版发行 / 北京理工大学出版社
社　　址 / 北京市海淀区中关村南大街5号
邮　　编 / 100081
电　　话 / (010)68914775(办公室)68944990(批销中心)68911084(读者服务部)
网　　址 / http://www.bitpress.com.cn
经　　销 / 全国各地新华书店
印　　刷 / 三河市华骏印务包装有限公司
开　　本 / 787毫米×1092毫米　1/16
印　　张 / 22.75
字　　数 / 542千字
版　　次 / 2021年8月第2版第24次印刷　　　　责任校对 / 张　宏
定　　价 / 56.00元　　　　　　　　　　　　　　责任印制 / 吴皓云

图书出现印装质量问题,本社负责调换

再版前言

本书于1996年出版第一版后,经过许多学校十几年的使用,对本书提出了一些很好的修改建议。根据这些建议,我们对相关内容做了适当删减与补充。由于该书是对学生所学理论课和专业基础课内容的综合运用,所以根据作者多年的教学、科研实践与教学需要,除在控制系统设计章节增加了8086/8088CPU的相关内容之外,还对检测传感器与机电一体化系统元、部件特性分析以及典型机电一体化系统实例等章节的内容,做了适当的补充和修改,并在各章之后增补了相关的思考题和习题。

"机电一体化"是新兴的交叉学科,是机械工业的发展方向。所谓"机电一体化"并不是机械技术、微电子技术和信息技术的简单组合,而是相互取长补短、有机结合(融合),以实现系统构成及其性能的最佳化。随着机械技术、微电子技术和信息技术的飞速发展,机械技术、微电子技术和信息技术的相互渗透越来越快。"机电一体化"是实现系统或产品的短、小、轻、薄和智能化,从而达到节省能源、节省材料、实现多功能、高性能和高可靠性目的的最根本的技术手段。本书的最大特点是,从机电有机结合的角度较系统地阐述了机电一体化系统的设计原理与设计方法,充分体现了"以机为主、以电为用、机电有机结合"的原则。

全书共分8章,内容包括:总论——概述了机电一体化原理及机电一体化系统设计的相关技术;机电一体化系统的机械系统部件的选择与设计;机电一体化系统的执行元件的选择与设计;机电一体化系统的微机控制系统的选择与设计;机电一体化系统的元、部件的特性分析;机电一体化系统的机电有机结合分析与设计;常用机械加工设备的机电一体化改造分析与设计;典型机电一体化系统设计简介等。参加本书编写工作的有:张建民、唐水源、冯淑华、郝娟、牛志刚,由张建民任主编、唐水源任副主编。本书曾得到清华大学王先逵教授、北京工业大学费仁元教授、北京机械工业学院徐小力教授、北京理工大学王信义教授的审阅指导和帮助,在此向他们表示深切谢意。

由于编著者水平和经验有限,书中存有的不足之处,敬请读者批评指正。

编著者

目 录

第1章 总论 1
- §1.1 "机电一体化"涵义 1
- §1.2 优先发展机电一体化领域及共性关键技术 2
- §1.3 机电一体化系统构成要素及功能构成 5
- §1.4 机电一体化系统构成要素的相互连接 9
- §1.5 机电一体化系统的评价 10
- §1.6 机电一体化系统的设计流程 11
- §1.7 机电一体化系统设计的考虑方法及设计类型 13
  - 一、机电一体化系统设计的考虑方法 13
  - 二、机电一体化系统的设计类型 14
- §1.8 机电一体化工程与系统工程 14
- §1.9 机电一体化系统设计的设计程序、准则和规律 15
- §1.10 机电一体化系统的开发工程与现代设计方法 16
  - 一、机电一体化系统的开发工程 16
  - 二、机电一体化系统设计与现代设计方法 18
- 思考题和习题 20

第2章 机电一体化系统的机械系统部件选择与设计 22
- §2.1 机械系统的选择与设计要求 22
- §2.2 机械传动部件的选择与设计 22
  - 一、机械传动部件及其功能要求 22
  - 二、丝杆螺母机构的基本传动形式 23
  - 三、滚珠丝杠副传动部件 25
  - 四、齿轮传动部件 35
  - 五、挠性传动部件 42
  - 六、间歇传动部件 44
- §2.3 导向支承部件的选择与设计 46
  - 一、导轨副的组成、种类及其应满足的要求 46
  - 二、滑动导轨副的结构及选择 50
  - 三、滚动导轨副的类型与选择 56
  - 四、静压导轨副工作原理 61
- §2.4 旋转支承部件的选择与设计 63
  - 一、旋转支承部件的种类及基本要求 63
  - 二、圆柱支承 63
  - 三、圆锥支承 66
  - 四、填入式滚动支承 66
  - 五、其他形式支承 67

§2.5 轴系部件的选择与设计 ··· 70
　　一、轴系设计的基本要求 ··· 70
　　二、轴(主轴)系用轴承的类型与选择 ·· 71
　　三、提高轴系性能的措施 ··· 78
§2.6 机电一体化系统的机座或机架 ·· 78
　　一、机座或机架的作用及基本要求 ··· 78
　　二、机座或机架的结构设计要点 ·· 80
思考题和习题 ·· 84

第3章 机电一体化系统执行元件的选择与设计 ································· 86
§3.1 执行元件的种类、特点及基本要求 ·· 86
　　一、执行元件的种类及特点 ·· 86
　　二、执行元件的基本要求 ··· 88
§3.2 常用的控制用电动机 ·· 88
　　一、控制用电动机的基本要求 ··· 88
　　二、控制用电动机的种类、特点及选用 ··· 89
§3.3 步进电动机及其驱动 ·· 91
　　一、步进电动机的特点与种类 ··· 91
　　二、步进电动机的工作原理 ·· 93
　　三、步进电动机的运行特性及性能指标 ··· 96
　　四、步进电动机的驱动与控制 ··· 101
§3.4 直流(DC)和交流(AC)伺服电动机及其驱动 ································· 111
　　一、直流(DC)伺服电动机及其驱动 ··· 111
　　二、交流(AC)伺服电动机及其驱动 ··· 114
思考题和习题 ·· 117

第4章 机电一体化系统的微机控制系统选择及接口设计 ···················· 118
§4.1 专用与通用、硬件与软件的权衡与抉择 ·· 118
§4.2 微机控制系统的设计思路 ··· 119
§4.3 微型计算机的系统构成及种类 ·· 123
　　一、微型计算机的系统构成 ·· 123
　　二、微型计算机的种类 ·· 125
§4.4 微型计算机软件与程序设计语言 ··· 127
§4.5 微型计算机的应用领域及选用要点 ·· 128
§4.6 8086/8088CPU 微机的硬件结构特点 ··· 129
　　一、8086/8088CPU 的主要结构特点 ··· 129
　　二、8086/8088CPU 的最大与最小工作模式 ····································· 129
　　三、8086/8088CPU 引脚的功能定义 ·· 130
　　四、8086CPU 最小、最大工作模式系统的典型配置 ························· 133
§4.7 Z80CPU 微机的结构特点及存储器、输入/输出扩展接口 ················· 136
　　一、Z80CPU 的结构特点 ··· 136
　　二、总线驱动器 ·· 137
　　三、存储器 ·· 138
　　四、输入/输出接口 ··· 142
　　五、Z80CPU 的存储器及 I/O 接口扩展举例 ···································· 146

§4.8 单片机的结构特点及最小应用系统 ··· 147
　　一、MCS－51 系列单片机的结构特点 ··· 149
　　二、MCS－51 系列单片机的最小应用系统及其扩展 ····························· 151
§4.9 数字显示器及键盘的接口电路 ·· 154
　　一、数字显示器的结构及其工作原理 ··· 154
　　二、键盘、显示器的接口电路 ··· 156
§4.10 可编程逻辑控制器（PLC）的构成及应用举例 ································ 159
　　一、PLC 的构成及工作原理 ·· 159
　　二、PLC 的应用举例 ·· 161
§4.11 微机应用系统的输入/输出控制的可靠性设计 ································ 164
　　一、光电隔离电路设计 ·· 164
　　二、信息转换电路设计 ·· 167
§4.12 常用检测传感器的性能特点、选用及微机接口 ······························· 169
　　一、检测传感器的分类与基本要求 ··· 169
　　二、各类传感器的主要性能及优缺点 ··· 172
　　三、传感器的选用原则及注意事项 ·· 181
　　四、检测传感器的测量电路 ·· 182
　　五、检测传感器的微机接口 ·· 183
思考题和习题 ·· 186

第5章　机电一体化系统的元、部件的特性分析 ······························· 187
§5.1 自动控制理论与机电一体化系统 ··· 187
§5.2 机电一体化系统元、部件的动态特性分析 ····································· 196
　　一、机械系统特性及变换机构 ··· 196
　　二、机械系统的机构静力学特性分析 ··· 198
　　三、机械系统的机构动力学特性分析 ··· 200
　　四、两自由度机器人运动轨迹创成所需转矩分析 ······························· 205
§5.3 传感器的动态特性分析 ·· 206
　　一、动电式变换器的特性分析 ··· 207
　　二、压电式变换器的特性分析 ··· 207
§5.4 执行元件的动态特性分析 ··· 209
　　一、电磁变换执行元件的特性分析 ··· 210
　　二、具有反馈环节的驱动电路电磁变换执行元件的特性分析 ··············· 211
　　三、压电式执行元件及其特性分析 ··· 211
　　四、执行元件与机械惯性阻转矩的匹配方法 ···································· 213
　　五、凸轮曲线理论 ·· 214
思考题和习题 ··· 216

第6章　机电一体化系统的机电有机结合分析与设计 ······················· 217
§6.1 机电一体化系统的稳态与动态设计 ··· 217
§6.2 机电有机结合之一——机电一体化系统的稳态设计考虑方法 ············· 217
　　一、典型负载分析 ·· 217
　　二、执行元件的匹配选择 ··· 220
　　三、减速比的匹配选择与各级减速比的分配 ···································· 221
　　四、检测传感装置、信号转换接口电路、放大电路及电源等的匹配选择与设计 ········ 222

五、系统数学模型的建立及主谐振频率的计算 ·· 222
§6.3 机电有机结合之二——机电一体化系统的动态设计考虑方法 ·········· 230
　　一、机电伺服系统的动态设计 ·· 230
　　二、系统的调节方法 ·· 230
　　三、机械结构弹性变形对系统特性的影响 ·· 237
　　四、传动间隙对系统特性的影响 ··· 243
　　五、机械系统实验振动模态参数识别 ·· 244
§6.4 机电一体化系统的可靠性、安全性设计 ·· 245
　　一、可靠性设计 ··· 245
　　二、安全性设计 ··· 251
思考题和习题 ·· 253

第7章 常用机械加工设备的机电一体化改造分析与设计 ········· 255
§7.1 机床的机电一体化改造分析 ··· 255
　　一、机械传动系统的改造设计方案分析 ·· 255
　　二、机械传动系统的简化 ·· 260
　　三、机床机电一体化改造的性能及精度选择 ··· 261
　　四、机床进给系统的有机结合的匹配计算 ·· 262
§7.2 微机控制系统的设计分析 ··· 265
　　一、选择 Z80CPU 单板机的控制系统设计(以车床为例) ····························· 265
　　二、选择 8031 单片机的控制系统设计(以 $X-Y$ 工作台为例) ···················· 275
　　三、XA6132 型铣床的多 CPU 直流伺服系统设计 ······································ 277
思考题和习题 ·· 279

第8章 典型机电一体化系统(产品)设计简介 ···························· 281
§8.1 工业机器人 ·· 281
　　一、简述 ·· 281
　　二、电动喷砂(多关节型)机器人 ··· 282
　　三、装配机器人(SCARA 型) ··· 287
§8.2 计算机数字控制(CNC)机床设计简介 ·· 291
　　一、简述 ·· 291
　　二、CNC 机床的分类及控制方式 ··· 292
　　三、CNC 系统的组成和作用 ·· 294
　　四、CNC 控制程序编制基础 ·· 295
　　五、BKX-Ⅰ型变轴计算机数控(CNC)机床设计 ······································· 304
　　六、PRS-XY 型混联 CNC 机床设计 ··· 313
　　七、CNC 机械加工中心(MC) ·· 321
§8.3 汽车的机电一体化 ·· 326
　　一、简述 ·· 326
　　二、汽车用传感器 ··· 326
　　三、数字式电子点火系统 ·· 330
　　四、电子控制的自动变速器 ··· 333
　　五、汽车自动空调系统 ··· 334
§8.4 电子秤 ··· 336
§8.5 三坐标测量机 ··· 339

§8.6 电子灶烹调自动化 ··· 342
§8.7 自动售票机 ··· 344
§8.8 自动售货机 ··· 348
思考题和习题 ·· 350
附录 常用基本逻辑符号的中外及新旧标准对照表 ································ 351
参考文献 ·· 353

第 1 章 总 论

§1.1 "机电一体化"涵义

"机电一体化"是微电子技术向机械工业渗透过程中逐渐形成的一个新概念,是精密机械技术、微电子技术和信息技术等各相关技术有机结合的一种新形式。关于"机电一体化"(Mechatronics)这个名词的起源,说法很多,早在 1971 年,日本"机械设计"杂志副刊就提出了"Mechatronics"这一名词,1976 年以广告为主的日本杂志"Mechatronics design news"开始使用,其中的"Mechatronics"是 Mechanics(机械学)与 Electronics(电子学)组合而成的日本造英语。到目前为止,较为人们所接受的"机电一体化"的涵义是日本"机械振兴协会经济研究所"提出的解释:"机电一体化乃是在机械的主功能、动力功能、信息功能和控制功能上引进微电子技术,并将机械装置与电子装置用相关软件有机结合而构成系统的总称"。可以说,"机电一体化"是机械技术、微电子技术及信息技术相互交叉、融合(有机结合)的产物(图 1-1)。它具有"技术"与"产品"两方面的内容,首先是机电一体化技术,主要包括技术原理使机电一体化产品(或系统)得以实现、使用和发展的技术。其次是机电一体化"产品",该"产品"主要是机械系统(或部件)与微电子系统(或部件与软件)相互置换或有机结合而构成的新的"系统",且赋予其新的功能和性能的新一代产品。

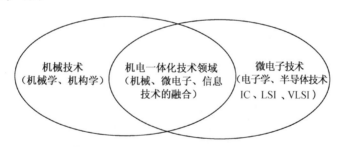

图 1-1 机电一体化技术领域

"机电一体化"打破了传统的机械工程、电子工程、信息工程、控制工程等旧学科的分类,形成了融机械技术、电子技术、信息技术等多种技术为一体,从系统的角度分析与解决问题的一门新兴的交叉学科。

机电一体化的发展有一个从自发状况向自为方向发展的过程。早在"机电一体化"这一概念出现之前,世界各国从事机械总体设计、控制功能设计和生产加工的科技工作者,已为机械技术与电子技术的有机结合自觉不自觉地做了许多工作,如电子工业领域的通信电台的自动调谐系统、计算机外围设备和雷达伺服系统、天线系统,机械工业领域的数控机床,以及导弹、人造卫星的导航系统等,都可以说是机电一体化系统。目前人们已经开始认识到机电一体化并不是机械技术、微电子技术、软件技术以及其他新技术的简单组合、拼凑,而是有机地相互结合或融合,是有其客观规律的。简言之,"机电一体化"这一新兴学科有其技术基础、设计理论和研究方法,只有对其有了充分理解,才能正确地进行机电一体化工作。

随着以 IC、LSI、VLSI 等为代表的微电子技术的惊人发展,计算机本身也发生了根本变革,以微型计算机为代表的微电子技术逐步向机械领域渗透,并与机械技术有机地结合,为机械增添了"头脑",增加了新的功能和性能,从而进入以机电有机结合为特征的"机电一体化时代"。

众所周知,1g铀能够释放约相当于 10^6g(一吨)石油所具有的能量,这 10^6 的变化可称得上是能源技术的变革。如果说 10^6 的变革称得上革命的话,那么计算机已完成了这种(从计算速度和体积上看)革命性变化。这种变革与单纯的改良、改善有本质的区别。曾以机械为主的产品,如机床、汽车、缝纫机、打字机、照相机等,由于应用了微型计算机等微电子技术,使它们都提高了性能并增添了头脑。这种将微型计算机等微电子技术用于机械并给机械以智能的技术革新潮流可称之为"机电一体化技术革命"。

机电一体化的目的是使系统(产品)高附加价值化,即多功能化、高效率化、高可靠化、省材料省能源化,并使产品结构向轻、薄、短、小巧化方向发展,不断满足人们生活的多样化需求和生产的省力化、自动化需求。因此,机电一体化的研究方法应该改变过去那种拼拼凑凑的"混合"设计法,应该从系统的角度出发,采用现代设计分析方法,充分发挥边缘学科技术的优势。

§1.2 优先发展机电一体化领域及共性关键技术

机电一体化技术的发展受到社会、经济和科学技术的影响,机电一体化技术内部联系与外部影响如图 1-2 所示,其中机电一体化技术内部的主要技术作为发展的必备条件,但没有各种相关技术的发展和外部影响因素的相互配合,发展机电一体化技术将是不可能的。图 1-3 是机电一体化技术和产品获得发展的支持系统,机电一体化技术的发展主要受技术基础、经济

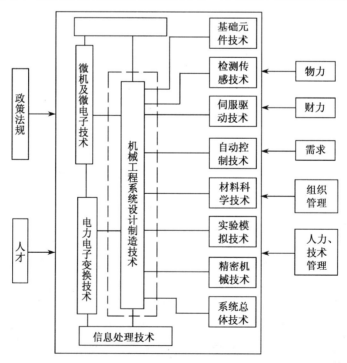

图 1-2 机电一体化技术的内部联系与外部影响

基础和社会环境等条件的影响。因此,阻碍我国机电一体化技术革命发展的主要问题不是在技术内部,而是技术发展的需求与外部条件的支持能力。在许多外部条件中,主要受振兴机电工业的政策法规、人才培养和有力的组织、协调、规划的限制。尽管资金的筹集及人才的培养还不够适应,但只要政策对头、组织得当、合理使用,依靠现有力量,机电一体化技术对我国的经济技术的发展是大有作为的。

微电子技术在机电工业中的应用涉及领域极其广泛,但优先发展的机电一体化领域必须同时具备下述三个条件:①短期或中期普遍需要;②具有显著的经济效益,例如:大大提高产品质量和性能、有效地节省能源和材料、进口产品国产化、扩大出口、带动其他行业机电一体化技术的发展、促进其他产品质量和性能的提高、显著提高管理水平;③具备或经过短期努力能具备必需的物质技术基础。

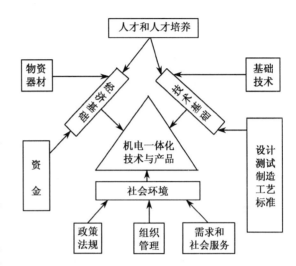

图 1-3 发展机电一体化技术和产品的支持系统

另外,在社会效益十分显著的领域也要优先发展。根据我国实际情况,所有符合上述条件的领域还应按层次、有重点、有步骤地发展。据有关资料分析,优先发展机电一体化领域及其具备优先发展机电一体化技术的条件如表 1-1 所示。

优先发展的产品(或系统)领域实现机电一体化,必须解决这些产品(或系统)采用微电子技术所面临的共性关键技术,这些技术有检测传感技术、信息处理技术、伺服驱动技术、自动控制技术、精密机械技术及系统总体技术等。目前这些技术包括的内容如下:

1) 检测传感技术:检测传感器属于机电一体化系统(或产品)的检测传感元件。检测传感器的检测对象有温度、流量、压力、位移、速度、加速度、力和力矩等物理量以及物品的几何参数等,其检测精度的高低直接影响机电一体化产品的性能好坏。因此,要求检测传感器具有高精度、高灵敏度和高可靠性。检测传感器集机、光、电、声、信息等各种技术之大成,从其传感机理、元器件结构设计到制造工艺等都有需要研究和解决的问题。没有精度、质量、品种和数量能满足要求且廉价的检测传感元器件,就不能将机电一体化技术革命推向前进。检测传感技术的主要难点是提高可靠性、精度和灵敏度,需研究的问题有:①提高各种敏感材料和元件的灵敏度及可靠度;②改进传感器结构,开发温度与湿度、视觉与触觉同时存在的复合传感器等;③研究在线检测技术,提高抗干扰能力;④研究具有自动诊断与自动补偿功能的传感器(智能化传感器)等。

2) 信息处理技术:信息处理技术包括信息的输入、变换、运算、存储和输出技术。信息处理的硬件包括输入/输出设备、显示器、磁盘、计算机、可编程序控制器和数控装置等。信息处理是否正确及时,直接影响机电一体化产品的质量和效率,因而成为机电一体化产品的关键技术。在信息处理技术方面存在的问题有减轻重量、提高处理速度、提高可靠性和抗干扰能力以及标准化、提高操作性和便于维修保养等。需要研究的问题有:①提高大规模集成电路(包括微机芯片和专用集成电路)的制造工艺水平,保证产品的可靠性,降低成本;②提高 I/O、A/D、D/A 转换的速度和可靠性;③开发高速处理技术(如开发高速运算的微处理器和高速处理图像技术等);④通信与传递(包括联机、信道分配、传递速率等);⑤加速软盘机、可编程序控制器、微机的标准化,提高维修性;⑥在信息处理部分,加上自动诊断功能,在人机接口设备上,利用声音或图像识别等方式实现信息处理部分的智能化,柔性自动化仿真技术。

表 1-1 机电一体化优先发展领域及应具备的条件

优先发展条件		数控机床制造工艺及其他设备机	电子化量具量仪	工业自动化控制仪表	中小型传动控制电机装置与电气	电子化低压电器	工业机器人	电子化家用电器	电子控制的轻工机械	电子控制的纺织机械	医疗器械机电一体化的	汽车内燃机电子化和电子控制	办公机械电子一体化的	电站控制电系统电子化自动	电子式照相机	采用印刷微电子机械技术的
1	短期或中期普遍迫切需要	★	★	★	★	★	★	★	★	★	★	★	★	★	★	★
2 经济效益好	提高产品的质量和技术水平及效益投资比	★	★	★	★						★	★	★		★	★
	有效地节省能源或钢材等		★	★	★		★				★		★			★
	促进产品的国产化	★	★	★		★					★	★				
	扩大外贸出口	★					★	★	★		★					★
	能带动其他领域的机电一体化的发展			★	★	★					★					
	促进其他领域产品质量和水平的提高	★	★	★		★		★	★					★		
	显著提高管理水平									★		★	★	★		★
3	已经具有或经过短期努力便具有必需的物质技术基础	★	★	★	★	★	★	★			★	★			★	★
4	社会效益十分显著					★	★			★	★					★

3) 自动控制技术:自动控制技术包括高精度定位控制、速度控制、自适应控制、自诊断、校正、补偿、再现、检索等技术。这些都是机电一体化技术中十分重要的关键技术。其技术难点是现代控制理论的工程化与实用化,以及优化控制模型的建立等。需研究的问题有:①多功能、全功能数控技术与装置(包括多轴联动 CNC 等);②分级控制系统;③复杂控制系统的模拟仿真;④智能控制技术;⑤自诊断监控技术及容错技术等。

4) 伺服驱动技术：伺服驱动技术主要是指执行元件中的一些技术问题。伺服驱动包括电动、气动、液动等各种类型。伺服驱动技术对产品质量产生直接影响。在机电一体化产品(系统)中，对机电转换部件，如电磁螺线管、电动机、液压马达等执行元件的精度要求更高、可靠性更好、响应速度更快；对直流伺服电动机，要求控制性能更好(高分辨率和高灵敏度)、速度和扭矩特性更稳定；交流调速系统的难点在于变频调速、电子逆变技术、矢量变换技术等。气动和液压系统中，各种元件都存在提高性能、可靠性、标准化以及减轻重量、小型化等多方面的问题。此外，希望执行元件满足小型、重量轻和输出功率大等三个方面的要求，以及提高其对环境的适应性和可靠性。其研究的问题有：①提高机电转换部件的精度、可靠性和快速响应性；②提高直流伺服电动机的性能(高分辨率、高灵敏度)；③对交流调速系统的研究(包括变频调速、电子逆变、矢量变换控制等技术)；④大功率晶体管(GTR)和晶闸管(SCR、GTO)等功率器件的研制；⑤中、小惯量伺服电动机的研制；⑥气动伺服技术；⑦微型电磁离合器的研制等。

5) 精密机械技术：机电一体化产品对精密机械提出的新要求有：减轻重量、缩小体积、提高精度、提高刚度、改善动态性能等。减轻重量、缩小体积不能降低机械的刚度，除考虑静态、动态的刚度及热变形的问题外，还要提高导轨面的刚度。因此，在设计时，要考虑采用新型复合材料和新型结构。为便于维修，要使零件模块化、标准化、规格化。需研究的问题有：①研究机械零、部件的静态、动态刚性和热变形问题(既要求重量轻、体积小，又要求刚性好。如对结构进行优化设计、采用新型复合材料等)；②提高关键零部件的精度(包括高精度导轨、精密滚珠丝杆、高精度主轴轴承和高精度齿轮等)并使之能批量生产，提高可靠性、降低成本；③超精加工与精密测量技术；④提高刀具、磨具质量，改进材质(高性能、超硬、复合刀具材料的开发和生产等)；⑤摩擦、磨损与润滑问题；⑥零部件的模块化、标准化和规格化(提高互换性，保证维修方便)。

6) 系统总体技术：系统总体技术是一种从整体目标出发，用系统的观点和方法，将总体分解成若干功能单元，找出能完成各个功能的技术方案，再把功能与技术方案组合成方案组进行分析、评价和优选的综合应用技术。系统总体技术包括的内容很多，例如接插件、接口转换、软件开发、微机应用技术、控制系统的成套性和成套设备自动化技术等。即使各个部分的性能、可靠性都很好，如果整个系统不能很好协调，系统与产品也很难保证正常运行。需要研究的问题：①软件开发与应用技术，包括过程参数应用软件，实适时精度补偿软件，CAD/CAM 及 FMS 软件，各种专用语言(如机器人语言)，实时控制语言，人－机对话编程技术，专用数据库的建立等；②研究接插件技术，提高可靠性；③通用接口和数据总线标准化；④控制系统成套性和成套设备自动化；⑤软件的标准化问题。

§1.3 机电一体化系统构成要素及功能构成

机电一体化系统(产品)由机械系统(机构)、电子信息处理系统(计算机)、动力系统(动力源)、传感检测系统(传感器)、执行元件系统(如电动机)等五个子系统组成，如图 1-4 所示。通过传感器直接检测目标运动并进行反馈控制的系统为全闭环系统(图 a)。而通过传感器检测某一部位(如伺服电动机等)运动并进行反馈、间接控制目标运动的系统为半闭环系统(图 b)。机电一体化系统的基本特征是给"机械"增添了头脑(计算机信息处理与控制)，因此是要求传感器技术、控制用接口元件、机械结构、控制软件水平较高的系统。其运动控制不仅仅是线性控制,还有非线性控制、最优控制、学习控制等各种各样的控制。

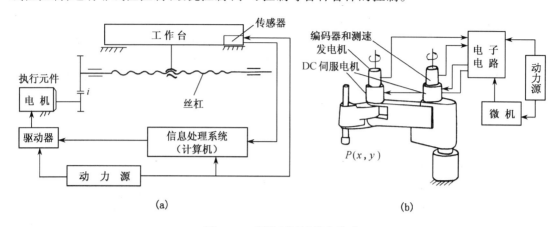

图 1-4 系统(产品)基本构成

机电一体化系统是由若干具有特定功能的机械与微电子要素组成的有机整体,具有满足人们使用要求的功能(目的功能)。根据不同的使用目的,要求系统能对输入的物质、能量和信息(即工业三大要素)进行某种处理,输出所需要的物质、能量和信息。

因此,系统必须具有以下三大"目的功能":①变换(加工、处理)功能;②传递(移动、输送)功能;②储存(保持、积蓄、记录)功能。图 1-5 为系统目的功能图。以物料搬运、加工为主,输入物质(原料、毛坯等)、能量(电能、液能、气能等)和信息(操作及控制指令等),经过加工处理,主要输出改变

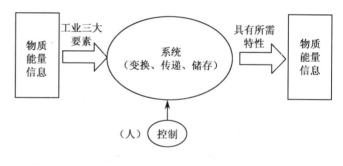

图 1-5 系统目的功能

了位置和形态的物质的系统(或产品),称为加工机。例如:各种机床(切削、锻压、铸造、电加工、焊接设备、高频淬火等)、交通运输机械、食品加工机械、起重机械、纺织机械、印刷机械、轻工机械等。

以能量转换为主,输入能量(或物质)和信息,输出不同能量(或物质)的系统(或产品),称为动力机。其中输出机械能的为原动机,例如电动机、水轮机、内燃机等。

以信息处理为主,输入信息和能量,主要输出某种信息(如数据、图像、文字、声音等)的系统(或产品),称为信息机。例如各种仪器、仪表、计算机、传真机以及各种办公机械等。

不管哪类系统(或产品),其系统内部必须具备图 1-6 所示的五种内部功能,即主功能、动力功能、检测功能、控制功能、构造功能。其中"主功能"是实现系统"目的功能"直接必需的功能,主要是对物质、能量、信息或其相互结合进行变换、传递和存储。"动力功能"是向系统提供动力、让系统得以运转的功能;"检测功能和控制功能"的作用是根据系统内部信息和外部信息对整个系统进行控制,使系统正常运转,实施"目的功能"。而"构造功能"则是使构成系统的子系统及元、部件维持所定的时间和空间上的相互关系所必需的功能。从系统的输入/输出来看,除有主功能的输入/输出之外,还需要有动力输入和控制信息的输入/输出。此外,还有因

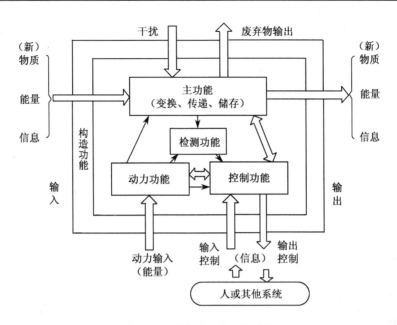

图 1-6 系统的五种内部功能

外部环境引起的干扰输入以及非目的性输出(如废弃物等)。例如汽车的废气和噪音对外部环境的影响,从系统设计开始就应予以考虑。图 1-7 是 CNC 机床内部功能构成实例。

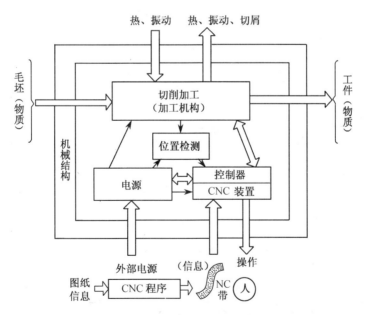

图 1-7 CNC 机床的内部功能构成

综上所述,机电一体化系统的五大要素及其相应的五大功能如图 1-8(a)、(b)所示。机电一体化系统五大要素实例如图 1-9 所示。

表 1-2 列出了机电一体化系统(产品)构成要素与人体构成要素相对应关系。

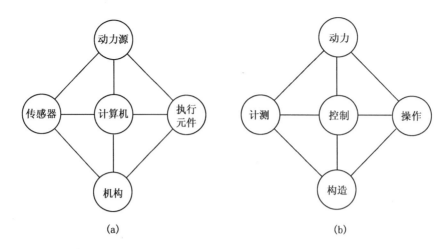

图 1-8 机电一体化系统(产品)的五大要素及其相应的五大功能

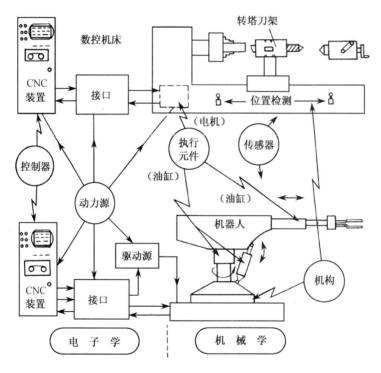

图 1-9 机电一体化系统(产品)五大要素实例

表 1-2 机电一体化系统(产品)构成要素与人体构成要素相对应关系

机电一体化系统(产品)要素	功　能	人体要素
控制器(计算机等)	控制(信息存储处理　传送)	头脑
检测传感器	计测(信息收集与变换)	感官
执行元件	驱动(操作)	肌肉
动力源	提供动力(能量)	内脏
机构	构造	骨骼

§1.4 机电一体化系统构成要素的相互连接

机电一体化系统(产品)由许多要素或子系统构成,各要素或子系统之间必须能顺利进行物质、能量和信息的传递与交换。为此,各要素或各子系统相接处必须具备一定的联系条件,这些联系条件就可称为接口(interface)。如图1-10所示,从系统外部看,机电一体化系统的输入/输出是与人、自然及其他系统之间的接口;从系统内部看,机电一体化系统是由许多接口将系统构成要素的输入/输出联系为一体的系统。从这一观点出发,系统的性能在很大程度上取决于接口的性能,各要素或各子系统之间的接口性能就成为综合系统性能好坏的决定性因素。机电一体化系统是机械、电子和信息等功能各异的技术融为一体的综合系统,其构成要素或子系统之间的接口极为重要,在某种意义上讲,机电一体化系统设计归根结底就是"接口设计"。

广义的接口功能有两种,一种是输入/输出;另一种是变换、调整。根据接口的变换、调整功能,可将接口分成以下四种:

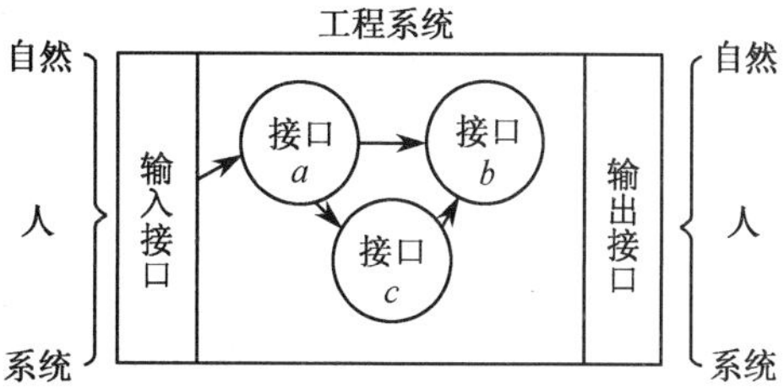

1) 零接口:不进行任何变换和调整,输出即为输入等,仅起连接作用的接口,称为零接口。例如:输送管、接插头、接插座、接线柱、传动轴、导线、电缆等。

图1-10 系统内部与外部接口

2) 无源接口:只用无源要素进行变换、调整的接口,称为无源接口。例如:齿轮减速器、进给丝杠、变压器、可变电阻器以及透镜等。

3) 有源接口:含有有源要素、主动进行匹配的接口,称为有源接口。例如:电磁离合器、放大器、光电耦合器、D/A、A/D 转换器以及力矩变换器等。

4) 智能接口:含有微处理器,可进行程序编制或可适应性地改变接口条件的接口,称为智能接口。例如:自动变速装置,通用输入/输出 LSI(8255 等通用 I/O)、GP-IB 总线、STD 总线等。

根据接口的输入/输出功能,可将接口分为以下四种:

1) 机械接口:由输入/输出部位的形状、尺寸精度、配合、规格等进行机械连接的接口。例如:联轴节、管接头、法兰盘、万能插口、接线柱、接插头与接插座及音频盒等。

2) 物理接口:受通过接口部位的物质、能量与信息的具体形态和物理条件约束的接口,称为物理接口。例如:受电压、频率、电流、电容、传递扭矩的大小、气(液)体成分(压力或流量)约束的接口。

3) 信息接口:受规格、标准、法律、语言、符号等逻辑、软件约束的接口,称为信息接口。例如:GB、ISO、ASCII 码、RS232C、FORTRAN、C、C++、VC++、VB 等。

4) 环境接口:对周围环境条件(温度、湿度、磁场、火、振动、放射能、水、气、灰尘)有保护作用和隔绝作用的接口,称为环境接口。例如:防尘过滤器、防水连接器、防爆开关等。图1-11为机电一体化系统(产品)各构成要素之间的相互联系。

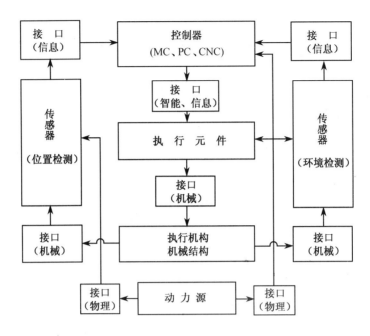

图 1-11 机电一体化系统(产品)构成成要素之相互联系

§1.5 机电一体化系统的评价

系统(产品)内部功能价值通常用表1-3所示的方法来评价。但是,机电一体化的目的是提高系统(产品)的附加价值,所以附加价值就成了机电一体化系统(产品)的综合评价指标。机电一体化系统(产品)内部功能的主要评价内容如图1-12所示。如果系统(产品)的目的功能未定,那么其具体的评价项目也不好定,此时系统(产品)的高性能化就成为主要评价项目。高可靠性化和低价格化当然是对系统(产品)整体而言的。

表1-3 系统(产品)的内部功能与系统的价值

系统(产品)内部功能	评价参数	系统(产品)的价值	
		高	低
主功能	系统误差 抗干扰能力 废弃物输出 变换效率	小 强 少 高	大 弱 多 低
动力功能	输入能量 能　源	少 内　装	多 外　设
控制功能	控制输入/输出个数 手动操作	多 少	少 多
构造功能	尺寸、重量 强　度	小、轻 高	大、重 低
计测功能	精度	高	低

机电一体化系统(产品)的一大特点是由于机电一体化系统(产品)的微电子装置取代了人对机械的绝大部分的控制功能,并加以延伸和扩大,克服了人体能力的不足和弱点。另一大特点是节省能源和材料消耗。这些特点正是实现机电一体化系统(产品)高性能化、智能化、省能省资源化及轻薄短小化的重要原因,也正是对工业三大要素(物质、能量和信息)的具体贡献,如图 1-13 所示,机电一体化的三大效果是与我国工业发展方向相一致的,也是我国机电一体化技术革命发展的重要原因。

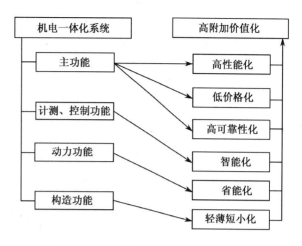

图 1-12 机电一体化系统(产品)的评价内容

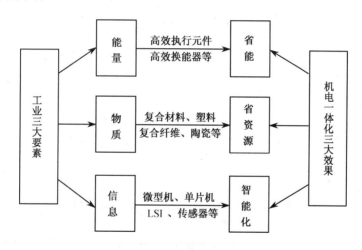

图 1-13 工业三大要素与机电一体化的三大效果

§1.6 机电一体化系统的设计流程

机电一体化系统(以工作机为主)的设计流程如图 1-14 所示,其具体说明如下。

(1) 根据目的功能确定产品规格、性能指标

工作机的目的功能,不外乎是用来改变物质的形状、状态、位置尺寸或特性,归根到底必须实现一定的运动,并提供必要的动力。其基本性能指标主要是指实现运动的自由度数、轨迹、行程、精度、速度、动力、稳定性和自动化程度。用来评价机电一体化产品或系统质量的基本指标,是那些为了满足使用要求而必须具备的输出参数:

运动参数——用来表征机器工作运动的轨迹、行程、方向和起、止点位置正确性的指标。

动力参数——用来表征机器输出动力大小的指标,如力、力矩和功率等。

品质指标——用来表征运动参数和动力参数品质的指标,例如运动轨迹和行程的精度(如重复定位精度)、运动行程和方向的可变性,运动速度的高低与稳定性,力和力矩的可调性或恒

定性等。

以上基本性能指标通常要根据工作对象的性质、用户要求,有时还要通过实验研究才能确定。因此,要以能够满足用户使用要求为度,不需要追求过高的要求,在满足基本性能指标的前提下,还要考虑如下一些指标。

1) 工艺性指标:对产品结构提出的方便制造和维修的要求,要做到容易制造和便于维修。

2) "人-机工程学"指标:考虑人和机器的关系,针对人类在生产和生活中所表现出来的卫生、体型、生理和心理学等对产品提出的综合性要求。例如操作方便、噪声小等。

3) 美学指标:对产品的外部性质,如仪容、风格、匀称、和谐、色泽,以及与外部环境的协调等方面提出的要求。

4) 标准化指标:即组成产品的元、部件的标准化程度。

(2) 系统功能部件、功能要素的划分

工作机必须具备适当的结构才能满足所需性能。要形成具体结构,要以各构成要素及要素之间的接口为基础来划分

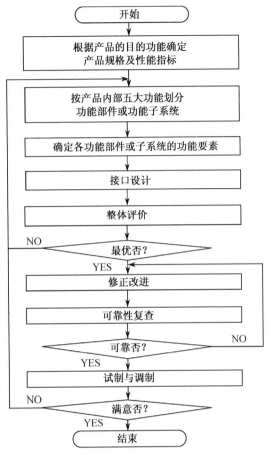

图 1-14 机电一体化系统(产品)设计流程

功能部件或功能子系统。复杂机器的运动常由若干直线或回转运动组合而成,在控制上形成若干自由度。因此也可以按运动的自由度划分成若干功能子系统,再按子系统划分功能部件。这种功能部件可能包括若干组成要素。各功能部件的规格要求,可根据整机的性能指标确定。功能要素或功能子系统的选用或设计是指特定机器的操作(执行)机构和机体,通常必须自行设计,而执行元件(电或液、气等驱动元件)、检测传感元件和控制器等功能要素既可自行设计也可选购市售的通用产品。

(3) 接口的设计

接口问题是各构成要素间的匹配问题。执行元件与运动机构之间、检测传感元件与运动机构之间通常是机械接口,机械接口有两种形式,一种是执行元件与运动机构之间的联轴器和传动轴,以及直接将检测传感元件与执行元件或运动机构联结在一起的联轴器(如波纹管、十字接头等)、螺钉、铆钉等,直接联结时不存在任何运动和运动变换。另一种是机械传动机构,如减速器、丝杠螺母等;控制器与执行元件之间的驱动接口、控制器与检测传感元件之间转换接口,微电子传输、转换电路。因此,接口设计问题也就是机械技术和微电子技术的具体应用问题。

(4) 综合评价（或整体评价）

对机电一体化系统（产品）的综合评价主要是对其实现目的功能的性能、结构进行评价。机电一体化的目的是提高产品（或系统）的附加价值，而附加价值的高低必须以衡量产品性能和结构质量的各种定量指标为依据。不同的评价指标可选用不同的评价方法。具体设计时，常采用不同的设计方案来实现产品的目的功能、规格要求和性能指标。因此，必须对这些方案进行综合评价，从中找出最佳方案。关于评价和优化的具体方法，可参考现代设计方法中的有关具体内容。

(5) 可靠性复查

机电一体化系统（产品）既可能产生电子故障、软件故障又可能产生机械故障，而且容易受到电噪声的干扰，因此，可靠性问题显得格外突出，也是用户最关心的问题之一。在产品设计中，除采用可靠性设计方法外，还必须采取必要的可靠性措施，在产品设计初步完成之后，还需要进行可靠性复查和分析，以便发现问题及时改进。

(6) 试制与调试

样机试制是检验产品设计的制造可行性的重要阶段，并通过样机调试来验证各项性能指标是否符合设计要求。这个阶段也是最终发现设计中的问题以便及时修改和完善产品设计的必要阶段。

§1.7 机电一体化系统设计的考虑方法及设计类型

一、机电一体化系统设计的考虑方法

机电一体化系统（产品）的主要特征是自动化操作。因此。设计人员应从其通用性、耐环境性、可靠性、经济性的观点进行综合分析，使系统（或产品）充分发挥机电一体化的三大效果。为充分发挥机电一体化的三大效果，使系统（或产品）得到最佳性能，一方面要求设计机械系统时应选择与控制系统的电气参数相匹配的机械系统参数，同时也要求设计控制系统时，应根据机械系统的固有结构参数来选择和确定电气参数，综合应用机械技术和微电子技术，使二者密切结合、相互协调、相互补充，充分体现机电一体化的优越性。

机电一体化系统设计的考虑方法通常有：机电互补法、结合（融合）法和组合法。其目的是综合运用机械技术和微电子技术各自的特长，设计最佳的机电一体化系统（产品）。

(1) 机电互补法

也可称为取代法。该方法的特点是利用通用或专用电子部件取代传统机械产品（系统）中的复杂机械功能部件或功能子系统，以弥补其不足。如在一般的工作机中，用可编程逻辑控制器（PLC）或微型计算机来取代机械式变速机构、凸轮机构、离合器、脱落蜗杆等机构，以弥补机械技术的不足，不但能大大简化机械结构，而且还可提高系统（或产品）的性能和质量。这种方法是改造传统机械产品和开发新型产品常用的方法。

(2) 结合（融合）法

它是将各组成要素有机结合为一体构成专用或通用的功能部件（子系统），其要素之间机电参数的有机匹配比较充分。某些高性能的机电一体化系统（产品），如激光打印机的主扫描机构——激光扫描镜，其扫描镜转轴就是电动机的转子轴。这是执行元件与运动机构结合的

一例。在大规模集成电路和微机不断普及的今天,随着精密机械技术的发展,完全能够设计出执行元件、运动机构、检测传感器、控制与机体等要素有机地融为一体的机电一体化新产品(系统)。

(3) 组合法

它是将结合法制成的功能部件(子系统)、功能模块,像积木那样组合成各种机电一体化系统(产品),故称组合法。例如将工业机器人各自由度(伺服轴)的执行元件、运动机构、检测传感元件和控制器等组成机电一体化的功能部件(或子系统),可用于不同的关节,组成工业机器人的回转、伸缩、俯仰等各种功能模块系列,从而组合成结构和用途不同的工业机器人。在新产品(系统)系列及设备的机电一体化改造中应用这种方法,可以缩短设计与研制周期、节约工装设备费用,且有利于生产管理、使用和维修。

二、机电一体化系统的设计类型

机电一体化系统(产品)的设计类型大致有以下三种:

(1) 开发性设计

它是没有参照产品的设计,仅仅是根据抽象的设计原理和要求,设计出在质量和性能方面满足目的要求的产品或系统。最初的录像机、摄像机、电视机的设计就属于开发性设计。

(2) 适应性设计

它是在总的方案原理基本保持不变的情况下,对现有产品进行局部更改,或用微电子技术代替原有的机械结构或为了进行微电子控制对机械结构进行局部适应性设计,以使产品的性能和质量增加某些附加价值。例如:电子式照相机采用电子快门、自动曝光代替手动调整,使其小型化、智能化;汽车的电子式汽油喷射装置代替原来的机械控制汽油喷射装置,电子式缝纫机使用微机控制就属于适应性设计。

(3) 变异性设计

它是在设计方案和功能结构不变的情况下,仅改变现有产品的规格尺寸使之适应于量的方面有所变更的要求。例如,由于传递扭矩或速比发生变换而重新设计传动系统和结构尺寸的设计,就属于变异性设计。

机电一体化领域多变的设计类型,要求我们摸索一套现代化设计的普遍规律,以适应不断更新换代的需要。所有机电一体化设计都是为了获得用来构成事物(产品或系统)的有用信息。因此必须从信息载体中提取可感知的或不可感知的、真伪难辨的信息,促进机械与电子的有机结合,满足人们的多样化需求。

§1.8 机电一体化工程与系统工程

给定机电一体化系统(产品)"目的功能"与"规格"后,机电一体化技术人员利用机电一体化技术进行设计、制造的整个过程为机电一体化工程。实施机电一体化工程的结果,是新型的机电一体化产品(系统),或者习惯上所说的机械、电子产品,如图 1-15 所示。

系统工程是系统科学的一个工作领域,而系统科学本身是一门关于"针对目的要求而进行合理的方法学处理"的边缘科学,系统工程的概念不仅包括"系统",即具有特定功能的、相互之间具有有机联系的许多要素所构成的一个整体,也包括"工程",即产生一定效能的方法。

1978年,钱学森就曾指出:"系统工程是组织管理系统的规划、研究、设计、制造、试验和使用的科学方法,是一种对所有系统都具有普遍意义的科学方法"。系统工程是以大系统为对象、以数学方法和大型计算机等为工具,对系统的构成要素、组织结构、信息交换和反馈控制等功能进行分析、设计、制造和服务,从而达到最优设计、最优控制和最优管理的目标,以便充分发挥人力、物力和财力,通过各种组织管理技术,使局部与整体之间协调配合,实现系统的综合最优化。系统工程是数学方法和工程方法的汇集。

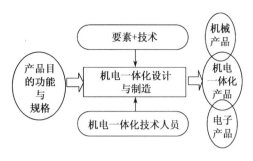

图 1-15 机电一体化工程

机电一体化工程是系统工程在机电一体化工程中的具体应用。机电一体化技术是从系统工程观点出发,应用机械、微电子技术等有关技术,使机械、电子有机结合,实现系统或产品整体最优的综合性技术。小型的生产、加工系统,即使是一台机器,也都是由许多要素构成的,为了实现其"目的功能",还需要从系统角度出发,不拘泥于机械技术或电子技术,并寄希望于能够使各种功能要素构成最佳结合的柔性技术与方法。机电一体化工程就是这种技术和方法的统一。表 1-4 为系统工程与机电一体化工程的特点。

表 1-4 系统工程与机电一体化工程

	系统工程	机电一体化工程
产生年代	20 世纪 50 年代(美国)	20 世纪 70 年代(日本)
对象	大系统	小系统 机器
基本思想	系统概念	机电一体化概念(系统及接口概念)
技术方法	利用软件进行优化、仿真、鉴定、检查等	硬件的超精密定位、超精密加工、优化设计、微机控制及仿真等
信息处理系统	大型计算机	微型计算机
实例	阿波罗计划 银行在线系统 日本新干线	CNC 机床 ROBOT(机器人) VTR(录像机)、 摄像机等
共同点	应用计算机 具有实用性、综合性、复合性	

§1.9 机电一体化系统设计的设计程序、准则和规律

(1) 设计程序

设计中一般采用三阶段法,即总体设计、部件(零件)的选择与设计或初步设计、技术设计与工艺设计。在试验性设计与计算机辅助设计中,多采用既分阶段又平行兼顾的设计即并行设计,以便相互协调。

总体设计程序为:

①明确设计思想;②分析综合要求;③划分功能模块;④决定性能参数;⑤调研类似产品;⑥拟定总体方案;⑦方案对比定型;⑧编写总体设计论证书。

总体设计中应注意的问题有:

①以机电互补原则进行功能划分,权衡用机械技术或微电子技术实现其功能的利弊,明确哪些功能由机械技术来实现,哪些功能由微电子技术的硬件和软件来实现,以利于简化机械结构,发挥机电一体化效果;②用图表说明功能要求与动作顺序要求;③分析产品的通用性与专用性以及批量的要求;④重点明确产品的主要特性;⑤分析产品的自动化程度及其适用性;⑥分析环境条件要求;⑦动力源特性分析;⑧机、电、液(气)驱动的最佳匹配;⑨可靠性分析;⑩结构尺寸及空间布置分析;⑪特殊功能分析:如低速稳定性、抖动要求,快速响应性与定位精度要求等。

(2) 设计准则

设计准则主要考虑"人、机、材料、成本"等因素,而产品的可靠性、适用性与完善性设计最终可归结于在保证目的功能要求与适当寿命的前提下不断降低成本。以降低成本为核心的设计准则枚不胜举。产品成本的高低,70%决定于设计阶段,因此,在设计阶段可从新产品和现有产品改型两方面采取措施,一是从用户需求出发降低使用成本,二是从制造厂的立场出发降低设计与制造成本。从用户需求出发就是减少综合工程费用,它包括为了让产品在使用保障期内无故障地运行而提高功能率,延长 MTBF(平均故障间隔即到产品发生故障为止,或从一个故障排除后到下一个故障发生时的平均时间),减少因故障停机给用户造成的损失,进一步提高产品的工作能力。

(3) 设计规律

总结一般机械系统的设计,具有以下规律:根据设计要求首先确定离散元素间的逻辑关系,然后研究其相互间的物理关系,这样就可根据设计要求和手册确定其结构关系,最终完成全部设计工作;其中确定逻辑关系阶段是关键,如逻辑关系不合理,其设计必然不合理。在这一阶段可分两个步骤进行,首先进行功能分解,确定逻辑关系和功能结构,然后建立其物理模型、确定其物理作用关系。所谓功能就是使元素或子系统的输出满足设计要求。一般来说,不能用某种简单结构一下子满足总功能要求。这就需要进行功能分解,总功能可分解成若干子功能,子功能还可以进一步分解,直到功能元素。将这些子功能或功能元素按一定逻辑关系连接,来满足总功能的要求,这样就形成所谓功能结构。

功能结构的基本形式一般可分为以下三种:链状结构(串联),平行结构(并联)以及有反馈过程的闭式结构(反馈连接)。以这三种基本形式将子功能和功能元素连接成功能结构则可和总功能等效。在进行功能分解和功能综合时,常使用现代化的一些设计方法。

从逻辑角度考虑把总功能分解并连接成功能结构,使实现功能的复杂程度大大降低,因满足比较简单的功能元素的要求比满足总功能的高度抽象要求容易得多。如果将有关功能元素列成一个矩阵形式,则可得到不同连接的数种或数十种系统方案,然后根据符号逻辑运算进行优化筛选,就可得到较理想的系统方案。

§1.10 机电一体化系统的开发工程与现代设计方法

一、机电一体化系统的开发工程

机电一体化系统(产品)种类繁多,涉及的技术领域及其技术的复杂程度不同,系统(产品)设计的类型也有区别。因此,机电一体化系统(产品)开发设计及其商品化过程也各有其具体特点。归纳其基本规律,机电一体化系统(产品)的开发工程之流程如图 1-16 所示。在机电一体化系统(产品)开发过程中,应注意:①当系统(产品)模块化设计之后,关于某些功能组件是外购还是自己制造的问题,应充分考虑专业化生产方式以取得高效、高质量、高可靠性的效果;②应充分利用广告宣传开拓产品市场。

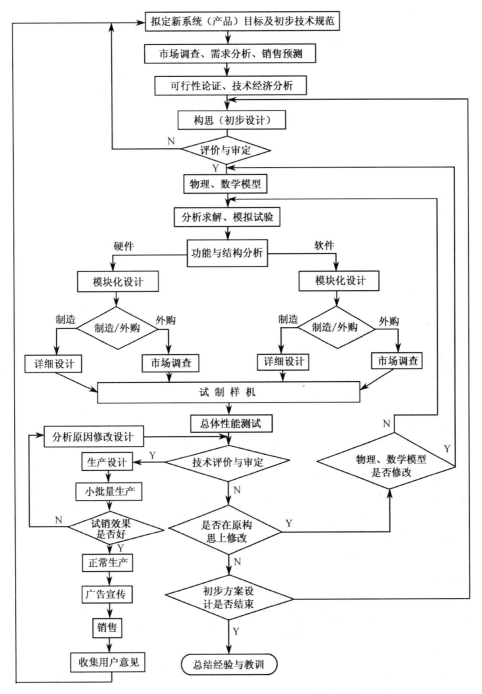

图 1-16 机电一体化系统(产品)开发工程之流程

二、机电一体化系统设计与现代设计方法

机电一体化系统(产品)的种类不同,其设计方法也不同。现代设计方法与用经验公式、图表和手册为设计依据的传统设计方法不同,它是以计算机为辅助手段进行机电一体化系统(产品)设计的有效方法。其设计步骤通常是:技术预测→市场需求→信息分析→科学类比→系统设计→创新性设计→因时制宜的选择各种具体的现代设计方法(相似设计法、模拟设计法、有限元设计法、可靠性设计法、动态分析设计法、优化设计法等)→机电一体化设计质量的综合评价等。

上述步骤的顺序不是绝对的,只是一个大致的设计路线。但现代设计方法对传统设计中的某些精华必须予以承认,在各个设计步骤中,应考虑传统设计的一般原则,如技术经济分析及价值分析、造型设计、市场需求、类比原则、冗余原则、自动原则(能自动完成目的功能并具有自诊断、自动补偿、自动保护功能等)、经验原则(考虑以往经验),以及模块原则(积木式、标准化设计)等。

科学技术日新月异,技术创新发展迅猛。现代设计方法的内涵在不断扩展,新概念层出不穷。例如:计算机辅助设计与并行工程、虚拟设计、快速响应设计、绿色设计、反求设计等等。

1. 计算机辅助设计与并行工程

计算机辅助设计(CAD)是设计机电一体化产品(系统)的有力工具。用来设计一般机械产品的 CAD 的研究成果,包括计算机硬件和软件,以及图像仪和绘图仪等外围设备,都可以用于机电一体化产品(系统)的设计,需要补充的不过是有关机电一体化系统(产品)设计和制造的数据、计算方法和特殊表达的形式而已。应用 CAD 进行一般机电一体化系统(产品)设计时,都要涉及机械技术、微电子技术和信息技术的有机结合问题,从这种意义上来说,CAD 本身也是机电一体化技术的基本内容之一。

并行工程(CE - Concurrent Engineering)是把产品(系统)的设计、制造及其相关过程作为一个有机整体进行综合(并行)协调的一种工作模式。这种工作模式力图使开发者们从一开始就考虑到产品全寿命周期(从概念形成到产品(系统)报废)内的所有因素。并行工程的目标是提高产品(系统)的生命全过程(包括设计、工艺、制造、服务)中的全面质量,降低产品(系统)全寿命周期内(包括产品设计、制造、销售、客户应用、售后服务直至产品报废处理等)的成本,缩短产品(系统)研制开发的周期(包括减少设计反复,缩短设计、生产准备、制造及发送等的时间)。并行工程与串行工程的差异就在于在产品的设计阶段就要按并行、交互、协调的工作模式进行产品(系统)设计的,就是说,在设计过程中对产品(系统)寿命周期内的各个阶段的要求要尽可能地同时进行交互式的协调。串行工程与并行工程工作模式框图如图 1 - 17(a)和(b)所示。

2. 虚拟产品设计

虚拟产品是虚拟环境中的产品模型,是现实世界中的产品在虚拟环境中的映像。虚拟产品设计是基于虚拟现实技术的新一代计算机辅助设计,是在基于多媒体的、交互的渗入式或侵入式的三维计算机辅助设计环境中,设计者不仅能够直接在三维空间中通过三维操作、语言指令、手势等高度交互的方式进行三维实体建模和装配建模,并且最终生成精确的产品(系统)模型,以支持详细设计与变型设计,同时能在同一环境中进行一些相关分析,从而满足工程设计和应用的需要。

3. 快速响应设计

快速响应设计是实现快速响应工程的重要一环。快速响应工程是企业面对瞬息万变的市场环境,不断迅速开发适应市场需求的新产品(系统),以保证企业在激烈竞争环境中立于不败之地的重要工程。实现快速响应设计的关键是有效开发和利用各种产品(系统)信息资源。人们利用迅猛发展的计算机技术、信息技术和通讯技术所提供的对信息资源的高度存储、传播及加工的能力,主要采取三项基本策略,以达到对产品(系统)设计需求的快速响应。这三项策略是:①利用产品信息资源进行创新设计或变异性设计;②虚拟设计——利用数字化技术加快设计过程;③远程协同、分布设计。概括讲,这些策略就是信息的资源化、产品(系统)的数字化、设计的网络化。

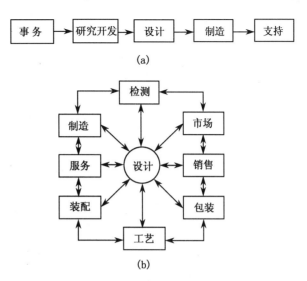

图1-17 串行工程与并行工程

机电一体化产品(系统)的设计,通常可分为新颖性/创新设计和适应性/变异性设计两大类。创新设计也属于前面所讲的开发性设计。无论是创新设计还是变异性设计,均体现了设计人员的创造性思维。快速响应设计就是充分利用已有的信息资源和最新的数字化、网络化工具,用最快的速度进行创新性和变异性设计的机电一体化产品(系统)的设计方法。

4. 绿色设计

绿色设计是从并行工程思想发展而出现的一个新概念。所谓绿色设计,就是在新产品(系统)的开发阶段,就考虑其整个生命周期内对环境的影响,从而减少对环境的污染、资源的浪费、使用安全和人类健康等所产生的副作用。绿色产品设计将产品(系统)寿命周期内各个阶段(设计、制造、使用、回收处理等)看成一个有机整体,在保证产品良好性能、质量及成本等要求的情况下,还充分考虑到产品(系统)的维护资源及能源的回收利用以及对环境的影响等问题。这与传统产品设计主要考虑前者要求而对产品维护及产品废弃对环境的影响考虑很少、甚至根本就不予考虑有着大区别。图1-18为传统产品设计(a)与绿色产品设计(b)之比较。绿色产品设计含有一系列的具体的技术,如全寿命周期评估技术、面向环境的设计技术、面向回收的设计技术、面向维修的设计技术和面向拆卸处理的设计技术等。

5. 反求设计

反求设计思想属于反响推理、逆向思维体系。反求设计是以现代设计理论、方法和技术为基础,运用各种专业人员的工程设计经验、知识和创新思维,对已有的产品(系统)进行剖析、重构、再创造的设计。如某种产品(系统),仅知其外在的功能特性而没有其设计图纸及相关详细设计资料即其内部构成为一"暗箱",在某种情况下需要进行具体的反向推理来设计具有同等外在功能特性的产品(系统)时,运用反求设计方法进行设计极为合适。从某种意义上来说,反求设计就是设计者根据现有机电一体化产品(系统)的外在功能特性,利用现代设计理论和方法,设计能实现该外在功能特性要求的内部子系统并构成整个机电一体化系统(产品)的设计。

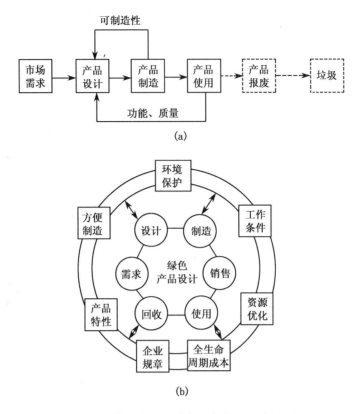

图 1-18 传统产品设计与绿色产品设计之比较

6. 网络上合作设计

网络上合作设计是现代设计方法最前沿的一种方法。其核心是利用网络工具来汇集设计知识与资源及知识获取的方法进行设计。它包含了设计所需要的网络上提供的知识以及获取这些知识的过程与所需的各种资源。在技术进步日新月异的今天,产品(系统)的设计更加依赖于新知识的汇集与获取。应该看到,国内外有着丰富的设计知识和潜在的设计资源,称之为"知识获取资源",而拥有这些资源的单位往往在某些技术领域雄踞一方,如果能利用现代化的网络技术将这些知识、资源有效地集中、实现资源的共享,将是实现网络上合作设计的必由之路,也将是实现技术创新和跨越式发展的重要途径之一。

思考题和习题

1-1 试说明较为人们所接受的"机电一体化"的涵义。

1-2 机电一体化的目的?

1-3 机电一体化时代的特征?

1-4 何谓机电一体化技术革命?

1-5 说明我国机电一体化优先发展的领域。

1-6 优先发展的机电一体化领域必须同时具备哪些条件?

1-7 机电一体化系统由哪些基本要素组成?分别实现哪些功能?

1-8　工业三大要素指的是什么?
1-9　机电一体化的三大效果?
1-10　说明机电一体化产品(系统)的设计步骤。
1-11　机电一体化系统(产品)的主要评价内容是什么?
1-12　机电一体化系统的接口功能有哪两种?
1-13　根据不同的接口功能试说明接口的种类。
1-14　机电一体化工程与系统工程有何异同?
1-15　说明机电一体化系统设计的设计思想方法。
1-16　什么是机电互补法、结合法、组合法?
1-17　开发性设计、变异性设计、适应性设计有何异同?
1-18　机电一体化系统(产品)的开发工程之流程。
1-19　现代设计方法与传统设计方法相比较有何突出特点?
1-20　简述计算机辅助设计与并行工程、虚拟设计、快速响应设计、绿色设计、反求设计等的涵义。

第 2 章　机电一体化系统的机械系统部件选择与设计

§2.1　机械系统的选择与设计要求

机电一体化系统的机械系统与一般的机械系统相比，除要求具有较高的定位精度之外，还应具有良好的动态响应特性，就是说响应要快、稳定性要好。一个典型的机电一体化系统，通常由控制部件、接口电路、功率放大电路、执行元件、机械传动部件、导向支承部件，以及检测传感部件等部分组成。这里所说机械系统一般由减速装置、丝杠螺母副、蜗轮蜗杆副等各种线性传动部件以及连杆机构、凸轮机构等非线性传动部件、导向支承部件、旋转支承部件、轴系及架体等机构组成。为确保机械系统的传动精度和工作稳定性，在设计中，常提出无间隙、低摩擦、低惯量、高刚度、高谐振频率、适当的阻尼比等要求。为达到上述要求，主要从以下几方面采取措施。

1) 采用低摩擦阻力的传动部件和导向支承部件，如采用滚珠丝杠副、滚动导向支承、动(静)压导向支承等。

2) 缩短传动链，提高传动与支承刚度，如用加预紧的方法提高滚珠丝杠副和滚动导轨副的传动与支承刚度；采用大扭矩、宽调速的直流或交流伺服电机直接与丝杠螺母副连接以减少中间传动机构；丝杠的支承设计中采用两端轴向预紧或预拉伸支承结构等。

3) 选用最佳传动比，以达到提高系统分辨率、减少等效到执行元件输出轴上的等效转动惯量，尽可能提高加速能力。

4) 缩小反向死区误差，如采取消除传动间隙、减少支承变形的措施。

5) 改进支承及架体的结构设计以提高刚性、减少振动、降低噪声。如选用复合材料等来提高刚度和强度，减轻重量、缩小体积使结构紧密化，以确保系统的小型化、轻量化、高速化和高可靠性化。

上述的措施反映了机电一体化系统设计的特点。本章将介绍较典型的传动部件、导向和旋转支承部件以及架体等的结构设计和选择的基本问题。

§2.2　机械传动部件的选择与设计

一、机械传动部件及其功能要求

常用的机械传动部件有螺旋传动、齿轮传动、同步带传动、高速带传动、各种非线性传动部件等。其主要功能是传递转矩和转速；因此，它实质上是一种转矩、转速变换器，其目的是使执行元件与负载之间在转矩与转速方面得到最佳匹配。机械传动部件对伺服系统的伺服特性有很大影响，特别是其传动类型、传动方式、传动刚性以及传动的可靠性对机电一体化系统的精度、稳定性和快速响应性有重大影响。因此，应设计和选择传动间隙小、精度高、体积小、重量轻、运动平稳、传递转矩大的传动部件。

机电一体化系统中所用的传动机构及其传动功能如表 2-1 所示。从表看出，一种传动机构可满足一项或同时满足几项功能要求。如齿轮齿条传动既可将直线运动或回转运动转换为回转运动或直线运动，又可将驱动力或转矩转换为转矩或驱动力；带传动、蜗轮蜗杆传动及各类齿轮减速器（如谐波齿轮减速器）既可进行升速或降速，也可进行转矩大小的变换。

表 2-1 传动机构及其功能

传动机构\基本功能	运动的变换				动力的变换	
	形式	行程	方向	速度	大小	形式
丝杠螺母	✓				✓	✓
齿轮			✓	✓		
齿轮齿条	✓					✓
链轮链条	✓					
带、带轮			✓	✓		
缆绳、绳轮	✓		✓	✓		✓
杠杆机构		✓		✓	✓	
连杆机构		✓		✓	✓	
凸轮机构	✓	✓	✓			
摩擦轮			✓	✓	✓	
万向节			✓			
软轴			✓			
蜗轮蜗杆			✓	✓	✓	
间歇机构	✓					

对工作机中的传动机构，既要求能实现运动的变换，又要求能实现动力的变换；对信息机中的传动机构，则主要要求具有运动的变换功能，只需要克服惯性力（或力矩）和各种摩擦阻力（力矩）及较小的负载即可。

随着机电一体化技术的发展，要求传动机构不断适应新的技术要求。具体讲有三个方面：

1) 精密化——对某种特定的机电一体化系统（或产品）来说，应根据其性能的需要提出适当的精密度要求。虽然不是越精密越好，但由于要适应产品的高定位精度等性能的要求，对机械传动机构的精密度要求也越来越高。

2) 高速化——产品工作效率的高低，直接与机械传动部件的运动速度相关。因此，机械传动机构应能适应高速运动的要求。

3) 小型化、轻量化——随着机电一体化系统（或产品）精密化、高速化的发展，必然要其传动机构的小型、轻量化，以提高运动灵敏度（快速响应性）、减小冲击、降低能耗。为与微电子部件的微型化相适应，也要尽可能做到使机械传动部件短小轻薄化。

二、丝杠螺母机构的基本传动形式

丝杠螺母机构又称螺旋传动机构。它主要用来将旋转运动变换为直线运动或将直线运动变换为旋转运动。有以传递能量为主的(如螺旋压力机、千斤顶等)、也有以传递运动为主的(如工作台的进给丝杠)、还有调整零件之间相对位置的螺旋传动机构等。

丝杠螺母机构有滑动摩擦机构和滚动摩擦机构之分。滑动丝杠螺母机构结构简单、加工方便、制造成本低、具有自锁功能,但其摩擦阻力矩大、传动效率低(30%~40%)。滚珠丝杠螺母机构虽然结构复杂、制造成本高,但其最大优点是摩擦阻力矩小、传动效率高(92%~98%),因此在机电一体化系统中得到广泛应用。

根据丝杠和螺母相对运动的组合情况,其基本传动形式有如图 2-1 所示的四种类型。

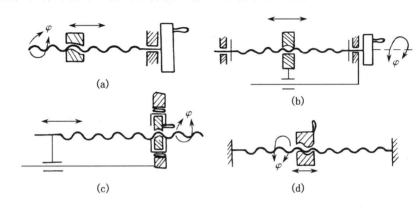

图 2-1 基本传动形式

1) 螺母固定、丝杆转动并移动如图 2-1(a)所示。该传动形式因螺母本身起着支承作用,消除了丝杆轴承可能产生的附加轴向窜动,结构较简单,可获得较高的传动精度。但其轴向尺寸不易太长,刚性较差。因此只适用于行程较小的场合。

2) 丝杆转动、螺母移动如图 2-1(b)所示。该传动形式需要限制螺母的转动,故需导向装置。其特点是结构紧凑、丝杆刚性较好。适用于工作行程较大的场合。

3) 螺母转动、丝杆移动如图 2-1(c)所示。该传动形式需要限制螺母移动和丝杆的转动,由于结构较复杂且占用轴向空间较大,故应用较少。

4) 丝杆固定、螺母转动并移动如图 2-1(d)所示。该传动方式结构简单、紧凑,但在多数情况下,使用极不方便,故很少应用。

此外,还有差动传动方式,其传动原理如图 2-2 所示。该方式的丝杆上有基本导程(或螺距)不同的(如 P_{h1}、P_{h2})两段螺纹,其旋向相同。当丝杆 2 转动时,可动螺母 1 的移动距离为 $\Delta l = n \times (P_{h1} - P_{h2})$,如果两基本导程的大小相差较少,则可获得较小的位移 Δl。因此,这种传动方式多用于各种微动机构中。

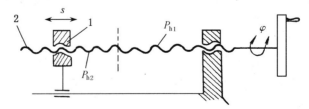

图 2-2 差动传动原理
1—螺母;2—丝杆

第2章 机电一体化系统的机械系统部件选择与设计

三、滚珠丝杠副传动部件

1. 滚珠丝杠副的组成及特点

滚珠丝杠副是一种新型螺旋传动机构,其具有螺旋槽的丝杆与螺母之间装有中间传动元件-滚珠。图2-3为滚珠丝杠螺母机构组成示意图,从图可知,它由丝杆3、螺母2、滚珠4和反向器(滚珠循环反向装置)1等四部分组成。当丝杆转动时,带动滚珠沿螺纹滚道滚动,为防止滚珠从滚道端面掉出,在螺母的螺旋槽两端设有滚珠回程引导装置构成滚珠的循环返回通道,从而形成滚珠流动的闭合通路。

滚珠丝杠副与滑动丝杠副相比,除上述优点外,还具有轴向刚度高(即通过适当预紧可消除丝杠与螺母之间的轴向间隙)、运动平稳、传动精度高、不易磨损、使用寿命长等优点。但由于不能自锁,具有传动的可逆性,在用作升降传动机构时,需要采取制动措施。

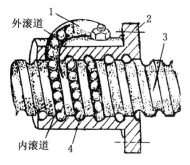

图2-3 滚珠丝杠副构成原理
1—反向器;2—螺母;3—丝杆;4—滚珠

2. 滚珠丝杠副的典型结构类型

滚珠丝杠副的结构类型可以从螺纹滚道的截面形状、滚珠的循环方式和消除轴向间隙的调整方法进行区别。

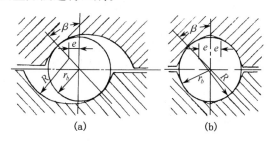

图2-4 螺纹滚道法向截面形状

(1) 螺纹滚道型面(法向)的形状及主要尺寸

我国生产的滚珠丝杠副的螺纹滚道有单圆弧形和双圆弧形,如图2-4(a)、(b)所示。滚道形面与滚珠接触点之法线与丝杠轴向之垂线间的夹角被 β 称为接触角,一般为45°。单圆弧形的螺纹滚道的接触角随轴向载荷大小的变化而变化,主要由轴向载荷所引起的接触变形的大小而定。β 增大时,传动效率、轴向刚度以及承载能力也随之增大。由于单圆弧形滚道加工用砂轮成型较简单,故容易得到较高的加工精度。单圆弧形面的滚道圆弧半径 R 稍大于滚珠半径。

双圆弧形的螺纹滚道的接触角 β 在工作过程中基本保持不变。两圆弧相交处有一小空隙,可使滚道底部与滚珠不接触,并能存储一定的润滑油以减少摩擦磨损。由于加工其型面的砂轮修整和加工、检验均较困难,故加工成本较高。

(2) 滚珠的循环方式

滚珠丝杠副中滚珠的循环方式有内循环和外循环二种。

内循环——内循环方式的滚珠在循环过程中始终与丝杠表面保持接触。如图2-5所示,在螺母2的侧面孔内装有接通相邻滚道的反向器4,利用反向器引导滚珠3越过丝杠1的螺纹顶部进入相邻滚道,形成一个循环回路。一般在同一螺母上装有2~4个滚珠用反向器,并沿螺母圆周均匀分布。内循环方式的优点是滚珠循环的回路短、流畅性好、效率高、螺母的径向尺寸也较小。其不足是反向器加工困难、装配调整也不方便。

浮动式反向器的内循环滚珠丝杠副如图2-6所示。其结构特点是反向器1上的安装孔有0.01~0.015mm的配合间隙,反向器弧面上加工有圆弧槽,槽内安装拱形片簧4,外有弹簧套2,借助拱形片簧的弹力,始终给反向器一个径向推力,使位于回珠圆弧槽内的滚珠与丝杆3表面保持一定的压力,从而使槽内滚珠代替了定位键而对反向器起到自定位作用。这种反向器的优点是:在高频浮动中达到回珠圆弧槽进出口的自动对接,通道流畅、摩擦特性较好,更适用于高速、高灵敏度、高刚性的精密进给系统。

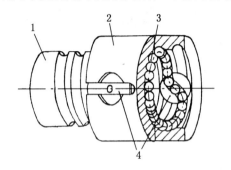
图2-5 内循环
1—丝杆;2—螺母;3—滚珠;4—反向器

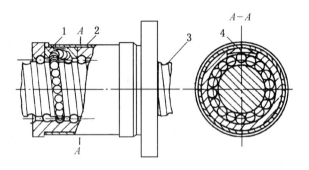
图2-6 浮动式反向器的循环
1—反向器;2—弹簧套;3—丝杆;4—拱形片簧

外循环——外循环方式中的滚珠在循环返向时,离开丝杆螺纹滚道,在螺母体内或体外作循环运动。从结构上看,外循环有以下三种形式:

1) 螺旋槽式,如图2-7所示。在螺母2的外圆表面上铣出螺纹凹槽,槽的两端钻出二个与螺纹滚道相切的通孔,螺纹滚道内装入二个挡珠器4引导滚珠3通过这二个孔,应用套筒1盖住凹槽,构成滚珠的循环回路。这种结构的特点是工艺简单、径向尺寸小、易于制造。但是挡珠器刚性差、易磨损。

2) 插管式,如图2-8所示。用一弯管1代替螺纹凹槽,弯管的两端插入与螺纹滚道5相切的两个内孔,用弯管的端部引导滚珠4进入弯管,构成滚珠的循环回路,再用压板2和螺钉将弯管固定。插管式结构简单、容易制造。但是径向尺寸较大,弯管端部用作挡珠器比较容易磨损。

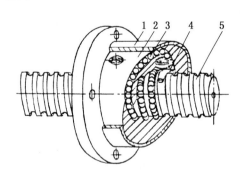
图2-7 螺旋格式外循环结构
1—套筒;2—螺母;3—滚珠;4—挡珠器;5—丝杆

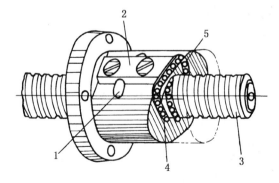
图2-8 插管式外循环
1—弯管;2—压板;3—丝杆;4—滚珠;5—滚道

3) 端盖式,在螺母1上钻出纵向孔作为滚子回程滚道(参看图2-9),螺母两端装有两块扇形盖板或套筒2,滚珠的回程道口就在盖板上。滚道半径为滚珠直径的1.4~1.6倍。这种方式结构简单、工艺性好,但滚道吻接和弯曲处圆角不易准确制作而影响其性能,故应用较少。常以单螺母形式用作升降传动机构。

3. 滚珠丝杠副的主要尺寸参数(GB/T 17587.1—1998)

如图2-10所示,滚珠丝杠副的主要尺寸参数有:

公称直径 d_0 (通常与节圆直径 D_{PW} 相等):指滚珠与螺纹滚道在理论接触角状态时包络滚珠球心的圆柱直径。它是滚珠丝杠副的特征(或名义)尺寸。

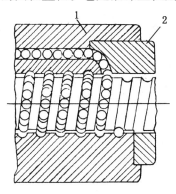

图2-9 端盖式外循环
1—螺母;2—套筒

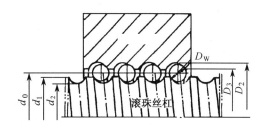

图2-10 主要尺寸参数

基本导程 P_h (或螺距 t):指滚珠螺母相对滚珠丝杠旋转 2π 弧度时的行程(或螺母上基准点的轴向位移)。公称导程 P_{h0} 通常指用作尺寸标志的导程值(无公差)。

行程 l:转动滚珠丝杠或滚珠螺母时,滚珠丝杠或滚珠螺母的轴向位移量。

此外还有滚珠丝杆螺纹外径 d_1、滚珠丝杆螺纹底径 d_2、滚珠直径 D_W、滚珠螺母体螺纹底径 D_2、滚珠螺母螺纹内径 D_3、滚珠丝杆螺纹全长 l_1 等。

导程的大小应根据机电一体化产品(系统)的精度要求确定。精度要求高时应选取较小的基本导程。滚珠的工作圈(或列)数和工作滚珠的数量 N 由试验可知:

第一、第二和第三圈(或列)分别承受轴向载荷的 50%、30% 和 20% 左右。因此,工作圈(或列)数一般取 2.5(或2)~3.5(或3)。滚珠总数 N 一般不超过150个。

4. 滚珠丝杠副的精度等级及标注方法

1) 精度等级:根据 GB/T 17587.3—1998(与 ISO 3408—3:1992 同)标准,对滚珠丝杠副的精度分成为 1、2、3、4、5、7、10 共七个等级,最高级为1级,最低级为10级。其行程偏差的验收检验项目如表2-2所示,其行程偏差和变动量如表2-3所示。按实际使用要求,在每一精度等级内指定了行程偏差和变动量允差大小。表2-4为滚珠丝杠的跳动和位置公差。

2) 标注方法,GB/T 17587.1—1998 规定滚珠丝杠的标识符号应该包括按图2-11给定顺序排列的内容标注。

3) 尺寸系列,国际标准化组织(ISO/DIS 3408-2—1991)和 GB/T 17587.2—1998 中规定:

公称直径(mm):6、8、10、12、16、20、25、32、40、50、63、80、100、125、160 及 200。

公称导程系列(mm):1,2,2.5,3,4,5,6,8,10,12,16,20,25,32,40。
公称导程的优先选用系列(mm):2.5,5,10,20 及 40。

表 2-2 行程偏差的验收检验项目

每一基准长度的行程偏差	滚珠丝杠副的类型	
	P(定位型)	T(传动型)
	检验序号	
有效行程 l_u 内的行程补偿值 C	用户规定	$C=0$
目标行程公差 e_p	E1.1	E1.2
有效行程 l_u 内允许的行程变动量 V_{up}	E2	—
300 mm 行程内允许的行程变动量 V_{300p}	E3	E3
2π 弧度内允许的行程变动量 $V_{2\pi x}$	E4	—

表 2-3 行程偏差和变动量(部分)

序号	检验项目	允 差						
E1.1	有效行程 l_u 内的平均行程偏差 e	定位滚珠丝杠副						
		有效行程 l_u /mm	标准公差等级					
			1	2	3	4	5	7	10
			e_p, μm						
		≤315	6	8	12	16	23	—	—
		>315~400	7	9	13	18	25		
		>400~500	8	10	15	20	27	—	—
		>500~630	9	11	16	22	32	—	—
		>630~800	10	13	18	25	36	—	—
		>800~1000	11	15	21	29	40	—	—
E1.2		传动滚珠丝杠副						
		标准公差等级						
		1	2	3	4	5	7	10
		$C=0$						
		$e_p = 2\dfrac{l_u}{300}V_{300F}$, V_{300P} 见 E3						
E2	有效行程 l_u 内允许的行程变量 V_u	定位滚珠丝杠副						
		有效行程 l_u /mm	标准公差等级					
			1	2	3	4	5	7	10
			$V_{up}/\mu m$						
		≤315	6	8	12	16	23	—	—
		>315~400	6	9	12	18	25	—	—
		>400~500	7	9	13	19	26	—	—
		>500~630	7	10	14	20	29	—	—
		>630~800	8	11	16	22	31	—	—
		>800~1000	9	12	17	24	34	—	—

续表

序号	检验项目	允差						
E3	任意 300 mm 轴向行程内行程变动量 V_{300}	定位或传动滚珠丝杠副						
		标准公差等级						
		1	2	3	4	5	7	10
		$V_{300p}/\mu m$						
		6	8	12	16	23	52	210
E4	2π 弧度内行程变动量 $V_{2\pi}$	定位或传动滚珠丝杠副						
		标准公差等级						
		1	2	3	4	5	7	10
		$V_{2\pi x}/\mu m$						
		4	5	6	7	8	—	—

表 2-4 跳动和位置公差

序号	检验项目	允差							
		定位或传动滚珠丝杠副							
		公称直径 d_0 /mm	l_s /mm	标准公差等级					
				1	2	3	4	5	7	10
				l_5 长度上的 t_{5P}/mm						
E5	每 l_5(规定的测量间隙)长度处滚珠丝杠外径的径向跳动 t_5,用以确定相对于 AA'(置滚珠丝杠于两个间距为的 V 型铁上)的直线度	≥6~12	80	20	22	25	28	32	40	80
		>12~25	160							
		>25~50	315							
		>50~100	630							
		>100~200	1250							
		长径比 l_1/d_0		$l_1 \geq 4l_5$ 长度上的 t_{5maxP}/mm						
		≤40		40	45	50	57	64	80	160
		>50~60		60	67	75	85	96	120	240
		>60~80		100	112	125	142	160	200	400
		>80~100		160	180	200	225	256	320	640

4) 推荐采用的精度等级:数控机床、精密机床和精密仪器等用于开环和半闭环进给系统,根据定位精度和重复定位精度的要求可选用 1、2、3 级,一般动力传动可选 4、5 级,全闭环系统可选 2、3、4 级。

5. 滚珠丝杠副轴向间隙的调整与预紧

滚珠丝杠副在负载时,其滚珠与滚道面接触点处将产生弹性变形。换向时,其轴向间隙会

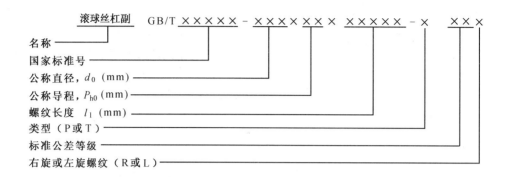

图 2-11 滚珠丝杠副的标识符号

引起空回。这种空回是非连续的,既影响传动精度,又影响系统的稳定性。单螺母丝杠副的间隙消除相当困难。实际应用中,常采用以下几种调整预紧方法。

(1) 双螺母螺纹预紧调整式

如图 2-12(a)所示,其中,螺母 3 的外端有凸缘,而螺母 4 的外端虽无凸缘,但制有螺纹,并通过两个圆螺母固定。调整时旋转圆螺母 2 消除轴向间隙并产生一定的预紧力,然后用锁紧螺母 1 锁紧。预紧后两个螺母中的滚珠相向受力(如图(b)所示),从而消除轴向间隙。其特点是结构简单、刚性好、预紧可靠,使用中调整方便,但不能精确定量地进行调整。

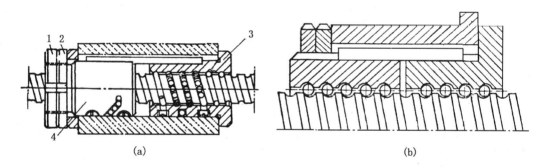

图 2-12 双螺母螺纹预紧调整式
1—锁紧螺母;2—调整螺母

(2) 双螺母齿差预紧调整式

如图 2-13 所示,两个螺母的两端分别制有圆柱齿轮 3,二者齿数相差一个齿,通过两端的两个内齿轮 2 与上述圆柱齿轮相啮合并用螺钉和定位销固定在套筒 1 上。调整时先取下两端的内齿轮 2,当两个滚珠螺母相对于套筒同一方向转动同一个齿后固定后,则一个滚珠螺母相对于另一个滚珠螺母产生相对角位移,使两个滚珠螺母产生相对移动,从而消除间隙并产生一定的预紧力。其特点是可实现定量调整即可进行精

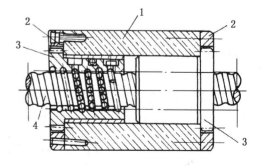

图 2-13 双螺母齿差预紧式
1—套筒;2—内齿轮;3—螺母;4—丝杆

密微调(如 0.002 mm),使用中调整较方便。

(3) 双螺母垫片调整预紧式

如图 2-14 所示,调整垫片 1 的厚度,可使两螺母 2 产生相对位移,以达到消除间隙、产生预紧拉力之目的。其特点是结构简单刚度高、预紧可靠,但使用中调整不方便。

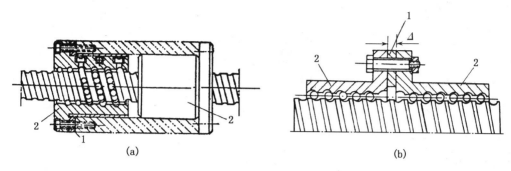

图 2-14 双螺母垫片预紧式

1—垫片;2—螺母

(4) 弹簧式自动调整预紧式

如图 2-15 所示,双螺母中一个活动另一个固定,用弹簧使其间始终具有产生轴向位移的推动力,从而获得预紧力。其特点是能消除使用过程中因磨损或弹性变形产生的间隙,但其结构复杂、轴向刚度低,施合用于轻载场合。

(5) 单螺母变位导程自预紧式和单螺母滚珠过盈预紧式

图 2-16 为变位导程自预紧方式。它是在滚珠螺母体内的两列循环滚珠链之间,使内螺纹滚道在轴向制作一个的导程突变量,从而使二列滚珠产生轴向错位而实现预紧,预紧力的大小取决于和单列滚珠的径向间隙。其特点是结构简单紧凑,但使用中不能调整,且制造困难。

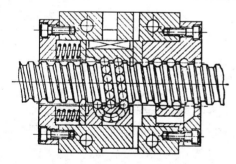

图 2-15 弹簧自动调整预紧式

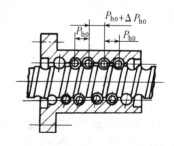

图 2-16 单螺母变位导程预紧式

目前市场上可见的滚珠丝杠副的预紧方式及其标记代号见表 2-5,滚珠丝杠副的外形、循环方式与预紧代号含义见表 2-6 所示。

表 2-5 预紧方式及其标记代号

预紧方式	标记代号
双螺母螺纹预紧式	L
双螺母齿差预紧式	Ch(或 C)
双螺母垫片预紧式	D
单螺母变位导程预紧式	B
单螺母无预紧方式	不标(或标 W)

表 2-6 型号(外型及循环方式与预紧)含义

型号(例)	含 义
FF	内循环浮动反向器法兰单螺母无预紧
FFB	内循环浮动反向器法兰单螺母变位导程预紧
FFZD	内循环浮动反向器法兰直筒组合双螺母垫片预紧
CMF	插管埋入式法兰单螺母无预紧
CMFB	插管埋入式法兰单螺母变位导程预紧
CMFZD	插管埋入式法兰直筒组合双螺母垫片预紧
DGF	端盖式大导程法兰单螺母无预紧
DGZ	端盖式大导程直筒单螺母无预紧

6. 滚珠丝杠副支承方式的选择

(1) 支承方式

实践证明,丝杠的轴承组合及轴承座以及其他零件的连接刚性不足,将严重影响滚珠丝杠副的传动精度和刚度,因此,在设计安装时应认真考虑。为了提高轴向刚度,常用以止推轴承为主的轴承组合来支承丝杠,当轴向载荷较小时,也可用角接触球轴承来支承丝杠。常用轴承的组合方式有以下几种。

1) 单推-单推式。如图 2-17 所示,止推轴承分别装在滚珠丝杠的两端并施加预紧力。其特点是轴向刚度较高,预拉伸安装时,预紧力较大,但轴承寿命比双推-双推式低。

2) 双推-双推式。如图 2-18 所示,两端分别安装止推轴承与深沟球轴承的组合,并施加预紧力,其轴向刚度最高。该方式适合于高刚度、高转速、高精度的精密丝杠传动系统。但随温度的升高会使丝杠的预紧力增大,易造成两端支承的预紧力不对称。

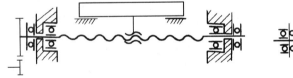
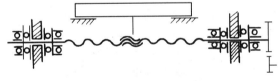

图 2-17 单推-单推式　　　　　　图 2-18 双推-双推式

3) 双推-简支式。如图 2-19 所示,一端安装止推轴承与深沟球轴承的组合,另一端仅安装深沟球轴承,其轴向刚度较低,使用时应注意减少丝杠热变形的影响。双推端可预拉伸安装,预紧力小,轴承寿命较高,适用于中速、传动精度较高的长丝杠传动系统。

4) 双推-自由式。如图 2-20 所示,一端安装止推轴承与深沟球轴承的组合,另一端悬空呈自由状态,故轴向刚度和承载能力低,多用于轻载、低速的垂直安装的丝杠传动系统。

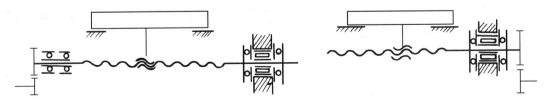

图 2-19 双推-简支式　　　　　　图 2-20 双推-自由式

(2) 轴承的组合安装支承示例(如图 2 - 21 ~ 图 2 - 24 所示)

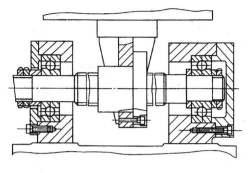

图 2 - 21 简易单推 - 单推式支承

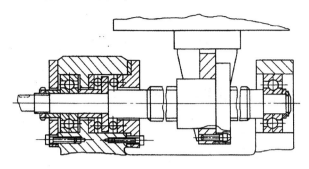

图 2 - 22 双推 - 简支式支承

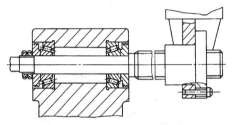

图 2 - 23 双推 - 自由式支承

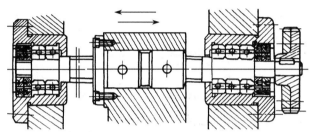

图 2 - 24 双推 - 双推式支承

(3) 制动装置

因滚珠丝杠传动效率高,无自锁作用,故在垂直安装状态,必须设置防止因驱动力中断而发生逆传动的自锁、制动或重力平衡装置。常用的制动装置有体积小、重量轻、易于安装的超越离合器。选购滚珠丝杠副时可同时选购相宜的超越离合器(如图 2 - 25 所示)。另外还可选择设计如图 2 - 26 双推 - 双推式支承所示的简易制动装置。当主轴 7 作上、下进给运动时,电磁线圈 2 通电并吸引铁芯 1,从而打开摩擦离合器 4,此时电动机 5 通过减速齿轮、滚珠丝杠副 6 托动运动部件 7 作垂直上下运动。当电动机断电时,电磁线圈 2 也同时断电,在弹簧 3 的作用下摩擦离合器 4 压紧制动轮,使滚珠丝杠不能自由转动,从而防止运动部件因自重而下降。

7. 滚珠丝杠副的密封与润滑

滚珠丝杠副可用防尘密封圈或防护套密封来防止灰尘及杂质进入滚珠丝杠副,使用润滑剂来提高其耐磨性及传动效率,从而维持其传动精度、延长其使用寿命。密封圈有接触式和非接触式二种,将其装在滚珠螺母的两端即可。非接触式密封圈通常由聚氯乙烯等塑料制成,其内孔螺纹表面与丝杠螺纹之间略有间隙,故又称迷宫式密封圈。接触式密封圈用具有弹性的耐油橡胶或尼龙等材料制成,因此有接触压力并产生一定的摩擦力矩,但其防尘效果好。常用的润滑剂有润滑油和润滑脂两类。润滑脂一般在装配时放进滚珠螺母滚道内定期润滑,而使用润滑油时应注意经常通过注油孔注油。防护套的形式有折叠式密封套、伸缩套管和伸缩挡板。其材料有耐油塑料、人造革等。图 2 - 27 为防护套示例,1 为折叠式密封套,2 为螺旋弹簧钢带伸缩套管。

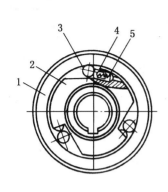
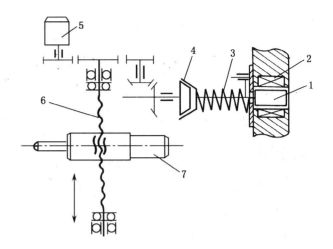

图2-25 超越离合器
1—外圈；2—星轮；3—滚柱；4—活销；
5—弹簧

图2-26 电磁-摩擦制动装置原理
1—铁芯；2—电磁线圈；3—弹簧；4—摩擦离合器；5—电动机；
6—丝杠副；7—主轴头

8. 滚珠丝杠副的选择方法

(1) 滚珠丝杠副结构的选择

根据防尘防护条件以及对调隙及预紧的要求，可选择适当的结构型式。例如，当允许有间隙存在时（如垂直运动）可选用具有单圆弧形螺纹滚道的单螺母滚珠丝杠副；当必须有预紧或在使用过程中因磨损而需要定期调整时，应采用双螺母螺纹预紧或齿差预紧式结构；当具备良好的防尘条件，且只需在装配时调整间隙及预紧力时，可采用结构简单的双螺母垫片调整预紧式结构。

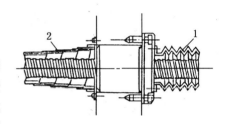

图2-27 防护套示例
1—密封套；2—伸缩套管

(2) 滚珠丝杠副结构尺寸的选择

选用滚珠丝杠副时通常主要选择丝扛的公称直径 d_0 和公称导程 P_h。公称直径 d_0 应根据轴向最大载荷按滚珠丝杠副尺寸系列选择。螺纹长度 l_1 在允许的情况下要尽量短，一般取 l_1/d_0 小于30为宜；基本导程 P_h（或螺距 t）应按承载能力、传动精度及传动速度选取，P_h 大承载能力也大，P_h 小传动精度较高。要求传动速度快时，可选用大导程滚珠丝杠副。

(3) 滚珠丝杠副的选择步骤

在选用滚珠丝杠副时，必须知道实际的工作条件：最大的工作载荷 F_{max}（或平均工作载荷 F_{cp}）(N)作用下的使用寿命 T(h)、丝杠的工作长度（或螺母的有效行程）l(mm)、丝杠的转速 n（或平均转速 n_{cp}）(r/min)、滚道的硬度 HRC 及丝杠的工况，然后按下列步骤进行选择。

1) 承载能力选择。计算作用于丝杠轴向最大动载荷 F_Q，然后根据 F_Q 值选丝杠副的型号。

$$F_Q = \sqrt[3]{L} f_H f_W P_{max} \quad (N) \qquad (2-1)$$

式中 L——滚珠丝杠寿命系数（单位为 $1×10^6$ 转，如1.5则为150万转），$L = 60nT/10^6$（其中 T 为使用寿命时间(h)），（普通机械为 5 000~10 000、数控机床及其他机电一体化

设备及仪器装置为 15 000、航空机械为 1 000);

f_W——载荷系数(平稳或轻度冲击时为 1.0~1.2,中等冲击时为 1.2~1.5,较大冲击或振动时为 1.5~2.5);

f_H——硬度系数(HRC≥58 时为 1.0,等于 55 时为 1.11,52.5 时为 1.35,50 时为 1.56,45 时为 2.40)。

2) 压杆稳定性核算。

$$F_k = f_k \pi^2 EI/(Kl_s^2) \geq F_{max} \quad (N) \tag{2-2}$$

式中 F_k——实际承受载荷的能力;

f_k——压杆稳定的支承系数(双推—双推时为 4,单推—单推时为 1,双推—简支时为 2,双推—自由式时为 0.25);

E——钢的弹性模量 2.1×10^5 (MPa);

I——丝杠小径 d_2 的截面惯性矩($I = \pi d_2^4/64$);

K——压杆稳定安全系数,一般取为 2.5~4,垂直安装时取小值。

如果 $F_k < F_{max}$ 时,会使丝杠失去稳定易发生翘曲。两端装止推轴承与向心轴承时,丝杠一般不会发生失稳现象。

对于低速运转($n < 10$ r/min)的滚珠丝杠,无需计算其最大动载荷 F_Q 值,而只考虑其最大静负载是否充分大于最大工作负载 F_{max}。这是因为若最大接触应力超过材料的弹性极限就要产生塑性变形。塑性变形超过一定限度就会破坏滚珠丝杠副的正常工作。一般允许其塑性变形量不超过滚珠直径 D_W 的 1/10 000,产生这样大的塑性变形的载荷称为最大静载荷 F_{Q0}。

3) 刚度的验算。滚珠丝杠在轴向力的作用下,将产生伸长或缩短,在扭矩的作用下将产生扭转而影响丝杠导程的变化,从而影响传动精度及定位精度,故应验算满载时的变形量。其验算公式如下:滚珠丝杠在工作负载 F 和扭矩 M 共同作用下,所引起的每一导程的变形量为:

$$\Delta L = \pm \frac{FP_h}{ES} \pm \frac{MP_h^2}{2\pi IE} \quad (cm) \tag{2-3}$$

式中 E——钢的弹性模量为 2.1×10^5 (MPa);

S——丝杠的最小截面积(cm^2);

M——扭矩(Ncm);

I——丝杠的底径 d_2 的截面惯性矩;

"+"号用于拉伸时,"-"号用于压缩时。

在丝杠副精度标准中一般规定每一米弹性变形所允许的基本导程误差值。

四、齿轮传动部件

齿轮传动部件是转矩、转速和转向的变换器。这里仅就机电一体化系统设计中常常遇到的一些问题作一分析。

1. 齿轮传动形式及其传动比的最佳匹配选择

常用的齿轮减速装置有一级、二级、三级等传动形式(图 2-28)。

齿轮传动比 i 应满足驱动部件与负载之间的位移及转矩、转速的匹配要求。用于伺服系统的齿轮减速器是一个力矩变换器,其输入电机为高转速、低转矩,而输出则为低转速、高转

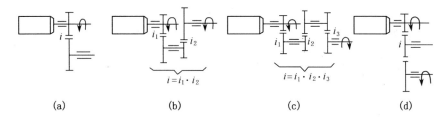

图 2-28 常用减速装置传动形式

矩。因此,不但要求齿轮传动系统传递转矩时,要有足够的刚度,还要求其转动惯量尽量小,以便在获得同一加速度时所需转矩小,即在同一驱动功率时,其加速度响应为最大。此外齿轮的啮合间隙会造成传动死区(失动量),若该死区是在闭环系统中,则可能造成系统不稳定,常会使系统产生以 1~5 倍的间隙而进行的低频振荡。为此尽量采用齿侧间隙较小、精度较高的齿轮传动副。但为了降低制造成本,则多采用各种调整齿侧间隙的方法来消除或减小啮合间隙,以提高传动精度和系统的稳定性。由于负载特性和工作条件的不同,最佳传动比有各种各样的选择方法。在伺服电动机驱动负载的传动系统中常采用使负载加速度最大的

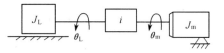

图 2-29 负载惯量模型

方法。如图 2-29 所示,额定转矩为 T_m、转子转动惯量为 J_m 的直流伺服电动机通过减速比为 i 的齿轮减速器带动转动惯量为 J_L、负载转矩为 T_{LF} 的负载,其最佳传动比如下

$$i = \theta_m/\theta_L = \dot{\theta}_m/\dot{\theta}_L = \ddot{\theta}_m/\ddot{\theta}_L > 1$$

设其加速转矩为 T_a,则 $T_a = T_m - T_{LF}/i = (J_m + J_L/i^2)\ddot{\theta}_L$,故 $\ddot{\theta}_L = (T_m i - T_{LF})/(J_m i^2 + J_L) = T_a i/(J_m i^2 + J_L)$,当 $\partial\ddot{\theta}_L/\partial i \to 0$ 时,即可求得使负载加速度为最大的 i 值,即 $i = T_{LF}/T_m + [(T_{LF}/T_m) + J_L/J_m]^{1/2}$,若 $T_{LF} = 0$,则有 $i = (J_L/J_m)^{1/2}$。实际上为提高抗干扰力矩的能力常选用较大的传动比。当选定执行元件(步进电动机)步距角 α、系统脉冲当量 δ 和丝杠基本导程 P_h 之后,其减速比 i 应满足匹配关系为 $i = \alpha P_h/(360°\delta)$。

2. 各级传动比的最佳分配原则

当计算出传动比之后,常常为了使减速系统结构紧凑,满足动态性能和提高传动精度之要求,常常对各级传动比进行合理分配,其分配原则如下。

(1) 重量最轻原则

对于小功率传动系统,使各级传动比 $i_1 = i_2 = i_3 = \cdots = \sqrt[n]{i}$,即可使传动装置的重量最轻。由于这个结论是在假定各主动小齿轮模数、齿数均相同的条件下导出的,故所有大齿轮的齿数、模数也相同,每级齿轮副的中心距离也相同。上述结论对于大功率传动系统是不适用的,因其传递扭矩大,故要考虑齿轮模数、齿轮齿宽等参数要逐级增加的情况,此时应根据经验、类比方法以及结构紧凑之要求进行综合考虑。各级传动比一般应以"先大后小"原则处理。

(2) 输出轴转角误差最小原则

为了提高机电一体化系统齿轮传动系统的传递运动的精度,各级传动比应按先小后大原则分配,以便降低齿轮的加工误差、安装误差以及回转误差对输出转角精度的影响。设齿轮传动系统中各级齿轮的转角误差换算到末级输出轴上的总转角误差为 $\Delta\phi_{max}$,则

$$\Delta\phi_{\max} = \sum_{i=1}^{n} \Delta\phi_k / i_{(kn)}$$

式中 $\Delta\phi_k$——第 k 个齿轮所具有的转角误差;

$i_{(kn)}$——第 k 个齿轮的转轴至 n 级输出轴的传动比。则四级齿轮传动系统各齿轮的转角误差($\Delta\phi_1$、$\Delta\phi_2$、$\cdots$、$\Delta\phi_8$)换算到末级输出轴上的总转角误差为

$$\Delta\phi_{\max} = \frac{\Delta\phi_1}{i} + \frac{\Delta\phi_2 + \Delta\phi_3}{i_2 i_3 i_4} + \frac{\Delta\phi_4 + \Delta\phi_5}{i_3 i_4} + \frac{\Delta\phi_6 + \Delta\phi_7}{i_4} + \Delta\phi_8$$

由此可知总转角误差主要取决于最末一级齿轮的转角误差和传动比的大小。在设计中最末两级的传动比应取大一些,并尽量提高最末一级齿轮副的加工精度。

(3) 等效转动惯量最小原则

利用该原则所设计的齿轮传动系统,换算到电动机轴上的等效转动惯量为最小。

设有一小功率电动机驱动的二级齿轮减速系统,如图 2-30 所示。设其总体传动比为 $i = i_1 i_2$。若先假设各主动小齿轮具有相同的转动惯量,各齿轮均近似看成实心圆柱体,分度圆直径 d,齿宽 B、比重 γ 均相同,其转动惯量为 J,如不计轴和轴承的转动惯量,则等效到电动机轴上的等效转动惯量为

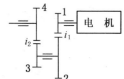

图 2-30 二级减速传动

$$J_{me} = J_1 + \frac{J_2 + J_3}{i_1^2} + \frac{J_4}{i_1^2 i_2^2}$$

因为 $J_1 = \frac{\pi B\gamma}{32g} d_1^4 = J_3$

所以 $J_2 = J_1 i_1^4$、$J_4 = J_1 i_2^2 = J_1(i/i_1)^4$

代入上式可得

$$J_{me} = J_1 + (J_1 i_1^4 + J_1)/i_1^2 + J_1(i/i_1)^4/[i_1^2(i^2/i_1^2)] = J_1\left(1 + i_1^2 + \frac{1}{i_1^2} + \frac{i^2}{i_1^4}\right)$$

令 $\frac{\partial J_{me}}{\partial i_1} = 0$,则

$$i_1^6 - i_1^2 - 2i^2 = 0, \quad \text{或} \quad i_1^4 - 1 - 2i_2^2 = 0$$

由此可得 $i_2 = \sqrt{(i_1^4 - 1)}/\sqrt{2}$,当 $i_1^4 \gg 1$ 时,则可简化为 $i_2 \approx i_1^2\sqrt{2}$ 或 $i_1 = (\sqrt{2}i_2)^{1/2}$,故

$$i_1 \approx (\sqrt{2}i)^{1/3} = (2i^2)^{1/6}$$

同理,可得 n 级齿轮传动系统各级传动比之通式如下:

$$i_1 = 2^{\frac{2^n - n - 1}{2(2^n - 1)}} i^{\frac{1}{2^n - 1}}, \quad i_k = \sqrt{2}\left(\frac{i}{2^{n/2}}\right)^{\frac{2^{(k-1)}}{2^n - 1}}$$

$$(k = 2, 3, 4, \cdots, n)$$

在计算中,不必精确到几位小数,因在系统机构设计时还要作适当调整。按此原则计算的各级传动比也是按"先小后大"次序分配,可使其结构紧凑。该分配原则中的假设对大功率传动的齿轮传动系统不适用。虽然其计算公式不能通用,其分配次序应符合"由大到小"的分配次序。

综上所述,在设计中应根据上述的原则并结合实际情况的可行性和经济性对转动惯量、结构尺寸和传动精度提出适当要求。具体来讲有以下几点:① 对于要求体积小、质量轻的齿轮传

动系统可用重量最轻原则。②对于要求运动平稳、起停频繁和动态性能好的伺服系统的减速齿轮系,可按最小等效转动惯量和总转角误差最小的原则来处理。对于变负载的传动齿轮系统的各级传动比最好采用不可约的比数,避免同期啮合以降低噪声和振动。③对于提高传动精度和减小回程误差为主的传动齿轮系,可按总转角误差最小原则。对于增速传动,由于增速时容易破坏传动齿轮系工作的平稳性,应在开始几级就增速,并且要求每级增速比最好大于1:3,以有利于增加轮系刚度、减小传动误差。④对较大传动比传动的齿轮系,往往需要将定轴轮系和行星轮系巧妙结合为混合轮系。对于相当大的传动比、并且要求传动精度与传动效率高、传动平稳、体积小重量轻时,可选用新型的谐波齿轮传动。

3. 谐波齿轮传动

谐波齿轮传动具有结构简单、传动比大(几十~几百)、传动精度高、回程误差小、噪声低、传动平稳、承载能力强、效率高等一系列优点。故在工业机器人、航空、火箭等机电一体化系统中得到广泛的应用。

(1) 谐波齿轮传动的工作原理

谐波齿轮传动与少齿差行星齿轮传动十分相似。它是依靠柔性齿轮产生的可控变形波引起齿间的相对错齿来传递动力和运动的。因此它与一般齿轮传动具有本质上的差别。如图 2-31 所示,谐波齿轮传动由波形发生器 3(H) 和刚轮 1、柔轮 2 组成。波形发生器为主动件,刚轮或柔轮为从动件。刚轮有内齿圈,柔轮有外齿圈,其齿形为渐开线或三角形,周节'相同而齿数不同,刚轮的齿数 Z_g 比柔轮的齿数 Z_r 多几个齿。柔轮是薄圆筒形,由于波形发生器的长径比柔轮内径略大,故装配在一起时就将柔轮撑成椭圆形。工程上常用的波形发生器有两个触头的即双波发生器,也有三个触头的。具有双波发生器的谐波减速器,其刚轮和柔轮的齿数之差为 $Z_g - Z_r = 2$。其椭圆长轴的两端柔轮与刚轮的牙齿相啮合,在短轴方向的牙齿完全分离。当波形发生器逆时针转一圈时,两轮相对位移为两个齿距。当刚轮固定时,则柔轮的回转方向与波形发生器的回转方向相反。

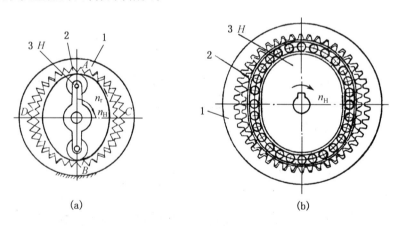

图 2-31 谐波齿轮减速器原理
1—刚性轮;2—柔性轮;3—波发生器

(2) 谐波齿轮传动的传动比

谐波齿轮传动的波形发生器相当于行星轮系的转臂,柔轮相当于行星轮;刚轮则相当于中心轮。故谐波齿轮传动装置(谐波减速器)的传动比可以应用行星轮系求传动比的方式来计算。设 ω_g、ω_r 和 ω_H 分别为刚轮、柔轮和波形发生器的角速度,则

$$i_{rg}^H = \frac{\omega_r - \omega_H}{\omega_g - \omega_H} = \frac{Z_g}{Z_r}$$

① 当柔轮固定时,$\omega_r = 0$,则

$$i_{rg}^H = \frac{-\omega_H}{\omega_g - \omega_H} = \frac{Z_g}{Z_r} \qquad \frac{\omega_g}{\omega_H} = 1 - \frac{Z_r}{Z_g} = \frac{Z_g - Z_r}{Z_g} \qquad i_{Hg} = \frac{\omega_H}{\omega_g} = \frac{Z_g}{Z_g - Z_r}$$

设 $Z_r = 200$、$Z_g = 202$ 时,则 $i_{Hg} = 101$。结果为正值说明刚轮与波形发生器转向相同。

② 当刚轮固定时,$\omega_g = 0$,则

$$\frac{\omega_r - \omega_H}{0 - \omega_H} = \frac{Z_g}{Z_r}, \qquad 1 - \frac{\omega_r}{\omega_H} = \frac{Z_g}{Z_r}, \qquad i_{Hr} = \frac{\omega_H}{\omega_r} = \frac{Z_r}{Z_r - Z_g}$$

设 $Z_r = 200$、$Z_g = 202$,则 $i_{Hr} = -100$,负值说明柔轮与波形发生器的转向相反。

(3) 谐波齿轮减速器产品及选用

目前尚无谐波减速器的国标,不同生产厂家标准代号也不尽相同。以 XB1 型通用谐波减速器为例,其标记代号如图 2-32 所示。表 2-7 为 XB1 型通用谐波减速器产品系列。例如:XB1-120-100-6-G:表示单级、卧式安装,具有水平输出轴,机型为 120,减速比为 100,最大回差为 6,G 表示油脂润滑。

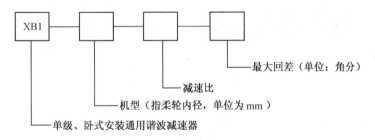

图 2-32 标记代号示例

设计者也可根据需要单独购买不同减速比、不同输出转矩的谐波减速器中的三大构件(如图 2-33 所示)并根据其安装尺寸与系统的机械构件相联结。图 2-34 为小型谐波齿轮减速器结构图。

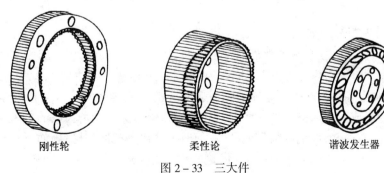

图 2-33 三大件

表 2-7 XB1 型通用谐波减速器产品系列例

型号	减速比	额定输入转速/(r·min^{-1})	额定输出转矩/(Nm)
XB1-25	63	3000	2
XB1-32	64,80	3000	6
XB1-40	80,100	3000	15
XB1-50	83,100,125	3000	30
XB1-60	100,120,150	3000	50
XB1-80	80,100,135	3000	120
XB1-100	83,100,125,165	3000	240
XB1-120	100,120,200	3000	450
XB1-160	80,100,160,200,300	1500	1000
XB1-200	100,125,200,250	1500	2000

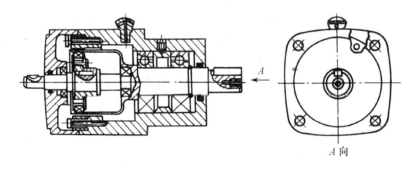

图 2-34 减速器结构

4. 齿轮传动间隙的调整方法

常用的调整齿侧间隙的方法有以下几种。

(1) 圆柱齿轮传动

1) 偏心套(轴)调整法。如图 2-35 所示,将相互啮合的一对齿轮中的一个齿轮 4 装在电动机输出轴上,并将电动机 2 安装在偏心套 1 (或偏心轴)上,通过转动偏心套(偏心轴)的转角,就可调节两啮合齿轮的中心距,从而消除圆柱齿轮啮合的齿侧间隙。特点是结构简单,但其侧隙不能自动补偿。

2) 轴向垫片调整法。如图 2-36 所示,齿轮 1 和 2 相啮合,其分度圆弧齿厚沿轴线方向略有锥度,这样就可以用轴向垫片 3 使齿轮 2 沿轴向移动,从而消除两齿轮的齿侧间隙。装配时轴向垫片 3 的厚度应使得齿轮 1 和 2 之间既齿侧间隙小,运转又灵活。特点同 1)。

3) 双片薄齿轮错齿调整法。这种消除齿侧间隙的方法是将其中一个作成宽齿轮。另一个用两片薄齿轮组成。采取措施使一个薄齿轮的左齿侧和另一个薄齿轮的右齿侧分别紧贴在宽齿轮齿槽的左、右两侧,以消除齿侧间隙,反何时不会出现死区,其措施如下:

周向弹簧式(图 2-37)。在两个薄片齿轮 3 和 4 上各开了几条周向圆弧槽,并在齿轮 3 和

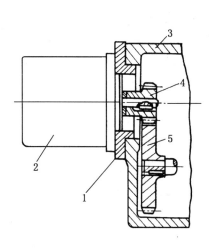

图 2-35 偏心套调整法
1—偏心套；2—电动机；3—减速箱；
4、5—减速齿轮

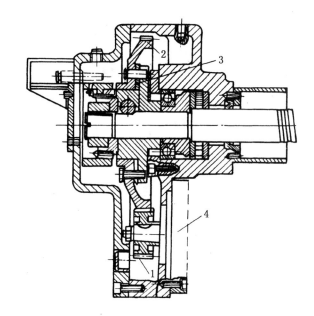

图 2-36 圆柱齿轮轴向垫片调整
1、2—齿轮；3—垫片；4—电动机

4 的端面上有安装弹簧 2 的短柱 1。在弹簧 2 的作用下使薄片齿轮 3 和 4 错位而消除齿侧间隙。这种结构形式中的弹簧 2 的拉力必须足以克服驱动转矩才能起作用。因该方法受到周向圆弧槽及弹簧尺寸限制，故仅适用于读数装置而不适用于功率驱动装置。

可调拉簧式（图 2-38）。在两个薄片齿轮 1 和 2 上装有凸耳 3。弹簧的一端钩在凸耳 3 上，另一端钩在螺钉 7 上。弹簧 4 的拉力大小可用螺母 5 调节螺钉 7 的伸出长度，调整好后再用螺母 6 锁紧。

(2) 斜齿轮传动

消除斜齿轮传动齿侧隙的方法与上述错齿调整法基本相同，也是用两个薄片齿轮与一个宽齿轮啮合，只是在两个薄片斜齿轮的中间隔开了一小段距离，这样它的螺旋线便错开了。图 2-39 是垫片错齿调整法，其特

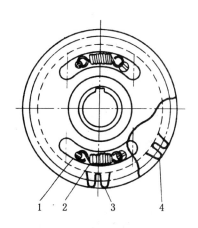

图 2-37 薄片齿轮周向
拉簧错齿调整
1—短柱；2—弹簧；3、4—薄片齿轮

点是结构比较简单，但调整较费时，且齿侧间隙不能自动补偿，图 2-40 是轴向压簧错齿调整法，其特点是齿侧隙可以自动补偿，但轴向尺寸较大。结构欠紧凑。图中 1，2 为薄片齿轮，3 为宽齿轮，4 为调整螺母，5 为弹簧。

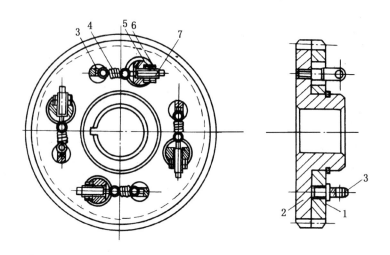

图 2-38 可调拉簧式
1、2—齿轮；3—凸耳；4—弹簧；5、6—螺母；7—螺钉

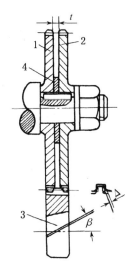

图 2-39 垫片错齿调整
1、2—薄片齿轮；3—宽齿轮；4—垫片

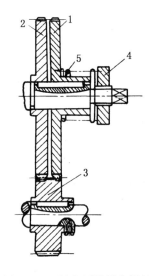

图 2-40 轴向压簧错齿调整
1、2—薄片齿轮；3—宽齿轮；4—调整螺母；5—弹簧

五、挠性传动部件

除滚珠丝杠副、齿轮副等传动部件之外，机电一体化系统中还大量使用同步齿形带、钢带、链条、钢丝绳及尼龙绳等挠性传动部件。

（1）同步带传动

同步带传动是综合了普通带传动和链轮链条传动优点的一种新型传动，它在带的工作面及带轮外周上均制有啮合齿，通过带齿与轮齿作啮合传动。为保证带和带轮作无滑差的同步传动，其齿形带采用了承载后无弹性变形的高强力材料，以保证带的节距不变。故它具有传动比准确、传动效率高（可达 0.98）、能吸振、噪音低、传动平稳、能高速传动、维护保养方便等优点，故使用范围较广。其主要缺点是安装精度要求高、中心距要求严格，具有一定的蠕变性。

图 2-41 为同步齿形带在打印机字车送进系统中的应用实例。

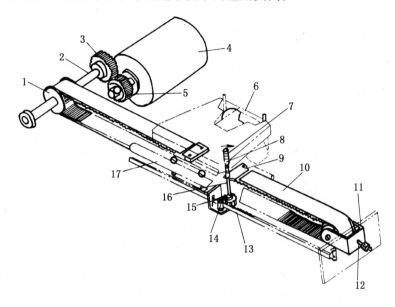

图 2-41　打印机中同步带传动系统

1—驱动轮；2—驱动轴；3—从动轮；4—伺服电动机；5—电动机齿轮；6—字车；7—色带驱动手柄；8—销；9—连接环；10—字车驱动同步带；11—支架；12—带张力调节螺杆；13—色带驱动带；14—压带轮；15—色带驱动轮；16—色带驱动轴；17—导杆

同步带的结构如图 2-42 所示。它由强力层 1、带齿 2 和带背 3 组成。带轮结构如图 2-43 所示，带轮齿形有梯形齿形和圆弧齿形。国内有同步带传动部件的 GB 11616—1989、GB 11362—1989 等国家标准，专门生产厂家生产供选用。

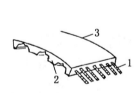

图 2-42　同步带的结构
1—加强筋；2—带齿；3—带背

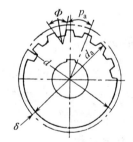

图 2-43　带轮结构
ϕ—带轮槽半角；d_0—带轮顶圆直径；p_a—外圆节距；d—带轮节圆直径；δ—带轮节顶距

(2) 钢带传动

钢带传动的特点是钢带与带轮间接触面积大、无间隙、摩擦阻力大无滑动，结构简单紧凑、运行可靠、噪音低、驱动力大、寿命长，钢带无蠕变。图 2-44 为钢带传动在磁头定位机构中的应用例，α 形钢带挂在驱动轮上，磁头固定在往复运动的钢带上，结构紧凑、磁头移动迅速、运行可靠。

(3) 绳轮传动

绳轮传动具有结构简单、传动刚度大、结构柔软、成本较低、噪音低等优点。其缺点是带轮较大、安装面积大,加速度不易太高。图2-45为打印机字车的绳轮传动送进机构图。

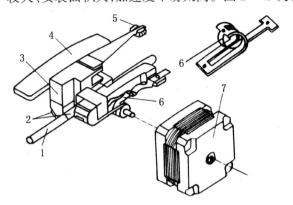

图2-44 钢带传动定位机构
1—导杆;2—轴承;3—小车;4—导轨;
5—磁头;6—钢带;7—步进电动机

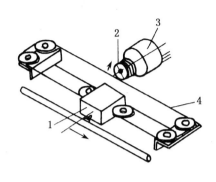

图2-45 绳轮传动在打印机字车
送进机构中的应用
1—字车;2—绳轮(电动机输出轴上);
3—伺服电动机;4—钢丝绳

挠性传动的传动方式比较如表2-8所示。

表2-8 挠性传动方式比较

传动方式	传动带	带轮	传动刚度	蠕变	结构
同步带传动	同步带	齿形轮	中等	有	简单
钢带传动	钢带	无齿带轮	大	无	简单
绳轮传动	钢丝绳(尼龙绳)	开槽绳轮	大(小)	有	较简单

六、间歇传动部件

机电一体化系统中常用的间歇传动部件有:棘轮传动、槽轮传动、蜗形凸轮传动等部件。这种传动部件可将原动机构的连续运动转换为间歇运动。其基本要求是移位迅速、移位过程中运动无冲击、停位准确可靠。

1. 棘轮传动机构

棘轮机构主要由棘轮和棘爪组成,其工作原理如图2-46所示。棘爪1装在摇杆4上,能围绕O_1点转动,摇杆空套在棘轮凸缘上做往复摆动。当摇杆(主动件)作逆时针方向摆动时,棘爪与棘轮2的齿啮合,克服棘轮轴上的外加力矩M,推动棘轮朝逆时针方向转动,此时止动爪3(或称止回爪、闸爪)在棘轮齿上打滑。当摇杆摆过一定角度λ而返向作顺时针方向摆动时,止动爪3把棘轮闸住,使其不致因外加力矩M的作用而随同摇杆一起作返向转动,此时棘爪1在棘轮齿上打滑而返回到起始位置。摇杆如此往复不停地摆动时,棘轮就不断地按逆时针方向间歇地转动。扭簧5用于帮助棘爪与棘轮齿啮合。

图2-47所示,棘轮传动机构有外齿式(图a)、内齿式(图b)和端齿式(图c)。它由棘轮1和棘爪2组成,棘爪为主动件、棘轮为从动件。棘爪的运动可从连杆机构、凸轮机构、油(气)缸

等的运动获得。棘轮传动有噪声、磨损快,但由于结构简单、制造容易,故应用较广泛。棘爪每往复一次推过的棘轮齿数与棘轮转角的关系如下

$$\lambda = 360°k/Z$$

式中　λ——棘轮回转角(根据工作要求而定);
　　　k——棘爪每往复一次推过的棘轮齿数;
　　　Z——棘轮齿数。

2. 槽轮传动机构

槽轮传动机构又称马尔他(马氏)机构。如图 2-48 所示,它由拨销盘(或曲柄)1 和槽轮 3 组成。其工作原理如下:拨销盘(主动件)以不变的角速度 ω_0 旋转,拨销转过 2β 角时,槽轮转过相邻两槽间的夹角 2α,见图(b)。在拨销转过其余部分的 $2(\pi-\beta)$ 角时,槽轮静止不动,见

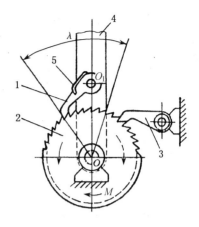

图 2-46　棘轮传动工作原理
1—棘爪;2—棘轮;3—止动爪;
4—摇杆;5—扭簧

图(c),直到拨销进入下一个槽内,又重复以上循环。这样,就便拨销盘的连续运动变为槽轮(从动件)的间歇运动。为保证槽轮在静止时间内的位置准确,在拨销盘和槽轮上分别作出销紧弧面和定位弧面来锁住槽轮。

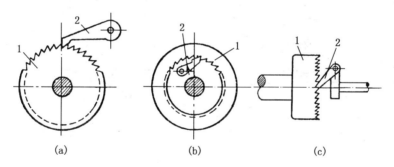

图 2-47　齿式棘轮机构的形式
1—棘轮;2—棘爪

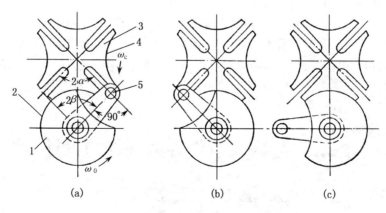

图 2-48　槽轮传动机构工作原理
1—拨销盘;2—锁紧弧;3—槽轮;4—定位弧;5—拨销

槽轮传动机构具有结构简单,转位迅速,从动件能在较短时间内转过较大的角度,传动效率高,槽轮转位时间与静止时间之比为定值等优点。但是,由于槽轮的角速度不是常数,在转位开始与终了时,有一定大小的角加速度,从而产生冲击;又由于利用锁紧弧 2 和定位弧 4 定位,其定位精度往往满足不了要求,在要求工作盘的定位精度较高时,需要另加定位装置;制造和装配精度要求较高。

3. 蜗形凸轮传动机构

图 2-49 所示为蜗形凸轮传动机构。它由转盘 1 和安装在转盘上的滚子 2 和蜗形凸轮 3 组成。蜗形凸轮 3 以角速度 ω 连续旋转,当凸轮转过 θ 角(中心角)时,转盘就转过 ϕ 角(相邻两个滚子之间的夹角),在凸轮转过其余的角度($2\pi - \theta$)时,转盘停止不动,并靠凸轮的棱边卡在两个滚子中间,使转盘定位。这样,凸轮(主动件)的连续运动就变成转盘(从动件)的间歇运动。

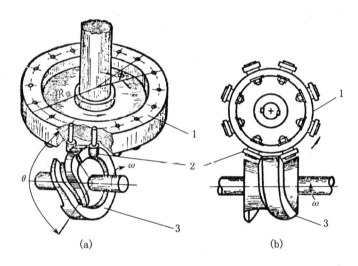

图 2-49 蜗形凸轮传动机构
1—转盘;2—滚子;3—蜗形凸轮

蜗形凸轮机构具有如下的特点:

① 能够得到在实际中所能遇到的任意的转位时间与静止时间之比,其工作时间系数 $K_{工作}$ 工作比槽轮机构的要小;② 能够实现转盘所要求的各种运动规律;③ 与槽轮机构比较,能够用于工位数较多的设备上,而不需加入其他的传动机构;④ 在一般情况下,凸轮棱边的定位精度已能满足要求,而不需其他定位装置;⑤ 有足够高的刚度;⑥ 装配方便;⑦ 不足之处是它的加工工作量特别大,因而成本较高。

§2.3 导向支承部件的选择与设计

一、导轨副的组成、种类及其应满足的要求

导向支承部件的作用是支承和限制运动部件按给定的运动要求和规定的运动方向运动。这样的部件通常被称为导轨副,简称导轨。

1. 导轨副的种类

导轨副主要由承导件 1 和运动件 2 两大部分组成(图 2 - 50)。运动方向为直线的被称为直线运动导轨副、为回转的被称为回转运动导轨副。常用的导轨副的种类很多,按其接触面的摩擦性质可分为滑动导轨、滚动导轨、流体介质摩擦导轨等。例如

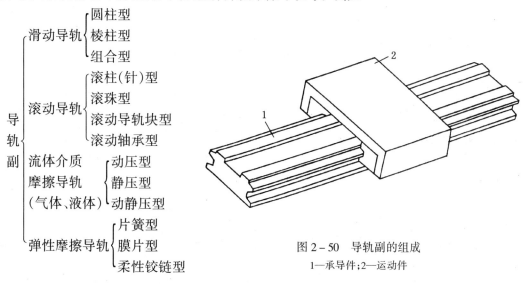

图 2 - 50 导轨副的组成
1—承导件;2—运动件

导轨副 {
- 滑动导轨 { 圆柱型 / 棱柱型 / 组合型 }
- 滚动导轨 { 滚柱(针)型 / 滚珠型 / 滚动导轨块型 / 滚动轴承型 }
- 流体介质摩擦导轨(气体、液体) { 动压型 / 静压型 / 动静压型 }
- 弹性摩擦导轨 { 片簧型 / 膜片型 / 柔性铰链型 }
}

按其结构特点可分为开式(借助重力或弹簧弹力保证运动件与承导面之间的接触)导轨和闭式(只靠导轨本身的结构形状保证运动件与承导面之间的接触)导轨。常用导轨结构形式如图 2 - 51 所示,其性能比较见表 2 - 9。

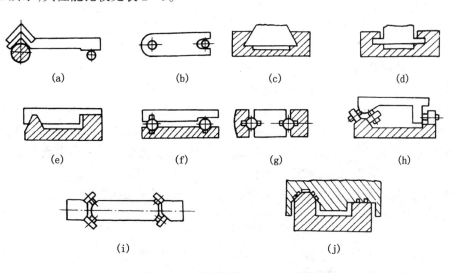

图 2 - 51 常用导轨副结构示意图

表 2-9 常用导轨性能比较

导轨类型	结构工艺性	方向精度	摩擦力	对温度变化的敏感性	承载能力	耐磨性	成本
开式圆柱面导轨	好	高	较大	不敏感	小	较差	低
闭式圆柱面导轨	好	较高	较大	较敏感	较小	较差	低
燕尾导轨	较差	高	大	敏感	大	好	较高
闭式直角导轨	较差	较低	较小	较敏感	大	较好	较低
开式"V"形导轨	较差	较高	较大	不敏感	大	好	较高
开式滚珠导轨	较差	高	小	不敏感	较小	较好	较高
闭式滚珠导轨	差	较高	较小	不敏感	较小	较好	高
开式滚柱导轨	较差	较高	小	不敏感	较大	较好	较高
滚动轴承导轨	较差	较高	小	不敏感	较大	好	较高
液体静压导轨	差	高	很小	不敏感	大	很好	很高

2. 导轨副应满足的基本要求

机电一体化系统对导轨的基本要求是导向精度高、刚性好、运动轻便平稳、耐磨性好、温度变化影响小以及结构工艺性好等。

对精度要求高的直线运动导轨,还要求导轨的承载面与导向面严格分开;当运动件较重时,必须设有卸荷装置,运动件的支承,必须符合三点定位原理。

(1) 导向精度

导向精度是指动导轨按给定方向作直线运动的准确程度。导向精度的高低,主要取决于导轨的结构类型;导轨的几何精度和接触精度;导轨的配合间隙,油膜厚度和油膜刚度;导轨和基础件的刚度和热变形等。

直线运动导轨的几何精度(如图 2-52 所示),一般有下列几项规定:

1) 导轨在垂直平面内的直线度(即导轨纵向直线度),如图 2-52(a)所示。

2) 导轨在水平平面内的直线度(即导轨横向直线度),如图 2-52(b)所示,理想的导轨与垂直和水平截面上的交线,均应是一条直线,但由于制造的误差,使实际轮廓线偏离理想的直线,测得实际包容线的两平行直线间的宽度 ΔV、ΔH,即为导轨在垂直平面内或水平平面内的直线度。在这两种精度中,一般规定导轨全长上的直线度或导轨在一定长度上的直线度。

3) 两导轨面间的平行度,也叫扭曲度。这项误差一般规定用在导轨一定长度上或全长上的横向扭曲值表示。

(2) 刚度

导轨的刚度就是抵抗载荷的能力。抵抗恒定载荷的能力称为静刚度;抵抗交变载荷的能力称为动刚度。现简略介绍静刚度。

在恒定载荷作用下,物体变形的大小,表示静刚度的好坏。导轨变形一般有自身、局部和接触三种变形。

自身变形,由于作用在导轨面上的零、部件重量(包括自重)而引起,它主要与导轨的类型、尺寸以及材料等有关。因此,为了加强导轨自身刚度,常用增大尺寸和合理布置筋和筋板等办法解决。

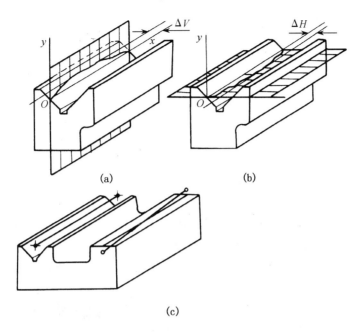

图 2-52 直线运动导轨的几何精度

导轨局部变形发生在载荷集中的地方,因此,必须加强导轨的局部刚度。

如图 2-53 所示,在两个平面接触处,由于加工造成的微观不平度,使其实际接触面积仅是名义接触面积的很小一部分,因而产生接触变形。由于接触面积是随机的,故接触变形不是定值,亦即接触刚度也不是定值,但在实际应用时,接触刚度必须是定值。为此,对于活动接触面

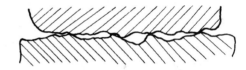

图 2-53 导轨实际接触面积

(动导轨与支承导轨),需施加预载荷,以增加接触面积,提高接触刚度,预载荷一般等于运动件及其上的工件等重量。为了保证导轨副的刚度,导轨副应有一定的接触精度。导轨的接触精度以导轨表面的实际接触面积占理论接触面积的百分比或在 25 mm × 25 mm 面积上接触点的数目和分布状况来表示。这项精度一般根据精刨、磨削、刮研等加工方法按标准规定。

(3) 精度的保持性

它主要由导轨的耐磨性决定。导轨的耐磨性是指导轨在长期使用后,应能保持一定的导向精度。导轨的耐磨性,主要取决于导轨的结构、材料、摩擦性质、表面粗糙度、表面硬度、表面润滑及受力情况等;提高导轨的精度保持性,必须进行正确的润滑与保护。采用独立的润滑系统自动润滑已被普遍采用。防护方法很多,目前多采用多层金属薄板伸缩式防护罩进行防护。

(4) 运动的灵活性和低速运动的平稳性

机电一体化系统和计算机外围设备等的精度和运动速度都比较高,因此,其导轨应具有较好的灵活性和平稳性,工作时应轻便省力,速度均匀,低速运动或微量位移时不出现爬行现象;高速运动时应无振动。在低速运行时(如 0.05 mm/min),往往不是作连续的匀速运动而是时走时停(即爬行)。其主要原因是摩擦系数随运动速度的变化和传动系统刚性不足造成的。将传

动系统和摩擦副简化成弹簧—阻尼系统,如图 2-54 所示,传动系统 2 带动运动件 3 在静导轨 4 上运动时,作用在导轨副内的摩擦力量是变化的。导轨副相对静止时,静摩擦系数较大。运动开始的低速阶段,动摩擦系数是随导轨副相对滑动速度的增大而降低的,直到相对速度增大到某

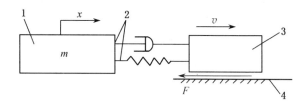

图 2-54 弹簧—阻尼系统
1—主动件;2—弹簧-阻尼;3—运动件;4—静导轨

一临界值,动摩擦系数才随相对速度的减小而增加。由此来分析该图所示的运动系统是:匀速运动的主动件 1,通过压缩弹簧推动静止的运动件 3,当运动件 3 受到的逐渐增大的弹簧力小于静摩擦力 F 时,3 不动。直到弹簧力刚刚大于 F 时,3 才开始运动,动摩擦力随着动摩擦系数的降低而变小,3 的速度相应增大,同时弹簧相应伸长,作用在 3 上的弹簧力逐渐减小,3 产生负加速度,速度降低,动摩擦力相应增大,速度逐渐下降,直到 3 停止运动,主动件 1 这时再重新压缩弹簧,爬行现象进入下一个周期。

为防止爬行现象的出现,可同时采取以下几项措施:采用滚动导轨、静压导轨、卸荷导轨、贴塑料层导轨等;在普通滑动导轨上使用含有极性添加剂的导轨油;用减小结合面、增大结构尺寸、缩短传动链、减少传动副等方法来提高传动系统的刚度。

(5) 对温度的敏感性和结构工艺性

导轨在环境温度变化的情况下,应能正常工作,既不"卡死",亦不影响系统的运动精度。导轨对温度变化的敏感性,主要取决于导轨材料和导轨配合间隙的选择。

结构工艺性是指系统在正常工作的条件下,应力求结构简单,制造容易,装拆、调整、维修及检测方便,从而最大限度的降低成本。

3. 导轨副的设计内容

设计导轨应包括下列几方面内容:

1) 根据工作条件,选择合适的导轨类型;
2) 选择导轨的截面形状,以保证导向精度;
3) 选择适当的导轨结构及尺寸,使其在给定的载荷及工作温度范围内,有足够的刚度、良好的耐磨性以及运动轻便和低速平稳性。
4) 选择导轨的补偿及调整装置,经长期使用后,通过调整能保持所需要的导向精度;
5) 选择合理的耐磨涂料、润滑方法和防护装置,使导轨有良好的工作条件,以减少摩擦和磨损;
6) 制订保证导轨所必需的技术条件,如选择适当的材料,以及热处理、精加工和测量方法等。

二、滑动导轨副的结构及选择

1. 导轨副的截面形状及其特点

常见的导轨截面形状,有三角形(分对称、不对称两类)、矩形、燕尾形及圆形等四种,每种又分为凸形和凹形两类。如图 2-55 所示,凸形导轨不易积存切屑等脏物,也不易储存润滑

油。宜在低速下工作；凹形导轨则相反，可用于高速，但必须有良好的防护装置，以防切屑等脏物落入导轨。各种导轨的特点如下：

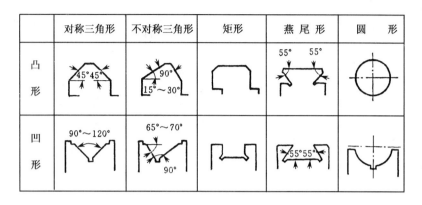

图 2-55　导轨的截面形状

(1) 三角形导轨

导轨尖顶朝上的称三角形导轨，尖顶朝下的称 V 形导轨。该导轨在垂直载荷的作用下，磨损后能自动补偿，不会产生间隙，故导向精度较高。但压板面仍需有间隙调整装置。它的截面角度由载荷大小及导向要求而定，一般为 90°。为增加承载面积，减小比压，在导轨高度不变的条件下，应采用较大的顶角（110°～120°）；为提高导向性，可采用较小的顶角（60°）。如果导轨上所受的力，在两个方向上的分力相差很大，应采用不对称三角形，以使力的作用方向尽可能垂直于导轨面。此外，导轨水平与垂直方向误差相互影响，给制造、检验和修理带来困难。

(2) 矩形导轨

矩形导轨的特点是结构简单，制造、检验和修理方便，导轨面较宽，承载能力大，刚度高，故应用广泛。

矩形导轨的导向精度没有三角形导轨高，磨损后不能自动补偿，须有调整间隙装置，但水平和垂直方向上的位置各不相关，即一方向上的调整不会影响到另一方向的位移，因此安装调整均较方便。在导轨的材料、载荷、宽度相同情况下，矩形导轨的摩擦阻力和接触变形都比三角形导轨小。

(3) 燕尾形导轨

此类导轨磨损后不能自动补偿间隙，需设调整间隙装置。两燕尾面起压板面作用，用一根镶条就可调节水平与垂直方向的间隙，且高度小，结构紧凑，可以承受颠覆力矩。但刚度较差，摩擦力较大，制造、检验和维修都不方便。用于运动速度不高，受力不大，高度尺寸受到限制的场合。

(4) 圆形导轨

圆形导轨制造方便，外圆采用磨削，内孔经过珩磨，可达到精密配合，但磨损后很难调整和补偿间隙。圆柱形导轨有两个自由度，适用于同时作直线运动和转动的地方。若要限制转动，可在圆柱表面开键槽或加工出平面，但不能承受大的扭矩，亦可采用双圆柱导轨。圆柱导轨用于承受轴向载荷的场合。

2. 导轨副的组合形式

(1) 双三角形导轨

两条三角形导轨同时起支承和导向作用,如图 2-56 所示。由于结构对称,驱动元件可对称地放在两导轨中间,并且两条导轨磨损均匀,磨损后相对位置不变,能自动补偿垂直和水平方向的磨损,故导向性和精度保持性都高,接触刚度好。但工艺性差,对导轨的四个表面刮削或磨削也难以完全接触,如果床身和运动部件热变形不同,也很难保证四个面同时接触。因此多用于精度要求较高的机床设备。

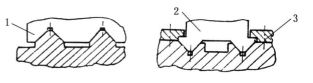

图 2-56 双三角形导轨
1—三角形导轨;2—V 形导轨;3—压板

(2) 矩形和矩形组合

承载面 1 和导向面 2 分开。因而制造与调整简单(见图 2-57)。导向面的间隙,用镶条调节,接触刚度低。闭式结构有辅助导轨面 3,其间隙用压板调节。

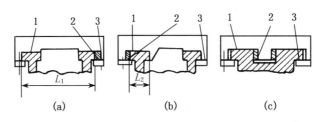

图 2-57 矩形与矩形组合导轨
1—承载面;2—导向面;3—辅助导轨面

采用矩形和矩形组合时,应合理选择导向面。如图 2-57(a)所示,以两侧面作导向面时,间距 L_1 大,热变形大,要求间隙大,因而导向精度低,但承载能力大;若以内外侧面作导向面,如图(b)所示,其间距 L_2 较小,加工测量方便,容易获得较高的平行度。热变形小,可选用较小的间隙,因而导向精度高;两内侧面作导向面,如图(c)所示,导向面 2 对称分布在导轨中部,当传动件位于对称中心线上时,避免了由于牵引力与导向中心线不重合而引起的偏转,不致在改变运动方向时引起位置误差,故导向精度高。

(3) 三角形和矩形组合

这种组合形式如图 2-58(a)所示,它兼有三角形导轨的导向性好、矩形导轨的制造方便、刚性好等优点,并避免了由于热变形所引起的配合变化。但导轨磨损不均匀,一般是三角形导轨比矩形导轨磨损快,磨损后又不能通过调节来补偿,故对位置精度有影响。闭合导轨有压板面,能承受颠覆力矩。

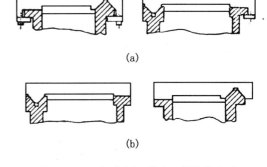

图 2-58 三角形和矩形平面导轨的组合

这种组合有 V-矩、棱-矩两种形式。V-矩组合导轨易储存润滑油,低、高速都能采用,棱-矩组合不能储存润滑油,只用于低速移动。

(4) 三角形和平面导轨组合

这种组合形式的导轨如图2-58(b)所示,它具有三角形和矩形组合导轨的基本特点,但由于没有闭合导轨装置,因此只能用于受力向下的场合。

对于三角形和矩形、三角形和平面组合导轨,由于三角形和矩形(或平面)导轨的摩擦阻力不相等,因此在布置牵引力的位置时,应使导轨的摩擦阻力的合力与牵引力在同一直线上,否则就会产生力矩,使三角形导轨对角接触,影响运动件的导向精度和运动的灵活性。

(5) 燕尾形导轨及其组合

图2-59(a)所示为整体式燕尾形导轨;图(b)中所示为装配式燕尾形导轨,其特点是制造、调试方便;图(c)中所示为燕尾与矩形组合,它兼有调整方便和能承受较大力矩的优点,多用于横梁、立柱和摇臂等导轨。

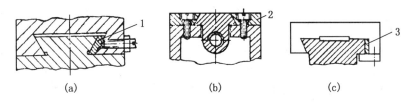

图2-59 燕尾形导轨及其组合的间隙调整
1—斜镶条;2—压板;3—直镶条

3. 导轨副间隙的调整

为保证导轨正常工作,导轨滑动表面之间应保持适当的间隙。间隙过小,会增加摩擦阻力;间隙过大,会降低导向精度。导轨的间隙如依靠刮研来保证,要费很大的劳动量,而且导轨经长期使用后,会因磨损而增大间隙。需要及时调整,故导轨应有间隙调整装置。矩形导轨需要在垂直和水平两个方向上调整间隙。

常用的调整方法有压板和镶条法两种方法。对燕尾形导轨可采用镶条(垫片)方法同时调整垂直和水平两个方向的间隙(图2-60)。对矩形导轨可采用修刮压板、修刮调整垫片的厚度或调整螺钉的方法进行间隙的调整。

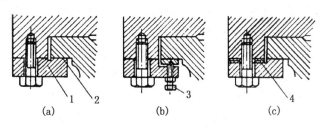

图2-60 矩形导轨垂直方向间隙的调整
1—压板;2—接合面;3—调整螺钉;4—调整垫片

图2-61(a)所示为采用平镶条调整导轨侧面间隙的结构。平镶条横截面积为矩形或平行四边形(用于燕尾导轨),以镶条的横向位移来调整间隙。平镶条一般放在受力小的一侧,用螺钉调节,螺母锁紧。因各螺钉单独拧紧,收紧力不易一致,使镶条在螺钉的着力点有挠度,使接触不均匀,刚性差,易变形,调整较麻烦,故用于受力较小,或短的导轨。图中(b)、(c)所示为采用两根斜镶条调整导轨侧面间隙的结构。调整时拧动螺钉,使斜镶条纵向(平行运动方向)移动来调整间隙。为了缩短斜镶条的长度,一般将镶条放在移动件上。斜镶条是在全长上支承,其斜度为1:40~1:100,镶条长度L越长,斜度应越小,以免两端厚度相差过大。一般$L/H<10$时(H为导轨高度),取1:40;

$L/H > 10$ 时,取 1:100。

采用斜镶条调整的优点是:镶条两侧面与导轨面全部接触,故刚性好,但斜镶条必须加工成斜形,因此制造困难,但使用可靠,调整方便,故应用较广。

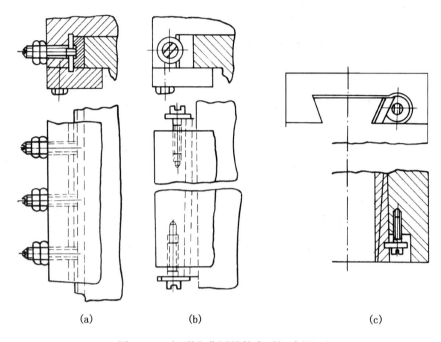

(a)　　　　　(b)　　　　　(c)

图 2-61 矩形和燕尾导轨水平间隙的调整

三角形导轨的上滑动面能自动补偿,下滑动面的间隙调整和矩形导轨的下压板调整底面间隙相同。圆形导轨的间隙不能调整。

4．导轨副材料的选择

导轨常用材料有铸铁、钢、有色金属和塑料等。常使用铸铁-铸铁、铸铁-钢的导轨。

1) 铸铁。铸铁具有耐磨性和减振性好,热稳定性高,易于铸造和切削加工,成本低等特点,因此在滑动导轨中被广泛采用。常用的铸铁有:

灰铸铁,常用的是 HT200(一级铸铁),硬度以 180~200HB 较为合适。适当增加铸铁中含碳量和含磷量,减少含硅量,可提高导轨的耐磨性。

若灰口铸铁不能满足耐磨性要求,可使用耐磨铸铁。常用的耐磨铸铁有:

高磷铸铁,它是指含磷量为 0.3%~0.65% 的灰口铸铁,其硬度为 180~220HB,耐磨性能比灰铸铁 HT200 约高一倍。若加入一定量的铜和钛,成为磷铜钛铸铁,其耐磨性能比 HT200 约高二倍。高磷铸铁的脆性和铸造应力较大,易产生裂纹,生产中应采用适当的铸造工艺。

低合金铸铁,如钒钛铸铁、中磷钒钛铸铁、中磷铜钒钛铸铁等。这类铸铁具有较好的耐磨性(与高磷铜钛铸铁相近),且铸造性能优于高磷系铸铁。

稀土铸铁,它具有强度高、韧性好的特点,耐磨性与高磷铸铁相近。但铸造性能和减振性较差,成本也较高。

孕育铸铁,常用的孕育铸铁是 HT300,它比 HT200 的耐磨性高。

2) 钢。为了提高导轨的耐磨性,可以采用淬硬的钢导轨。淬火的钢导轨都是镶装或焊接上去的。淬硬钢导轨的耐磨性比不淬硬铸铁导轨高 5~10 倍；

一般要求的导轨,常用的钢有 45 钢、40Cr、T8A、T10A、GCr15、GCr15SiMn 等,表面淬火或全淬,硬度为 52~58HRC。要求高的导轨,常采用的钢有 20Cr、20CrMnTi、15 号等,渗碳淬硬至 56~62HRC,磨削加工后淬硬层深度不得低于 1.5 mm。

3) 有色金属。常用的有色金属有黄铜 HPb59-1,锡青铜 ZQSn6-6-3,铝青铜 ZQAl9-2 和锌合金 ZZn-Al10-5,超硬铝 LC4、铸铝 Z16 等,其中以铝青铜较好。

4) 塑料。镶装塑料导轨具有耐磨性好(但略低于铝青铜),抗振性能好,工作温度适应范围广(-200 ℃~260 ℃),抗撕伤能力强,动、静摩擦系数低、差别小,可降低低速运动的临界速度,加工性和化学稳定性好,工艺简单,成本低等优点。目前在各类机床的动导轨及图形发生器工作台的导轨上都有应用。塑料导轨多与不淬火的铸铁导轨搭配。

用作导轨塑料贴层的有锦纶和酚醛夹布塑料、环氧树脂耐磨涂料、以聚四氟乙烯为基体的塑料。

聚四氟乙烯(PTFE)是现有材料中干摩擦系数($\mu=0.04$)最小的一种。但是,纯聚四氟乙烯机械强度低,刚性差,极不耐磨。因此需加入填充剂以增加其耐磨性。由于填充剂不同,就可得到不同性能的导轨材料。在以聚四氟乙烯为基体的各种塑料中,以导轨板性能较好,它是一种在钢板上烧结球状青铜颗粒并浸渍聚四氟乙烯塑料的板材。

这种塑料导轨板既具有聚四氟乙烯的摩擦特性,又具有青铜和钢铁的刚性与导热性,装配时可用环氧树脂粘结在动导轨上或同时用螺钉紧固。由于聚四氟乙烯自润滑性能优异,因此这种塑料导轨板适用于润滑不良或无法润滑的导轨面上。使用压强应低于 0.35 MPa。这种材料用于数控机床、集成电路制板设备上,可保证较高的重复定位精度和满足微量进给时无爬行的要求。与滚动导轨相比,具有寿命长,结构简单,使用方便,吸振性好,刚性好,成本低等优点。

5) 导轨材料的搭配。为了提高导轨的耐磨性,动导轨和支承导轨应具有不同的硬度。如果采用相同的材料,也应采用不同的热处理,以使动、静导轨的硬度不同,其差值一般在 20~40HB 范围内。而且,最低硬度应不低于所用材料标准硬度值的下限。滑动导轨常用材料的搭配列于表 2-10。

表 2-10 滑动导轨常用材料的搭配

支承导轨		动 导 轨	备 注
铸 铁		铸铁、青铜、黄铜、塑料	
淬火铸铁		铸 铁	
淬火钢	40 钢、50 钢、40Cr、T8A、T10A、GCr15	30 钢、40 钢	多用于圆柱导轨
	20Cr、40Cr	一般要求：HT200,HT300,青铜 较高要求：耐磨铸铁,青铜	

5. 提高导轨副耐磨性的措施

导轨的使用寿命,取决于导轨的结构、材料、制造质量、热处理方法,以及使用与维护。提高导轨的耐磨性,使其在较长时期内保持一定的导向精度,就能延长设备的使用寿命。

1) 采用镶装导轨。为了提高导轨的耐磨性,又要使导轨的制造工艺简单,修理方便,成本低等,往往采用镶装导轨,即在支承导轨(如底座、床身等)上镶装淬硬钢条、钢板或钢带;在动导轨上镶装塑料或有色金属板。

镶钢导轨 如图 2-62(a)(b)(c)所示,都是用螺钉将淬硬的钢导轨固定在支承件上。最好采用图(a)(b)的固定方法,以免损伤导轨表面。当采用图(c)所示的固定方法时,螺钉固紧后,应将螺钉头去掉并磨光。

镶装塑料导轨 多用酚醛夹布胶木板,塑料板厚度 0.5~10 mm。厚为 0.5~5 mm 的塑料板用环氧树脂粘结。粘合后在室温下保持 24 h,或在烘箱中 150 ℃下保温 2 h 就可粘结牢固。加压粘结。效果更好。为了提高塑料板的粘结强度,可在端部加固定销。

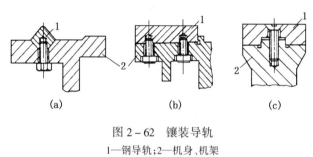

图 2-62 镶装导轨
1—钢导轨;2—机身、机架

除镶装塑料导轨外,还有喷涂塑料导轨。用的塑料有锦纶 1010 和低压聚乙烯粉末,喷涂厚度为 0.5~1 mm。

镶装有色金属导轨 常用的材料是铝青铜 ZQAl9-2 和锌合金 ZznAl10-5。由于这两种材料与铸铁的粘结强度不够高,因此有色金属与铸铁导轨除了粘结外,还必须用螺钉紧固。

2) 提高导轨的精度与改善表面粗糙度。其目的是减少导轨的摩擦和磨损,从而提高耐磨性。

3) 减小导轨单位面积上的压力(即比压)。要减小导轨面比压,应减轻运动部件的重量和增大导轨支承面的面积。减小两导轨面之间的中心距,可以减小外形尺寸和减轻运动部件的重量。但减小中心距受到结构尺寸的限制,同时,中心距太小,将导致运动不稳定。

降低导轨比压的另一办法,是采用卸荷装置,即在导轨载荷的相反方向,增加弹簧或液压作用力,以抵。消导轨所承受的部分载荷。

三、滚动导轨副的类型与选择

1. 直线运动滚动导轨副的特点及要求

滚动导轨作为滚动摩擦副的一类,具有许多特点:①摩擦系数小(0.003~0.005),运动灵活;②动、静摩擦系数基本相同,因而启动阻力小,而不易产生爬行;③可以预紧,刚度高;④寿命长;⑤精度高;⑥润滑方便,可以采用脂润滑,一次装填,长期使用;⑦由专业厂生产,可以外购选用。因此滚动导轨副广泛地被应用于精密机床、数控机床、测量机和测量仪器等。

滚动导轨的缺点是:导轨面与滚动体是点接触或线接触,所以抗振性差,接触应力大;对导轨的表面硬度、表面形状精度和滚动体的尺寸精度要求高,若滚动体的直径不一致,导轨表面有高低,会使运动部件倾斜,产生振动,影响运动精度;结构复杂,制造困难,成本较高;对脏物比较敏感,必须有良好的防护装置。

对该动导轨副的基本要求是:

1) 导向精度。导向精度是导轨副最基本的性朗指标。移动件在沿导轨运动时,不论有无载荷,都应保证移动轨迹的直线性及其位置的精确性。这是保证机床运行工作质量的关键。各种机床对导轨副本身平面度,垂直度及等高、等距的要求都有规定或标准。

2) 耐磨性。导轨副应在预定的使用期内,保持其导向精度。精密滚动导轨副的主要失效形式是磨损。因此耐磨性是衡量滚动导轨副性能的主要指标之一。

3) 刚度。为了保证足够的刚度,应选用最合适的导轨类型,尺寸及其组合。选用可调间隙和预紧的导轨副可以提高刚度。

4) 工艺性。导轨副要便于装配、调整、测量、防尘、润滑和维修保养。

2. 滚动导轨副的分类

直线运动滚动导轨副的滚动体有循环的和不循环的两种类型,根据直线运动导轨。这两种类型又将导轨副分成多种型式,如表 2 – 11 所示。

表 2 – 11　直线运动滚动导轨副的分类

滚动体不循环	滚珠导轨副
	滚针导轨副
	圆柱滚子导轨副
滚动体循环	直线滚动导轨副
	滚子导轨块
	滚动花键副
	直线运动球轴承及其支承
	滚珠导轨块

(1) 滚动体不循环的滚动导轨副

如图 2 – 63 所示,这种导轨的滚动体可以是滚珠、滚针或圆柱滚子。它们的共同特点是滚动体不循环,因而行程不能太长。这种导轨结构简单,制造容易,成本较低,但有时难以施加预紧力,刚度较低,抗振性能差,不能承受冲击载荷。

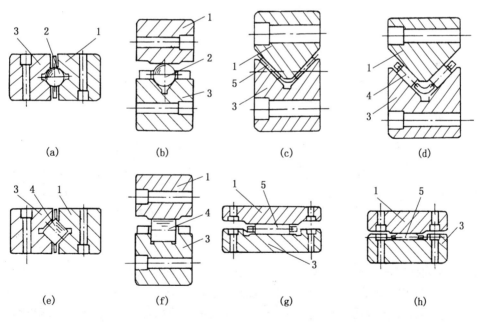

图 2 – 63　滚动体不循环的滚动导轨副
1—动导轨;2—滚珠;3—定导轨;4—滚柱;5—滚针

这类导轨中的滚珠导轨副(图(a))、(b))的特点是摩擦阻力小,但承载能力差,刚度低;不能承受大的颠覆力矩和水平力;经常工作的滚珠接触部位,容易压出凹坑,使导轨副丧失精度。

这种导轨适用于载荷不超过 200 N 的小型部件。设计时应注意尽量使驱动力和外加载荷作用点位于两条导轨副的中间。

滚针和滚柱导轨副(图(c)、(d)、(e)、(f)、(g)、(h))的特点是承荷能力比滚珠导轨副高近 10 倍;刚度也比滚珠导轨副高;其中的交叉滚柱导轨(图(e))四个方向均能受载,导向性能也高。但是,滚针和滚柱对导轨面的平行度误差比较敏感,且容易侧向偏移和滑动,引起磨损加剧。

图 2-64 所示为无须加载荷的三角-平面滚珠导轨。结构简单,制造方便。用于轻载、小颠覆力矩条件下。图 2-65 所示为有预加载荷的双三角形滚珠导轨。

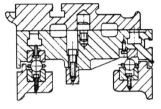

图 2-64 三角-平面滚珠导轨

结构较简单,制造较方便。用于中载和中等颠覆力矩条件下。导轨面若做成双圆弧,可提高承载能力。图 2-66 所示为有预加载荷的双三角形交叉滚子导轨。结构较复杂,刚度高,若不用保持架以增加滚子数量则刚度更高。适用于较大颠覆力矩条件下。

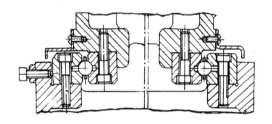

图 2-65 双三角滚珠导轨

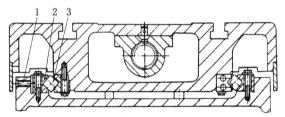

图 2-66 双三角交叉滚柱导轨
1—调整螺钉;2—定导轨;3—滚柱

(2) 滚动体循环的滚动导轨副

图 2-67 为行程无限的标准滚动导轨副。这种导轨副用于重载条件下,但结构较复杂,装卸调整不方便。

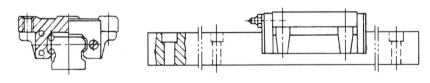

图 2-67 滚动导轨副

图 2-68 为标准化的滚动导轨块,其特点是行程长,装卸调整方便。图(a)为滚柱导轨块,可按额定动负荷选用,其基本参数为高度 H;图 b 为滚珠导轨块,它的结构紧凑,尤其是高度小,容易安装,滚珠不会像圆柱滚子那样发生歪斜;但是它的承载能力差,抗振性能也略低。

图 2-69 为标准化的滚动导轨副。它具有不同的间隙预紧结构。图(a)中定导轨 1 用螺钉固定在机身 2 上,动导轨 4 固定在运动件 3 上,其间隙可用调节螺钉 5 调节,故其精度和刚度均较低。图(b)中采用塞块 6 调整间隙,其精度和刚度均较高。图(c)所示结构采用偏心销轴进行间隙调整。

(3) 滚动轴承导轨

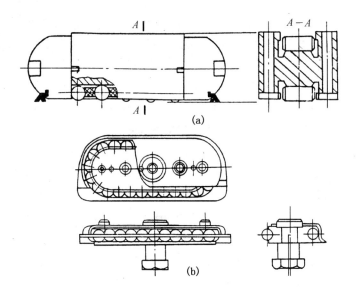

图 2-68 滚动导轨块

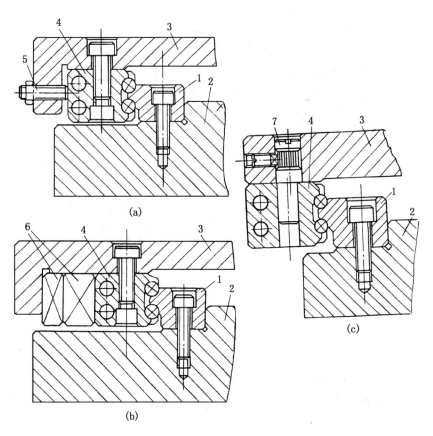

图 2-69 滚动导轨副
1—定导轨；2—机身；3—运动件；4—动导轨；5—调整螺钉；6—塞块；7—偏心调整销轴

滚动轴承导轨与滚珠、滚柱导轨的主要区别是：它不仅起着滚动体的作用，而且还代替了导轨。它的主要特点是：摩擦力矩小，运动平稳、灵活，承载能力大，调节方便，导轨面积小，加工工艺性好，能长久地保持较高的精度。但其精度直接受到轴承精度的影响。滚动轴承导轨在精密机械设备和仪器中均有采用，如精缩机、万能工具显微镜、测长仪等。

图 2-70 所示是单头多步重复照相机中采用的滚动轴承导轨的结构。图中 1 为承导件（底座），它有两个垂直导轨面（a、b）和两个水平导轨面（A、B），工作台 9 和轴承支架 4 等组成运动件。左边的垂直导轨面是保证传动精度的导向面，右边的垂直导轨面 6 起压紧作用，故左边两个轴承 8 的精度比右边两个轴承 6 的精度高。轴承 8 装在小轴 7 上，其中一根小轴是偏心的，借以调节工作台运动方向与丝杆 12 轴线的平行度。轴承 6 固定在摆杆 5 上，摆杆转动中心 O_1 与轴承回转中心 O_2 有偏心。借助弹簧 10 的拉力，使摆杆始终有一个绕其本身回转中心 O_1 转动的趋向，从而使轴承 6 紧靠右边的垂直辅助导轨面 6 上，并通过轴承支架 4，工作台 9 使轴承 8 与导向导轨面 a；产生一定的压力，保证导轨运动的直线性精度要求。运动件上的四个滚珠轴承 3，分别固定在偏心轴 2 上，精确调整轴的偏心位置，可以保证运动件的水平性。

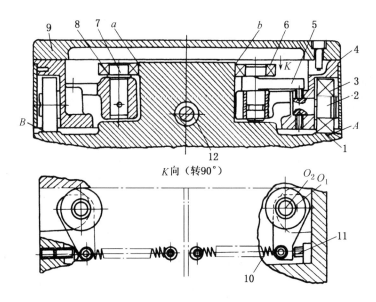

图 2-70 滚珠轴承导轨

1—承导件；2—偏心轴；3—滚珠轴承；4—轴承支架；5—摆杆；
6—轴承；7—小轴；8—左轴承；9—工作台；10—弹簧；11—螺钉

螺钉 11 是限位装置，它的端面和摆杆 5 间的间隙很小，若导轨在大于拉簧允许的外力作用下，杠杆的臂便和螺钉端面接触，避免工作台产生过大的偏转而影响导向精度或中断正常工作，使曝光的底版报废。

用作导轨的滚动轴承与轴承厂制造的标准轴承有所不同，标准滚动轴承是外环固定，内环旋转，而用作导轨的轴承恰好相反。且轴承内外环比标准轴承厚，如图 2-71 所示，精度更高，如三坐标测量机和万能工具显微镜用的滚动轴承的径向跳动量要求在 0.5~1 μm 之间，而轴承厂供应的最精密轴承,其径向跳动达 $2\sim 3~\mu m$,故只能用在导轨中作压紧作用,用作导向与支承的滚动轴承,需专门制造。

图 2-72 所示是滚动轴承的偏心轴机构。滚动轴承装在偏心轴上,以便于调整与控制导轨的间隙。其偏心量一般取 $e=0.2\sim 1~mm$。

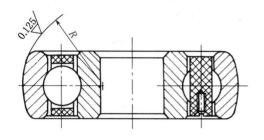
图 2-71 导轨用滚动轴承

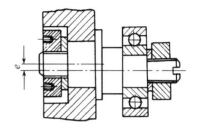
图 2-72 滚动轴承的偏心轴机构

微型计算机的磁盘存储器广泛地采用滚动轴承导轨,其结构型式较多,但不论那种结构型式,均应保证小车运动时有良好的刚性和导向,并只有一个直线往返移动的自由度。

图 2-73 所示为行程无限的标准滚动导套副。它装卸调整方便,用于轻载场合。

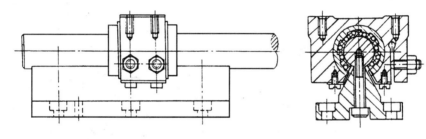
图 2-73 滚动导套副

四、静压导轨副工作原理

静压导轨是将具有一定压力的油或气体介质通入导轨的运动件与导向支承件之间,运动件浮在压力油或气体薄膜之上,与导向支承件脱离接触,致使摩擦阻力(力矩)大大降低。运动件受外载荷作用后,介质压力会反馈升高,以支承外载荷。图 2-74 为一能承受载荷 F_P 与颠覆力矩 T 的液体静压导轨原理图。当工作台受集中力 F_P(外力和工作台重力)作用而下降,使间隙 h_1、h_2 减小,h_3、h_4 增大,则流经节流器 1、2 的流量减小,其压力降也相应减少,使油腔压力 p_1、p_2 升高。流经节流器 3、4 的流量增大,p_3、p_4 则降低。四个油腔所产生的向上的支承合力与力 F_P 达到平衡状态,使工作台稳定在新的平衡位置。若工作台受水平外力 F 作用时,则 h_5 减小、h_6 增大,左、右油腔产生的压力 p_5、p_6 的合力与水平外力 F 处于平衡状态。当工作台受到颠覆力矩 T 作用时,会使 h_3、h_2 减小,h_1、h_4 增大,则四个油腔产生反力矩与颠覆力矩处于平衡状态。上述力(或力矩)的变化都会使工作台重新稳定在新的平衡位置。如果仅有油腔 1、2,则成为开式静压导轨,它不能承受颠覆力矩和水平方向的作用力。

要提高静压导轨的刚度,可提高供油(或气)的系统压力 p,加大油(气腔)受力面积,减小导轨间隙。一般情况下,气体静压导轨比液体静压导轨的刚度低。

要提高静压导轨的导向精度,必须提高导轨表面加工的几何精度和接触精度,进入节流器的精滤过的油液中的杂质微粒的最大尺寸应小于导轨间隙。静压导轨上的油腔形状有口字形、工字形和王字形。节流器的种类除毛细管式固定节流器外,还有薄膜反馈式可变节流器。目的是增大或调节流体阻力。

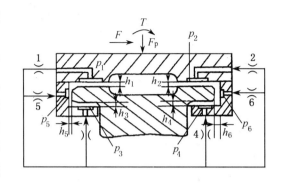

图2-74 闭式液体静压导轨工作原理图

图2-75为静压卸荷导轨工作原理。1、3、6为主导轨,2、4、5为辅助导轨。它是将主导轨承受的载荷的一部或大部用辅助导轨支承,从而改善主导轨的负载条件,以提高耐磨性和低速运动的稳定性。如图所示,装在活塞销7上的滚动轴承9压在辅助导轨上,其弹簧8的压力即可分担部分负载,弹簧压力之大小可由调节螺钉10调节。当导轨运动时可松开手柄11,使运动件基本上在辅助支承导轨面上运动,到达定位位置后用手柄锁紧,弹簧受压,其定位精度主要靠主导轨保证。

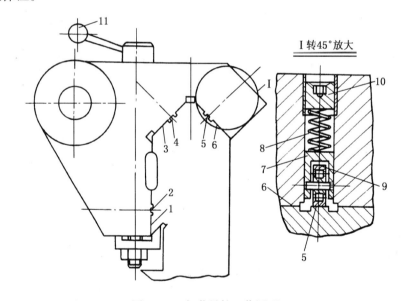

图2-75 卸荷导轨工作原理

1、3、6—主导轨;2、4、5—辅助导轨;7—活塞销;8—弹簧;9—滚动轴承;10—调节螺钉;11—手柄

§2.4 旋转支承部件的选择与设计

一、旋转支承部件的种类及基本要求

旋转支承中的运动件相对于支承导件转动或摆动时,按其相互摩擦的性质可分为滑动、滚动、弹性、气体(或液体)摩擦支承。滑动摩擦支承按其结构特点可分为圆柱、圆锥、球面和顶针支承;滚动摩擦支承按其结构特点,可分为填入式滚珠支承和刀口支承;各种支承的结构简图如图 2-76 所示,图中(a)圆柱支承;(b)圆锥支承;(c)球面支承;(d)顶针支承,(e)填入式滚珠支承;(f)刀口支承;(g)气、液体摩擦支承;(h)弹簧支承。设计时,选用哪种类型应视机电一体化系统对支承的要求而定。对支承的要求应包括:①方向精度和置中精度;②摩擦阻力矩的大小;③许用载荷;④对温度变化的敏感性;⑤耐磨性以及磨损的可补偿性;⑥抗振性;⑦成本的高低。

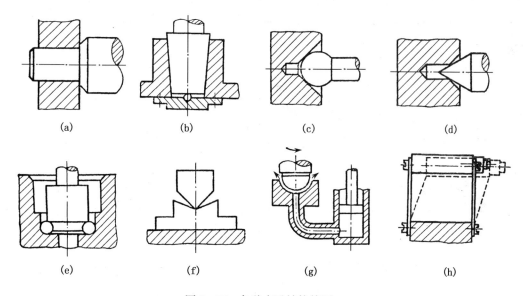

图 2-76 各种支承结构简图

方向精度是指运动件转动时,其轴线与承导件的轴线产生倾斜的程度。置中精度是指在任意截面上,运动件的中心与承导件的中心之间产生偏移的程度。支承对温度变化的敏感性是指温度变化时,由于承导件和运动件尺寸的变化,引起支承中摩擦阻力矩的增大或运动不灵活的现象。

二、圆柱支承

这种支承具有较大的接触表面,承受载荷较大。但其方向精度和置中精度较差,且摩擦阻力矩较大。圆柱支承是滑动摩擦支承中应用最广泛的一种,其结构如图 2-77 所示,配合孔直接作用在支承座体 4 或在其中镶入的轴套 2 上,为了存储润滑油,孔的一端应制作锥孔 3 或球面凹坑。为承受轴向力或防止运动件的轴向移动,常在轴上制作轴肩 1,其倒角用以储存润滑油,有利于降低摩擦力矩。

当需要准确的轴向定位时,常在运动件的中心孔和止推面之间放一滚珠作轴向定位,如图 2-78(a)所示。若利用轴套端面的滚珠作轴向定位(图 b),具有较大的承载能力,且运动件稍有偏心时,不会引起晃动,提高了机构的稳定性。

对置中精度和方向精度要求很高时,应采用运动学式圆柱支承。这种支承是用五个适当的支点,限制其运动件的五个自由度,使运动件只保留一个绕其轴线转

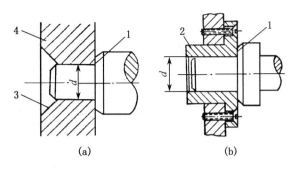

图 2-77 圆柱支承结构
1—轴肩;2—轴套;3—锥孔

动的自由度。为了克服点接触局部压力大的缺点,常采用小的面接触或线接触代替点接触;成为半运动学式圆柱支承(图 2-79)。它是利用滚珠与轴套的锥形表面接触,实现轴的定向和承载;利用轴套下部的短圆柱面与轴接触定中心。由于采用点和面限制运动件的自由度,并且滚珠和轴套锥面具有自动定心作用,故间隙对轴晃动的影响比标准圆柱支承小,因而精度较高。

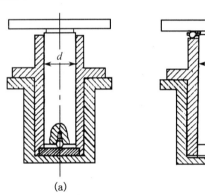 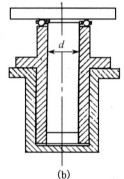 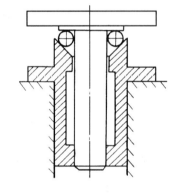

图 2-78 止推圆柱支承结构　　　　　图 2-79 半运动学圆柱支承

当圆柱支承承受径向载荷 F_P 时;如图 2-80(a)所示,其摩擦阻力矩用下式确定

$$T_0 = f'F_P d/2$$

式中　F_P——径向载荷(N);
　　　d——轴颈直径(cm);
　　　f'——诱导摩擦系数。

对于新的未经研配的轴颈:$f' = 1.57f$;对于研配的轴颈:$f' = 1.27f$;若轴颈和轴承均用较硬材料则 $f' = f$(f 为滑动摩擦系数)。

当圆柱支承受轴向载荷 F_Q 时,若止推面为 A(图 2-77(b)),其摩擦阻力矩按下式确定:

$$T_0 = \frac{1}{3}fF_Q \frac{d_1^3 - d_2^3}{d_1^2 - d_2^2}$$

式中　F_Q——轴向载荷(N);
　　　d_1——轴肩直径(cm);

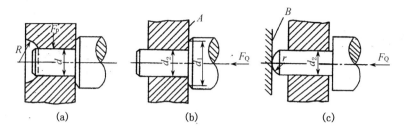

图 2-80 圆柱支承受力图

d_2——轴颈直径(cm)。

若止推面为 B，且轴的端面为球面时(图 2-80(c))，其摩擦阻力矩为

$$T_0 = \frac{3}{16}\pi f F_Q a$$

式中　a——轴端球面与止推面的接触半径，其值按赫兹公式确定

$$a = 8.81 \times \sqrt{F_Q\left(\frac{1}{E_{径}} + \frac{1}{E_{推}}\right)r}$$

式中　$E_{径}$——轴颈材料的弹性模量(N/cm²)；

　　　$E_{推}$——止推面材料的弹性模量(N/cm²)；

　　　r——轴颈球形端面的半径(cm)。

当支承同时承受径向载荷 F_p 和轴向载荷 F_Q 时，其支承中的摩擦力矩等于两种作用载荷所产生的摩擦阻力矩之和。

支承的间隙和相配件的形状偏差会影响支承的方向精度和置中精度，如图 2-81 所示，其置中精度和方向精度分别用最大定中心误差 ΔC 和轴的最大偏角 $\Delta \gamma$ 来衡量，其值按下式确定

$$\Delta C = \frac{1}{2}(\delta_{DK} + \delta_{dZ}) + (D_{kmax} - d_{Zmin})\text{来衡量，其值按下式确定}$$

$$\text{tg}\Delta \gamma = \Delta C / L$$

式中　δ_{DK}、δ_{dZ} 分别为轴承孔和轴的形状偏差(mm)；

　　　D_{Kmax}——轴承孔的最大极限尺寸(mm)；

　　　d_{Zmin}——轴的最小极限尺寸(mm)；

　　　L——支承的长度(mm)。

温度的变化将导致支承间隙的变化，其变化量可用下式表示：

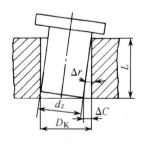

图 2-81 精度计算图

$$\Delta X = D_K[1 + \alpha_K(t - t_0)] - d_Z[1 + \alpha_Z(t - t_0)]$$

式中　ΔX——相对于温度 t 时的间隙(mm)；

　　　D_K——轴承孔直径(mm)；

　　　d_Z——轴颈直径(mm)；

　　　α_K——轴承孔的线膨胀系数(1/℃)；

　　　α_Z——轴颈的线膨胀系数(1/℃)；

t——工作温度(℃);
t_0——标准温度(20 ℃)。

上式表明,轴承和轴颈材料相同时,温度对支承间隙影响较小。但为了减小摩擦和损失,常采用线膨胀系数相似的不同材料,如淬火钢($\alpha = 0.000\,012/℃$)和铸铁($\alpha = 0.000\,010\,4/℃$),或合金钢($\alpha = 0.000\,020/℃$)和黄铜($\alpha = 0.000\,019\,2/℃$)。

三、圆锥支承

圆锥支承的方向精度和置中精度较高,承载能力较强,但摩擦阻力矩也较大。圆锥支承由锥形轴颈和具有圆锥孔的轴承组成(图2-82),其置中精度比圆柱支承好,轴磨损后,可借助轴向位移,自动补偿间隙。其缺点是摩擦阻力矩大,对温度变化比较敏感,制造成本较高。

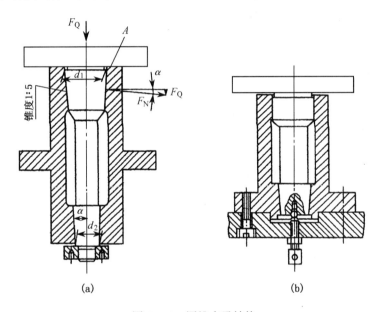

图2-82 圆锥支承结构

圆锥支承常用于铅垂轴且承受轴向力。由图2-82可知,在轴向载荷 F_Q 的作用下,正压力 $F_N = F_Q/\sin\alpha$。半锥角 α 越小,正压力 F_N 越大,摩擦阻力矩也越大,转动灵活性就越差。为保证较高的置中精度,通常 α 角取得较小,但此时即使轴向载荷不大,也会在接触面上产生很大的法向压力。这将使摩擦阻力矩过大,转动不灵活,并使接触面很快磨损。为改善这种情况。常用图2-82(a)所示修刮端面 A,或如图2-82(b)所示的用止推螺钉承受轴向力的办法。这时,圆锥配合表面将主要用来保证置中精度。圆锥支承的锥角 2α 越小,置中精度越高,但法向压力会越大,灵活性越差。一般取 2α 在4°~15°之间,4°多用于精密支承。圆锥支承在装配时常进行成对研配,以保证轴与轴套锥面的良好接触。

四、填入式滚动支承

滚动支承摩擦阻力矩小,耐磨性好,承载能力较大,温度剧烈变化时影响小,以及能在振动条件下工作,故可在高速度、重载情况下使用,但成本较高。当标准滚珠轴承不能满足结构上的使用要求时,常采用非标准滚珠轴承(即填入式滚珠支承)。这种支承一般没有内圈和外围,仅在相对运动的零件上加工出滚道面,用标准滚珠散装在滚道内。图 2-83 为填入式支承常用的三种典型形式。图中(a)所示的结构。接触面积小,其摩擦阻力矩较另外两种小。但所承受的载荷也较小,在耐磨性方面也不及后两种结构好。图(b)中所示结构能承受较大载荷,

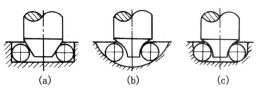

图 2-83 填入式滚动支承形式

但摩擦阻力矩较大。图(c)中所示结构,在承受载荷和摩擦阻力矩方面,介于前两者之间。

图 2-84(a)所示为一种小型填入式滚动支承,适用于低转速、轻载场合。为使支承中的摩擦阻力矩最小,应使滚珠接触点 S_1 与 S_2 的连线 O_1O_2 与锥体母线相交于旋转轴线上的某一点(O_1)。为了减小摆动量、提高旋转精度,可将旋转环作成圆柱形结构,如图(b)中所示;在外形尺寸较大的情况下,可采用封闭型填入式滚珠支承,如图(c)中所示,这种支承结构紧凑,但摩擦阻力矩稍大,常用于大直径圆形工作台的旋转导轨。

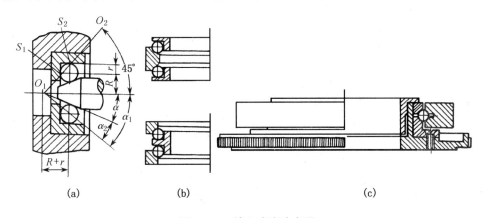

图 2-84 填入式滚珠支承

图 2-85 为几种专用的填入式滚珠支承。图中(a)为采用圆拄轴和直角支承盘的填入式滚珠支承,径向载荷由六个滚珠承受,轴向载荷由顶尖孔上的一个滚珠承受。图中(b)为载荷很小时采用的填入式滚珠支承,它具有较小的摩擦阻力矩,且滚珠和环的接触面非常小,落入滚道中的杂物将从滚道顶端滑落,不致使支承滞塞。图(c)和(d)为实用结构原理图举例。

五、其他形式支承

1. 球面支承

如图 2-86 所示,球面支承由球形轴颈和内圆锥面或内球面组成。球面支承的接触面是一条狭窄的球面带,轴除自转外,还可轴向摆动一定角度。由于接触表面很小,宜于低速、轻载场合采用。球面支承的球形轴颈可与轴作成一体(图 2-87(a));或用滚珠镶到轴上(图 2-87(b));或用标准滚珠放在两个圆锥表面之间(图 2-87(c)),当轴承的工作面为内圆锥面时,圆锥角一般取 90°。

为调整间隙,球面支承中的一个轴承应能作轴向调节,其调节结构形式可参考顶针支承的结构。图 2-88 所示为用于磨床砂轮主轴的一种球面结构。主轴装在圆柱轴承内,工作时高

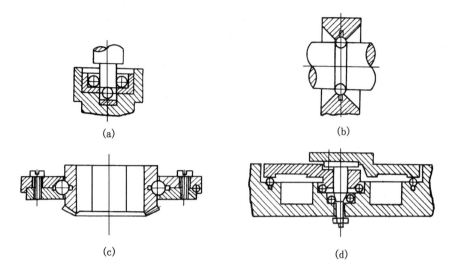

图 2-85 专用填入式滚珠支承

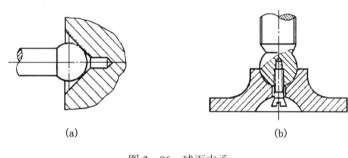

图 2-86 球面支承

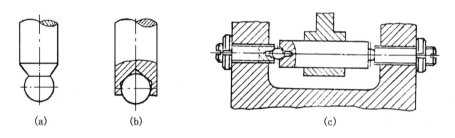

图 2-87 球面轴颈的类型

速转动。轴承的外支承面为球面,当箱体的轴承孔不同轴或轴线倾斜时,主轴的轴线可摆动一个微小角度,以保持正常工作。

球面轴颈与轴加工成一体时,其常用材料为 45 钢、T10、T12 等,轴承一般采用耐磨的青铜。为降低摩擦和磨损,支承工作表面的粗糙度应取 $R_a = 0.2 \sim 0.05 \ \mu m$。

2. 顶针支承

如图 2-89 所示,顶针支承由圆锥形轴颈(顶针)和带埋头圆柱孔的圆锥轴承所组成。顶

针锥角 2α 一般取为 $60°$，埋头孔的圆锥角 2β 一般取为 $90°$。当载荷较大、直径 $d > 3.5$ mm 时，2α 和 2β 均取为 $60°$。

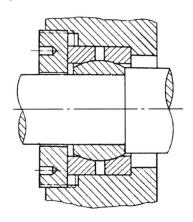

图 2-88　球面支承和圆柱支承组合结构

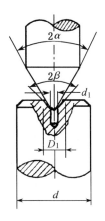

图 2-89　顶针支承

顶针支承的轴颈和轴承在半径很小的狭窄环形表面上接触，故摩擦半径很小，摩擦阻力矩较小。但由于接触面积小，其单位压力很大，润滑油从接触处被挤出。因此，用润滑降低摩擦阻力矩的作用不大，故顶针支承宜用于低速、轻载的场合。

顶针支承的置中精度较高（可达 $1\sim2\ \mu m$）。由于接触面积小，当轴承和轴颈的轴线有一定程度的倾斜时也能正常工作。顶针支承的一个轴颈，应能进行轴向的微量位移，以便于调整支承的间隙。

图 2-90 为顶针支承的几种结构形式。图(a)中的顶针旋入开槽螺母，以调整支承间隙；图(b)为能调整轴线位置的结构；图(c)为置中精度较高的顶针结构，它以间隙很小的圆柱配合部分定中心，螺纹部分则有较大的径向间隙，且圆柱和螺纹之间有较高的同心度，以保证顶针顺利装配；图(d)为定心圆柱和调节螺钉分成为两个零件的一种结构。

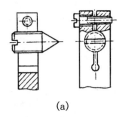 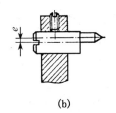 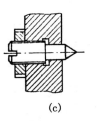 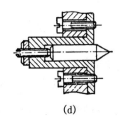

(a)　　　　　　(b)　　　　　　(c)　　　　　　(d)

图 2-90　顶针支承的结构

顶针支承轴颈和轴承的材料一般采用 45 钢、T10 和 T12。为提高其耐磨能力，工作表面应有较高的硬度和表面光洁度（$R_a = 0.2\sim0.1\ \mu m$），故必须进行淬火，较为重要的支承，装配时应仔细进行研磨。当直径很小、载荷不大时，宜用抗蚀性强的材料，如钨合金、氰化钠等。

3. 刀口支承

刀口支承主要由刀口和支座组成，多用于摆动角度不大的场合。其主要优点是摩擦和磨损很小。图 2-91 所示为装有菱形、圆柱面和平面支座的刀口支承。当零件摆动角度不超过容许值(8°~10°)时，支承中的摩擦是纯滚动摩擦。这是因为刀口刃部是半径很小的圆柱面（最小半径可达 0.5~5 μm），故当零件摆动时，该圆柱面在支座表面上滚动。

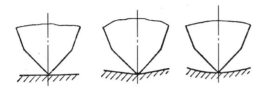

图 2-91 刀口支承图

刀口和支座常用淬火钢或玛瑙制成。采用玛瑙能提高抗蚀性。支座的硬度应高于刀口的硬度。当刀口采用淬火钢时，其顶角常取为 45°~90°。用玛瑙时则取 60°~120°。

4. 弹性支承

弹性支承的弹性组力矩极小，能在振动情况下工作，宜用于精度不高的摆动机构。例如机械钟摆结构(图 2-92)，弹簧片 2 与钟摆 3 相连，另一端固定在固定座 1 上，钟摆的摆动使弹簧片 2 左右弯曲。

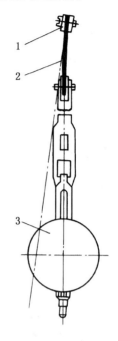

图 2-92 钟摆的支承结构
1—固定座；2—弹簧片；3—钟摆

§2.5 轴系部件的选择与设计

一、轴系设计的基本要求

轴系由轴及安装在轴上的齿轮、带轮等传动部件组成，有主轴轴系和中间传动轴轴系。轴系的主要作用是传递转矩、及传动精确的回转运动，它直接承受外力（力矩）。对于中间传动轴系一般要求不高。而对于完成主要作用的主轴轴系的旋转精度、刚度、热变形及抗振性等的要求较高。

1) 旋转精度。旋转精度是指在装配之后，在无负载、低速旋转的条件下，轴前端的径向跳动和轴向窜动量。其大小取决于轴系各组成零件及支承部件的制造精度与装配调整精度。如采用高精密金刚石车刀的切削加工机床的主轴轴端径向跳动量为 0.025 μm 时，才能达到零件加工表面粗糙度 $R_a < 0.05$ μm 之要求。

在工作转速下，其旋转精度即它的运动精度取决于其转速、轴承性能以及轴系的动平衡状态。

2) 刚度。轴系的刚度反映了轴系组件抵抗静、动载荷变形的能力。载荷为弯矩、转矩时，相应的变形量为挠度、扭转角，其刚度为抗弯刚度和抗扭刚度。轴系受载荷为径向力（如带轮、齿轮上承受的径向力）时会产生弯曲变形。所以除强度验算之外，还必须进行刚度验算。

3) 抗振性。轴系的振动表现为强迫振动和自激振动二种形式。其振动原因有轴系组件质量不匀引起的动不平衡、轴的刚度及单向受力等；它们直接影响旋转精度和轴承寿命。对高速运动的轴系必须以提高其静刚度、动刚度、增大轴系阻尼比等措施来提高轴系的动态性能，特别是抗振性。

4) 热变形。轴系的受热会使轴伸长或使轴系零件间隙发生变化，影响整个传动系统的传动精度、旋转精度及位置精度。又由于温度的上升会使润滑油的粘度发生变化，使滑动或滚动轴承的承载能力降低。因此应采取措施将轴系部件的温升限制在一定范围之内。

5) 轴上零件的布置。轴上传动件的布置是否合理对轴的受力变形、热变形及振动影响较大。因此在通过带轮将运动传入轴系尾部时，应该采用卸荷式结构，使带的拉力不直接作用在轴端，另外传动齿轮应尽可能安置在靠近支承处，以减少轴的弯曲和扭转变形。如主轴上装有两对齿轮，均应尽量靠近前支承，并使传递扭矩大的齿轮副更靠近前支承，使主轴受扭转部分的长度尽能缩短。在传动齿轮的空间布置上，也应尽量避免弯曲变形的重叠。例如：机床主轴不仅受切削力还受传动齿轮的圆周力（均可等效为轴心线上的径向力）的作用，如按图 2 - 93 (a)布置，当传动齿轮 1 和 2 的圆周力 F_2 与作用在轴端的切削力 F_1 同向时，轴端弯曲变形量 ($\delta = \delta_1 - \delta_2$)较小。而前轴承的支承力 F_R 为最大。按图(b)布置时，其 F_2 与 F_1 反向，轴端变形量($\delta = \delta_1 + \delta_2$)为最大，但前轴承的支承反力 F_R 最小。设计中要综合考虑这些因素的影响。

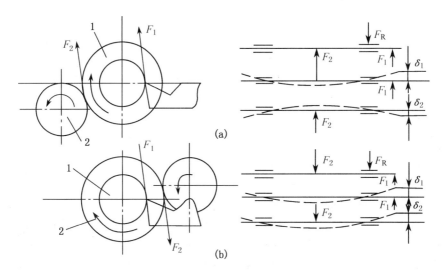

图 2 - 93　机床主轴传动齿轮空间布置比较

二、轴(主轴)系用轴承的类型与选择

(1) 标准滚动轴承

滚动轴承已标准化系列化，有向心轴承、向心推力轴承和推力轴承，共十种类型。在轴承设计中应根据承载的大小、旋转精度、刚度、转速等要求选用合适的轴承类型。举例如下：

1) 深沟球轴承。轴系用球轴承有单列向心球轴承和角接触球轴承。前者一般不能承受轴向力，且间隙不能调整，常用于旋转精度和刚度要求不高的场合。后者既能承受径向载荷也能承受轴向载荷；并且可以通过内外围之间的相对位移来调整其间隙之大小。因此在轻载时应用广泛。

2) 双列向心短圆柱滚子轴承。如图 2-94 所示。图(a)中为较为常见的 NN3000 系列轴承,其滚道开在内圈上图(b)中为 4162900 系列轴承,其滚道开在外圈上。此两类轴承的圆柱滚子数目多、密度大,分两列交叉排列,旋转时支承刚度变化较小,内圈上均有 1:12 的锥孔与带锥度的轴颈配合,内圈相对于轴颈作轴向移动时,内圈被涨大,从而可调整轴承的径向间隙或实现预紧;因此,其承载能力大、支承刚度高,但只能承受径向载荷,与其他推力轴承组合使用,可用于较大载荷、较高转速场合。

3) 圆锥滚子轴承。如图 2-95 所示为 35000 系列双向圆锥滚子轴承。它由外圈 1、内圈 4 和 5、隔圈 2 及圆锥滚子 3 组成。外圈一侧有凸沿,这样可将箱体座孔设计成通孔,修磨隔套 2 的厚度便可实现间隙调整和预紧。该轴承能承受较大载荷,用其代替短圆柱银子轴承和推力轴承,则刚度提高,虽极限转速有所降低,但仍能达到高精度的要求。

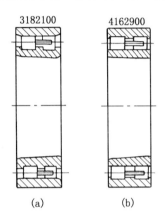

图 2-94 双列向心短圆柱滚子轴承

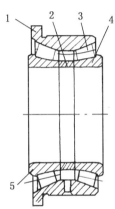

图 2-95 圆锥滚子轴承
1—外圈;2—隔套;3—圆锥滚子;4、5—内圈

4) 推力轴承。51000 系列(单向)和 5200 系列(双向)推力球轴承,其轴向承载能力很强,支承刚度很大,但极限转速较低,运动噪声较大。新发展起来的 230000 筋系列为 60°接触角双列推力球轴承,其结构如图 2-96 所示,它由内圈 1、滚珠 2、外圈 3 和隔套 4 组成,其外径与同轴颈的 NN3000 轴承相同,但外径公差带在零线以下,因此与箱体座孔配合较松,目的在于不承受径向载荷,仅承受轴向推力。修磨隔套 4 可实现轴承间隙的调整和预紧。它与双列向心短圆拄滚子轴承的组合配套使用获得广泛应用。图 2-97 为其配套应用实例,双列向心短柱滚子轴承的径向间隙调整,是先将螺母 6 松开,转动螺母 1,拉主轴 7 向左推动轴承内圈,利用内圈涨大以消除间隙或预紧。这种轴承只能承受径向载荷。轴向载荷由双列推力球轴承 2 承受,用螺母 1 调整间隙。轴向力的传递见图中箭头所示,轴向

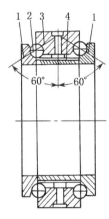

图 2-96 双列推力球轴承
1—内;2—滚珠;3—外圈;4—隔套

刚度较高。这种推力轴承的制造精度已达 B 级,适用于各种精度的主轴轴系。其预紧力和间隙大小调整用修隔套 3 来实现。外围开有油槽和油孔 4,以利于润滑油进入轴承。

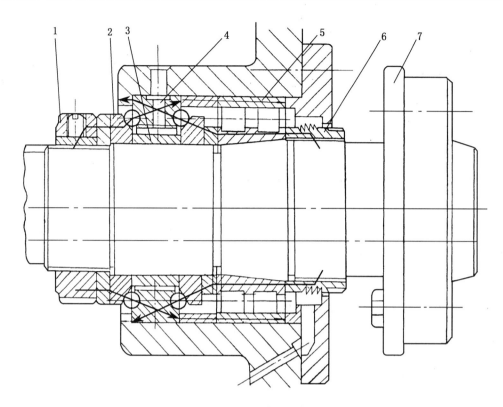

图 2-97 配套应用例

1—螺母；2—双列推力球轴承；3—隔套；4—油孔；5—套筒；6—调整螺母；7—主轴

(5) 几种常见机床主轴轴承配置。其配置形式及其工作性能如表 2-12 所示。

表 2-12 几种常见主轴滚动轴承配置型式及其工作性能

序号	轴承配置型式	前支承		后支承		前支承承载能力		刚度		振摆		温升		极限转速	热变形前端位移
		径向	轴向	径向	轴向	径向	轴向	径向	轴向	径向	轴向	总的	前支承		
1		NN3000	230000	NN3000		1.0	1.0	1.0	1.0	1.0	1.0	1.0	1.0	1.0	1.0
2		NN3000	5100（二个）	NN3000		1.0	1.0	0.9	3.0	1.0	1.0	1.15	1.2	0.65	1.0
3		N3000		30000（二个）			0.6		0.7		1.0	0.6	0.5	1.0	3.0
4		3000		3000		0.8	1.0	0.7	1.0	1.0	1.0	0.8	0.75	0.6	0.8
5		35000		3000		1.5	1.0	1.13	1.0	1.0	1.4	1.4	0.6	0.8	0.8
6		30000（二个）		30000（二个）		0.7	0.7	0.45	1.0	1.0	1.0	0.7	0.5	1.2	0.8

续表

序号	轴承配置型式	前支承		后支承		前支承承载能力		刚度		振摆		温升		极限转速	热变形前端位移
		径向	轴向	径向	轴向	径向	轴向	径向	轴向	径向	轴向	总的	前支承		
7		30000（二个）		30000（二个）		0.7	1.0	0.35	2.0	1.0	1.0	0.7	0.5	1.2	0.8
8		30000（二个）	5100	30000	8000	0.7	1.0	0.35	1.5	1.0	1.0	0.85	0.7	0.75	0.8
9		84000	5100	84000	8000	0.6	1.0	1.0	1.5	1.0	1.0	1.1	1.0	0.5	0.9

注：设这些主轴组件结构尺寸大致相同，并将第一种型式的工作性能指标均设为1.0，其他型式的性能指标数值均为第一种1.0的相对值。

(2) 非标滚动轴承

非标滚动轴承是适应轴承精度要求较高，结构尺寸较小或因特殊要求而不能采用标准轴承时自行设计的；图2－98为微型滚动轴承例，图中(a)与(b)具有杯形外圈而没有内圈，锥形轴颈与滚珠直接接触，其轴向间隙由弹簧或螺母调整。图中(c)采用碟形垫圈来消除轴承间隙，垫圈的作用力比作用在轴承上的最大轴向力大2～3倍。另外，前面介绍嵌入式滚动支承也是此类轴承之一。

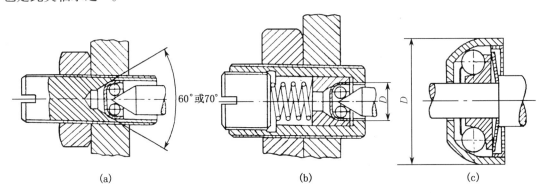

图2－98 微型滚动轴承

图2－99(a)为一精密分度头主轴系统。它采用的是密珠轴承，主轴由止推密珠轴承2、4和径向密珠轴承1、3组成。这种轴承所用滚珠数量多且接近于多头螺旋排列。由于密集的钢珠有误差平均效应，减小了局部误差对主轴轴心位置的影响，故主轴回转精度有所提高；每个钢珠公转时沿着自己的滚道滚动而不相重复，减小了滚道的磨损，主轴回转精度可长期保持。实践证明，提高钢珠的密集度有利于主轴回转精度的提高，但过多的增加钢珠会增大摩擦力矩。因此，在保证主轴运转灵活的前提下，尽量增多钢珠数量。图中(b)为推力密珠轴承保持架孔分布情况，图中(c)为径向密珠轴承保持架孔的分布情况。

(3) 静压轴承

滑动轴承阻尼性能好、支承精度高、具有良好的抗振性和运动平稳性。按照液体介质的不

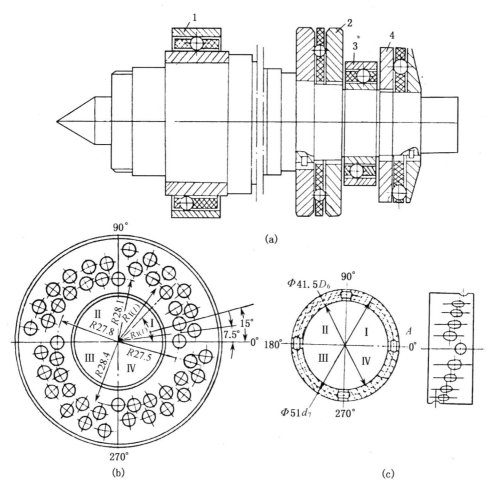

图 2-99 精密分度头主轴系统
1、3—径向密珠轴承；2、4—止推密珠轴承

同,目前使用的有液体滑动轴承和气体滑动轴承两大类。按油膜和气膜压强的形成方法又有动压、静压和动静压相结合的轴承之分。

动压轴承是在轴旋转时,油(气)被带入轴与轴承间所形成楔形间隙中,由于间隙逐渐变窄,使压强升高,将轴浮起而形成油(气)楔,以承受载荷。其承载能力与滑动表面的线速度成正比,低速时承载能力很低。故动压轴承只适用于速度很高、且速度变化不大的场合。

静压轴承是利用外部供油(气)装置将具有一定压力的液(气)体通过油(气)孔进入轴套油(气)腔,将轴浮起而形成压力油(气)膜,以承受载荷。其承载能力与滑动表面的线速度无关,故广泛应用于低、中速,大载荷,高刚度的机器。它具有刚度大、精度高、抗振性好、摩擦阻力小等优点。图 2-97 为液体静压轴承工作原理图。

如图 2-100 中(a)所示,油腔 1 为轴套 8 内面上的凹入部分;包围油腔的四周称为封油面;封油面与运动表面构成的间隙称为油膜厚度。为了承载,需要流量补偿。补偿流量的机构称为补偿元件,也称节流器,如图(b)中所示。压力油经节流器第一次节流后流入油腔,又经过封油面第二次节流后从轴向(端面)和周向(回油槽 7)流入油箱。

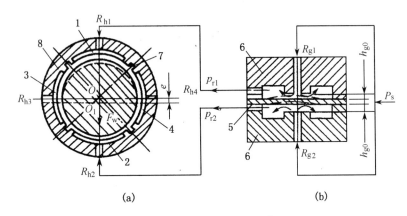

图 2-100 液体静压轴承工作原理
1、2、3、4—油腔；5—金属薄膜；6—圆盒；7—回油槽；8—轴套

在不考虑轴的重量，且四个节流器的液阻相等，(即 $R_{g1}=R_{g2}=R_{g3}=R_{g4}=R_{g0}$)时，油腔1、2、3、4 的压力相等(即 $p_{r1}=p_{r2}=p_{r3}=p_{r4}=p_{r0}$)，主轴被一层油膜隔开，油膜厚度为 h_0。轴和轴套中心重合。

考虑轴的径向载荷 F_W(轴的重量)作用时，轴心 O 移至 O_1，位移为 e，各个油腔压力就发生变化，油腔1的间隙增大、其液阻 R_{h1} 减小，油腔压力 p_{r1} 降低；油腔2却相反；油腔3、4压力相等。若油腔1、2的油压变化而产生的压力差能满足 $p_{r2}-p_{r1}=F_W/A$ (A 为每个油腔有效承载面积，设四个油腔面积相等)，主轴便处于新的平衡位置，即轴向下位移很小的距离，但远小于油膜厚度 h_0，轴仍然处在液体支承状态下旋转。

因为流经每个油腔的流量 Q_{h0} 等于流经节流器的流量 Q_{g0}，即 $Q_h=Q_g=Q_0$。p_s 为节流器进口前的系统油压，R_h(R_{h1}、R_{h2}、R_{h3}、R_{h4}) 为各油腔的液阻，则 $Q=p_r/R_h=(p_s-p_r)/R_g$，求得油腔压力为：

$$p_r = \frac{p_s}{1+R_g/R_h}$$

对于油腔1和2：$p_{r1}=\dfrac{p_s}{1+R_{g1}/R_{h1}}$，$p_{r2}=\dfrac{p_s}{1+R_{g2}/R_{h2}}$。

如果四个节流器的液阻是常量且相等，则 $p_{r1}=\dfrac{p_s}{1+R_{g0}/R_{h1}}$，$p_{r2}=\dfrac{p_s}{1+R_{g0}/R_{h2}}$。又因为油腔间隙液阻 $R_{h2}>R_{h1}$，故油腔压力 $p_{r2}>p_{r1}$。当节流器液阻同时发生变化，即 $R_{g2}<R_{g1}$，这时的 $p_{r2}\gg p_{r1}$，向上的推力很大，轴的位移可以很小，甚至为零，即刚度趋向无穷大。

节流器的作用是调节支承中各油腔的压力，以适应各自的不同载荷；使油膜具有一定的刚度，以适应载荷的变化。由此可知，没有节流器，轴受载后便不能浮起来。

节流器的种类很多，常用的有小孔(孔径远大于孔长)节流器、毛细管(孔长远大于孔径)节流器、薄膜反馈节流器。小孔节流器的优点是尺寸小且结构简单，油腔刚度比毛细管节流器大，缺点是温度变化会引起的流体黏度变化，影响油腔工作性能。毛细管节流器虽轴向长度长、占用空间大、但温升变化小、工作性能稳定。小孔节流器和毛细管节流器的液阻不随外载荷的变化而变化，称为固定节流器。薄膜反馈节流器的液阻则随载荷而变，称为可变节流器，其原理如图(b)所示。它由两个中间有凸台的圆盒6以及两圆盒间隔金属薄膜5组成。油液

从薄膜两边间隙 h_{g0} 流入轴承上下油腔(左右油腔另有一个节流器)。当主轴不受载时,薄膜处于平直状态,两边的节流间隙相等,油腔压力 $p_{r1}=p_{r2}$,轴与轴套同心。当轴受载后,上下油腔间隙发生变化使 p_{r2} 增大、p_{r1} 减小,薄膜向压力小的一侧弯曲(即向上凸起),引起该侧阻力(R_{g1})增大、流量减少;另一侧阻力 R_{g2} 减小,流量增加。使上下油腔的压力差进一步增大,以平衡外载荷,产生反馈作用。

空气静压轴承的工作原理与液体静压轴承相似。但其设计应注意:①气体密度随压力而变。在确定流量的连续方程时,不能用体积流量而要用质量流量;②空气黏度低,流量就很大,为此,应选取较小的轴与轴套的间隙;③空气静压轴承的材料必须具有良好的抗腐蚀性能,防止带有水分的气体腐蚀轴承。

动静压轴承综合了动压和静压轴承的优点,使轴承的工作性能更加完善。其工作特性可分为静压启动、动压工作及动静压混合工作两类。机电一体化系统中多采用动静压混合工作型。

(4) 磁悬浮轴承

磁悬浮轴承是利用磁场力将轴无机械摩擦、无润滑地悬浮在空间的一种新型轴承。其工作原理如图 2-101 所示。径向磁悬浮轴承由转子(转动部件)6 和定子(固定部件)5 两部分组成。定子部分装上电磁体,保持转子悬浮在磁场中。转子转动时,由位移传感器 4 检测转子的偏心,并通过反馈与基准信号 1(转子的理想位置)进行比较,调节器 2 根据偏差信号进行调节,并把调节信号送到功率放大器 3 以改变电磁体(定子)的电流,从而改变磁悬浮力的大小,使转子恢复到理想位置。

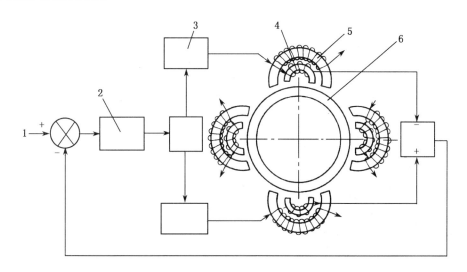

图 2-101 磁悬浮轴承工作原理
1—信号输入;2—调节器;3—功率放大器;4—位移传感器;5—定子;6—转子

径向磁悬浮轴承的转轴(如主轴)一般要配备辅助轴承,工作时辅助轴承不与转轴接触当断电或磁悬浮失控时能托住高速旋转的转轴,起到完全保护作用。辅助轴承与转子之间的间隙一般等于转子与电磁体气隙的一半。轴向悬浮轴承的工作原理与径向磁悬浮轴承相同。

三、提高轴系性能的措施

(1) 提高轴系的旋转精度

轴承(如主轴)的旋转精度中的径向跳动主要由：①被测表面的几何形状误差；②被测表面对旋转轴线的偏心；③旋转轴线在旋转过程中的径向漂移等因素引起。

轴系轴端的轴向窜动主要由：①被测端面的几何形状误差；②被测端面对轴心线的不垂直度；③旋转轴线的轴向窜动等三项误差引起。

提高其旋转精度的主要措施有：①提高轴颈与架体(或箱体)支承的加工精度；②用选配法提高轴承装配与预紧精度，③轴系组件装配后对输出端轴的外径、端面及内孔通过互为基准进行精加工。

(2) 提高轴系组件的抗振性

轴系组件有强迫振动和自激振动，前者由轴系组件的不平衡、齿轮及带轮质量分布不均匀以及负载变化引起的，后者是由传动系统本身的失稳引起的。

提高其抗振性的主要措施有：①提高轴系组件的固有振动频率、刚度和阻尼，通过计算或试验来预测其固有振动频率，当阻尼很小时，应使其固有振动频率远离强迫振动频率，以防止共振。一般讲，刚度越高、阻尼越大，则激起的振幅越小；②消除或减少强迫振动振源的干扰作用。构成轴系的主要零部件均应进行静态和动态平衡，选用传动平稳的传动件、对轴承进行合理预紧等；③采用吸振、隔振和消振装置。

另外，还应采取温度控制，以减少轴系组件热变形的影响。如合理选用轴承类型和精度，并提高相关制造和装配的质量、采取适当的润滑方式可降低轴承的温升；采用热隔离、热源冷却和热平衡方法以降低温度的升高，防止轴系组件的热变形。

§2.6 机电一体化系统的机座或机架

一、机座或机架的作用及基本要求

机座或机架是支承其他零部件的基础部件。它既承受其他零部件的重量和工作载荷，又起保证各零部件相对位置的基准作用。机座多采用铸件，机架多由型材装配或焊接构成。其基本特点是尺寸较大、结构复杂、加工面多，几何精度和相对位置精度要求较高。在设计时，首先应对某些关键表面及其相对位置精度提出相应的精度要求，以保证产品总体精度。其次，机架或机座的变形和振动将直接影响产品的质量和正常运转，故应对其刚度和抗振性提出下列基本要求。

(1) 刚度与抗振性

刚度是抵抗载荷变形的能力。抵抗恒定载荷变形的能力称静刚度；抵抗交变载荷变形的能力称为动刚度。如果基础部件的刚性不足，则在工件的重力、夹紧力、摩接力、惯性力和工作载荷等的作用下，就会产生变形、振动或爬行，而影响产品定位精度、加工精度及其他性能。

机座或机架的静刚度，主要是指它们的结构刚度和接触刚度。动刚度与静刚度、材料阻尼及固有振动频率有关。在共振条件下的动刚度 K_ω 可用下式表示

$$K_\omega = 2K\zeta = 2K\frac{B}{\omega_n}$$

式中　K——静刚度(N/m);

　　　ζ——阻尼比;

　　　B——阻尼系数;

　　　ω_n——固有振动频率(1/s)。

动刚度是衡量抗振性的主要指标。在一般情况下,动刚度越大,抗振性越好。抗振性是指承受受迫振动的能力。受迫振动的振源可能存在于系统(或产品)内部,为驱动电动机转子或转动部件旋转时的不平衡等。振源也可能来自于设备的外部,如邻近机器设备、运行车辆、人员活动(走路、开门、关门、搬运东西等)以及恒温设备等。当机座或机架受到振源的影响时,整机会摇晃振动,使各主要部件及其相互间产生弯曲或扭转振动,尤其是当振源振动频率与机座或机架的固有振动频率重合时,将产生共振而严重影响机电一体化系统的正常工作和使用寿命。为提高机架或机座的抗振性,可采取如下措施:①提高静刚度,即从提高固有振动频率入手,以避免产生共振;②增加阻尼,因为增加阻尼对提高动刚度的作用很大。如液(气)动、静压导轨的阻尼比滚动导轨大,故抗振性能好;③在不降低机架或机座静刚度的前提下,减轻重量可提高固有振动频率。如适当减薄壁厚、增加筋和隔板,采用钢材焊接代替铸件等;④采取隔振措施,如加减振橡胶垫脚、用空气弹簧隔板等。

(2) 热变形

系统运转时,电动机、强光源、烘箱等热源散发的热量,零部件间相对运动而摩擦生热,电子元器件发热等,都将传到机座或机架上;如果热量分布不均匀、散热性能不同,就会由于不同部位的温差而产生热变形,影响其原有精度;为了减小热变形,可采取以下措施:

1) 控制热源:除了控制环境温度之外,对机座或机架内的热源(如强光源、电动机等)也要严格控制。例如,采用延时继电器,以控制灯光的发光时间;采用发光二极管等冷光源;采用胶木、石棉等隔热垫片;采用风扇、冷却液等以充分散热;将热源远离机座或机架;对于有相对运动的零部件,如轴承副、导轨副、丝杠副等,则应从结构上和润滑方面改善其摩擦性、减少摩擦生热和使热传递减小。

2) 采用热平衡的办法,控制各处的温差,从而减小其相对变形。

(3) 稳定性

机座或机架的稳定性是指长时间地保持其几何尺寸和主要表面相对位置的精度,以防止产品原有精度的丧失。为此,对铸件机座应进行时效处理来消除产生机座变形的内应力。时效的常用方法有自然时效和人工时效(热处理法和振动法等)。振动时效,是将铸件或焊接件在其固有振动频率下,共振 10～40 min 即可。其优点是时间短,设备费用低,消耗动力少;结构轻巧,操作简便;可以消除热处理无法处理的非金属材料的内应力;时效后无氧化皮和尺寸变化,也不会因振动而引起新的内应力。

(4) 其他要求

除上述要求之外,还应考虑工艺性、经济性及人机工程等方面的要求。

二、机座或机架的结构设计要点

机座或机架的结构设计必须保证其自身刚度、连接处刚度和局部刚度,同时要考虑安装方式、材料选择、结构工艺性以及节省材料、降低成本和缩短生产周期等问题。

1. 铸造机座的设计

(1) 保证自身刚度的措施

1) 合理选择截面形状和尺寸。机座虽受力复杂,但不外是拉、压、弯、扭的作用。当受简单拉、压作用时,变形只和截面积有关;设计时主要根据拉力或压力的大小选择合理的结构尺寸。如果受弯曲和扭转载荷,机座的变形不但与截面面积大小有关,且与截面形状(截面惯性矩)有关。合理选择截面形状,可以提高机座的自身刚度。一般来讲,①封闭空心截面结构的自身刚度比实心的大;②无论是实心截面还是空心的封闭截面,都是矩形的抗弯刚度最大,圆形的最小,而抗扭刚度则相反,圆形最大;矩形最小;③保持横截面积不变,减小壁厚、增大轮廓尺寸,可提高刚度;④封闭截面比不封闭截面的抗扭刚度大的多。

2) 合理布置筋板和加强筋。如上所述,封闭空心截面的刚度较高。但为了便于铸造清砂及其内部零部件的装配和调整,需要在机座上开"窗口",结果使其刚度显著降低。为了提高其刚度,则应增加筋板或筋条。常见筋板和加强筋的形式。如图 2 - 102 所示。在两壁之间起连接作用的内壁,称为筋板,又称隔板。图(a)为纵向筋板,主要用于提高抗弯刚度;图(b)为横向筋板,主要用于提高空心构件的抗扭刚度;图(c)所示为斜向筋板,兼有提高抗弯和抗扭刚度之效果。加强筋一般布置在内壁上,以减少构件的局部变形和薄壁振动。加强筋也有纵向、横向和斜向等基本形式,其作用与筋板相同。常见的加强筋有直形筋(图(d))。其结构简单,铸造容易但刚度较差;一般用于窄壁和受载较小的机座或机身上;图(e)为十字筋;结构较简单,但是由于在交叉处金属有堆积现象,会产生内应力,一般用于箱形截面机身或平板上;图(f)为斜向筋,加强筋呈三角形分布,具有足够的刚度,多用于矩形截面机座的宽壁处;图(g)为斜交叉筋;图(h)为蜂窝式加强筋;图(i)为米字筋。图(j)为井字筋。加强筋的高度,一般不应大于支承部件壁厚的 5 倍,厚度一般取壁厚的 0.7~0.8。

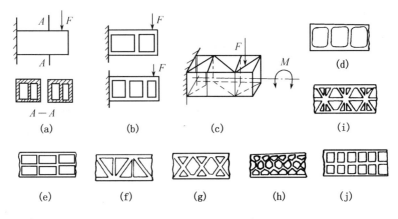

图 2 - 102 筋板及加强筋的形式

3) 合理的开孔和加盖。在机座壁上开窗孔,将显著降低机座的刚度,特别是扭转刚度。实践证明,当 $b_0/b < 0.2$ 时(如图 2 – 103 所示),其刚度降低很少。在开一孔后再在对面壁上开孔,其下降幅度也较小。因此开孔应沿机座或机架壁中心线排列,或在中心线附近交错排列,孔宽(孔径)以不大于机座或机架壁宽的 0.25 倍为宜,即 $b_0/b < 0.25$。在开孔上加盖板,并用螺钉紧固,则可将弯曲刚度恢复到接近未开孔时的刚度,而对提高抗扭刚度无明显效果。

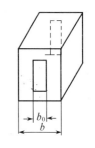

图 2 – 103　面壁开孔

(2) 提高机座连接处的接触刚度

在两个平面接触处,由于微观的不平度,实际接触的只是凸起部分。当受外力作用时,接触点的压力增大,产生一定的变形,这种变形称为接触变形。

为了提高连接处的接触刚度,固定接触面的表面粗糙度应小于 $R_a 2.5\ \mu m$,以便增加实际接触面积;固定螺钉应在接触面上造成一个预压力,压强一般为 2 MPa,并据此设计固定螺钉的直径和数量,以及拧紧螺母的扭矩(其大小在装配时用测力扳手控制);如图 2 – 104 所示,在安装螺钉处加厚凸缘,或用壁龛式螺钉孔,或采用添置加强筋的办法来增加局部刚度,并提高连接刚度。

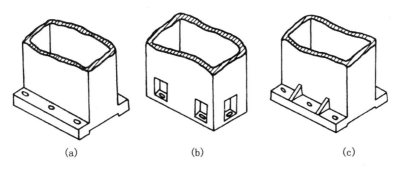

图 2 – 104　提高连接刚度

(3) 机座的模型刚度试验

由于机座的结构形状复杂,用力学方法计算刚度很困难。采用模型试验方法,则可测得与实际相接近的变形量。

模型试验,就是将实物按比例缩小制成模型,利用模型模拟实物进行试验。模型试验可以用来进行静态和动态试验,也可进行抗振性和热变形试验等。

在作模型试验时,一般用有机玻璃作为模型材料,因它具有良好的热塑性和粘结性能。制造工艺简单,弹性模量低,只要加很小的力就能得到较大的变形量,加载和测量都较方便。但其机械性能不稳定,弹性模量随温度而变化,在常温下,就存在明显的蠕动现象,当加载后需经过一定时间变形后才趋于稳定。因此,用有机玻璃作模型试验时,必须正确掌握上述规律并采取相应的措施才能保证必要的试验精度。

采用有限元法是目前计算机座或机架刚度的一种最快最好的方法,国内、国外正在大力推广。它是将一个构件划成若干个以节点相连的单元,计算静刚度时,就是将一个单元内的位移假定为节点位移的函数,将加于节点上的外力与变形的关系表示为单元刚度矩阵,整个系统则根据节点的连接关系,用这些矩阵组成的平衡方程式来表达。

(4) 机座的结构工艺性

机座一般体积较大、结构复杂、成本高,尤其要注意其结构工艺性,以便于制造和降低成本,在保证刚度的条件下,应力求铸件形状简单,拔模容易,泥芯要少,便于支掌和制造。机座壁厚应尽量均匀,力求避免截面的急剧变化、凸起过大、壁厚过薄、过长的分型线和金属的局部堆积等。铸件要便于清砂,为此,必须开有足够大的清砂口,或几个清砂口。在同一侧面的加工表面,应处于同一个平面上,以便一起刨出或铣出。如图 2-105 所示,图 b 的结构比图 (a) 的好。

机座必须有可靠的加工工艺基面,若因结构原因没有工艺基准,必须铸出四个或两个"工艺凸台"A,如图 2-106 所示(图(b)的结构比图(a)的好)。加工时,先把凸台加工平,然后以凸台作基面来加工 B 面,加工完毕后把凸台割去。

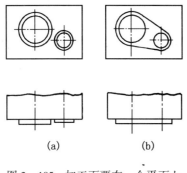

图 2-105 加工面要在一个平面上

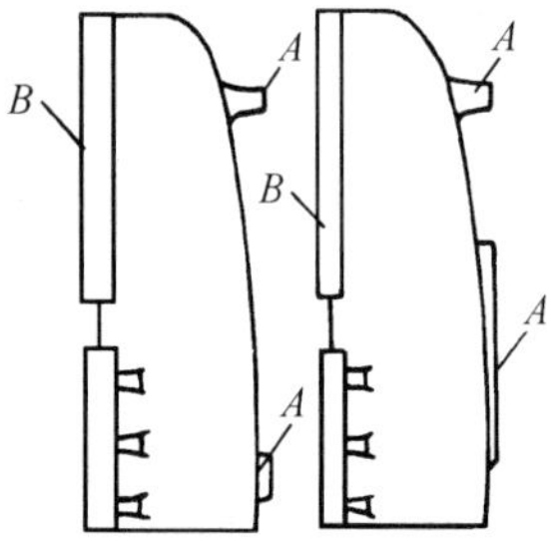

图 2-106 工艺凸台

(5) 机座的材料选择。

机座材料应根据其结构、工艺、成本、生产批量和生产周期等要求选择,常用的有以下几种。

铸铁:用铸铁作为机座的材料,其工艺性能好,容易获得结构复杂的零件,铸铁的内摩擦大,阻尼作用大,动态刚性好,有良好的抗振性;价格比较便宜。其缺点是需做木模,制造周期长,单件生产成本高,铸造易出废品,如有时会产生缩孔、气泡、砂眼等缺陷;铸件的加工余量大,机加工费用大。

钢:用钢材焊成的机座具有造型简单,对改型和单件小批生产适应性较强,其生产周期比铸铁缩短 30% ~ 50%;钢的弹性模量比铸铁的大,在同样的载荷下,壁厚可做得比铸铁的薄,重量轻(比铸铁约轻 20% ~ 50%),固有振动频率高;在单件小批生产情况下,生产周期较短;所需制造设备简单,成本较低。但钢的抗振性能比铸铁差,在结构上,需采取防振措施;钳工工作员大;成批生产时,成本较高。

其他材料:近年来,花岗岩、大理石、天然岩石已广泛作为各种高精度机电一体化系统的机座材料。如三坐标测量机的工作台、金刚石车床的床身等就采用了高精度的花岗岩和大理石的标准机座架体等。目前,国外还出现了采用陶瓷材料制作的机座、架体、立柱、横梁、平板等。天然岩石及陶瓷的优点很多:性能稳定、精度保持性好、经过长期的自然时效、残余应力极小,内部组织稳定,抗振性好,阻尼系数比钢大15倍,而耐磨性比铸铁高5~10倍,膨胀系数小,热稳定性好。其主要缺点是:抗冲击性能差、脆性较大。油、水易渗入晶体中,使岩石产生变形

2. 焊接机架的设计

焊接机架具有许多优点:在刚度相同的情况下可减轻重量30%左右;改型快;废品极少;生产周期短、成本低。

机架常用普通碳素结构钢材(钢板、角钢、槽钢、钢管等)焊接制造。轻型机架也可用铝制型材连接制成。

对于轻载焊接机架,由于其承受载荷较小,故常用型材焊成立体框架,再装上面板、底板及盖板。板料型材制成的框架接头型式如图2-107所示。槽钢制成的框架的接头型式见图2-108所示。角铁构成机架的接头形式如图2-109所示。图2-110(a)是用薄钢板折弯成型后、焊接而成的机箱,顶板的连接可采用图(b)(c)所示的接头形式。

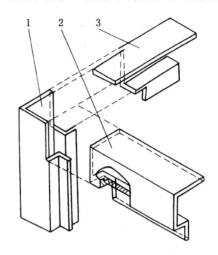

图2-107 机架接头型式
1—竖梁;2—前横梁;3—左横梁

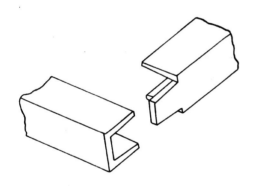

图2-108 槽钢的接头形式

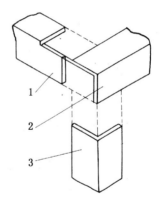

图2-109 角铁的接头形式
1—左横梁;2—前横梁;3—竖梁

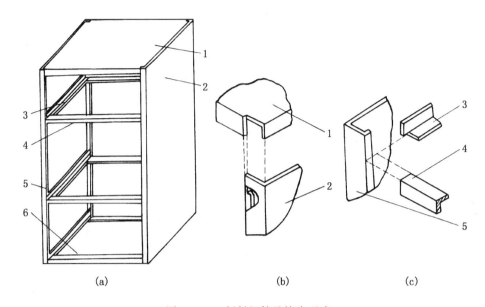

图 2-110 板料机箱及接头型式
1—顶板；2—右侧板；3—左横梁；4—前横梁；5—左侧板；6—底板

思考题和习题

2-1 为确保机械系统的传动精度和工作稳定性，在设计中常提出那些要求？

2-2 为满足上述要求，主要从那些方面采取措施？

2-3 机电一体化系统的传动机构的作用？

2-4 机电一体化产品（或系统）对传动机构的基本要求．

2-5 丝杠螺母机构的分类及其特点？

2-6 丝杠螺母机构的传动形式及选择。

2-7 丝杠螺母副的组成要素？

2-8 滚珠丝杠副的传动特点？

2-9 珠丝杠副的典型结构类型？ 各有何特点？

2-10 滚珠丝杠副消除轴向间隙的调整予紧方法有哪些？

2-11 现有一双螺母齿差调整预紧式滚珠丝杠，其基本导程 $P_h = 6$ mm、一端的齿轮齿数为100、另一端的齿轮齿数为98时，当其一端的外齿轮相对另一端的外齿轮转过2个齿时，试问：两个螺母之间相对移动了多大距离？

2-12 滚珠丝杠副的主要尺寸参数及其涵义。

2-13 滚珠丝杠副的精度等级及标注方法。

2-14 滚珠丝杠副的支承方式及其特点。

2-15 电磁制动装置的工作原理。

2-16 齿轮传动部件的作用。

2-17 各级传动比的分配原则？ 输出轴转角误差最小原则的含义。

2-18 已知:4级齿轮传动系统,各齿轮的转角误差为 $\Delta\phi_1 = \Delta\phi_2 = \cdots = \Delta\phi_8 = 0.005$ 弧度,各级减速比相同,即 $i_1 = i_2 = \cdots = i_4 = 1.5$,求:

(1) 该传动系统的最大转角误差 $\Delta\phi_{max}$;

(2) 为缩小 $\Delta\phi_{max}$,应采取何种措施?

2-19 谐波齿轮传动的特点?传动比的计算方法。

2-20 设有一谐波齿轮减速器,其减速比为100,柔轮齿数为100。当刚轮固定时,试求该谐波减速器的刚轮齿数及输出轴的转动方向(与输入轴的转向相比较)。

2-21 齿轮传动的齿侧间隙的调整方法。

2-22 导轨的主要作用?导轨副的组成、种类及应满足的基本要求。

2-23 导轨的截面形状及其特点。

2-24 旋转支承的种类及其基本要求。

2-25 圆柱支承中摩擦转矩及精度的计算。

2-26 轴系设计的基本要求。

第 3 章 机电一体化系统执行元件的选择与设计

§3.1 执行元件的种类、特点及基本要求

执行元件是工业机器人、CNC 机床、各种自动机械、信息处理计算机外围设备、办公室设备、车辆电子设备、医疗器械、各种光学装置、家用电器(音响设备、录音机、摄像机、电冰箱)等机电一体化系统(或产品)必不可少的驱动部件,如数控机床的主轴转动、工作台的进给运动以及工业机器人手臂升降、回转和伸缩运动等所用驱动部件即执行元件。该元件是处于机电一体化系统的机械运行机构与微电子控制装置的接点(连接)部位的能量转换元件,能在微电子装置的控制下,将输入的各种形式的能量转换为机械能,例如电动机、电磁铁、继电器、液动机、气缸、内燃机等分别把输入的电能、液压能、气压能和化学能转换为机械能。由于大多数执行元件已作为系列化商品生产,故在设计机电一体化系统或产品时,可作为标准件选用、外购。

一、执行元件的种类及特点

执行元件根据使用能量的不同,可以分为电气式、液压式和气压式等几种类型,如图 3-1 所示。电气式是将电能变成电磁力,并用该电磁力驱动运行机构运动的。液压式是先将电能变换为液压能并用电磁阀改变压力油的流向,从而使液压执行元件驱动运行机构运动。气压式与液压式的原理相同,只是将介质由油改为气体而已。其他执行元件与使用材料有关,如使用双金属片、形状记忆合金或压电元件。

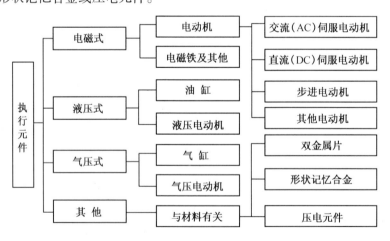

图 3-1 执行元件的种类

(1) 电气式执行元件。

电气式执行元件包括控制用电动机(步进电动机、DC 和 AC 伺服电动机)、静电电动机、磁致伸缩器件、压电元件、超声波电动机以及电磁铁等。其中,利用电磁力的电动机和电磁铁,因

其实用、易得而成为常用的执行元件。对控制用电动机的性能除了要求稳速运转性能之外,还要求具有良好的加速、减速性能和伺服性能等动态性能以及频繁使用时的适应性和便于维修性能。

控制用电动机驱动系统一般由电源供给电力,经电力变换器变换后输送给电动机,使电动机作回转(或直线)运动,驱动负载机械(运行机构)运动,并在指令器给定的指令位置定位停止。这种驱动系统具有位置(或速度)反馈环节的叫闭环系统,没有位置与速度反馈环节的叫开环系统。

另外,其他电气式执行元件中还有微量位移用器件,例如:① 电磁铁 – 由线圈和衔铁两部分组成,结构简单,由于是单向驱动,故需用弹簧复位,用于实现两固定点间的快速驱动;② 压电驱动器 – 利用压电晶体的压电效应来驱动运行机构作微量位移,③ 电热驱动器 – 利用物体(如金属棒)的热变形来驱动运行机构的直线位移,用控制电热器(电阻)的加热电流来改变位移量,由于物体的线膨胀量有限,位移量当然很小,可用在机电一体化产品中实现微量进给。

(2) 液压式执行元件

液压式执行元件主要包括往复运动的油缸、回转油缸、液压电动机等,其中油缸占绝大多数。目前,世界上已开发了各种数字式液压式执行元件,例如电 – 液伺服电动机和电 – 液步进电动机,这些电 – 液式电动机的最大优点是比电动机的转矩大,可以直接驱动运行机构,转矩/惯量比大,过载能力强,适合于重载的高加减速驱动。因此,电 – 液式电动机在强力驱动和高精度定位时性能好,而且使用方便。对一般的电 – 液伺服系统,可采用电 – 液伺服阀控制油缸的往复运动。比数字伺服式执行元件便宜得多的是用电子控制电磁阀开关的开关式伺服机构,其性能适当,而且对液压伺服起辅助作用。

(3) 气压式执行元件

气压式执行元件除了用压缩空气作工作介质外,与液压式执行元件无什么区别。具有代表性的气压执行元件有气缸、气压电动机等。气压驱动虽可得到较大的驱动力、行程和速度,但由于空气黏性差,具有可压缩性,故不能在定位精度较高的场合使用。

上述几种执行元件的基本特点见表3 – 1。

表3 – 1 执行元件的特点及优缺点

种 类	特 点	优 点	缺 点
电气式	可使用商用电源;信号与动力的传送方向相同;有交流和直流之别,应注意电压之大小	操作简便;编程容易;能实现定位伺服;响应快、易与CPU相接;体积小、动力较大、无污染	瞬时输出功率大;过载差,特别是由于某种原因而卡住时,会引起烧毁事故,易受外部噪声影响
气压式	空气压力源的压力为$(5\sim7)\times10^5$ Pa;要求操作人员技术熟练	气源方便、成本低;无泄漏污染;速度快、操作比较简单	功率小,体积大,动作不够平稳;不易小型化;远距离传输困难;工作噪声大、难于伺服
液压式	要求操作人员技术熟练;液压源压力为$(20\sim80)\times10^5$ Pa	输出功率大,速度快,动作平稳,可实现定位伺服;易与CPU相接;响应快	设备难于小型化;液压源或液压油要求(杂质、温度、油量、质量)严格;易泄漏且有污染

二、执行元件的基本要求

(1) 惯量小、动力大

表征执行元件惯量的性能指标：对直线运动为质量 m，对回转运动为转动惯量 J。表征输出动力的性能指标为推力(F)、转矩(T)或功率(P)。对直线运动来说，设加速度为 a，则推力 $F = ma(N)$，$a = F/m(m/s^2)$。

对回转运动来说，设角速度为 ω，角加速度为 ε，则 $P = \omega T$，$\varepsilon = T/J$，$T = J\varepsilon$。a 与 ε 表征了执行元件的加速性能。

另一种表征动力大小的综合性指标 T^2 称为比功率。它包含了功率、加速性能与转速三种因素，即比功率 $= P\varepsilon/\omega = \omega TT/J(1/\omega) = T^2/J(kW \cdot s^{-1})$。

(2) 体积小、重量轻

既要缩小执行元件的体积、减轻质量，同时又要增大其动力，故通常用执行元件的单位重量所能达到的输出功率或比功率，即用功率密度或比功率密度来评价这项指标。设执行元件的重量为 G，则

功率密度 $= P/G(kW/N)$。

比功率密度 $= (T^2/J)/G(kW \cdot s^{-1}/N)$

(3) 便于维修、安装

执行元件最好不需要维修。无刷 DC 及 AC 伺服电动机就是走向无维修的一例。

(4) 宜于微机控制

根据这个要求，用微机控制最方便的是电气式执行元件。因此机电一体化系统所用执行元件的主流是电气式，其次是液压式和气压式(在驱动接口中需要增加电 – 液或电 – 气变换环节)。内燃机定位运动的微机控制较难，故通常仅被用于交通运输机械。

§3.2 常用的控制用电动机

控制用电动机是电气伺服控制系统的动力部件，是将电能转换为机械能的一种能量转换装置。它有力矩电动机、脉冲(步进)电动机、变频调速电动机、开关磁阻电动机和各种 AC/DC 电动机等。由于其可在很宽的速度和负载范围内进行连续、精确地控制，因而在各种机电一体化系统中得到了广泛的应用。

控制用电动机有回转和直线驱动电动机，通过电压、电流、频率(包括指令脉冲)等控制，实现定速、变速驱动或反复启动、停止的增量驱动以及复杂的驱动，而驱动精度随驱动对象的不同而不同。机电一体化系统或产品中常用的控制用电动机是指能提供正确运动或较复杂动作的伺服电动机。

图 3 – 2 为伺服电动机控制方式的基本形式。目标运动不同，电动机及其控制方式也不同。步进电动机的开环方式、其他电动机的半闭环方式和全闭环方式是控制用电动机的基本控制方式。闭环方式可得到比开环方式更精密的伺服控制。

一、控制用电动机的基本要求

1) 性能密度大、即功率密度和比功率大，电动机的功率密度 $P_G = P/G$。电动机的比功率

$$dp/dt = d(T\omega)/dt = T_N d\omega/dt \Big|_{T=T_N} = T_N \varepsilon = T_N^2/J_m。$$

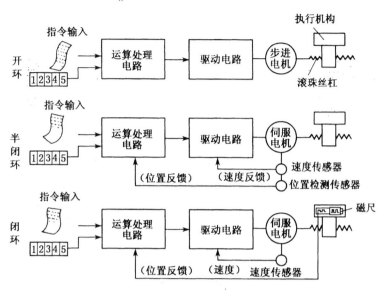

图 3-2 伺服电动机控制方式的基本形式

式中 T_N——电动机的额定转矩(Nm);

J_m——电动机转子的转动惯量(kgm^2)。

2) 快速性好,即加速转矩大,频响特性好;
3) 位置控制精度高、调速范围宽、低速运行平稳无爬行现象、分辨力高、振动噪声小;
4) 适应起、停频繁的工作要求;
5) 可靠性高、寿命长。

二、控制用电动机的种类、特点及选用

在机电一体化系统(或产品)中使用两类电动机,一类为一般的动力用电动机,如感应式异步电动机和同步电动机等;另一类为控制用电动机,如力矩电动机、脉冲电动机、开关磁阻电动机、变频调速电动机和各种 AC/DC 电动机等等。表 3-2 列出了常用电动机的适用范围。不同的应用场合,对控制用电动机的性能密度的要求也有所不同。对于起停频率低(如几十次/分),但要求低速平稳和扭矩脉动小,高速运行时振动、噪声小,在整个调速范围内均可稳定运动的机械,如 NC 工作机械的进给运动、机器人的驱动系统,其功率密度是主要的性能指标;对于起停频率高(如数百次/分),但不特别要求低速平稳性的产品,如高速打印机、绘图机、打孔机、集成电路焊接装置等主要的性能指标是高比功率。在额定输出功率相同的条件下,交流伺服电动机的比功率最高、直流伺服电动机次之、步进电动机最低。

控制用旋转电动机按其工作原理可分为旋转磁场型和旋转电枢型。前者有同步电动机(永磁)、步进电动机(永磁);后者有直流电动机(永磁)、感应电动机(按矢量控制等效模型),具体地可细分为:

表3-2 常用电动机适用范围

电动机种类		单向连续运转	单向断续运转	转矩保持	正/反向运行	同步运行	瞬时启动	瞬时停止	缓启动/缓停止	速度控制	位置控制	备注
感应式电动机		●	✓	×	×	×	×	×	✓	✓	×	连续额定值运行
可逆式电动机		×	○	✓	●	×	✓	✓	✓	✓	×	30 min 额定值运行
同步电动机	反应式磁滞式	○	✓	×	✓	●	✓	✓	✓	✓	○	连续额定值运行
	感应式永磁式	○	○	○	●	○	✓	✓	✓	✓	✓	连续额定值运行
带制动器的电动机		×	●	○	○	×	○	●	×	✓	×	连续额定值运行
带制动/离合器的电动机		×	●	○	○	×	●	●	×	✓	○	连续额定值运行
宽调速(变频电动机)		○	○	○	○	×	○	○	○	●	×	可闭环控制(速度)
伺服电动机	直流	○	○	●	○	●	●	●	●	●	●	闭环控制
	直流	○	○	●	○	○	●	●	●	●	●	闭环控制
脉冲(步进)电动机		○	○	●	●	●	●	●	●	○	○	开环控制
力矩电动机		✓	✓	×	●	●	●	●	●	○	○	闭环控制
符号说明: ●:最好 ○:好 ✓:可用(附条件) ×:不能用												

DC伺服电动机(永磁),可分为有槽铁芯电枢型、无槽(平滑型)铁芯电枢型、电枢型(无槽(平滑)铁芯型与无铁芯型)。

AC伺服电动机,可分为同步型、感应型。

步进电动机可分为变磁阻型(VR)、永磁型(PM)、混合型(HB)。

各种控制用电动机(伺服电动机)的特点及应用举例见表3-3。

伺服电动机性能及优缺点的比较见表3-4、表3-5。

表3-3 伺服电动机的特点及应用实例

种 类		主要特点	应用实例
DC伺服电机		1. 高响应特性 2. 高功率密度(体积小、质量轻) 3. 可实现高精度数字控制 4. 接触换向部件(电刷与整流子)需要维护	NC机械、机器人、计算机外围设备、办公机械、音响、音像设备、计测机械等
晶体管式无刷直流伺服电机		1. 无接触换向部件 2. 需要磁极位置检测器(如同轴编码器等) 3. 具有DC伺服电机的全部优点	音响、音像设备、计算机外围设备等
AC伺服电机	永磁同步型		
	感应型 (矢量控制)	1. 对定子电流的激励分量和转矩分量分别控制 2. 具有DC伺服电机的全部优点	NC机械、机器人等
步进电机		1. 转角与控制脉冲数成比例,可构成直接数字控制 2. 有定位转矩 3. 可构成廉价的开环控制系统	计算机外围设备、办公机械、数控装置

表 3-4 伺服电动机的性能比较

项　　目	DC 伺服电动机	同步(SM)伺服电动机(DC 无刷电动机)	感应(IM)型 AC 伺服电动机
适用容量	数瓦～数千瓦	数十瓦～数千瓦	数百瓦以上
驱动电流波形	直流	矩形波、正弦波	正弦波、矩形波(力矩脉动大)
磁极传感器	不需要	霍尔、光电编码器、旋转变压器	不需要
速度传感器	DCTG	无刷 DCTG、光电编码器、旋转变压器	无刷 DCTG、光电编码器、旋转变压器
寿　　命	电刷寿命	轴承寿命	轴承寿命
电动机常数	受制于电刷电压	可高电压小电流工作,由电动机结构决定,可进行低速大转矩运行	可高电压小电流工作,恒输出特性(弱磁控制)
高速旋转	不适用	适用	适用
异常制动	动态制动力矩大	动态制动力矩中等	制动时需要有 DC 电源,动态制动力矩小
耐环境性能	差	良	良

表 3-5 伺服电动机优缺点比较

	DC 伺服电动机	同步(SM)形伺服电动机	感应(IM)形 AC 伺服电动机
优点	1. 停电时可制动 2. 控制器简单 3. 小容量的成本低 4. 功率速率高(响应能力指标) 5. 无铁心形的不存在齿槽效应转矩	1. 停电时可制动 2. 可高速大力矩工作 3. 耐环性好,无需维修 4. 小形轻量 5. 功率速率高(响应能力指标)	1. 耐环境性好,无需维修 2. 可高速大转矩工作 3. 大容量下效率良好 4. 结构坚固
缺点	1. 需对整流子维护 2. 不能在高速大力矩下工作 3. 产生磨耗有粉尘	1. 无自启动功能 2. 电动机与控制器需一一对应 3. 控制器较复杂	1. 在小容量下工作效率低 2. 温度特性差 3. 停电时不能制动 4. 控制器较复杂

§3.3 步进电动机及其驱动

一、步进电动机的特点与种类

(1) 步进电动机的特点

步进电动机又称脉冲电动机。它是将电脉冲信号转换成机械角位移的执行元件。其输入一个电脉冲就转动一步,即每当电动机绕组接受一个电脉冲,转子就转过一个相应的步距角。转子角位移的大小及转速分别与输入的电脉冲数及频率成正比,并在时间上与输入脉冲同步,只要控制输入电脉冲的数量、频率以及电动机绕组通电相序即可获得所需的转角、转速及转向,很容易用微机实现数字控制。步进电动机具有以下特点:① 步进电动机的工作状态不易受各种干扰因素(如电源电压的波动、电流的大小与波形的变化、温度等)的影响,只要在它们的大小未引起步进电动机产生"丢步"现象之前,就不影响其正常工作;② 步进电动机的步距角有误差,转子转过一定步数以后也会出现累积误差,但转子转过一转以后,其累积误差变为"零",因此不会长期积累;③ 控制性能好,在启动、停止、反转时不易"丢步"。因此,步进电动机被广泛应用于开环控制的机电一体化系统,使系统简化,并可靠地获得较高的位置精度。

(2) 步进电动机的种类

步进电动机的种类很多,有旋转式步进电动机,也有直线步进电动机;从励磁相数来分有三相、四相、五相、六相等步进电动机。就常用的旋转式步进电动机的转子结构来说,可将其分为以下三种:

1) 可变磁阻(VR-Variable Reluctance)型。该类电动机由定子绕组产生的反应电磁力吸引用软磁钢制成的齿形转子作步进驱动,故又称作反应式步进电动机。其结构原理如图 3-3 所示。其定子 1 与转子 2 由铁心构成,没有永久磁铁,定子上嵌有线圈,转子朝定子与转子之间磁阻最小方向转动,并由此而得名可变磁型。这类电动机的转子结构简单、转子直径小,有利于高速响应。由于 VR 型步进电动机的铁心无极性,故不需改变电流极性,为此,多为单极性励磁。

该类电动机的定子与转子均不含永久磁铁,故无励磁时没有保持力。另外,需要将气隙作得尽可能小,例如几个微米。这种电动机具有制造成本高、效率低、转子的阻尼差、噪声大等缺点。但是,由于其制造材料费用低、结构简单、步距角小,随着加工技术的进步,可望成为多用途的机种。

2) 永磁(PM-Permanent Magnet)型。PM 型步进电动机的转子 2 采用永久磁铁、定子 1 采用软磁钢制成,绕组 3 轮流通电,建立的磁场与永久磁铁的恒定磁场相互吸引与排斥产生转矩。其结构如图 3-4 所示。这种电动机由于采用了永久磁铁,即使定子绕组断电也能保持一定转矩,故具有记忆能力,可用作定位驱动。PM 型电动机的特点是励磁功率小、效率高、造价便宜,因此需要量也大。由于转子磁铁的磁化间距受到限制,难于制造,故步距角较大。与 VR 型相比转矩大,但转子惯量也较大。

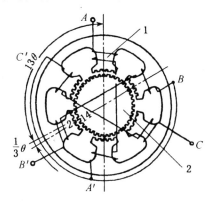

图 3-3 可变磁阻型(反应式)三相步进电动机断面图
1—定子;2—转子

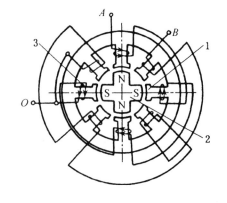

图 3-4 永磁型步进电动机的结构原理图
1—定子;2—转子;3—绕组

3) 混合(HB-Hybrid)型。这种电动机转子上嵌有永久磁铁,故可以说是永磁型步进电动机,但从定子和转子的导磁体来看,又和可变磁阻型相似,所以是永磁型和可变磁阻型相结合的一种形式,故称为混合型步进电动机。其结构如图3-5所示。它不仅具有VR型步进电动机步距角小、响应频率高的优点,而且还具有PM型步进电动机励磁功率小、效率高的优点。它的定子与VR型没有多大差别,只是在相数和绕组接线方面有其特殊的地方,例如,VR型一般都做成集中绕组的形式,每极上放有一套绕组,相对的两极为一相,而HB型步进电动机的定子绕组大多数为四相,而且每极同时绕两相绕组或采用桥式电路绕一相绕组,按正反脉冲供电。

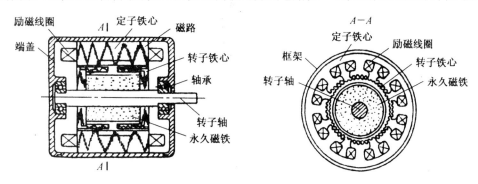

图3-5 混合型步进电动机结构原理图

这种类型的电动机由转子铁心的凸极数和定子的副凸极数决定步距角的大小,可制造出步距角较小(0.9°~3.6°)的电动机。永久磁铁也可磁化轴向的两极,可使用轴向各向异性磁铁制成高效电动机。

混合型与永磁型多为双极性励磁。由于都采用了永久磁铁,所以,无励磁时具有保持力。另外,励磁时的静止转矩都比VR型步进电动机的大。HB和PM型步进电动机能够用作超低速同步电动机,如用60 Hz驱动每步1.8°的电动机可作为72 r/min的同步电动机使用。

步进电动机与DC和AC伺服电动机相比其转矩、效率、精度、高速性比较差,但步进电动机具有低速时转矩大、速度控制比较简单、外形尺寸小等优点,所以在办公室自动化方面的打印机、绘图机、复印机等机电一体化产品中得到广泛使用,在工厂自动化方面也可代替低档的DC伺服电动机。

二、步进电动机的工作原理

图3-6为反应式步进电动机工作原理图。其定子有六个均匀分布的磁极,每两个相对磁极组成一相,即有$A-A'$、$B-B'$、$C-C'$三相,磁极上绕有励磁绕组。假定转子具有均匀分布的四个齿,当A、B、C三个磁极的绕组依次通电时,则A、B、C三对磁极依次产生磁场吸引转子转动。

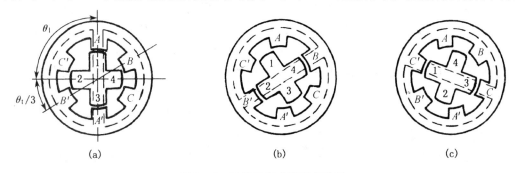

图3-6 三相反应式步进电动机

如图3-6(a)所示,如果先将电脉冲加到A相励磁绕组,定子A相磁极就产生磁通,并对转子产生磁拉力,使转子的1、3两个齿与定子的A相磁极对齐。而后再将电脉冲通入B相励磁绕组,B相磁极便产生磁通。由图3-6(b)可以看出,这时转子2、4两个齿与B相磁极靠得最近,于是转子便沿着反时钟方向转过30°角,使转子2、4两个齿与定子B相磁极对齐。如果按照A→B→C→A的顺序通电,转子则沿反时针方向一步步地转动,每步转过30°,这个角度就叫步距角。显然,单位时间内通入的电脉冲数越多,即电脉冲频率越高,电动机转速就越高。如果按A→B→C→A→…的顺序通电,步进电动机将沿顺时针方向一步步地转动。从一相通电换接到另一相通电称为一拍,每一拍转子转动一个步距角。像上述的步进电动机,三相励磁绕组依次单独通电运行,换接三次完成一个通电循环,称为三相单三拍通电方式。

如果使两相励磁绕组同时通电,即按 $AB→BC→CA→AB→…$ 顺序通电,这种通电方式称为三相双三拍,其步距角仍为30°。

还有一种是按三相六拍通电方式工作的步进电动机,即按照 $A→AB→B→BC→C→CA→A→…$ 顺序通电,换接六次完成一个通电循环。这种通电方式的步距角为15°。其工作过程如图3-7所示:若将电脉冲首先通入A相励磁绕组,转子齿1、3与A相磁极对齐,如图中(a)所示。然后再将电脉冲同时通入A、B相励磁绕组,这时A相磁极拉着1、3两个齿,B相磁极拉着2、4两个齿,使转子沿着反时针方向旋转,转过15°角时,A、B两相的磁拉力正好平衡,转子静止于图中(b)的位置。如果继续按 $B→BC→C→CA→A…$ 的顺序通电,步进电动机就沿着反时针方向,以15°步距角一步步转动。

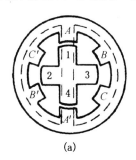 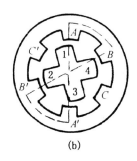 

(a)   (b)   (c)

图3-7 三相六拍反应式步进电动机工作原理

步进电动机的步距角越小,意味着它所能达到的位置精度越高。通常的步距角是1.5°或0.75°,为此需要将转子做成多极式的,并在定子磁极上制成小齿,如图3-3所示。定子磁极上的小齿和转子磁极上的小齿大小一样,两种小齿的齿宽和齿距相等。当一相定子磁极的小齿与转子的齿对齐时,其他两相磁极的小齿都与转子的齿错过一个角度。按着相序,后一相比前一相错开的角度要大。例如转子上有40个齿,则相邻两个齿的齿距角是360°/40=9°。若定子每个磁极上制成5个小齿,当转子齿和A相磁极小齿对齐时,B相磁极小齿则沿反时针方向超前转子齿1/3齿距角,即超前3°,而C相磁极小齿则超前转子2/3齿距,即超前6°。按照此结构,当励磁绕组按 $A→B→C→A…$ 顺序以三相三拍通电时,转子按反时针方向,以3°步距角转动;如果按照 $A→AB→B→BC→C→CA→A→…$ 顺序以三相六拍通电时,步距角将减小一半,为1.5°。如通电顺序相反,则步进电动机将沿着顺时针方向转动。

从上述可知,步距角的大小与通电方式和转子齿数有关,其大小可用下式计算:

$$\alpha = 360°/(Zm)$$

式中 Z——转子齿数;

m——运行拍数,通常等于相数或相数整数倍,即 $m = KN$(N 为电动机的相数,单拍时 $K=1$,双拍时 $K=2$)。

步进电动机也可以制成四相、五相、六相或更多的相数,以减小步距角并改善步进电动机的性能。为了减小制造电动机的困难,多相步进电动机常做成轴向多段式(又称顺轴式)。例如,五相步进电动机的定子沿轴向分为 A、B、C、D、E 五段。每一段是一相,在此段内只有一对定子磁极。在磁极的表面上开有一定数量的小齿,各相磁极的小齿在圆周方向互相错开1/5齿距。转子也分为五段,每段转子具有与磁极同等数量的小齿,但它们在圆周方向并不错开。这样,定子的五段就是电动机的五相。

与三相步进电动机相同:五相步进电动机的通电方式也可以是五相五拍、五相双五拍、五相十拍等。但是,为了提高电动机运行的平稳性,多采用五相十拍的通电方式。常用的反应式步进电动机脉冲环形分配方式见表 3-6。

表 3-6 反应式步进电动机环形脉冲分配方式

相数	环形分配方式	名 称	系数 K
3	$A-B-C-A-\cdots$	三相单三拍 (1 相励磁)	1
3	$AB-BC-CA-AB-\cdots$	三相双三拍 (2 相励磁)	1
3	$A-AB-B-BC-C-CA-A-\cdots$	三相六拍 (1-2 相励磁)	2
4	$A-B-C-D-A-\cdots$	四相单四拍 (1 相励磁)	1
4	$AB-BC-CD-DA-AB-\cdots$	四相双四拍 (2 相励磁)	1
4	$A-AB-B-BC-C-CA-A-\cdots$	四相八拍 (1-2 相励磁)	2
5	$A-B-C-D-E-A-\cdots$	五相单五拍 (1 相励磁)	1
5	$AB-BC-CD-DE-EA-AB-\cdots$	五相双五拍 (2 相励磁)	1
5	$AB-ABC-BC-BCD-CD-CDE-DE-DEA-EAB-AB-\cdots$	五相十拍 (2-3 相励磁)	2
6	$A-B-C-D-E-F-A-\cdots$	六相单六拍 (1 相励磁)	1

续表

相数	环形分配方式	名　称	系数 K
6	AB – BC – CD – DE – EF – FA – AB – …	六相双六拍 （2 相励磁）	1
6	ABC – BCD – CDE – DEF – EFA – FAB – ABC – …	六相六拍 （3 相励磁）	1
6	AB – ABC – BC – BCD – CD – CDE – DE – DEF – EF – EFA – FA – FAB – AB – …	六相十二拍 （2－3 相励磁）	2
9	ABCDEFGH – ABCDEFGHI – BCDEFGHA – DCDEFGHAB – …	（8－9 相励磁）	

三、步进电动机的运行特性及性能指标

了解步进电动机的运行特性对正确选用步进电动机有重要意义。

(1) 分辨力

在一个电脉冲作用下（即一拍），电动机转子转过的角位移，即步距角 α。α 越小，分辨力越高。最常用的有 0.6°/1.2°、0.75°/1.5°、0.9°/1.8°、1°/2°、1.5°/3° 等。

(2) 静态特性

步进电动机的静态特性是指它在稳定状态时的特性，包括静转矩、矩－角特性及静态稳定区。

矩－角特性：在空载状态下，给步进电动机某相通以直流电流时，转子齿的中心线与定子齿的中心线相重合，转子上没有转矩输出，此时的位置为转子初始稳定平衡位置。如果在电动机转子轴上加一负载转矩 T_L，则转子齿的中心线与定子齿的中心线将错过一个电角度 θ_e（见图 3－8）才能重新稳定下来。此时转子上的电磁转矩 T_j 与负载转矩 T_L 相等；该 T_j 为静态转矩，θ_e 为失调角。当 $\theta_e = \pm 90°$ 时，其静态转矩 T_{jmax} 为最大静转矩。T_j 与 θ_e 之间的关系大致为一条正弦曲线（见图 3－9），该曲线被称作矩－角特性曲线。静态转矩越大，自锁力矩越大，静态误差就越小。一般产品说明书中标示的最大静转矩就是指在额定电流和通电方式下 T_{jmax}。

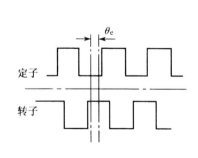

图 3－8　失调角示意图

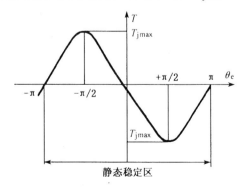

图 3－9　矩－角特性曲线

当失调角 θ_e 在 $-\pi$ 到 π 的范围内,若去掉负载转矩 T_L,转子仍能回到初始稳定平衡位置。因此,$-\pi < \theta_e < \pi$ 的区域称为步进电动机的静态稳定区。

(3) 动态特性

步进电动机的动态特性将直接影响到系统的快速响应及工作的可靠性。这里仅就动态稳定区、启动转矩、矩－频特性等几个问题做一简要说明。在某一通电方式下,各相的矩－角特性总和为矩－角特性曲线族,如图 3 – 10(a)所示。每一曲线依次错开的电角度为 $\theta_e = 2\pi/m$ (m 为运行拍数),当通电方式为三相单三拍时,$\theta_e = 2\pi/3$;三相六拍时,$\theta_e = \pi/3$(图 3 – 10 (b))。

1) 动态稳定区。由图 3 – 10 可知,步进电动机从 A 相通电状态切换到 B 相(或 AB 相)通电状态时,不致引起丢步,该区域被称为动态稳定区。由于每一条曲线依次错开一个电角度,故步进电动机在拍数越多的运行方式下,其动态稳定区就越接近于静态稳定区,裕量角 θ_r 也就越大,在运行中也就越不易丢步。

2) 启动转矩 T_q。图 3 – 10 中 A 相与 B 相矩－角特性曲线之交点所对应的转矩 T_q 被称为启动转矩,它表示步进电动机单相励磁时所能带动的极限负载转矩。启动转矩通常与步进电动机相数和通电方式有关,如表 3 – 7 所示。

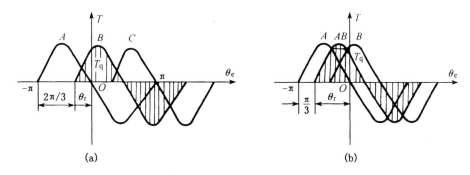

图 3 – 10 矩 – 角特性曲线族

表 3 – 7 T_q/T_{jmax} 与相数、通电方式之关系

通电方式 相数	1	2	1–2	3	2–3	4	3–4	5	4–5	6	5–6	7	6–7	8	7–8	9	8–9
2(HB)	0.71	1	0.92														
3(VR)	0.5	0.5	0.87														
3(HB)	0.87	1.5	0.97	1.73	1.67												
4(HB)	0.92	1.71	0.89	2.23	1.81	2.41	2.37										
5(VR)	0.81	1.31	0.95	1.31	1.54												
5(HB)	0.95	1.81	0.99	2.49	1.88	2.93	2.59	3.08	3.04								
9(HB)	0.98	1.94	1	2.84	1.96	3.71	2.89	4.34	3.76	4.91	4.93	5.33	4.97	5.38	5.39	5.67	5.65

3) 最高连续运行频率及矩-频特性。步进电动机在连续运行时所能接受的最高控制频率被称为最高运行频率,以 f_{max} 表示。电动机在连续运行状态下,其电磁转短随控制频率的升高而逐步下降。这种转矩与控制频率之间的变化关系称为矩-频特性。在不同控制频率下电动机所产生的转矩称为动态转矩。

4) 空载启动频率与惯-频特性。在空载状态下,转子从静止状态能够不失步地启动时的最大控制频率称为空载启动频率或空载突跳频率(f_q)。当带载启动时,所允许的起跳控制频率会大大下降。步进电动机带动惯性负载时的起跳频率与负载转动惯量之间的关系为惯-频特性。一般讲,随着负载转动惯量的增加,起跳频率也会降低。除惯性负载之外,还有外负载转矩,则起跳频率将会进一步下降。一般来说,f_{max} 远远大于启动频率,在高于最高连续运行频率时,电动机将产生失步现象。在不同负载下,电动机允许的最高连续运行频率是不同的。一般步进电动机的技术说明书上都指明空载最高连续运行频率和空载启动频率。在带负载情况下,不失步启动所允许的启动频率将大大降低。例如 75BF003 型步进电动机的空载启动频率为 1500 步/s,负载达到最大静转矩的 1/2 时,实际启动(即起跳)频率仅约为 600 步/s。为了缩短启动时间,可在一定的启动时间内将电脉冲频率按一定的规律逐渐增加到所允许的运行频率。一般的产品说明书中均给出空载启动频率与惯-频特性曲线及空载最高连续运行频率与矩-频特性曲线。

(4) 步进电动机技术指标实例

步进电动机的型号表示方法举例如下(不同生产厂家其表示方法也有所不同)。

反应式步进电机:

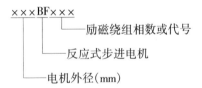

混合式步进电机:

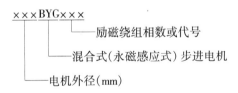

永磁式步进电机:

表 3-8 为反应式步进电机技术性能数据。表 3-9(一)、(二)为永磁感应式(混合式)步进电机技术性能数据。

表3-8 反应式步进电机技术性能数据

参数\型号	相数	步距角/(°)	电压/V	相电流/A	最大静转矩/Nm	空载起动频率/(步·s^{-1})	空载运行频率/(步·s^{-1})	电感/mH	电阻/Ω	分配方式	外形尺寸(轴径)/mm	质量/kg	转子转动惯量/(10^{-5}kgm²)
28BF001	3	3	27	0.8	0.0245	1800		10	2.7	3相6拍	φ28×32(φ3)	<0.1	0.04
36BF002-Ⅱ	3	3	27	0.6	0.049	1900			6.7	3相6拍	φ36×42(φ4)	<0.2	0.08
36BF003	3	1.5	27	1.5	0.078	3100		15.4	1.6	3相6拍	φ36×43(φ4)	<0.22	0.08
45BF003-Ⅱ	3	1.5	60	2	0.196	3700	12000	15.8	0.94	3相6拍	φ45×82(φ4)	0.38	0.147
45BF005-Ⅱ	3	1.5	27	2.5	0.196	3000		15.8	0.94	3相6拍	φ45×58(φ4)	0.4	0.137
55BF004	3	1.5	27	3	0.49	2200			0.54	3相6拍	φ55×60(φ6)	0.65	0.53
75BF001	3	1.5	24	3	0.392	1750		19	0.62	3相6拍	φ75×53(φ6)	1.1	1.274
75BF003	3	1.5	30	4	0.882	1250		35.5	0.82	3相6拍	φ75×75(φ8)	1.58	1.563
90BF001	4	0.9	80	7	3.92	2000	8000	17.4	0.3	4相8拍	φ90×145(φ9)	4.5	17.64
90BF006(单)	5	0.36	24	3	2.156	2400			0.76	5相10拍	φ90×65(φ9)	2.2	17.64
110BF003	3	0.75	80	6	7.84	1500	7000	35.5	0.37	3相6拍	φ110×160(φ11)	6	46.1
110BF004	3	0.75	30	4	4.9	1500		56.5	0.72	3相6拍	φ110×110(φ11)	5.5	34.3
130BF001	5	0.75	80/12	10	9.31	3000	16000		0.162	5相10拍	φ130×170(φ14)	9.2	46.06
150BF002	5	0.75	80/12	12	13.72	2800	8000		0.121	5相10拍	φ105×155(φ18)1:10k	14	98
150BF003	5	0.75	80/12	13	15.64	2600	8000		0.127	5相10拍	φ150×178(φ18)1:10k	16.5	103
200BF001	5	0.16(10′)	24	4	14.7	1300	11000		0.77	5相10拍	φ200×93(φ28)1:10k	16	1293.6

表 3-9 永磁感应子式步进电机技术性能数据(一)

参数\型号	相数	步距角/(°)	电压/V	相电流/A	最大静转矩/Nm	空载启动频率/(步·s^{-1})	电感/mH	电阻/Ω	分配方式	列形尺寸/mm	质量/kg	转子转动惯量/(10^{-5}kgm^2)
39BYG001	4	3.6	12	0.16	0.049	500	70	75	2-2	39×33.5	0.24	0.17
39BYG002	4	1.8	12	0.16	0.059	800	65	75	2-2	39×33.5	0.24	0.17
42BYG111	2	0.9	12	0.24	0.078	800	22	38		42.3×33.5	0.27	0.27
57BYG007	4	1.8	12	0.38	0.245	650	46.5	32	2-2	φ57×41	0.45	1.15
42BYG131	4	1.8	12	0.16	0.047	500	65	75	2-2	42.3×33.5	0.27	0.27
57BYG008	4	1.8	4.5	1.3	0.343	1000	4.5	3.1	2-2	φ57×51	0.59	1.15
86BYG007-Ⅱ		0.72		1.15	0.22	1900	15	3.5	2-2	φ86	1.4	7

表 3-9 永磁感应子式步进电机技术性能数据(二)

参数\型号	相数	步距角/(°)	电压/V	相电流/A	最大静转矩/Nm	空载起动频率/(步·s^{-1})	最高运行频率/(10^3步·s^{-1})	分配方式	备注
57BYG450A	4	0.9/1.8	50	3	0.2	1500		1-2/2-2	
57BYG450B	4	0.9/1.8	50	3	0.4	1500		1-2/2-2	
57BYG450C	4	0.9/1.8	50	3	0.6	1500		1-2/2-2	
57BYG450D	4	0.9/1.8	50	3	0.8	1500		1-2/2-2	
57BYG450E	4	0.9/1.8	50	3	1.0	1500		1-2/2-2	
90BYG550A	5	0.36/0.72	50	3	1.5	2000	50	4-5/4-4	
90BYG550B	5	0.36/0.72	50	3	3.0	2000	50	4-5/4-4	
90BYG5200A	5	0.09/0.18	50	3	2.5	6000	50	4-5/4-4	
90BYG5200B	5	0.09/0.18	50	3	5.0	6000	50	4-5/4-4	
90BYG5200C	5	0.09/0.18	100	3	7.5	6000	50	4-5/4-4	
90BYG5200D	5	0.09/0.18	100	6	10.0	6000	50	4-5/4-4	
90BYG5200E	5	0.09/0.18	100	6	12.5	6000	50	4-5/4-4	双轴伸
110BYG460B	4	0.75/1.5	80	5	8.0	1500		4-5/4-4	
110BYG550A	5	0.36/0.72	100	6	3.0	2000	50	4-5/4-4	
110BYG550B	5	0.36/0.72	100	6	6.0	2000	50	4-5/4-4	
130BYG9100A	9	0.1/0.2 (0.3/0.6)	100	6	4.0	4000	50	8-9/8-8	
130BYG9100B	9	0.1/0.2 (0.3/0.6)	100	6	8.0	4000	50	8-9/8-8	
130BYG9100C	9	0.1/0.2 (0.3/0.6)	100	10	12.0	4000	50	8-9/8-8	
130BYG9100D	9	0.1/0.2 (0.3/0.6)	100	10	16.0	4000	50	8-9/8-8	
130BYG9100E	9	0.1/0.2 (0.3/0.6)	100	10	20.0	4000	50	8-9/8-8	

四、步进电动机的驱动与控制

步进电动机的运行特性与配套使用的驱动电源(驱动器)有密切关系。驱动电源由脉冲分配器、功率放大器等组成,如图 3-11 所示。驱动电源是将变频信号源(微机或数控装置等)送来的脉冲信号及方向信号按要求的配电方式自动地循环供给电动机各相绕组,以驱动电动机转子正反向旋转。变频信号源是可提供从几赫兹到几万赫兹的频率信号连续可调的脉冲信号发生器。因此,只要控制输入电脉冲的数量及频率就可精确控制步进电动机的转角及转速。

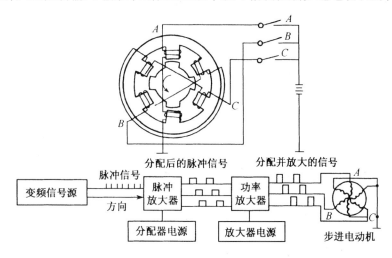

图 3-11 步进电动机的驱动电源组成

(1) 环形脉冲分配器

步进电动机的各相绕组必须按一定的顺序通电才能正常工作。这种使电动机绕组的通电顺序按一定规律变化的部分称为脉冲分配器(又称为环形脉冲分配器)。实现环形分配的方法有三种。一种是采用计算机软件,利用查表或计算方法来进行脉冲的环形分配,简称软环分。表 3-10 为三相六拍分配状态,可将表中状态代码 01H、03H、02H、06H、04H、05H 列入程序数据表中,通过软件可顺次在数据表中提取数据并通过输出接口输出即可,通过正向顺序读取和反向顺序读取可控制电动机进行正反转。通过控制读取一次数据的时间间隔可控制电动机的转速。该方法能充分利用计算机软件资源以降低硬件成本,尤其是对多相的脉冲分配具有更大的优点。但由于软环分占用计算机的运行时间,故会使插补一次的时间增加,易影响步进电动机的运行速度。

另一种是采用小规模集成电路搭接而成的三相六拍环形脉冲分配器,如图 3-12 所示,图中 C_1、C_2、C_3 为双稳态触发器。这种方式灵活性很大,可搭接任意相任意通电顺序的环形分配器,同时在工作时不占用计算机的工作时间。

表 3-10　三相六拍分配状态

转　向	1～2相通电	CP	C	B	A	代　码	转　向
↓ 正	A	0	0	0	1	01H	↓ 正
	AB	1	0	1	1	03H	
	B	2	0	1	0	02H	
	BC	3	1	1	0	06H	
	C	4	1	0	0	04H	
	CA	5	1	0	1	05H	
	A	0	0	0	1	01H	

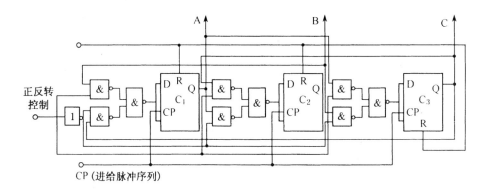

图 3-12　双三拍正、反转控制的环形分配器的逻辑原理图

第三种即采用专用环形分配器器件。如市售的 CH250 即为一种三相步进电动机专用环形分配器。它可以实现三相步进电动机的各种环形分配，使用方便、接口简单。图 3-13(a) 为 CH250 的管脚图，图 3-13(b) 为三相六拍接线图。其工作状态表如表 3-11。

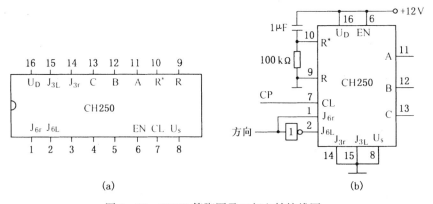

图 3-13　CH250 管脚图及三相六拍接线图

目前市场上出售的环形分配器的种类很多，功能也十分齐全，有的还具有其他许多功能，如斩波控制等，用于两相步进电动机斩波控制的 L297(L297A)、PMM8713 和用于五相步进电动机的 PMM8714 等。

表 3-11 CH250 工作状态

R	R*	CL	EN	J_{3r}	J_{3L}	J_{6r}	J_{6L}	功 能	
0	0	↑	1	1	0	0	0	双三拍	正转
		↑	1	0	1	0	0		反转
		↑	1	0	0	1	0	六拍(1-2相)	正转
		↑	1	0	0	0	1		反转
		0	↓	1	0	0	0	双三拍	正转
		0	↓	0	1	0	0		反转
		0	↓	0	0	1	0	六拍(1-2相)	正转
		0	↓	0	0	0	1		反转
		↓	1	×	×	×	×	不 变	
		×	0	×	×	×	×		
		0	↑	×	×	×	×		
		1	×	×	×	×	×		
1	0	×	×	×	×	×	×	A=1、B=1、C=0	
0	1	×	×	×	×	×	×	A=1、B=0、C=0	

(2) 功率放大器

从计算机输出口或从环形分配器输出的信号脉冲电流一般只有几个毫安,不能直接驱动步进电动机,必须采用功率放大器将脉冲电流进行放大,使其增大到几至十几安培,从而驱动步进电动机运转。由于电动机各相绕组都是绕在铁心上的线圈,所以电感较大,绕组通电时,电流上升率受到限制,因而影响电动机绕组电流的大小。绕组断电时,电感中磁场的储能元件将维持绕组中已有的电流不能突变。在绕组断电时会产生反电动势,为使电流尽快衰减并释放反电动势,必须增加适当的续流回路。

步进电动机所使用的功率放大电路有电压型和电流型。电压型又有单电压型、双电压型(高低压型)。电流型中有恒流驱动、斩波驱动等。

1) 单电压功率放大电路,如图 3-14 所示。图中 A、B、C 分别为步进电动机的三相,每相由一组放大器驱动。放大器输入端与环形脉冲分配器相连。在没有脉冲输入时,3DK4 和 3DD15 功率放大器均截止。绕组中无电流通过。电动机不转。当 A 相得电,电动机转动一步。当脉冲依次加到 A、B、C 三个输入端时,三组放大器分别驱动不同的绕组,使电动机一步一步地转动。电路中与绕组并联的二极管 VD 分别起续流作用,即在功放管截止时,使储存在

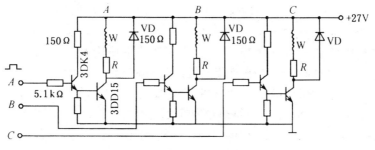

图 3-14 单电压功率放大电路

绕组中的能量通过二极管形成续流回路泄放，从而保护功放管。

与绕组 W 串联的电阻 R 为限流电阻，限制通过绕组的电流不致超过其额定值，以免电动机发热厉害被烧坏。R 的阻值一般在 $5\sim20\Omega$ 范围内选取。

该电路结构简单，但 R 串在大电流回路中要消耗能量，使放大器功率降低。同时由于绕组电感 L 较大，电路对脉冲电流的反应较慢，因此，输出脉冲波形差、输出功率低。这种放大器主要用于对速度要求不高的小型步进电动机中。

② 高低压功率放大电路。图3-15(a)为采用脉冲变压器 TI 组成的高低压控制电路原理图。无脉冲入时，VT_1、VT_2、VT_3、VT_4 均截止，电动机绕组 W 无电流通过，电动机不转。

有脉冲输入时，VT_1、VT_2、VT_4 饱和导通，在 VT_2 由截止到饱和期间，其集电极电流，也就是脉冲变压 TI 的一次电流急剧增加，在变压器二次侧感生一个电压，使 VT_3 导通，80 V 的高压经高压管 VT_3 加到绕 W 上，使电流迅速上升，当 VT_2 进入稳定状态后，TI 一次侧电流暂时恒定，无磁通量变化，二次侧的感应电压为零，VT_3 截止。这时，12 V 低压电源经 VD_1 加到电动机绕组 W 上并维持绕组中的电流。输入脉冲结束后 VT_1、VT_2、VT_3、VT_4 又都截止，储存在 W 中的能通过 18 Ω 的电阻和 VD_2 放电，18 Ω 电阻的作用是减小放电回路的时间常数，改善电流波形的后沿。该电路由于采用高压驱动，电流增长加快，脉冲电流的前沿变陡，电动机的转矩和运行频率都得到了提高。

图3-15(b)为采用单稳触发器组成的高低压控制电路原理图。当输入端为低电平时。

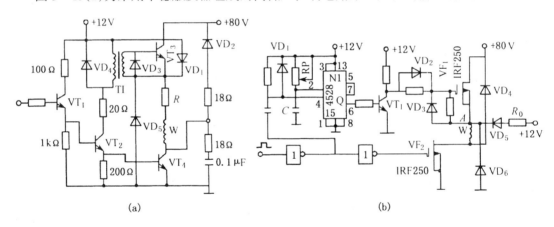

图 3-15 高低压功串放大电路

低压部分的 VMOS 管 VF_2(IRF250)栅极为低电平，VF_2 截止。同时单稳态电路 VF_1 不触发，Q 端 6 脚输出高电平，开关管 VT_1(3DA150)饱和导通，高压管 VF_1(IRF250)栅极为低电平，VF_1 截止，绕组中也无电流通过。当输入端输入一进给脉冲时，VF_2 的栅极为高电平，则低压管 VF_2 导通。同时脉冲的上升沿使 4528 单稳态电路触发，Q 端 6 脚输出低电平，这时开关管 VT_1 (3DA150)截止，高压管 VF_1(IRF250)导通，这时由于 A 点电位比 12 V 高，故二极管 VD_5 截止，电流通过高压管 VF_1(IRF250)流经绕组及低压管 VF_2(zRF250)进入电源负极。4528 单稳态电路定时结束，6 脚输出高电平，使高压管 VF_1(IRF250)截止。这时 A 点电位低于 12 V，则 12 V 电流开始向绕组输送低电压电流，以维持绕组稳定在额定电流上。高压导通的时间由单稳态电路决定，通过调节 R、C 参数使高压开通的时间恰好使绕组的电流上升到额定值左右再关闭。时间的调节要非常小心，时间稍长即可能烧毁晶体管。

高低压功率放大电路由于仅在脉冲开始的一瞬间接通高压电源,其余的时间均由低压供电,故效率很高。又由于电流上升率高,故高速运行性能好、但由于电流波形陡,有时还会产生过冲,故谐波成分丰富,致使电动机运行时振动较大(尤其在低速运行时)。

3) 恒流源功率放大电路。恒流源功率放大电路如图 3-16 所示。当 A 处输入为低电平时 VT_1(3DK2)截止,这时由 VT_2(3DK4)及 VT_3(3DD15)组成的达林顿管导通,电流由电源正端流经电动机绕组 W 及达林顿复合管经由 PNP 型大功率管 VT_4(2955)组成的恒流源流向电源负端。电流的大小取决于恒流源的恒流值,当发射极电阻减小时,恒流值增大;当电阻增大时,恒流值减小。由于恒流源的动态电阻很大,故绕组可在较低的电压下取得较高的电流上升率。由于此时电路为反相驱动,故脉冲在进入恒流源驱动电源前应反相后再送入输入端。

恒流源功率放大电路的特点是在较低的电压上有一定的上升率,因而可用在较高频率的驱动上。由于电源电压较低,功耗将减小,效率有所提高。由于恒流源管工作在放大区,管压降较大,功耗很大;故必须注意对恒流源管采用较大的散热片散热。

4) 斩波恒流功率放大电路。图 3-17 是性能较好的斩波恒流功率放大电路。采用大功率 MOS 场效应晶体管作为功放管。

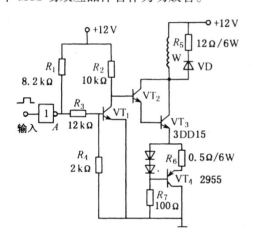
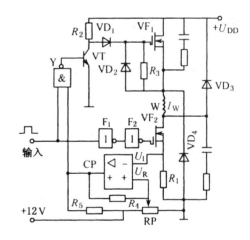

图 3-16 恒流源功率放大电路　　图 3-17 斩波恒流功率放大电路

图中 VF_1、VF_2 为开关管。电动机绕组 W 串接在 VF_1、VF_2 之间,VT 为 VF_1 的驱动管。

CP 为比较器。它与周围的电阻组成滞回比较器,其同相端接参考电压 U_R(可由电位器 CP 调到所需要的数值),反相端接在 0.3 Ω 的检测电阻 R_1 上。比较器的输出经 Y、VT 进而控制高压开关管 VF_1 的通断。VD_1、VD_2 为两极反相驱动器,与非门 Y 为高压管的控制门。

输入为低电平时,VF_2 因栅极电位为零而截止。此时,Y 输出为 1,VT 饱和导通,VF_1 的栅极也是零电位,故 VF_1 也截止,绕组 W 中无电流通过,电动机不转。

输入为高电平时,VF_2 饱和导通。流过 VF_2 的电流按指数规律上升,当在检测电阻 R_1 上的降压 U_1 小于 U_R 时,比较器输出高电平,它与输入脉冲的高电平一起加到 Y 的两个输入端上,使 Y 输出为零,VT 截止,高电压 U_{DD} 经 VD_1 加到高压管 VF_1 的栅极上,使 VF_1 饱和导通,高压 U_{DD} 经 VF_1 加到绕组 W 上,使电流急速上升。当电流上升到预先调好的额定值后,R_1 上的压降 $U_1 > U_R$,比较器输出低电平,将与非门 Y 关上,Y 输出的高电平使 VT 饱和导通,VF_1 截止。此时,储存在 W 中的能量经 VF_2、VD_4 泄放,电流下降,当电流下降到某一数值时,比较器又输出高电平,经Y、VT使VF_1再次导通,高压又加到W上,电流又上升,升到额定值后,比较器再次翻转,输出低电平,又使VF_1关断。这样,在输入脉冲持续期间,VF_1不断的开、关。开启时,U_{DD}加到W上,使上I_W升;关断时,W经VF_2、VD_4泄放能量,使I_W下降;当输入脉冲结束后,VF_1、VF_2均截止,储存在W中的能量经VD_3回馈给电源。绕组上的电压和电流的波形如图3-18所示。可见,在输入脉冲持续期间,VF_1多次导通给W补充电流,使电流平均值稳定在所要求的数值上。

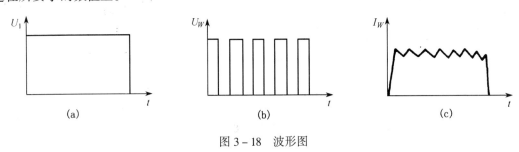

图3-18 波形图

该电路由于去掉了限流电阻,效率显著提高,并利用高压给W储能,波的前沿得到了改善,从而可使步进电动机的输出加大,运行频率得以提高。

⑤ 调频调压功放电路。在电源电压一定时,步进电动机绕组电流的上冲值是随工作频率的升高而降低的,使输出转矩随电动机转速的提高而下降。要保证步进电动机高频运行时的输出转矩,就需要提高供电电压。前述的各种功放电路都是为保证绕组电流有较好的上升沿和幅值而设计的,从而有效地提高了步进电动机的工作频率。但在低频运行时,会给绕组中注入过多的能量而引起电动机的低频振荡和噪声。为解决此问题,便产生了调频调压功放电路。

调频调压功放电路的基本原理是当步进电动机在低频运行时,供电电压降低,当运行在高频段时,供电电压也升高。即供电电压随着步进电动机转速的增加而升高。这样,既解决了低频振荡问题,也保证了高频运行时的输出转矩。

实现调频调压控制的硬件电路往往比较复杂。在CNC系统中,可由软件配合适当硬件电路实现,如图3-19所示。U_{CP}是步进控制脉冲信号,U_{CT}是开关调压信号。U_{CP}和U_{CT}都由CPU输出。

当U_{CT}输出一个负脉冲信号,晶体管VT_1和VT_2导通,电源电压U_1作用在电感L_s和电动机绕组W上,L_s感应出负电动势,电流逐渐增大,并对电容C充电,充电时间由负脉冲宽度t_{on}决定。在U_{CT}负脉冲过后,VT_1和VT_2截止,L_s又产生感应电动势,其方向是U_2处为正。此时,若VT_3导通,该感应电动势便经电动机绕组W→R_s→VT_3→VD_1→L_s回路泄放,同时电容C也向绕组W放电。由此可见,向电动机供电的电压U_2取决于VT_1和VT_2的开通时间,即取决于负脉冲U_{CT}的宽度。负脉冲宽度越大,U_2越高。因此,根据U_{CP}的频率,调整U_{CT}的负脉冲宽度,便可实现调频调压。

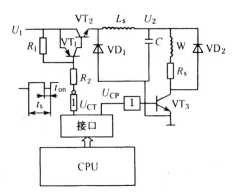

图3-19 调频调压功放电路

(3) 细分驱动

上述提到的步进电动机的各种功率放大电路都是采用环形分配器芯片进行环形分配,控制电动机各相绕组的导通或截止,从而使电动机产生步进运动,步距角的大小只有两种,即整步工作或半步工作。步距角已由步进电动机结构所确定。如果要求步进电动机有更小的步距角或者为减小电动机振动、噪声等原因,可以在每次输入脉冲切换时,不是将绕组电流全部通入或切除,而是只改变相应绕组中额定电流的一部分,则电动机转过的每步运动也只有步距角的一部分。这里绕组电流不是一个方波,而是阶梯波,额定电流是台阶式的投入或切除,电流分成多少个台阶,则转子就以同样的个数转过一个步距角。这样将一个步距角细分成若干步的驱动方法被称为细分驱动。细分驱动的特点是:在不改动电动机结构参数的情况下,能使步距角减小。但细分后的步距角精度不高,功率放大驱动电路也相应复杂;能使步进电动机运行平稳、提高匀速性、并能减弱或消除振荡。

要实现细分,需要将绕组中的矩形电流波改成阶梯形电流波,即设法使绕组中的电流以若干个等幅等宽度阶梯上升到额定值,并以同样的阶梯从额定值下降为零,如图 3-20 所示。实现上述细分电流波形的方法有以下两种:

图 3-20 细分电流波形

1) 采用多路功率开关器件。图 3-21(a)为给出五阶梯细分电路原理。它利用五只功率晶体管 $VT_{d1} \sim VT_{d5}$ 作为开关器件,其基极开关电压 $U_1 \sim U_5$ 的波形为图 3-21(b)所示。$U_1 \sim U_5$ 的等幅宽度较小。

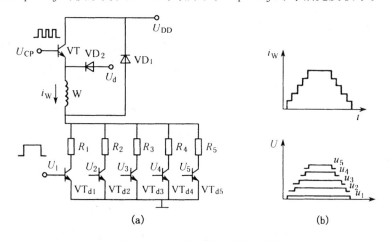

图 3-21 功率开关细分驱动电源

在绕组电流上升过程中,$VT_{d1} \sim VT_{d5}$ 按顺序导通。每导通一个,绕组中电流便上升一个台阶,步进电动机也跟着转动一小步。在 $VT_{d1} \sim VT_{d5}$ 导通过程中,每导通一个,高压管都要跟着导通一次,使绕组电流能快速上升。

在绕组电流下降过程中,$VT_{d1} \sim VT_{d5}$ 按顺序关断。为了使每关断一个晶体管,电流都能快速下降一个台阶,在关断任一低压管前,可先将剩下的全部关断一段时间,使绕组通过泄放回路放电,然后再重新开通。

采用上述多路功率开关晶体管的优点是,功率晶体管工作在开关状态,功耗很低,缺点是器件多、体积大。

2) 将上述各开关的控制脉冲信号进行叠加。用叠加后的阶梯信号控制接在绕组中的功率晶体管,并使功率晶体管工作在放大状态,如图 3-22 所示。由于在功串管基极 b 上加的是阶梯形变化的信号,因此,通过绕组中的电流也是阶梯形变化,实现了细分。在这种细分电路中,功率晶体管工作在放大状态,功耗大,电源利用率低,但所用器件少。

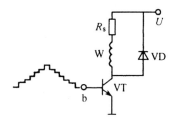

图 3-22 叠加细分驱动原理

目前实现阶梯波供电的方法有如图 3-23 所示的两种。图 3-23(a)为先放大后叠加,即是将通过细分环形分配器所形成的各个等幅等宽的脉冲,分别进行放大,然后在电动机绕组中叠加起来形成阶梯波。

图 3-23(b)为先叠加后放大。这种方法用运算放大器来叠加,或采用公共负载的方法。把方波合成阶梯波,然后对阶梯波进行放大再去驱动步进电动机,其中的放大环节可采用线性放大或斩波放大等方式。

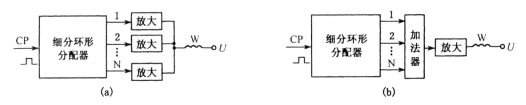

图 3-23 阶梯波合成原理图

阶梯波控制信号可由很多方法产生,这里介绍一种恒频脉宽调制细分驱动电源,如图 3-24(a)所示。细分控制信号由 D/A 转换器提供。运算放大器 A 实现斩波恒流控制,利用恒频脉宽调制原理,其设定电压 U_s 由 D/A 转换器提供。当 D/A 转换器接收到数字信号后转换成相应的模拟信号电压 U_s 加在运算放大器 A 的同相输入,因这时绕组中电流还未跟上,故 $U_f < U_s$,运算放大器 A 输出高电平,D 触发器在高频触发脉冲 U_m 的控制下,Q 端输出高电平,使功率晶体管 VT_1 和 VT_2 导通,电动机绕组 W 中的电流迅速上升。当绕组电流上升到一定值时,$U_f > U_s$,A 输出低电平,使 D 触发器清零,VT_1、VT_2 截止。如(b)所示,以后当 U_s 不变时,由于 A 和 D 触发器构成的斩波控制电路的作用,使绕组电流稳定在一定值上下波动,即绕组电流稳定在一个新的台阶上。

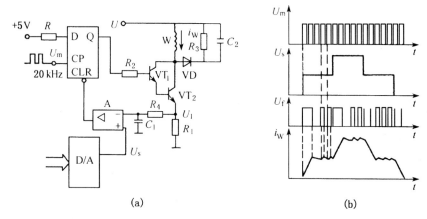

图 3-24 恒频脉宽调制细分驱动电源

当稳定一段时间后,再给 D/A 从输入一个增加的数字信号,并启动 D/A 转换器,这样上升一个台阶,和前述过程一样,绕组电流也跟着上升一个阶梯。当减小 D/A 的输入数字信号,U_s 下降一个阶梯,绕组电流也跟着下降一个阶梯。

由前述可知,这种细分驱动电源,既实现了细分,也能保证每一个阶梯电流的恒定。D/A 转换器的数字信号和 D 触发器的触发脉冲信号 U_m 都可由微型计算机提供。

(4) 步进电动机的微机控制

步进电动机的工作过程一般由控制器控制,控制器按照设计者的要求完成一定的控制过程,使功率放大电路按照要求的规律驱动步进电动机运行。简单的控制过程可以用各种逻辑电路来实现,但其缺点是线路复杂、控制方案改变困难,自从微处理器问世以来,给步进电动机控制器设计开辟了新的途径。各种单片微型计算机的迅速发展和普及,为设计功能很强而价格低廉的步进电动机控制器提供了条件。使用微型计算机对步进电动机进行控制有串行和并行两种方式。

串行控制:具有串行控制功能的单片机系统与步进电动机驱动电源之间,具有较少的连线将信号送入步进电动机驱动电源的环形分配器,所以在这种系统中,驱动电源中必须含有环形分配器。这种控制方式的示意图如图 3-25 所示。

并行控制:用微型计算机系统的数个端口直接去控制步进电动机各相驱动电路的方法称为并行控制。在电动机驱动电源内,还包括环形分配器,而其并行控制功能必须由微型计算机系统完成。

系统实现脉冲分配功能的方法有两种:一种是纯软件方法,即完全用软件来实现相序的分配,直接输出各相导通或截止的信号;另一种是软、硬件相结合的方法,这里有专门设计的一种编程器接口,计算机向接口输入简单形式的代码数据,而接口输出的是步进电动机各相导通或截止的信号。并行控制方案的示意图如图 3-26 所示。

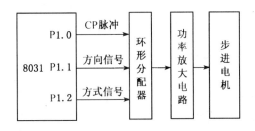
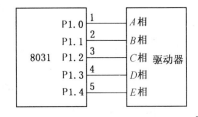

图 3-25　串行控制示意图　　　　　　　图 3-26　并行控制示意图

步进电动机速度控制:控制步进电动机的运行速度,实际上就是控制系统发出步进脉冲的频率或者换相的周期。系统可用两种办法来确定步进脉冲的周期:一种是软件延时;另一种是用定时器。软件延时的方法是通过调用延时子程序的方法来实现的,它占有 CPU 时间。定时器方法是通过设置定时时间常数的方法来实现的。

步进电动机的加减速控制。对于点-位控制系统,从起点至终点的运行速度都有一定要求。如果要求运行频率(速度)小于系统的极限启动频率,则系统可以按要求的频率(速度)直接启动,运行至终点后可立即停发脉冲串而令其停止。系统在这样的运行方式下其速度可认为是恒定的。但在一般情况下,系统的极限启动频率是比较低的,而要求的运行速度往往较高。如果系统以要求的速度直接启动,因为该频率已超过极限启动频率而不能正常启动,可能发生丢步或根本不能启动的情况。系统运行起来之后，如果到达终点时突然停发脉冲串，令其立即停止，则因为系统的惯性原因，会发生冲过终点的现象，使点－位控制精度发生偏差。因此在点－位控制过程中，运行速度都需要有一个加速－恒速－减速－（低恒速）－停止的过程，如图3－27所示。系统在工作过程中要求加减速过程时间尽量短，而恒速时间尽量长。特别是在要求快速响应的工作中，从起点至终点运行的时间要求最短，这就必须要求升速、减速的过程最短，而恒速时的速度最高。

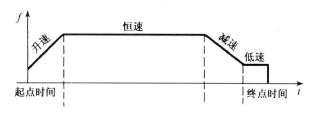

图3－27 点－位控制的加减速过程

升速规律一般可有两种选择：一是按照直线规律升速，二是按指数规律升速。按直线规律升速时加速度为恒值，因此要求步进电动机产生的转矩为恒值。从电动机本身的矩－频特性来看，在转速不是很高的范围内，输出的转矩可基本认为恒定。但实际上电动机转速升高时，输出转矩将有所下降，如按指数规律升速，加速度是逐渐下降的，接近电动机输出转矩随转速变化的规律。用微机对步进电动机进行加减速控制，实际上就是改变输出步进脉冲的时间间隔。升速时使脉冲串逐渐加密，减速时使脉冲串逐渐稀疏。微机用定时器中断的方式来控制电动机变速时，实际上就是不断改变定时器装载值的大小。一般用离散办法来逼近理想的升降速曲线。为了减少每步计算装载值的时间，系统设计时就把各离散点的速度所需的装载值固化在系统的EPROM中，系统运行中用查表方法查出所需的装载值，从而大大减少占用CPU时间，提高系统响应速度。系统在执行升降速的控制过程中，对加减速的控制还需准备下列数据：① 加减速的斜率；② 升速过程的总步数；③ 恒速运行总步数；④ 减速运行的总步数。

对升降速过程的控制有多种方法，软件编程也十分灵活，技巧很多。此外，利用模拟/数字集成电路也可实现升降速控制，但是实现起来较复杂且不灵活。

步进电动机的闭环控制：开环控制的步进电动机驱动系统，其输入的脉冲不依赖于转子的位置，而是事先按一定的规律给定的。其缺点是电动机的输出转矩、加速度在很大程度上取决于驱动电源和控制方式。对于不同的电动机或者同一种电动机而不同的负载，很难找到通用的加减速规律，因此使提高步进电动机的性能指标受到限制。闭环控制是直接或间接检测转子的位置和速度，然后通过反馈及适当的处理，自动给出驱动的脉冲串。采用闭环控制，不仅可以获得更加精确的位置控制和高得多、平稳得多的转速，而且可以在步进电动机的许多其他领域获得更大的通用性。

步进电动机的输出转矩是励磁电流和失调角的函数。为了获得较高的输出转矩，必须考虑电流的变化和失调角的大小，这对于开环控制来说是很难实现的。根据不同的使用要求，步进电动机的闭环控制也有不同的方案，主要有核步法、延迟时间法、用位置传感器的闭环控制系统等。采用光电脉冲编码器作为位置检测元件的闭环控制原理框图如图3－28所示。其中编码器的分辨力必须与步进电动机的步距角相匹配。该系

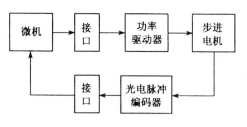

图3－28 步进电动机闭环控制原理框图

统不同于通常控制技术中的闭环控制,步进电动机由微机发出的一个初始脉冲启动,后续控制脉冲由编码器产生。编码器直接反映切换角这一参数。然而编码器相对于电动机的位移是固定的,因此发出相切换的信号也是一定的,只能是一种固定的切换角数值。采用时间延迟的方法可获得不同的切换角,从而可使电动机产生不同的平均转矩,得到不同的转速。在闭环控制系统中,为了扩大切换角的范围,有时还要插入或删去切换脉冲。通常在加速时要插入脉冲,而在减速时要删除脉冲,从而实现电动机的迅速加减速控制。

在固定切换角的情况下,如负载增加,则电动机转速将下降,要实现匀速控制可利用编码器测出电动机的实际转速(编码器两次发出脉冲信号的时间间隔),以此作为反馈信号不断地调节切换角,从而补偿由负载所引起的转速变化。

§3.4 直流(DC)和交流(AC)伺服电动机及其驱动

一、直流(DC)伺服电动机及其驱动

1. 直流(DC)伺服电动机的特性及选用

直流伺服电动机通过电刷和换向器产生的整流作用,使磁场磁动势和电枢电流磁动势正交,从而产生转矩。其电枢大多为永久磁铁。

直流伺服电动机具有较高的响应速度、精度和频率,优良的控制特性等优点。但由于使用电刷和换向器,故寿命较低,需要定期维修。

20世纪60年代研制出了小惯量直流伺服电动机,其电枢无槽,绕组直接粘接固定在电枢铁心上,因而转动惯量小、反应灵敏、动态特性好,适用于高速且负载惯量较小的场合,否则需根据其具体的惯量比设置精密齿轮副才能与负载惯量匹配,增加了成本。

直流印刷电枢电动机是一种盘形伺服电动机,电抠由导电板的切口成形,裸导体的线圈端部起换向器作用,这种空心式高性能伺服电动机大多用于工业机器人、小型NC机床及线切割机床上。

20世纪70年代大惯量宽调速直流伺服电动机研制成功。它在结构上采取了一些措施,尽量提高转矩改善动态特性,既具有一般直流电动机的各项优点,又具有小惯量直流电动机的快速响应性能,易与较大的惯性负载匹配,能较好地满足伺服驱动的要求,因此在数控机床、工业机器人等机电一体化产品中得到了广泛应用。

宽调速直流伺服电动机的结构特点是励磁便于调整,易于安排补偿绕组和换向极,电动机的换向性能得到改善,成本低,可以在较宽的速度范围内得到恒转速特性。永久磁铁的宽调速直流伺服电动机的结构如图3-29所示。有不带制动器(a)和带制动器(b)两种结构。电动机定子(磁钢)1采用矫顽力高、不易去磁的永磁材料(如铁氧体永久磁铁)、转子(电枢)2直径大并且有槽,因而热容量大,结构上又采用了通常凸极式和隐极式永磁电动机磁路的组合,提高了电动机气隙磁通密度。同时,在电动机尾部装有高精密低纹波的测速发电动机并可加装光电编码器或旋转变压器及制动器,为速度环提供了较高的增量,能获得优良的低速刚度和动态性能。因此,宽调速直流伺服电动机是目前机电一体化闭环伺服系统中应用较广泛的一种控制用电动机。其主要特点是调速范围宽、低速运行平稳;负载特性硬、过载能力强,在一定的速度范围内可以做到恒力矩输出,反应速度快,动态响应特性好。当然,宽调速直流伺服电动机

体积较大,其电刷易磨损,寿命受到一定限制。一般的直流伺服电动机均配有专门的驱动器。

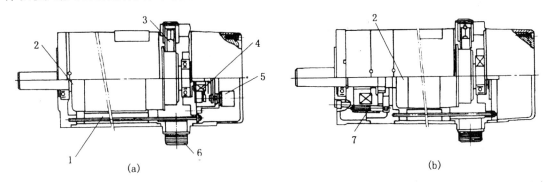

图 3-29 直流伺服电动机
1—定子;2—转子;3—电刷;4—测速发电动机;5—编码器;6—航空插座;7—制动器组件

日本法纳克(FANUC)公司生产的用于工业机器人、CNC 机床、加工中心(MC)的 L 系列(低惯量系列)、M 系列(中惯量系列)和 H 系列(大惯量系列直流伺服电动机如表 3-12 所示。其中 L 系列适合于在频繁启动、制动场合应用,M 系列是在 H 系列的基础上发展起来的,其惯量较 H 系列小,适合于晶体管脉宽调制(PWM)驱动,因而提高了整个伺服系统的频率响应。而 H 系列是大惯量控制用电动机,它有较大的输出功率,采用六相全波晶闸管整流驱动。表中电动机型号带有 H 标志(如 30 MH)的表示该电动机装有热管冷却器,该电动机的有效尺寸与不带热管冷却器的同型号的相同,但其额定转矩大。

表 3-12 法纳克公司直流伺服电动机

型号 项目	低惯量系列(L 系列)					中惯量系列(M 系列)			
	0L	5L	6L	7L	10L	00M	0M	5M	10M
输出功率/kW	0.3	0.6	1.1	3.0	6.0	0.15	0.4	0.8	1.1
额定转矩/Nm	2.5	4.9	8.8	24.5	49.0	0.98	2.9	5.9	11.8
最大转矩/Nm	12.3	24.5	44.1	73.5	147	5.1	26.0	54.0	97
最高转速/(r·min^{-1})	2 000	2 000	2 000	2 500	2 000	2 000	2 000	2 000	1 500
转子惯量/(kgm^2)	0.000 49	0.000 88	0.001 8	0.009	0.015	0.000 44	0.002 2	0.003 6	0.013
机械时间常数/ms	7	5	3	11	7	11	13	9	12
热时间常数/min	15	20	30	5	10	15	45	50	70
重量/kg	10	15	22	47	66	3	13	17	30

型号 项目	中惯量系列(M 系列)				大惯量系列(H 系列)			
	20M	30M	30MH	30M-2K	40	50	60	60H	70H
输出功率/kW	1.8	2.8	2.8	4	5	10	15	22	22
额定转矩/Nm	22.5	37.2	55.9	31.4	32.3	65.7	98	147	235
最大转矩/Nm	166	197	197	197	245	510	784	784	520
最高转速/(r·min^{-1})	1 500	1 200	1 200	2 000	2 000	2 000	2 000	2 000	2 000
转子惯量/(kgm^2)	0.019	0.036	0.041	0.036	0.12	0.19	0.27	0.29	0.60
机械时间常数/ms	8	8	9	11	24	15	12	13	18
热时间常数/min	80	85	30	85	120	120	120	35	35
重量/kg	42	53	58	55	90	125	160	180	220

宽调速直流伺服电动机应根据负载条件来选择。加在电动机轴上的有两种负载,即负载转矩和负载惯量。当选用电动机时,必须正确地计算负载,即必须确认电动机能满足下列条件:① 在整个调速范围内,其负载转矩应在电动机连续额定转矩范围以内;② 工作负载与过载时间应在规定的范围以内;③ 应使加速度与希望的时间常数一致。一般讲,由于负载转矩起减速作用,如果可能,加减速应选取相同的时间常数。

值得提出的是惯性负载值对电动机灵敏度和快速移动时间有很大影响。对于大的惯性负载,当指令速度变化时,电动机达到指令速度的时间需要长些。如果负载惯量达到转子惯量的三倍,灵敏度要受到影响,当负载惯量比转子惯量大三倍时响应时间将降低很多,而当惯量大大超过时,伺服放大器就不能在正常条件范围内调整,必须避免使用这种惯性负载。

2. 直流(DC)伺服电动机与驱动

直流伺服电动机为直流供电,为调节电动机转速和方向,需要对其直流电压的大小和方向进行控制。目前常用晶体管脉宽调理驱动和晶闸管直流调速驱动两种方式。

晶闸管直流驱动方式,主要通过调节触发装置控制晶闸管的触发延迟角(控制电压的大小)来移动触发脉冲的相位,从而改变整流电压的大小,使直流电动机电枢电压的变化易于平滑调速。由于晶闸管本身的工作原理和电源的特点,导通后是利用交流(50 Hz)过零来关闭的,因此,在低整流电压时。其输出是很小的尖峰值(三相全波时每秒300个)的平均值,从而造成电流的不连续性。而采用脉宽调速驱动系统,其开关频率高(通常达2 000 ~ 3 000 Hz),伺服机构能够响应的颠带范围也较宽,与晶闸管相比,其输出电流脉动非常小,接近于纯直流。脉宽调制(PWM)直流调速驱动系统原理如图3 – 30(a)(b)所示。当输入一个直流控制电压 U 时就可得到一定宽度与 U 成比例的脉冲方波来给伺服电动机电枢回路供电,通过改变脉冲宽度来改变电枢回路的平均电压,从而得到不同大小的电压值 U_a,使直流电动机平滑调速。设开关 S 周期性地闭合、断开,闭和开的周期是 T_0 在一个周期 T 内,闭合的时间是 τ,开断的时间是 $T - \tau$,若外加电源电压 U 为常数,则电源加到电动机电枢上的电压波形将是一个方波列,其高度为 U,宽度为 τ,则一个周期内电压的平均值为

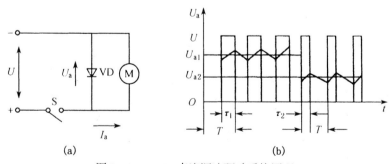

图3 – 30 PWM直流调速驱动系统原理

$$U_a = \frac{1}{T}\int_0^\tau U \mathrm{d}t = \frac{\tau}{T}U = \mu U$$

式中 μ——导通率,又称占空系数,$\mu = \tau/T$。当 T 不变时,只要连续地改变 $\tau(0 \sim T)$ 就可以连续地使 U_0 由 0 变化到 U,从而达到连续改变电动机转速的目的。实际应用的 PWM 系统,采用大功率晶体管代替开关 S,其开关频率一般为 2 000 Hz,即 $T = 0.5$ ms,它比电动机的机械时间常数小得多,故不至于引起电动机转速脉动。常选用的开关频率为 500 ~ 2 500 Hz。图中

的二极管为续流二极管,当S断开时,由于电感L_a的存在,电动机的电枢电流I_a可通过它形成回路而继续流动,因此尽管电压呈脉动状,而电流还是连续的。

为使电动机实现双向调速,多采用图3-31所示桥式电路,其工作原理与线性放大桥式电路相似。电桥由四个大功率晶体管$VT_1 \sim VT_4$组成。如果在VT_1和VT_3的基极上加以正脉冲的同时,在VT_2和VT_4的基极上加负脉冲,这时VT_1和VT_3导通,VT_2和VT_4截止,电流沿+90V→c→VT_1→d→M→b→VT_3→a→0V的路径流通。设此时电动机的转向为正向。反之,如果在晶体管VT_1和VT_3的基极上加负脉冲,在VT_2和VT_4的基极上加正脉冲,则VT_2和VT_4导通,VT_1和VT_3截止,电流沿+90V→c→VT_2→b→M→d→VT_4→a→0V的

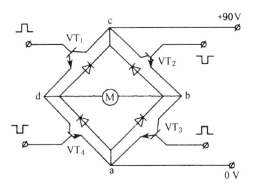

图3-31 PWM系统的主回路电气原理

路径流通,电流的方向与前一情况相反,电动机反向旋转。显然,如果改变加到VT_1和VT_3、VT_2和VT_4这两组管子基极上控制脉冲的正负和导通率μ,就可以改变电动机的转向和转速。

二、交流(AC)伺服电动机及其驱动

同步型和感应型伺服电动机称为交流伺服电动机,其基本原理是检测SM(同步)型和IM(感应)型的气隙磁场的大小和方向,用电力电子变换器代替整流子和电刷,并通过与气隙磁场方向相同的磁化电流和与气隙磁场方向垂直的有效电流来控制其主磁通量和转矩。表3-13为交流伺服电动机的特性实例。

表3-13 交流伺服电动机特性举例

电动机 特性	SM型伺服电机	IM型伺服电机
输出功率/W	1 100	1 100
峰值电流(A/相)	11.7	14.4
峰值电压(V/相)	68.9	79.3
功率因数/%	99.8	78.6
效率/%	91.1	82.0
电阻/Ω	0.284	1.035
感应电压常数/[mV·(r·min^{-1})]	100	100
转动惯量/(kg·m^2)	8.8×10^{-4}	6.8×10^{-4}
功率变化率/(kW·s^{-1})	12	16

采用永久磁铁磁场的同步电动机不需要磁化电流控制,只要检测磁铁转子的位置即可。这种交流伺服电动机也叫做无刷直流伺服电动机(如SM型伺服电动机)。由于它不需要磁化电流控制,故比IM型伺服电动机容易控制。转矩产生机理与直流伺服电动机相同。SM型伺服电动机的控制构成如图3-32所示。

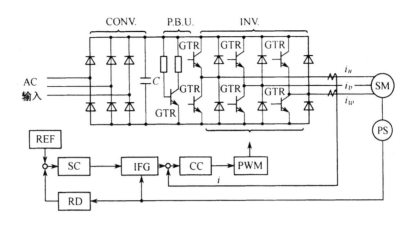

图 3-32 同步(SM)型伺服电动机控制框图

CONV—整流器；SM—同步电动机；INV—变换器；PS—磁极位置检测器；REF—速度基准；IFG—电流函数发生器；SC—速度控制放大器；CC—电流控制放大器；RD—速度变换器；PWM—脉宽调制器；i_u、i_v、i_w—相电流；P.B.U.—再生电力吸收电路

感应型伺服电动机是笼型感应电动机，因为是旋转磁场，由于气隙磁场难于直接检验，可以用转子的位置和速度的等效控制来代替，其中之一是矢量控制。

交流电动机的矢量控制是交流伺服系统的关键，可以利用微处理器和微型计算机数控(CNC)对交流电动机作磁场的矢量控制，从而获得对交流电动机的最佳控制。

所谓矢量控制的原理如下：交流电动机的等效电路如图 3-33(a)所示。图中、为定子绕组的电阻和漏抗；r_2、X_2 为归算过的转子绕组的电阻和漏抗；r_m 代表与定子铁心相对应的等效电阻；X_m 为与主磁通相对应的铁心电路的电抗；s 为转差率，其电流矢量如图 3-33(b)所示。为了简化控制电路，在忽略 r_1、X_1、r_2、r_m 时，上述等效电路图可简化成图 3-34(a)，电流矢量如图 3-34(b)所示。从电流矢量图可知：$I_1 = \sqrt{I_m^2 + I_2^2}$，而 I_m(励磁电流)可以认为在整个负载范围内保持不变，而电磁转矩 T 是正比于 I_2 的。当要求 I_2 转矩加大为原来的两倍时，则要求也为原来的两倍。为此，只需将输入电流 I_1 从变成 I_1' 即可。由此可知，所谓矢量控制就是要同时控制电动机输入电流 I_1 的幅值和相位 φ，以得到交流电动机的最佳控制。图 3-35 为一种矢量控制的交流伺服系统框图。

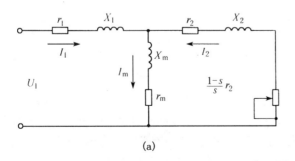
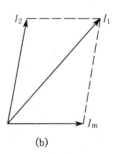

图 3-33 交流电动机的等效电路

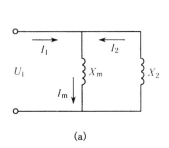 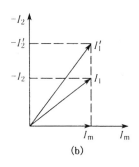

图 3-34 简化等效电路

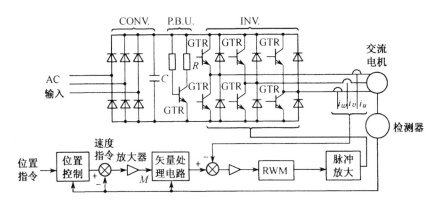

图 3-35 矢量控制框图

交流伺服系统的工作原理如下：由插补器发出的脉冲经位置控制回路发出速度指令,在比较器中与检测器来的信号(经过 D/A 转换)相与之后,再经放大器送出转矩指令 $M(3/2)k_s I_2 \varphi$,(式中 k_s 为比例常数、I_2 为电枢电流、φ 为有效磁场磁束),至矢量处理电路,该电路由转角计算回路、乘法器、比较器等组成。另一方面,检测器的输出信号也被送到矢量处理电路中的转角计算回路,将电动机的回转位置 θ_r 变换成 $\sin\theta_r$、$\sin(\theta_r - 2\pi/3)$ 和 $\sin(\theta_r - 4\pi/3)$ 信号,由矢量处理电路输出 $M\sin\theta_r$、$M\sin(\theta_r - 2\pi/3)$ 和 $M\sin(\theta_r - 4\pi/3)$ 三个电流信号,组放大并与电动机回路的电流检测信号比较之后,经脉宽调制电路(PWM)放大之后,控制三相桥式晶体管电路,使交流伺服电动机按规定的转速旋转,并输出所需要的转矩值。检测器检测出的信号还可送到位置控制回路,与插补器来的脉冲信号进行比较完成位置环控制。

日本法纳克(FANUC)公司为了满足 CNC 机床和工业机器人的需要于 1982 年开发出交流伺服电动机。表 3-14 为该公司生产的交流伺服电动机的性能。表中几种交流伺服电动机为永磁式同步型伺服电动机,其共同特点是定子为三相绕组,转子为永久磁铁,永磁体的材料有采用铁氧体,也有采用稀土材料的。表中有 11 种规格的交流伺服电动机,其结构、性能特点如下：① 具有独特的磁极形状,使转矩波动最小;② 定子外面没有机壳,定于铁心直接在空气中冷却,这种结构使电动机温升能减到最低;③ 具有高的转矩/惯量比,能承受高的加减速;④ 由于采取正弦形状的磁力线分布私精确的电流控制,即使在很低速时,电动机仍能平滑旋转,如电动机在 3 r/min 与导程为 10 mm 的丝杠相连时,其跟踪误差为 1 m;⑤ 由于采用了集中磁力线结构,在保证高输出转矩的情况下,电动机的体动积小而且重量轻;⑥ 由于采用高频脉宽调制控制,电动机只有很低的噪声和振动。

利用交流伺系统可进行精密定位控制,可作为 CNC 机床、工业机器人等的执行元件。

表 3-14 法纳克公司交流伺服电机性能

型号 项目	5-0	4-0	3-0	2-0	1-0	0	5	10	20	30	30R
输出功率 /kW	0.02	0.05	0.1	0.2	0.4	0.6	0.9	1.8	3.5	3.3	4
额定转矩 /Nm	0.10	0.25	0.49	1.0	2.0	2.9	5.9	11.8	22.5	37.2	29.4
最大转矩 /Nm	0.8	1.1	2.2	7.8	16	26	53	78	147	225	225
最高速度 /(r·min^{-1})	3000	3000	3000	2000	2000	2000	2000	2000	2000	1200	2000
转子惯量 /(kgm^2)	3.4×10^{-6}	3.7×10^{-5}	7.3×10^{-5}	3.6×10^{-4}	6×10^{-4}	2.5×10^{-3}	4.2×10^{-3}	0.010	0.018	0.025	0.025
机械时间常数 /ms	4	11	8	9	5	16	9	10	6	5	5
热时间常数 /min	10	15	15	15	20	45	50	60	65	65	65
质量 /kg	0.5	1.2	1.8	3.0	4.5	11.0	15.0	31.0	40.0	50.0	50.0

思考题和习题

3-1 机电一体化系统中的执行元件的分类及特点(优缺点)。

3-2 机电一体化系统对执行元件的基本要求。

3-3 步进电动机具有哪些特点?

3-4 步进电动机的种类及其特点。

3-5 步进电动机的工作原理。

3-6 步进电动机步距角大小的计算方法。

3-7 步进电动机的环行分配方式。

3-8 步进电动机的运行特性。

3-9 举例说明步进电动机型号的表示方法。

3-10 步进电动机驱动电源的功率放大电路原理。

3-11 控制用电动机的功率密度及比功率的定义。

3-12 伺服电动机的种类、特点及应用。

3-13 直流伺服电动机的驱动方式,PWM 直流驱动调速换向的工作原理。

3-14 伺服电动机控制的基本形式。

第 4 章 机电一体化系统的微机控制系统选择及接口设计

§4.1 专用与通用、硬件与软件的权衡与抉择

控制系统的设计是综合运用各种知识的过程。不同产品所需要的控制功能、控制形式和动作控制方式也不尽相同。由于采用微机作为机电一体化系统或产品的控制器，因此，其控制系统的设计就是选用微机、设计接口、选用控制形式和动作控制方式的问题。这不仅需要微机控制理论、数字电路、软件设计等方面的知识，也需要一定的生活和生产工艺知识。通常由机电一体化系统设计人员首先提出总的设计要求，然后由各专业人员通力协作。

在设计微机控制系统时，首先会遇到专用与通用的抉择和硬件与软件的权衡。

(1) 专用与通用的抉择

专用控制系统适合于大批量生产的机电一体化产品。在开发新产品时，如果要求具有机械与电子有机结合的紧凑结构，也只有专用控制系统才能做到。专用控制系统的设计问题，实际上就是选用适当的通用 IC 芯片来组成控制系统，以便与执行元件和检测传感器相匹配，或重新设计制作专用集成电路，把整个控制系统集成在一块或几块芯片上。对于多品种、中小批量生产的机电一体化产品来说，由于还在不断改进，结构还不十分稳定，特别是对现有设备进行改造时，采用通用控制系统比较合理。通用控制系统的设计，主要是合理选择主控制微机机型，设计与其执行元件和检测传感器之间的接口，并在此基础上编制应用软件的问题。这实质上就是通过接口设计和软件编制来使通用微机专用化的问题。

(2) 硬件与软件的权衡

无论是采用通用控制系统还是专用控制系统，都存在硬件和软件的权衡问题。有些功能，例如运算与判断处理等，却适宜用软件来实现。而在其余大多数情况下，对于某种功能来说，既可用硬件来实现，又可用软件来实现。因此，控制系统中硬件和软件的合理组成，通常要根据经济性和可靠性的标准权衡决定。在用分立元件组成硬件的情况下，就可以考虑是否采用软件，能采用通用的 LSI 芯片来组成所需的电路的情况下，则最好采用硬件。这是因为与采用分立元件组成的电路相比，采用软件不需要焊接，并且易于修改，所以采用软件更为可靠。而在利用 LSI 芯片组成电路时，不仅价廉，而且可靠性高，处理速度快，因而采用硬件更为有利。

控制系统一般为电子系统，环境适应能力较差，存在电噪声干扰问题，例如在一般车间条件下使用就容易受到干扰而引起故障。而且，电子系统的维修需要专门的技术，一般的机械操作人员不易掌握。因此在设计控制系统时，对于提高包括环境适应性和抗干扰能力在内的可靠性时，必须特别注意采取必要的措施。

§4.2 微机控制系统的设计思路

1. 确定系统整体控制方案

首先应了解被控对象的控制要求，构思微机控制系统的整体方案。通常，先从系统构成上考虑是采用开环控制还是闭环控制，当采用闭环控制时，应考虑采用何种检测传感元件，检测精度要求如何。其次考虑执行元件采用何种方式，是电动、气动还是液动，比较其方案的优缺点，择优而选。第三要考虑是否有特殊控制要求，对于具有高可靠性、高精度和快速性要求的系统，应采取哪些措施。第四是考虑微机在整个控制系统中的作用，是设定计算、直接控制还是数据处理，微机应承担哪些任务，为完成这些任务，微机应具备哪些功能，需要哪些输入/输出通道、配备哪些外围设备。最后应初步估算其成本。通过整体方案考虑，最后画出系统组成的初步框图，附以说明，以此作为下一步设计的基础和依据。

2. 确定控制算法

对任何一个具体微机控制系统进行分析、综合或设计，首先应建立该系统的数学模型，确定其控制算法。所谓数学模型就是系统动态特性的数学表达式。它反映了系统输入内部状态和输出之间的数量和逻辑关系。这些关系式为计算机进行运算处理提供了依据，即由数学模型推出控制算法。所谓计算机控制，就是按照规定的控制算法进行控制，因此，控制算法的正确与否直接影响控制系统的品质，甚至决定整个系统的成败。

每个控制系统都有一个特定的控制规律，因此，每个控制系统都有一套与此控制规律相对应的控制算法。由于控制系统种类繁多，控制算法也是很多的，随着控制理论和计算机控制技术的不断发展，控制算法更是越来越多。例如，机床控制中常使用的逐点比较法的控制算法和数字积分法的控制算法；直接数字控制系统中常用的 PID 调节的控制算法；位置数字伺服系统中常用的实现最少拍按制的控制算法；另外，还有各种最优控制的控制算法、随机控制和自适应控制的控制算法。在系统设计时，按所设计的具体控制对象和不同的控制性能指标要求，以及所选用的微机的处理能力选定一种控制算法。在选择控制算法时，应注意控制算法对系统的性能指标有直接影响，因此，应考虑所选定的算法是否能满足控制速度、控制精度和系统稳定性的要求，就是说，应根据不同的控制对象、不同的控制指标要求选择不同的控制算法。例如，要求快速跟随的系统可选用达到最少拍的直接控制算法；对于具有纯滞后的系统最好选用达林算法或施密斯补偿算法；对于随机控制系统应选用随机按制算法；各种控制算法提供了一套通用的计算公式，但具体到一个控制对象上，必须有分析地选用，在某些情况下可能还要进行某些修改与补充。例如，对某一控制对象选用 PID 调节规律数字化的方法设计数字控制器。在某些情况下，可对其作适当改进，就能使系统得到更好的快速性。

当控制系统比较复杂时，控制算法也比较复杂，整个控制系统的实现就比较困难，为设计、调试方便，可将控制算法作某些合理的简化，忽略某些因素的影响（如非线性、小延时、小惯性等），在取得初步控制成果后，再逐步将控制算法完善，直到获得最好的控制效果。

3. 选择微型计算机

对于给定的任务，选择微机的方案不是唯一的，从控制的角度出发，微机应能满足具有较完善的中断系统、足够的存储容量、完善的 I/O 通道和实时时钟等要求。

(1) 较完善的中断系统

微型计算机控制系统必须具有实时控制性能。实时控制包含两个意思：一是系统正常运行时的实时控制能力；二是在发生故障时紧急处理的能力。系统运行时往往需要修改某些参数、改变某个工作程序或指出规定的时间间隔、在输入输出异常或出现紧急情况时应报警和处理，处理这些问题一般都采用中断控制方式。CPU 应及时接收中断请求，暂停原来执行的程序，转而执行相应的中断服务程序，待中断处理完毕，再返回原程序继续执行。因此，要求微机的 CPU 具有较完善的中断系统，选用的接口芯片也应有中断工作方式，保证控制系统能满足生产中提出的各种控制要求。

(2) 足够的存储容量

由于微型计算机内存容量有限，当内存容量不足以存放程序和数据时，应扩充内存，有时还应配备适当的外存储器，如单板机通常都配盒式磁带机，用于在调试阶段暂存程序和数据。单板机可配备 2~8KB 以上的只读存储器，监控程序及调试成功的应用程序都写入只读存储器，实现软件固化。

微型计算机系统通常有 32~64KB 以上的内存，一般配备磁盘（硬盘或软盘）作为外存储器，系统程序和应用程序可保存在磁盘内；运行时由操作系统随时从磁盘调入内存。系统机亦可扩充 2~8KB 以上的只读存储器，调试成功的应用程序同样可写入只读存储器内，这样使用方便、可靠性高。

(3) 完备的输入/输出通道和实时时钟

输入/输出通道是外部过程和主机交换信息的通道。根据控制系统不同，有的要求有开关量输入/输出通道；有的要求有模拟量输入/输出通道、有的则同时要求有开关量输入/输出通道和模拟量输入/输出通道。对于需要实现外部设备和内存之间快速、批量交换信息的，还应有直接数据通道。

实时时钟在过程控制中给出时间参数，记下某事件发生的时刻，同时使系统能按规定的时间顺序完成各种操作。

选择微型计算机除应满足上述几点要求外，从不同的被控制对象角度而言，还应考虑几个特殊要求。

1) 字长。微处理器的字长定义为并行数据总线的线数。字长直接影响数据的精度、寻址的能力、指令的数目和执行操作的时间。对于通常的顺序控制、程序控制可选用 1 位微处理器。对于计算量小，计算精度和速度要求不高的系统可选用 4 位机（如计算器、家用电器及简单控制等）。对于计算精度要求较高、处理速度较快的系统可选用 8 位机（如线切割机床等普通机床的控制、温度控制等）。对于计算精度高、处理速度快的系统可选用 16 位机（如控制算法复杂的生产过程控制、要求高速运行的机床控制、特别是大量的数据处理等）。

2) 速度。速度的选择与字长的选择可一并考虑。对于同一算法、同一精度要求，当机器的字长短时，就要采用多字节运算，完成计算和控制的时间就会增长。为保证实时控制，就必须选用执行速度快的机器。同理，当机器的字长足够保证精度要求时，不必多字节运算，完成计算和控制的时间就短，可选用执行速度较慢的机器。

通常，微处理器的速度选择可根据不同的被控制对象而定。例如，对于反应缓慢的化工生产过程的控制，可选用慢速的微处理器。对于高速运行的加工机床、连轧机的实时控制等，必须选用高速的微处理机。

3) 指令。一般说来，指令条数越多，针对特定操作的指令就多，这样会使程序量减少，处理速度加快。对于控制系统来说，尤其要求较丰富的逻辑判断指令和外围设备控制指令，通常8位微处理器都具有足够的指令种类和数量，一般能够满足控制要求。

选择微机时，还应考虑成本高低、程序编制难易以及扩充输入/输出接口是否方便等因素，从而确定是选用单片机、单板机，还是选用微型计算机系统。

单片机是在一个双列直插式集成电路中包括了数字计算机的四个基本组成部分（CPU、EPROM、RAM 和 I/O 接口），具有价格低、体积小等特点，可满足很多场合的应用。其缺点是需要开发系统对其软硬件进行开发。

单板机也具有价格较低、体积较小的特点，适合于生产现场使用，便于维护和管理。其缺点是内存容量较小，接口电路少；另外使用机器语言编程，编程和调试比较困难。

微型计算机系统有丰富的系统软件，可用高级语言、汇编语言编程，程序编制和调试都很方便。系统机内存容量大且有软（硬）磁盘等大容量的外存储器，通常都有数据通道，可实现内外存储器之间的快速批量信息交换。其缺点是成本较高，当用来控制一个小系统时，往往不能充分利用系统机的全部功能，抗干扰能力差。

(4) 系统总体设计

系统总体设计主要是对系统控制方案进行具体实施步骤的设计，其主要依据是上述的整体方案初框图、设计要求及所选用的微机类型。通过设计要画出系统的具体构成框图。一个正在运行的完整的微型计算机控制系统，需要在微机、被控制对象和操作者之间适时的、不断的交换数据信息和控制信息。在总体设计时，要综合考虑硬件和软件措施，解决三者之间可靠的、适时进行信息交换的通路和分时控制的时序安排问题，保证系统能正常地运行。设计中主要考虑硬件与软件功能的分配与协调、接口设计、通道设计、操作控制台设计、可靠性设计等问题。其中硬件与软件功能的分配与协调要根据经济性和可靠性标准进行权衡，可靠性问题主要是制定可靠性设计方案，采取可行的可靠性措施。

接口设计：通常选用的微型计算机都已配备有相当数量的可编程序的输入/输出通用接口电路，如并行接口（Z80 系列的 P10、8080 系列的 8255）、串行接口（Z80 系列的 SIO、8080 系列的 8251）以及计数器/定时器（Z80 系列的 CTC）等。在进行接口设计时，首先要合理地使用这些接口，当通用接口不够时，应进行接口的扩展。扩展接口的方案较多，要根据控制要求及能够得到何种元件和扩展接口的方便程度来确定，通常有下述三种方法可供选用。

1) 选用功能接口板。在功能接口板上，有多组并（串）行数字量输入/输出通道，或多组模拟量输入/输出通道。采用选配功能插板扩展接口方案的最大优点是硬件工作量小，可靠性高，但功能插板价格较贵，一般只用来组成较大的系统。

2) 选用通用接口电路。在组成一个较小的控制系统时，有时采用通用接口电路来扩展接口。由于通用接口电路是标准化的，只要了解其外部特性与 CPU 的连接方法、编程控制方法就可进行任意扩展。

3) 用集成电路自行设计接口电路。在某些情况下，不采用通用接口电路，而采用其他中小规模集成电路扩充接口更方便、价廉。例如，一个控制系统需要输入多组数据或开关量，可用 74LS138 译码器和 74LS244 三态缓冲器等组成输入接口，也可用 74LS138 译码器和 74LS373 锁存器等组成输出多组数据的输出接口。

接口设计包括两个方面的内容：一是扩展接口；二是安排通过各接口电路输入/输出端的

输入/输出信号,选定各信号输入/输出时采用何种控制方式。如果要采用程序中断方式,就要考虑中断申请输入、中断优先级排队等问题。若要采用直接存储器存取方式,则要增加直接存储器存取(DMA)控制器作为辅助电路加到接口上。

通道设计:输入/输出通道是计算机与被控对象相互交换信息的部件。每个控制系统都要有输入/输出通道。一个系统中可能要有开关量的输入/输出通道、数字量的输入/输出通道或模拟量的输入/输出通道。在总体设计中就应确定本系统应设置什么通道,每个通道由几部分组成,各部分选用什么样元器件等。

开关量、数字量的输入/输出比较简单。开关量输入要解决电平转换、去抖动及抗干扰等问题。开关量输出要解决功率驱动问题等。开关量和数字量的输入/输出都要通过前面设计的接口电路。

模拟量输入/输出通道比较复杂。模拟量输入通道主要由信号处理装置(标度变换、滤波、隔离、电平转换、线性化处理等)、采样单元、采样保持器和放大器、A/D 转换器等组成。模拟量输出通道主要由 D/A 转换器、放大器等组成。

操作控制台设计:微型计算机控制系统必须便于人机联系。通常都要设计一个现场操作人员使用的控制台,这个控制台一般都不能用微机所带的键盘代替,因为现场操作人员不了解计算机的硬件和软件,假若操作失误可能发生事故,所以一般要单独设计一个操作员控制台。操作员控制台一般应有下列一些功能:① 有一组或几组数据输入键(数字键或拨码开关等),用于输入或更新给定值、修改控制器参数或其他必要的数据;② 有一组或几组功能键或转换开关,用于转换工作方式、启动、停止或完成某种指定的功能;③ 有一个数字显示装置或显示屏,用于显示各状态参数及故障指示等;④ 控制板上应有一个"急停"按钮,用于在出现事故时停止系统运行,转入故障处理。

应当指出,控制台上每一数字信号或控制信号都与系统的工作息息相关,设计时必须明确这些转换开关、按钮、键盘、数字显示器和状态、故障指示灯等的作用和意义,仔细设计控制台的硬件及其相应的控制台管理程序,使设计的操作员控制台既方便操作又安全可靠,即使操作失误也不会引起严重后果。

对于比较小的控制系统,也可不另外设计操作员控制台,而将原单板机所带的输入键盘改成方便于操作员输入数据和发出各种操作命令的键盘,但要重新设计一个键盘管理程序,按照便于输入数据、修改系统参数和发出各操作命令的要求,将各键赋予新的功能。在原有的键盘监控程序运行时,该键盘可供程序员用来输入和调试程序,在新编键盘管理程序运行时,此键盘则可供操作员输入与修改有关参数、数据和发出各种操作命令。

单独设计一台操作员控制台,实用性、可靠性好,操作方便,但成本较高,且要占用输入/输出接口,往往缺乏必要的数字显示和状态指示,现场操作人员使用有些不便。

(5) 软件设计

微机控制系统的软件主要分两大类,即系统软件和应用软件。系统软件包括操作系统、诊断系统、开发系统和信息处理系统,通常这些软件一般不需用户设计,对用户来说,基本上只须了解其大致原理和使用方法就行了。而应用软件都要由用户自行编写,所以软件设计主要是应用软件设计。

控制系统对应用软件的要求是实时性、针对性、灵活馋和通用性。对于工业控制系统来说,由于是实时控制系统,所以要求应用软件能够在对象允许的时间间隔内进行控制、运算和处理。应用软件的最大特点是具有较强的针对性,即每个应用程序都是根据一个具体系统的要求设计的,如对控制算法的选用,必须具有针对性,这样才能保证系统具有较好的调节品质。灵活性通用性是指不但针对性要强,也要具有一定的通用性,这样可以适应不同系统的要求;为此,应采用模块式结构,尽量把共用的程序编写成具有不同功能的子程序;如算术和逻辑运算程序、A/D 和 D/A 转换程序 PID 算法程序等。设计者的任务主要是把这些具有一定功能的子程序进行排列组合,使其成为一个完成特定功能的应用程序,这样可大大简化设计步骤和时间。应用软件的设计方法有两种,即模块程序和结构化程序。

1) 程序模块化设计方法。在微机控制系统中,大体上可以分为数据处理和过程控制两大基本类型。数据处理主要是数据的采集、数字滤波、标度变换以及数值计算等。过程控制程序主要是使微机按照;定的方法(如 PID 或直接数字控制)进行计算,然后再输出,以便控制生产过程。为了完成上述任务,在进行软件设计时,通常把整个程序分成若干部分,每一部分叫作一个模块。所谓"模块",实质上就是能完成一定功能、相对独立的程序段。这种程序设计方法就叫作模块程序设计法。

2) 程序结构化设计方法。结构化程序设计方法,给程序设计施加了一定的约束,它限定采用规定的结构类型和操作顺序,因此能编写出操作顺序分明、便于查找错误和纠正错误的程序'常用的结构有直线顺序结构、条件结构、循环结构和选择结构。其特点是程序本身易于用程序框图描述,易于构成模块,操作顺序易于跟踪,便于查找错误和测试。

3) 系统调试。微机控制系统设计完成以后,要对整个系统进行调试。调试步骤为硬件调试→软件调试→系统调试。

硬件调试包括对元器件的筛选及老化、印制电路板制作、元器件的焊接及试验,安装完毕后要经过连续考机运行;软件调试主要是指在微机上把各模块分别进行调试,使其正确无误,然后固化在 EPROM 中;系统联调主要是指把硬件与软件组合起来,进行模拟实验,正确无误后进行现场试验,直至正常运行为止。

§4.3 微型计算机的系统构成及种类

一、微型计算机的系统构成

人们常用"微机"这个术语。该术语是三个概念的统称,即微处理机(微处理器)、微型计算机、微型计算机系统的统称。

微处理机(Microprocessor)简称 μP 或 CPU。它是一个大规模集成电路(LSI)器件或超大规模集成电路(VLSI)器件,器件中有数据通道、多个寄存器、控制逻辑和运算逻辑部件,有的器件还含有时钟电路,为器件的工作提供定时信号。控制逻辑可以是组合逻辑,也可以是微程序的存储逻辑,可以执行机器语言描述的系统指令,是完成计算机对信息的处理与控制等的中央处理功能的器件,并非是完整的计算机。

微型计算机(Microcomputer)简称 MC 或 μC。它是以微处理机(CPU)为中心,加上只读存储器(ROM)、随机存取存储器(RAM)、输入/输出接口电路、系统总线及其他支持逻辑电路组成的计算机。

上述微处理机、微型计算机都是从硬件角度定义的,而计算机的使用离不开软件支持。一一般将配有系统软件、外围设备、系统总线接口的微型计算机称为微型计算机系统(Microcomputer system),简称 MCS。图 4-1 为微处理机、微型计算机、微型计算机系统的相互关系。

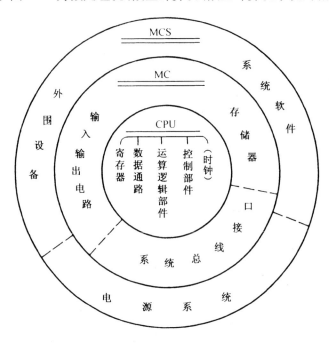

图 4-1　CPU、MC 与 MCS 的关系

微型计算机的基本硬件构成如图 4-2 所示,各组成部分由数据总线、地址总线和控制总线相连;主存储器又叫内部存储器,目前这些存储器均是大规模集成电路(LSI),主要有 RAM (Random Access Memory)和 ROM(Read Only Memory,通常 ROM 存储固定程序和数据,而输入/输出数据和作业领域的数据由 RAM 存储。输入/始出装置主要执行数据和程序的输入/输出,以及用于控制时输入检测传感元件的信息和输出控制执行元件的信息。辅助存储装置可作为存储器使用;操作面板或键盘也属于输入装置。图 4-2 所示的构成,在实际使用时,多根据与机械有机结合的需要,取其最低限度的构成予以应用。输入/输出装置和辅助存储装置等统称为计算机的外围设备。随着微型计算机的普及和机电一体化的需要,许多廉价、适用的外围设备均有出售。特别是输入/输出装置,当微机用于控制机械设备时,输入信息的传感器和是信息出口的执行元件都可以认为是广义的输入/输出装置。此时一定要考虑与此相联系的 A/D、D/A 转换器。

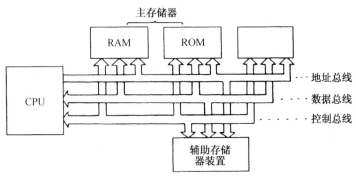

图 4-2　微机的基本构成

二、微型计算机的种类

微型计算机可以按组装形式、微处理机位数、微处理机的制造工艺或封装芯片数以及用途范围来进行分类。

（1）按组装形式分类

按组装形式可将微型计算机分为单片机、单板机和微机系统等。

1）单片机。在一块集成电路芯片(LSI)上装有 CPU、ROM、RAM 以及输入/输出端口电路,该芯片就被称为单片微型计算机(SCM – Single Chip Microcomputer)简称单片机,例如 Intel 公司的 MCS48 系列、51 系列、96 列等。其外观如图 4 – 3 所示。这样的单片机具有一般微型计算机的基本功能。除此之外,为了增强实时控制能力,绝大多数单片机的芯片上还集成有定时器/计数器,部分单片机还集成有 A/D、D/A 转换器和 PWM 等功能部件。由于单片机的集成度高、功能强、通用性好,特别是体积小、重量轻、能耗低、价格便宜,而且可靠性高,抗干扰能力强和使用方便等独特优点很容易使各种机电、家电产品智能化、小型化、过程控制自动化,从而在不显著增加机电一体化系统(或产品)的体积、能耗及成本的情况下,大大增加其功能、提高其性能,收到极为显著的经济效果。

单片机的设计充分考虑了机械的控制需要,它独有的硬件结构、指令系统和输入/输出(I/O)能力,提供了有效的控制功能、故又被称为微控制器(Microcontroller)。同时,它与通用微处理器一样,具有很强的运算功能,因而它不但是一种高效能的过程控制机,同时也是有效的数据处理机。

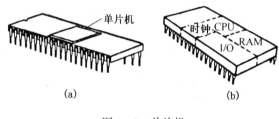

图 4 – 3 单片机

随着单片机性能的提高和功能的增强,使单片机的应用打破了原来认为只能用于简单的小系统的概念。目前,单片机已广泛应用于家用电器、机电产品、仪器仪表、办公室自动化产品、机器人等的机电一体化。上至航天器、下至儿童玩具,均是单片机的应用领域。

2）单板机。如图 4 – 4 所示,将微型计算机的基本体系 CPU、一定容量的 ROM 和 RAM、输

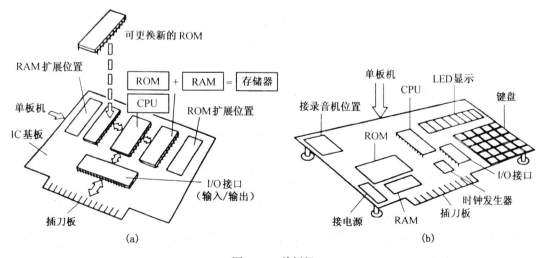

图 4 – 4 单板机

入/输出端口(I/O电路)以及一些辅助电路分别作成 LSI 芯片,并将它们配置在一块印制电路板上,用电缆线和外部设备直接连接起来,这样的计算机叫做单板微型计算机,简称单板机。例如 TP801 是以 8 位微处理器(如 Z80)为核心组装的 8 位单板机,SDK-86 是以 16 位微处理器 Intel8086/8088 为中央处理器组装时 16 位单板机。

在单板机的印制电路板上装有一个十六进制的小键盘和数字显示器,可完成一些简单的数据处理和编辑功能。用单板机实现机电产品的机电一体化成本低,在机械设备的简易数控、检测设备、工业机器人的控制等领域中得到广泛应用。

3) 微型计算机系统。根据需要,将微型计算机、ROM、RAM、I/O 接口电路、电源等组装在不同的印制电路板上,然后组装在一个机箱内,再配上键盘、CRT 显示器、打印机、硬盘和软盘驱动器等多种外围设备和足够的系统软件,就构成了一个完整的微机系统。如目前国内使用较多的 IBM-PC(如 IBM-PCXT、286、386、486、586、PⅡ、PⅢ、PⅣ 等); CROMEMCO 公司的 SystemⅠ、Ⅱ、Ⅲ 等都是多板微型计算机系统,如图 4-5 所示。

图 4-5 微机系统

(2) 按微处理机位数分类

按微处理机位数可将微型计算机分为位片、4 位、8 位、16 位、32 位和 64 位等机种。所谓位数是指微处理机并行处理的数据位数,即可同时传送数据的总线宽度。

4 位机目前多做成单片机。即把微处理机、1~2KB 的 ROM、64~128KB 的 RAM、I/O 接口做在一个芯片上,主要用于单机控制、仪器仪表、家用电器、游戏机等中。

8 位机有单片和多片之分,主要用于控制和计算。

16 位机功能更强、性能更好,用于比较复杂的控制系统,可以使小型机微型化。

32 位和 64 位机是比小型机更有竞争力的产品。人们把这些产品称之为超级微机。它具有面向高级语言的系统结构、有支持高级调度;调试以及开发系统用的专用指令,大大提高了软件的生产效率。

(3) 按用途分类

按用途分类可以将微型计算机分为控制用和数据处理用微型计算机。对单片机来说:可分为通用型和专用型。

通用型单片机,即通常所说的各种系列的单片机。它可把开发的资源(如 ROM、I/O 接口等)全部提供给用户,用户可根据自己应用上的需要来设计接口和编制程序,因此通用型单片机可作为系统或产品的微控制器,适用于各种应用领域。

专用单片机或称专用微控制器,是专门为某一应用领域或某-特定产品而开发的一类单片机。为满足某一领域应用的特殊要求而开发的单片机,其内部系统结构或指令系统都是特殊设计时(甚至内部已固化好程序)。

§4.4 微型计算机软件与程序设计语言

软件是比程序意义更广的一个概念,内含极其丰富,现将其主要内容概述如下。

(1) 程序设计语言

程序设计语言是编写计算机程序所使用的语言,是人机对话的工具。目前使用的程序设计语言大致有三大类。即"机器语言"(Machine Language)、"汇编语言"(Assembly Language)、"高级语言"(High Level Language)。

机器语言是设计计算机时所定义的、能够直接解释与执行的指令体系,其指令用"0"、"1"符号所组成的代码表示。一般的微型计算机有数十种到数百种指令,这些指令是程序员向计算机发指示、并让计算机产生动作的最小单位。机器语言与计算机硬件密切相关,随硬件的不同而不同,不同机种之间一般没有互换性。又因为它是用"0"、"1"符号构成的代码,所以极不易掌握。

汇编语言比机器语言容易掌握和使用。但是,这种语言基本上是与机器语言一一对应的。虽然远比机器语言编程容易、出错也少,但还是不易掌握,必须在某种程度上掌握计算机硬件知识的基础上才可使用,同样没有互换性。

高级语言比汇编语言更容易掌握和使用,即使不了解计算机硬件知识的人,仅凭日常知识也可以进行编程。高级语言虽容易理解、掌握和使用,具有一定的通用性,但用高级语言或汇编语官编制的程序,计算机不能直接执行,必须先由计算机厂家提供的编译程序将它们变换成机器语言之后,计算机才可以执行。通常,将用高级语言或汇编语言编制的源程序变换成计算机可执行的机器语言表示的目标程序的变换叫语言处理,一般的计算机均具有这种处理功能。

另外,用高级语言比用汇编语言编制程序省时、省工,但编译后的目标程序占用的容量大、执行速度慢。而且,有时某些机械操作和控制的檄动作过程仅用高级语言不能进行描述,所以,目前常将高级语言与汇编语言在机械的微机控制中混合使用。

(2) 操作系统

所谓操作系统(OS-Operating System),就是计算机系统的管理程序库。它是用于提高计算机利用率、方便用户使用计算机及提高计算机响应速度而配备的一种软件。操作系统可以看成是用户与计算机的接口,用户通过它而使用计算机。它属于在数据处理监控程序控制之下工作的一组基本程序,或者是用于计算机管理程序操作及处理操作的一组服务程序集合。微型计算机的磁盘操作系统(DOS)的主要功能有管理中央处理机(CPU)、控制作业运行、调度;调试、输入/输出控制、汇编、编译、存储器分配、数据处理、中断服务等。典型的磁盘操作系统还具有扩充文件管理、程序链接、页面装配及处理不同计算机语言的混合程序等功能。典型的磁盘操作系统包括软盘控制器、驱动系统和软件系统。软件系统是指存储在软磁盘上的汇编程序和实用程序,BASIC、FORTRAN、PASCAL、C、VC++、VB等高级语言的解释程序或编译程序,宏汇编程序以及文本编辑程序等系统程序。操作人员通过磁盘驱动器将所需要的DOS程序调入内存,就可以通过键盘编辑源程序并存入磁盘。也可以将软盘上的实用源程序调入内存,短时间内即可实现程序编译并进入运行。

(3) 程序库

计算机的可用程序和子程序的集合就是程序库(或软件包)。目前,微型计算机积累的程序非常丰富,而且可以通用。而在机械控制领域,由于被控对象(产品)的特殊性较强,其程序库的形成较难。但是,随着微型计算机的普及与应用,其应用程序将不断丰富,也将会形成各式各样的程序库。

§4.5 微型计算机的应用领域及选用要点

微型计算机的基本特点是小型化、超小型化,具有一般计算机的信息处理、计测、控制和记忆功能,价格低廉,且可靠性高、耗电少,故用微机构成机电一体化系统(或产品)具有以下效果:① 小型化－应用 LSI 技术减少了元件数量,简化了装配、缩小了体积;② 多功能化－利用了微机以信息处理能力、控制能力为代表的智能;③ 通用性增大－容易用软件更改和扩展设计;④ 提高了可靠性－用 LSI 技术减少了元器件、焊点及接续点数量,增加了用软件进行检测的功能;⑤ 提高了设计效率－将硬件标准化用软件适应产品规格的变化,能大大缩短产品开发周期;⑥ 经济效果好－降低了零件费、装配成本、电源能耗,通过硬件标准化易于实现大量生产;进一步降低成本;⑦ 产品(或系统)标准化－硬件易于标准化;⑧ 提高了维修保养性能－十产品的标准化使维修保养人员易于掌握维修保养规则,易于运用故障自诊断功能。

因此,微机的应用领域越来越广。特别是超小型单片机,在逻辑控制和运算处理方面具有很强的能力,具有优异的性能价格比,因而获得极其广泛的应用。

(1) 应用领域

微机的应用范围十分广泛,下面仅列举一些典型应用领域。

1) 工业控制和机电产品的机电一体化。如生产系统自动化、机床自动化、数控与数显、测温及控温、可编程序控制器(PLC)、缝纫机、编织机、升降机、纺织机械、电动机控制、工业机器人、智能传感器、智能定时器等。

2) 交通与能源设备的机电一体化。如汽车发动机点火控制、汽车变速器控制、交通灯控制、炉温控制等。

3) 家用电器的机电一体化。如洗衣机、电冰箱、微波炉、录像机、摄像机(数码)、电饭锅、电风扇、照相机(数码)、电视机、立体声音响设备等。

4) 商用产品机电一体化。如电子秤、自动售货(票)机、电子收款机、银行自动化系统等。

5) 仪器、仪表机电一体化。如三坐标测量仪、医疗电子设备、测长仪、测温仪、测速仪、机电测试设备等。

6) 办公自动化设备的机电一体化。如复印机、打印机、扫描仪、传真机、绘图仪、印刷机等。

7) 信息处理自动化设备。如语音处理、语音识别、语音分析、语言合成设备;图像分析、图像识别设备;气象资料分析处理、地震波分析处理设备。

8) 导航与控制。如导弹控制、鱼雷制导、航空航天系统、智能武器装置等。

(2) 选用要点

不同领域可选用不同品种、不同档次的微机。生产系统自动化、机床自动化、数控机床一般应用8位或16位微机系统,特别是控制系统与被控对象分离时,可使用单板机、多板机微机系统。像家用电器、商用产品,计算机一般装在产品内,故应采用单片机或微处理器。然而,这类产品处理速度不高、处理数据量不大、处理过程又不太复杂,故主要采用4位或8位微机。在要求很高的实时控制及复杂的过程控制、高速运算及大量数据处理等场合,如智能机器人、导航系统、信号处理系统应主要使用16位与32位微机。对一般的工业控制设备及机电产品、汽车机电一体化控制、智能仪表、计算机外设控制、磅秤自动化、交通与能源管理等,多采用8位机。换句话说,4位机常用于较简单、规模较小的系统(或产品),16位与32位机及64位机主要用于较复杂的大系统,8位机则用于中等规模的系统。由于单片机的迅速发展,它的功能更强、性能更完善,逐渐满足各种应用领域的要求,应用范围不断扩大,不但用于简单小系统,而且不断被复杂大系统所采用。

§4.6 8086/8088CPU 微机的硬件结构特点

在 PC 系列微机中,应用较广泛的是 Intel 公司的 86 系列。而 8086/8088 是 Intel 系列的 16 位/准 16 位微机、是 86 系列微机(包括 Pentium 和 PentiumPro 高性能奔腾)发展的基础。8086 与 8088 的内部结构类似,都由算术逻辑单元 ALU、累加器、专用和通用寄存器、指令寄存器、指令译码器、定时器控制电路等组成。

一、8086/8088CPU 的主要结构特点

1) 8086/8088 的内部体系结构。其内部的运算器、寄存器及内部数据总线都为 16 位,其外部数据总线则不同:8086 为 16 位、8088 为 8 位。因此,8086 可以一次从存储器中读一个字、而 8088 一次只能从存储器中读一个字节。

2) 指令系统功能强。8086 有 100 多条指令,能完成数据传送、算术运算(包括乘法除法)、循环移位、字符串操作、控制传送和处理器管理等工作。算术运算可以按字或字节带符号或无符号、二进制或十进制的方式进行运算。

3) 多种寻址方式适用于高级语言中的数组和记录等数据结构。

4) 20 位地址线。寻址范围可达 1048576 字节(即 1M 字节)的存储空间。

5) 16 位 I/O 端口地址线。可寻址 64K 端口地址。

6) 中断功能强。可处理内部软件中断和外部中断请求,中断源允许达 256 个。

7) 具有管理 DMA 操作和多处理器工作的能力。

二、8086/8088CPU 的最大与最小工作模式

8086/8088CPU 的这两种模式是由 CPU 内部的硬件结构决定的。当 CPU 的引脚 MN/$\overline{\text{MX}}$ 接到 +5V 时,8086/8088 工作于最小模式。MN/$\overline{\text{MX}}$ 接地,8086/8088 则工作于最大模式。

所谓最小工作模式是指单处理器系统,即系统中只有 8086 或 8088 一个微处理器。在这种系统中,8086/8088 提供所有的总线控制信号,因此,系统中的总线控制逻辑电路被减到最少。这些特征就是最小工作模式名称的由来。

最大工作模式是相对于最小模式而言的。其特征是系统中可以包括两个或多个微处理

器,即允许多个处理器一起工作,系统的控制信号由总线控制器提供。在 8086/8088 最大工作模式系统中,主处理器为 8086/8088,其他处理器称为协处理器,与 8086/8088 配合的协处理器有两个,一个是数值协处理器 8087,一个是输入输出协处理器 8089。

8087 是一种专用于数值运算的处理器,能实现多种类型的数值操作,比如高精度的整数和浮点运算,也可以进行超越函数(如三角函数、对数函数)的计算。通常情况下,由于这些运算是用软件方法来完成的,花费 CPU 很多运行时间,而 8087 是用硬件方法实现这些运算的,所以,在系统中加入 8087 后,会大幅度地提高系统的数值运算速度。

8089 有一套专门用于输入/输出操作的指令系统,它可以直接为输入/输出设备服务,使 8086/9088 不再承担这类工作。所以,在系统中加入 8089 后,会明显提高主处理器的效率,尤其是在输入/输出频繁的场合。

三、8086/8088CPU 引脚的功能定义

8086/8088CPU 是一个具有 40 根引脚、双列直插式结构 LSI 芯片。图 4-6 为 8086/8088CPU 的引脚功能定义。

其引脚可以分成五种类型:① 只传送固定信息的引脚。如引脚 32 为读信号 $\overline{RD}$,其传递的信息是固定的;② 电平的高低代表不同信息的引脚。如引脚 33 为 $MN/\overline{MX}$,其高电平为最小工作模式、低电平为最大工作模式;③ 在最大和最小工作模式下有不同定义的引脚(括号内为最小工作模式引脚的定义),如引脚 29 为 $\overline{LOCK}(\overline{WR})$,在最小工作模式下为写信号 $\overline{WR}$,而在最大工作模式下为总线锁定信号 $\overline{LOCK}$;④ 每一个引脚可传送两种信息即在不同时刻传送不同信息的引脚。一般称这类引脚为分时复用引脚,如:$AD_0 \sim AD_{15}$ 是地址和数据的分时复用线,A 代表地址,D 代表数据;⑤ 输入和输出分别传送不同信息的引脚,如引脚 31 为 $\overline{RQ}/\overline{GT_0}$,输入时传送总线请求,输出时传送总线请求允许信号。

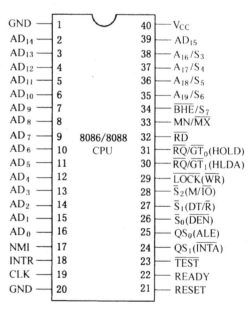

图 4-6 8086/8088 引脚功能定义

8086 的引脚功能定义如下:

1) V_{CC}(引脚 40):为 +5V(10%)电源电压引脚。

2) GND(引脚 1、20)。

3) $AD_{15} \sim AD_0$(Address Data Bus)(地址/数据总线):输入/输出、三态、分时复用。每个周期开始时(T_1)用作地址总线 $A_{15} \sim A_0$,输出存储器或 I/O 口地址,然后 8086 内部的一个多路开关将它转换成数据总线 $D_{15} \sim D_0$,用来传输数据,直到总线周期结束。在 DMA 方式,这些信号线悬空。

4) A_{19}/S_6、A_{18}/S_5、A_{17}/S_4、A_{16}/S_3(Address/Status)(地址/状态线):三态输出、分时输出地址和状态。S_6 始终为低电平,即恒等于零;S_5 表明中断允许标志位的状态,$S_5 = 1$ 时表明 CPU 可

以响应中断的请求，$S_5=0$ 时表明禁止屏蔽中断。S_4 和 S_3 用于表示当前访问存储器所用的段存储器，S_4 和 S_3 的编码状态见表 4-1。

表 4-1 S_4 和 S_3 的编码状态

S_4	S_3	当前正在使用的存储器
0	0	交换数据(对应附加段 ES)
0	1	堆栈(对应堆栈段 SS)
1	0	代码或不用(对应代码段 CS)
1	1	数据(对应数据段 DS)

5) $\overline{BHE}/S_7$(Bus High Enable/Status)(高 8 位总线允许/状态)：输出、三态、低电平有效。在 T_1 时，它用于把数据的高八位送到数据总线 $D_{15} \sim D_8$。连接到高八位数据总线上的字长为 8 位的外设，通常用 $\overline{BHE}$ 实现选通功能。对于读写和中断响应周期，在 T_1 时，为了把一个字节传送到 8 位总线上去，$\overline{BHE}$ 应为低电平。在 T_2、T_3、T_W 和 T_4 时输出 S_7，S_7 是低电平有效。在"保持响应"时，此引线处于高阻抗状态。$\overline{BHE}$ 和 A_0 组合可以表示数据总线上传送的信息是字还是字节，且可指示字节在哪个 8 位数据线上传送(见表 4-2)。

表 4-2 $\overline{BHE}$ 和 A_0 的编码

$\overline{BHE}$	A_0	特　　性	$\overline{BHE}$	A_0	特　　性
0	0	全字(16 位)	1	0	在数据总线低 8 位进行字节传送($D_7 \sim D_0$)
0	1	在数据总线高 8 位进行字节传送($D_{15} \sim D_8$)	1	1	保留

6) M/$\overline{IO}$(Memory/Input and Output)(存储器/I/O 控制)：输出、三态。高电平表示访问存储器，低电平表示访问 I/O。

7) $\overline{RD}$(Read)(读)：输出、三态、低电平有效。表示 CPU 正在进行存储器或 I/O 读操作。

8) $\overline{WR}$(Write)(写)：输出、三态、低电平有效。表示 CPU 正在进行存储器或 I/O 写操作。

9) READY(准备就绪)：输入、高电平有效。这是被访问的存储器或 I/O 设备发来的回答信号，表示数据传送已准备就绪。若 CPU 执行存储器读/写或 I/O 读/写操作，而存储器或 I/O 设备没有准备好，则在此线上给出低电平，CPU 自动插入一个或几个等待周期(T_W)，其目的是使 CPU 能和各种不同速度的存储器 I/O 同步。

10) ALE(Address Latch Enable)(地址锁存允许)：输出、高电平有效。用于把分时复用的地址总线上的地址信息锁存到地址锁存器中。

11) RESET(复位)：输入、高电平有效。它至少保持四个时钟周期的高电平，使 CPU 停止操作，并使内部的标志寄存器、段寄存器和指令队列复位到起始状态。

12) DT/$\overline{R}$(Data Transmit/Receive)(数据发送/接收信号)：输出、三态。它控制双向驱动器的数据传输方向。当它为低电平时，CPU 接收数据；当它为高电平时，CPU 发送数据。

13) $\overline{DEN}$(Data Enable)(数据允许)：输出、三态。此信号用作双向驱动器的选通信号，它和

DT/$\overline{R}$ 信号一起控制数据总线上数据的传输和传输的方向。

14) $\overline{TEST}$(测试)：输入。当 CPU 执行 WAIT 指令时，每隔 5 个时钟周期对信号进行一次测试，如果$\overline{TEST}$是高电平时，CPU 则进入踏步状态，重复执行 WAIT 指令；如果$\overline{TEST}$是低电平时，CPU 执行下一条指令。

15) INTR(Interrupt Request)(中断请求)：输入，高电平有效。CPU 在每条指令的最后一个时钟周期对它进行取样，然后决定是否进入中断响应周期。在中断响应周期中，CPU 接收中断源发来的中断向量，借助设置在存储器中的中断向量表，查到相应的中断服务程序的入口地址。

16) $\overline{INTA}$(Interrupt Acknowledge)(中断响应)：输出、低电平有效。在中断响应周期中，$\overline{INTA}$用作读选通信号。

17) NMI(Non-Maskable Interrupt)(非屏蔽中断)：输入。通过查找存储器内的中断向量表，可以找到相应的中断服务子程序。NMI 的中断优先权高于 INTR，其中断请求信号不能用软件加以屏蔽。所以，当这条线的电平发生从低到高的变化时，就在现行指令结束以后引起中断。

18) HOLD(Hold Request)(保持请求)：输入、高电平有效。它是总线上的其他主控设备请求使用总线的信号。

19) HLDA(Hold Acknowledge)(保持响应)：输出。若 8086 同意让出总线，则向发出 HOLD 信号的主设备发出此保持响应 HLDA 信号。

20) CLK(Clock)(时钟)：输入。时钟输入信号，提供处理器和总线控制器的定时操作。

21) MN/$\overline{MX}$(Minimum/Maximum Mode Control)(最小/最大工作模式控制)：输入。此信号为高电平时，表示 CPU 按最小模式工作，此时 CPU 用于构成一个单处理器系统，由 CPU 提供全部控制信号。反之，当此信号为低电平时，表示 CPU 按最大模式工作，此时 8086 与 8087 或 8089 共处于一个多处理器系统中工作，其输出控制信号是通过 8288 总线控制器提供的。

以下几个信号是在最大($\overline{MX}$)工作模式下使用的信号。

22) $\overline{S_2}$、$\overline{S_1}$、$\overline{S_0}$(总线周期状态)：输出。这三条信号线的编码表达了 CPU 总线周期的操作性质(见表 4-3)。在最大模式中，CPU 通过 8288 总线控制器利用这三个状态信息产生访问存储器和 I/O 的控制信号。为了适应多总线系统，各个命令信号$\overline{MRDC}$(读存储器)、$\overline{MWTC}$(写存储器)、$\overline{IORC}$(读 I/O 端口)、$\overline{IOWC}$(写 I/O 端口)是与 M/$\overline{IO}$(存储器/输入输出)信号分开的，由 8288 输出可以直接送到多总线上。而提前的存储器写命令($\overline{AMWC}$)和 I/O 写命令分别比写存储器命令($\overline{MWTC}$)、写 I/O 命令($\overline{IOWC}$)领先一个时钟周期，因此对外围芯片的定时条件是有利的。

表 4-3 $S_2 \sim S_0$ 状态对应的操作与 8086 指令输出

状态输入 $\overline{S_2}\ \overline{S_1}\ \overline{S_0}$	8086 总线周期状态	8288 输出的控制信号	状态输入 $\overline{S_2}\ \overline{S_1}\ \overline{S_0}$	8086 总线周期状态	8288 输出的控制信号
000	中断响应	$\overline{INTA}$	100	取指令	$\overline{WRDC}$
001	读 I/O 端口	$\overline{IORC}$	101	读存储器	$\overline{WRDC}$
010	写 I/O 端口	$\overline{IOWC}$ $\overline{AIOWC}$	110	写存储器	$\overline{MWTC}$ $\overline{AMWC}$
011	暂停	—	111	无源状态	—

23) $\overline{RQ}/\overline{GT_0}$、$\overline{RQ}/\overline{GT_1}$(Request Grant)(请求/同意)：输入/输出、双向。这两条线是在最大

方式中总线的请求/同意信号,是供两个外部处理器用来请求和获得总线控制权的。这两个信号的功能和在最小方式中的 HOLD/HLDA 是一样的。所不同的是这两条信号线是双向的,而 HOLD 和 HLDA 是单向的。这两条线专为利用协处理器 8087、I/O 处理器 8089(本地方式)来构成多处理器系统而设计的,这两条线可同时联系两个主控设备。$\overline{RQ/GT_0}$ 的优先权高于 $\overline{RQ/GT_1}$。

24) $\overline{LOCK}$(封锁):输出、三态、低电平有效。$\overline{LOCK}$ 是总线封锁信号,用软件设置,即在一条指令的前面加上"LOCK"前缀,在该条指令执行过程中,此信号向总线上其他主控设备表明,不允许它们占用总线。该指令执行完,它便失去作用。

25) QS_0、QS_1(指令队列状态信号):输出。用它表示 8086/8088 指令队列状态,如表 4-4 所示。

表 4-4 队列状态位的编码

QS_1	QS_0	队列状态	QS_1	QS_0	队列状态
0	0	无操作、队列中的指令未取走	1	0	队列已空,在执行一条传送指令时,队列被重新初始化
0	1	指令中的第一个字节从队列中取走	1	1	从队列中取出的不是指令的第一个字节,而是指令的后续字节

四、8086CPU 最小、最大工作模式系统的典型配置

1. 8086CPU 最小工作模式系统的典型配置

图 4-7(a)示出了 8086 系统最小工作模式下的典型配置之一。因为 8086 的地址和数据(状态)线为复用线,系统先输出地址,再切换为数据或状态线,因此,必须把地址信号锁存起来,才能从选中的单元中读(写)数据。$\overline{BHE}$ 也为复用线,也要锁存,故用三片 74LS373 作为 20 条地址信号和 $\overline{BHE}$ 信号的锁存器,它们的输出控制端接地。即其内部的三态门总是允许输出的,ALE 信号作为锁存器的允许信号;用两片总线收发器 74LS245 作为 16 位数据总线的驱动控制器,$\overline{DEN}$ 作为 74LS245 的允许信号,$DT/\overline{R}$ 作为方向控制信号。在存储器或 I/O 读写期间,$\overline{DEN}$ 为低电平,允许 74LS245 传输数据。当 DMA 传送时,$\overline{DEN}$ 被浮空,74LS245 的 A 端和 B 端隔离,使 CPU 让出总线。如果系统中没有 DMA 等其他要求控制总线的模块,$\overline{DEN}$ 可接地,使 74LS245 仅作为总线驱动器用,当然,总线上挂接的器件较少时、可不用总线驱动,两片 74LS245 可省去。8088 系统的数据线只有 8 条,$A_8 \sim A_{15}$ 不复用,因此只用两片 74LS373 和一片 74LS245 即可。图中的 8284A 和晶振,一方面产生恒定的时钟倍号,另一方面对系统的 RESET 信号和 READY(准备好)信号进行同步。

图 4-7(b)示出了 8086 系统最小工作模式下的典型配置之二。图中,8284 为时钟发生/驱动器,外接晶体的基本振荡频率为 15 MHz,经 8284 三分频后,送给 CPU 作系统时钟。

8282 为 8 位地址锁存器。若 CPU 访问存储器时,在总线周期的 T_1 状态下发出地址信号,经 8282 锁存以提供稳定的地址信号。8282 是 8 位的,20 位地址需要 3 片 8282 作为地址锁存器。

8286 是具有三态输出的 8 位数据总线收发器,用于需要增加驱动能力。16 位数据总线需要 2 片 8286。

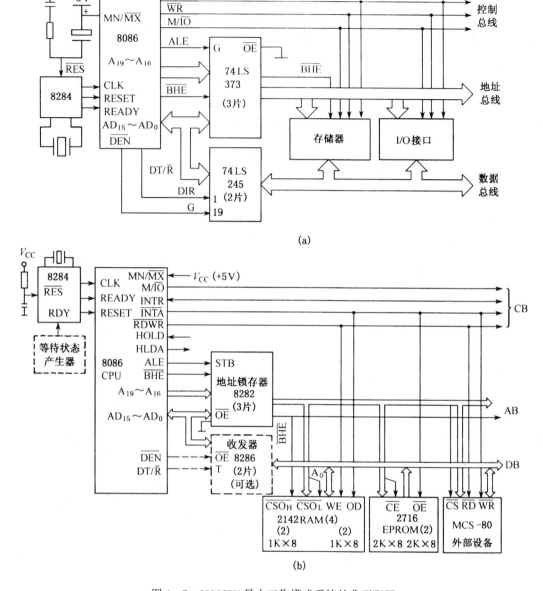

图 4-7 8086CPU 最小工作模式系统的典型配置

存储器 2142 为 $1K \times 4$ 的静态读写存储器 RAM,用 4 片 2142 组成 $2K \times 8$ 的 RAM。2716EPROM 为 $2K \times 8$ 的只读存储器芯片,用了 2 片 2716 组成了 $4K \times 8$ 的 ROM 等待状态产生电路是向 8284 的 RDY 端提供一个信号,经 8284 同步后向 CPU 的 READY 线发准备就绪信号,通知 CPU 数据传送已经完成并可退出当前的总线周期。当 READY = 0 时,CPU 在 T_3 之后自动插入 T_W 状态,以避免 CPU 与存储器或 I/O 设备进行数据交换时,因后者速度慢而丢失数据。

2. 8086CPU 最大工作模式系统的典型配置

图 4-8(a)示出了 8086 最大工作模式系统的典型配置之一,在结构上与最小模式系统的主要区别是增设了一个总线控制器 8288 和一个总线仲裁器 8289,它们可以构成以 8086CPU 为

核心的多处理器系统。CPU 输出的状态信号 $\overline{S_2}$、$\overline{S_1}$、$\overline{S_0}$ 同时送给 8288 和 8289；由 8288 发出 8086 系统所需的总线控制信号。多处理器对总线资源的共享控制由 8289 实现。因 8288 输出的 DEN 信号为高电平信号与最小模式 CPU 输出的 DEN 相位相反，故用反相器反相后再接到 74LS245。

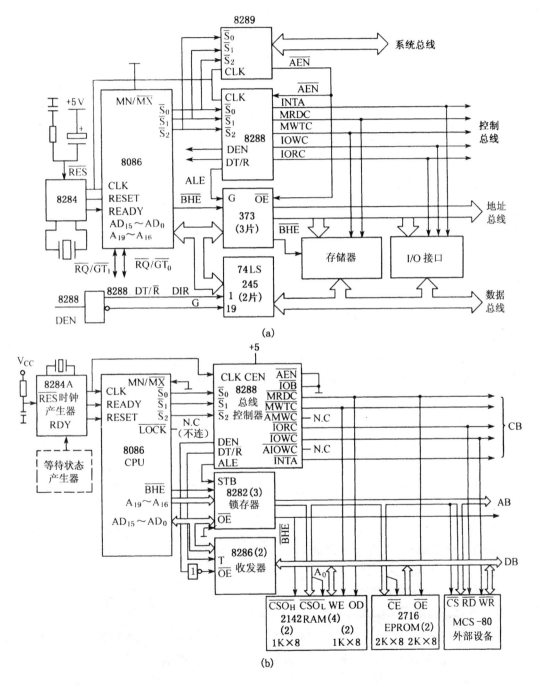

图 4-8　8086CPU 最大工作模式系统的典型配置

图 4-8(b)示出了 8086 最大工作模式系统的典型配置之二。图中,8288 对 CPU 发出的控制信号进行变换和组合,发出对存储器和 I/O 端口的读/写信号和对锁存器 8282、总线收发器 8286 的控制信号,使总线控制功能更加完善。通常,在最大工作模式中,一般包含 2 个或多个 CPU,这样就要解决主 CPU 与从 CPU 间协调工作及对总线的共享控制问题。为比,要从软件和硬件两方面去解决,8288 就是所需的硬件。8288 从 8086 的状态信号 $\overline{S_2}$、$\overline{S_1}$、$\overline{S_0}$ 的组合中发出相应的控制信号,详见表 4-3。

在 8288 芯片上,$\overline{AMWC}$ 和 $\overline{AIOWC}$ 两个输出信号,分别表示提前的写内存指令和提前写 I/O 指令,其功能分别与 $\overline{MWTC}$ 和 $\overline{IOWC}$ 一样,只是由 8288 提前一个时钟周期发出信号,以便与较慢的存储器和外部设备配合。

§4.7　Z80CPU 微机的结构特点及存储器、输入/输出扩展接口

一、Z80CPU 的结构特点

Z80CPU 是一个具有 40 条引脚、双列直插式结构的大规模集成电路(LSI)芯片。它的引脚配置如图 4-9 所示。图中箭头的方向表示该信号是输出还是输入。Z80 CPU 的引脚功能如下:

1) 地址总线($A_0 \sim A_{15}$)三态输出。三态即高电平为 1,低电平为 0,高阻时不动作。地址总线负责传送地址信息给存储器或传送输入/输出(I/O)信息给外部设备。因为有 16 根信号线,所以最高能选取 $2^{16} = 65536(64K)$ 个存储单元。地址总线的低 8 位也可用作 I/O 外设的选址,所以最多只能选取 $2^8 = 256$ 个 I/O 地址。

2) 数据总线($D_0 \sim D_7$)三态输入或输出(双向)。在 CPU 与存储器或 I/O 外设之间传送数据。

3) 数据读和写的控制信号($\overline{MREQ}$、$\overline{IORQ}$、$\overline{RD}$、$\overline{WR}$)。

$\overline{MREQ}$ 表示当前地址总线上的内容为一有效的存储器地址,允许进行存储器的读、写操作。$\overline{IORQ}$ 表示当前地址总线上的内容为一有效的 I/O 外设的地址,允许对外设进行数据的输入/输出。

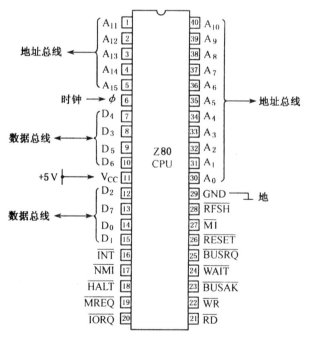

图 4-9　Z80CPU 的引脚配置

$\overline{RD}$ 表示允许从存储器或 I/O 外设读取数据。页更表示允许 CPU 将数据写入存储器或外设。数据总线上的数据是有效数据。控制信号名称上有一横线者,如 $\overline{RD}$、$\overline{WR}$ 表示该信号线低电平有效。

4) 中断控制信号($\overline{INT}$、$\overline{NMI}$)。$\overline{INT}$ 是中断请求信号,由外部设备产生。$\overline{NMI}$ 为非屏蔽中断请求信号,它比 $\overline{INT}$ 有更高的优先权级别。如果 CPU 接受此中断请求,则 CPU 自动地转入地址

为 0066H 单元(从此单元开始存指令),处理中断。

5) 总线控制信号($\overline{BUSRQ}$,$\overline{BUSAK}$)。

$\overline{BUSRQ}$为总线悬浮请求信号,使 CPU 的数据总线、地址总线和其他三态输出的信号线($\overline{MREQ}$、$\overline{IORQ}$、$\overline{RD}$、$\overline{WR}$ 和 $\overline{M1}$)均呈高阻状态,即 CPU 同总线脱离供外部设备占用系统总线。$\overline{BUSAK}$表示总线悬浮响应信号。当 CPU 响应$\overline{BUSRQ}$的同时,发出$\overline{BUSAK}$信号,宣布 CPU 已与总线脱离并同意将总线让出来。此时内存储器可以与外设通过总线高速地直接交换数据(DMA 方式)。

6) 其他控制信号($\overline{HALT}$、$\overline{WAIT}$、$\overline{RFSH}$、$\overline{M1}$)。

$\overline{HALT}$是使 CPU 处于停止状态,只有中断信号或复位信号到来时,CPU 才能恢复操作。是让 CPU 等待信号,在存储器或 I/O 设备还来不及准备数据交换时使用。$\overline{RFSH}$是动态 RAM 进行刷新的信号,此线为低电平时,表示地址总线低七位 $A_0 \sim A_6$ 是动态存储器的刷新地址。$\overline{M1}$是系统同步控制信号,即表示机器周期的信号。

7) CPU 启动所需的信号(V_{CC}、GND、ϕ、$\overline{RESET}$)。

首先,V_{CC}与 GND 之间接 ±5 V 电源。低于 2.5 MHz 的时钟脉冲由 ϕ 信号线进入 CPU。$\overline{RESET}$表示复位清零操作信号,使 Z80 的 PC 程序计算器清零,同时使 CPU 进入初始状态。

二、总线驱动器

CPU 的总线负载能力是很有限的。一般情况下,Z80CPU 总线在逻辑"1"时能带的负载电流为 250 μA;逻辑"0"时能带 1.8 mA。因而当总线上所挂芯片的数目较多时,必须加总线驱动器来提高总线的驱动能力,否则将使系统的可靠性大大降低,甚至不能正常工作。

1) 数据总线用的驱动器。数据总线用的驱动器必须具有双向性。用得较多的是 8216 芯片。图 4-10 为 8216 的引脚配置。其中 $DB_0 \sim DB_3$ 为双向数据总线,$DI_0 \sim DI_3$ 为数据输入,$DO_0 \sim DO_3$ 为数据输出,$\overline{DIEN}$控制数据的输入或输出,$\overline{CS}$为片选信号,V_{CC}为 +5 V,GND 接地。

表 4-5 为 8216 的数据流向。8216 芯片的极限电流为 55 mA。

表 4-5 为 8216 的数据流向

$\overline{CS}$	$\overline{DIEN}$	数据传送
0	0	$DI_0 \sim DI_3$、$DB_0 \sim DB_3$
0	1	$DB_0 \sim DB_3$、$DO_0 \sim DO_3$
1	0	高阻状态
1	1	

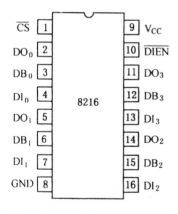

图 4-10 8216 芯片的引脚配置

2) 地址总线用的驱动器。地址总线用的驱动器只需要具有从 CPU 到存储器或 I/O 端口单方向性即可。代表性芯片是 8212,它的引脚配置如图 4-11 所示。8212 引脚的功能为:$DI_1 \sim DI_8$为数据输入,$DO_1 \sim DO_8$ 为数据输出,DS_1 和 DS_2 为方式选择,MD 为模式,STB 为选通,$\overline{CLR}$为清零,$\overline{INT}$为中断,V_{CC} 为 +5 V,GND 接地。从 $DI_1 \sim DI_3$ 向 $DO_1 \sim DO_3$ 传送数据时,$DS_1 = 0$,$DS_2 = 1$,STB = 1,MD = 0,CLR = 1。

3) 控制信号用的驱动器。驱动器多用 74LS367 芯片,其最大输出电流为 32 mA。

三、存储器

微机控制系统中使用的存储器的分类如图 4-12 所示。按其功能可分为随机存取存储器（RAM）和只读存储器（ROM）两大类。

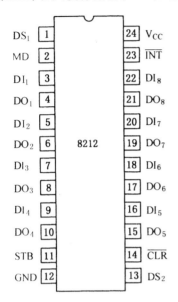

图 4-11 8212 引脚配置

（1）RAM

RAM 是能够将程序和数据读出和写入的存储器，可分为双极型和 MOS 型两大类。双极型 RAM 的特点是取存速度快。但由于它是以晶体管组成的触发器为基本存储电路，所需晶体管多、集成度低、容量小、功耗大。MOS 型 RAM 是由 MOS 器件组成的，它分主要为两种：一种是由触发器排列组成的静态 RAM，另一种是动态 RAM，它用由氧化硅绝缘层构成的电容器作为存储单元，以电容器的电荷量 0、1 作为信息存储。由于上述电容器的体积很小，所以动态 RAM 存储的信息量要比静态 RAM 多。但是电容器储备的电荷会产生泄漏，所以每隔数 ms 要将记忆内容读出，重新再写入，这个操作称为刷新。

Z80 用面 P80 用 $\overline{RFSH}$ 信号来表示地址总线低 7 位的内容是动态 RAM 的刷新地址，而当前的而 $\overline{MREQ}$ 信号表示进行刷新读取操作。一般小容量存储器采用静态 RAM，而较大容量存储器采用动态 RAM。静态和动态 RAM 在停电后记忆内容都会消失。这给工业控制用微机带来不便。采用由小型电池支持的 CMOS 静态 RAM 可以使停电后记忆内容保持下来。MOS 型集成度高、功耗低、价格便宜。

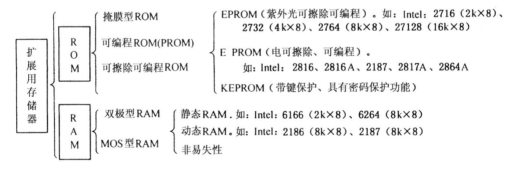

图 4-12 常用半导体存储器分类

（2）ROM

ROM 主要可分为掩膜 ROM 和 PROM 两类。掩膜 ROM 在制造时就用掩膜工艺将存储内容一起制成，此后再也不能变更；而 PROM 则在制成芯片后，用户能将存储内容写入芯片。PROM 分三种：一种为 EPROM，PROM 在写入内容后再也不能消去，而 EPROM 芯片上却有一个能通过紫外线的小窗口，当需要擦除已写入的内容时，将小窗口对着一定频谱的紫外光线光源照射一定时间（15 min 左右），就可擦除写入的所有信息。另一种为 EEPBOM（E²PROM），则用电气方法消去写入的内容。第三种为 KEPROM。显然，后两种 ROM 能重复多次使用，便于控制系统软件的开发。E^2PROM 的使用比 EPROM 方便，但价格较贵。

(3) 存储容量和存取时间

1) 存储容量：LSI 存储器的存储容量用单个芯片内能够存储信息的位数来表示。2^{10} = 1024 字节称为 1 KB。现在多使用 4KB 到 64KB 存储器。需要指出的是：由于存储器内部结构的不同，其芯片引脚亦不同，与 CPU 的连接方法也有很大差别。例如，同样是 4KB 存储容量，有以下几种情况：

1 根数据总线：1 位 × 4096（地址线 12 根）
4 根数据总线：4 位 × 1024（地址线 10 根）
8 根数据总线：8 位 × 512（地址线 9 根）

在组成 8 位字长计算机内存时，前两种存储器各需 8 片和 2 片一组同时使用。

2) 存取时间：从 CPU 将地址信息给予地址总线上开始，到存储内容出现在数据总线上为止的时间称为存取时间。

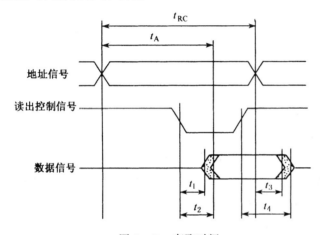

图 4-13 存取时间

（见图 4-13）。这个时间和存储容量一样是一个重要的参数。现在标准产品的存取时间是 450 ns（1 ns = 10^{-9}s），最近出现了 100 ns 以下的高速存储器。

3) 由于与 CPU 一起使用的存储器不止一个，这就产生选片问题：一般采用译码器来选片。图 4-14 为 3-8 译码器（74LSl38）的引脚配置。该芯片有三个片选端 G_1、G_{2A} 和 G_{2B}。当 G_1 = 1、G_{2A} = 0、G_{2B} = 0 时，芯片才被选通，否则输出均为高电平。A、B、C 为三位输入端。输出端的逻辑功能如表 4-6 所示。

表 4-6 74LSl38 的逻辑功能

G_1	G_{2A}	G_{2B}	C	B	A	Y_7	Y_6	Y_5	Y_4	Y_3	Y_2	Y_1	Y_0
1	0	0	0	0	0	1	1	1	1	1	1	1	0
1	0	0	0	0	1	1	1	1	1	1	1	0	1
1	0	0	0	1	0	1	1	1	1	1	0	1	1
1	0	0	0	1	1	1	1	1	1	0	1	1	1
1	0	0	1	0	0	1	1	1	0	1	1	1	1
1	0	0	1	0	1	1	1	0	1	1	1	1	1
1	0	0	1	1	0	1	0	1	1	1	1	1	1
1	0	0	1	1	1	0	1	1	1	1	1	1	1
其他状态			×	×	×	×	×	×	×	×	×	×	×

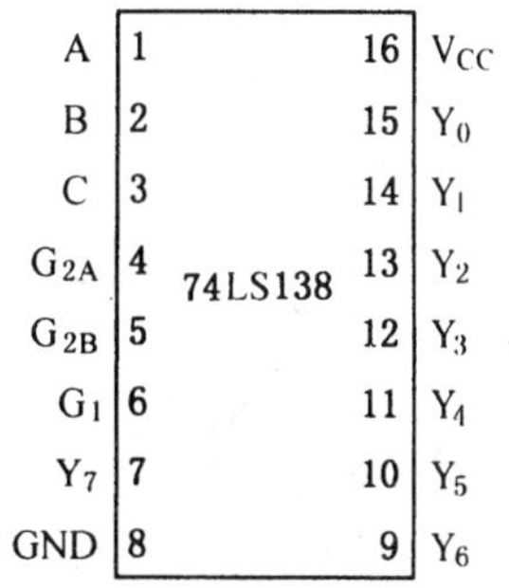

74LS138 引脚配置：A-1, B-2, C-3, G_{2A}-4, G_{2B}-5, G_1-6, Y_7-7, GND-8, Y_6-9, Y_5-10, Y_4-11, Y_3-12, Y_2-13, Y_1-14, Y_0-15, V_{CC}-16

图 4-14 74LS138 的引脚配置

(4) 常用半导体存储器

常用 EPROM（Intel 公司）芯片有：2716(2k × 8)、2732A(4k × 8)、2764(8k × 8)、27128(16k × 8)、27256(32k × 8)、27512(64k × 8) 等。

常用数据存储器的静态 RAM 芯片有：2114(1k × 4)、6116(2k × 8)、6264(8k × 8) 等。动态

RAM 芯片有 2164(64k×1)等。

1) 2716EPROM：2716EPROM 的引脚配置如图 4-15 所示,表 4-7 为其方式选择。

表 4-7　EPROM2716 的方式选择

(1) 引脚功能

引　脚	功　能
$A_0 \sim A_{10}$	地　址
$O_0 \sim O_7$	输　出
$\overline{OE}$	输出允许
$\overline{CE}/PGM$	片允许/编程

(2) 方式选择

$\overline{CE}/PGM$	$\overline{OE}$	V_{PP}/V	V_{CC}/V	方式选择	编　出
0	0	+5	+5	读	数据输出
1	任意	+5	+5	待机	高阻态
(脉冲 0→1)↑	1	+25	+5	编程	数据输入
0	0	+25	+5	编程校验	数据输出
0	1	+25	+5	编程禁止	高阻态

2716 有 8 根数据线 $O_0 \sim O_7$, 2048×8(=16384)个存储容量,需要 11 根地址线($A_0 \sim A_{11}$)。2716 可执行读出和写入两种操作。这里只谈它的读出操作。在 2716 读出操作中,最重要的是 和 两条信号线。线的使用方法与 2114 芯片的 相类似,也就是使用地址线 $A_{11} \sim A_{15}$ 来划定 2716 存储单元所在存储空间的区域。此时 $\overline{CE}=0$ 有效。当 $\overline{OE}=0$ 时,可从存储器读出数据,这可用 CPU 的 $\overline{MREQ}$ 和 $\overline{RD}$ 信号控制。

2) 静态 RAM2114：图 4-16 为 2114RAM 的引脚配置。2114 芯片具有 4 根双向数据线($I/O_1 \sim I/O_4$),有 4 位 1024(=2^{10})个存储地址,所以使用 10 根地址线($A_9 \sim A_0$)。对于 8 位的微机,必须使用 2 个 2114 芯片。使用 2114 时,对 $\overline{CS}$ 和 $\overline{WE}$ 信号要特别注意。

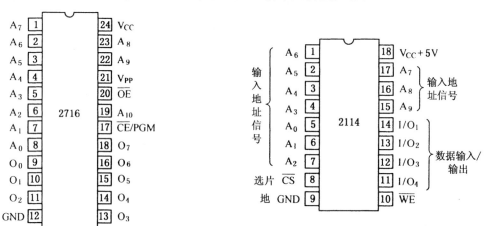

图 4-15　2716EPROM 的引脚配置　　图 4-16　2114RAM 的引脚配置

若 $\overline{CS}=0$ 表示该芯片被选通,可以进行读、写操作。若只是 $\overline{CS}=0$,虽然可进行操作,但是由于 2114 不能接受 $A_{15} \sim A_{10}$ 的信号,所以地址总线 A_0 到 A_9 所指定的 1024 个存储单元处于整个存储空间 0000H 到 FFFFH(65535)的哪个区域还没有确定。因此,电路中必须考虑借用 $A_{15} \sim A_{10}$ 来确定此 1024 个存储单元的区域。例如 $A_{15} \sim A_{10}$ 为表 4-8 数值时:

表 4-8 存储地址

$\overline{CS}$	A_{15}	A_{14}	A_{13}	A_{12}	A_{11}	A_{10}	A_9	A_8	A_7	A_6	A_5	A_4	A_3	A_2	A_1	A_0	存储地址
0	1	0	0	0	0	0	0	0	0	0	0	0	0	0	0	0	8000H ~
							1	1	1	1	1	1	1	1	1	1	83FFH

若 $\overline{CS}=0$,则此 2114 的存储地址为 8000H 到 83FFH 的 1 KB。

若 $\overline{WE}=0$ 时,可按地址线指定的存储单元进行写入操作。$\overline{WE}=1$ 时,允许读出规定地址存储单元的内容。这两种操作要用 CPU 的 $\overline{WREQ}$ 和 $\overline{RD}$ 信号控制。

3) 静态 RAM6116:6116 芯片为 24 线双列直插式扁平封装的芯片,其管脚配置与逻辑符号如图 4-17 所示。$A_0 \sim A_{10}$ 为片内地址线。$I/O_0 \sim I/O_7$ 为 8 位双向数据线,$\overline{CE}$ 为片选信号线:$\overline{OE}$、$\overline{WE}$ 为读、写信号线。表 4-9 为 6116 的操作方式。

表 4-9 6116 的操作方式

$\overline{CE}$	$\overline{OE}$	$\overline{WE}$	V_{cc}	$I/O_0 \sim I/O_7$	方式选择	编出
0	1	0	+5V	D_{IN}	写入	数据输入
0	0	1	+5V	D_{OUT}	读取	数据输出
1	任意	任意	+5V	高阻	待机	禁止输入/输出
0	0	0	+5V	D_{IN}	写入	数据输入

4) 静态 RAM6264:图 4-18 为其管脚与逻辑符号图。它也是一种 CMOS 工艺制作的芯片,由单一 +5 V 供电,额定功耗为 200 mW。典型存取时间为 200 ns,28 线双列直插式扁平封装,地址线增加了两根,为 $A_0 \sim A_{12}$,有两个片选端 $\overline{CE_1}$、CE_2,表 4-10 为其操作方式。

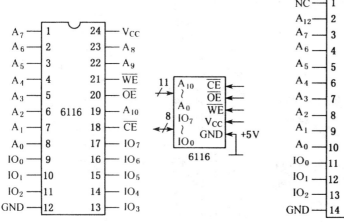

图 4-17 6116RAM 引脚配置

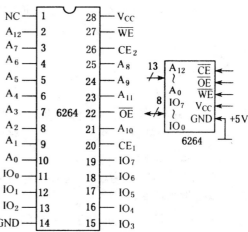

图 4-18 6264 管脚配置及逻辑符号

表 4-10 6264 的操作方式

操作方式＼管脚	$\overline{CE_1}$ (20)	$\overline{CE_2}$ (26)	$\overline{OE}$ (22)	$\overline{WE}$ (27)	$IO_0 \sim IO_7$ (11~13, 15~19)
未选中(掉电)	1	任意	任意	任意	高阻
未选中(掉电)	任意	0	任意	任意	高阻
输出禁止	0	1	1	1	高阻
读出	0	1	0	1	D_{OUT}
写入	0	1	1	0	D_{IN}
写入	0	1	0	0	D_{IN}

四、输入/输出接口

在机电一体化系统中,微机与外部设备、执行元件和检测传感元件之间都需要有 I/O 通道,以便交换信息,I/O 接口应包括 I/O 接口硬件电路和软件两方面的内容。根据选用 I/O 设备或接口芯片的不同,I/O 口的操作方式也不同,因而应用的程序也相应地不同,如入口地址、接口芯片初始化状态配置、工作方式选择等。

I/O 接口硬件电路主要由地址译码器、I/O 读写译码和 I/O 接口芯片(如数据缓冲器和数据锁存器)组成。在设计 I/O 接口电路时必须考虑与之相连的外设硬件的电路特性,如驱动功率、电平匹配、干扰抑制等。

I/O 扩展常用的接口芯片通常分为两类:一类是采用 TTL 或 CMOS 工艺的数据锁存器和数据缓冲器等芯片;另一类是采用可编程的通用 I/O 接口芯片。采用第一类 I/O 接口芯片是机电一体化系统常用的方法,因为其成本低、配置灵活,在扩展单个 8 位输入或输出口时非常方便。但用其组成多个 I/O 口时,具有体积大的缺点。通用 I/O 扩展接口芯片主要有 Intel 公司的 PPI8255(三个 8 位并行口)、8251 串行口、8243(四个 4 位并行口)、ZILOG 公司的 280PIO(两个 8 位并行口)等。这里仅以最常用的 CPU 输入/输出接口芯片 PPI8255 为例作一简要说明。

(1) PPI8255 芯片使用简介

PPI(Programmable Peripheral Interface) 8255 芯片具有可按照程序指定进行数据输入或输出的三个独立的端口 A、B、C,每个端口都是 8 位,其引脚配置如图 4-19 所示。

通常,A 或 B 端口为输入、输出数据端口;而 C 端口作为控制或状态信息的端口。它在"状态"字控制下,可以分成两个 4 位的端口,每个端口均有锁存器,分别与 A 端口或 B 端口配合使用,可作为控制信号输出或状态信号输入端口。

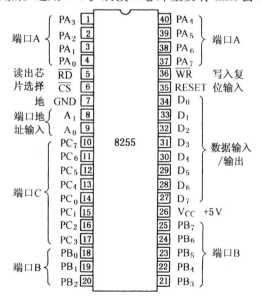

图 4-19 8255 引脚配置

PPI8255芯片的工作方式是通过CPU的控制字来指定的。在PPI内有控制寄存器,接受来自CPU输出的控制字。端口C是按照控制字来实现每一位的"复位"与"置位"控制的。

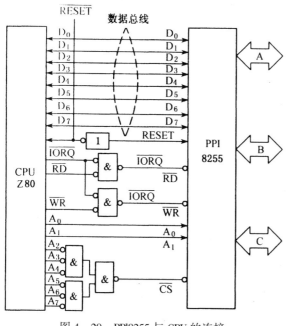

8255芯片可以与Intel公司的8080、8085、8088、8086、MCS-48、MCS-51、MCS-96系列单片机等直接连接;也可与Z80 CPU直接连接。图4-20为PPI8255与Z80CPU的连接方法。8255的$D_0 \sim D_7$是数据总线,数据的输入/输出、指令输出、CPU发出的控制字和状态信息都通过它进行传送。RESET为复位信号;高电平有效,当RESET信号到来后,8255的控制寄存器被清零,而所有端口(A、B、C)均被置位到输入方式,这种情况在系统启动时发生。$\overline{CS}$是片选线,低电平有效,通过它使CPU与每片8255间发生通信联系。8255的控制信号$\overline{RD}$、$\overline{WR}$各与CPU的$\overline{RD}$、$\overline{WR}$和$\overline{IORQ}$通过逻辑电路给予。$\overline{RD}$是读控制信号,低电平有效,通过它控制PPI8255将数据

图4-20 PPI8255与CPU的连接

或机械状态信息传给CPU;$\overline{WR}$为写控制信号,通过它来控制CPU输出的数据或控制信号传给PH8255中去。8255的A_0、A_1直接与CPU的地址总线的A_0、A_1相接。PPI8255的$PA_0 \sim PA_{77}$、$Pb_0 \sim PB_7$、$PC_0 \sim PC_7$通过转换接口电路与相应的外部装置相接。因此,由CPU的控制指令控制数据总线上的数据传送到相应端口,同时,将机械装置的状态信息或输入数据通过相应端口传送给CPU。

输入/输出端口的寻址(也即选择)可通过A_1、A_0、$\overline{RD}$、$\overline{WR}$和$\overline{CS}$的不同组合实现,以实现各种输入/输出操作,如表4-11所示。从表可以看出,控制寄存器只能写不能读,通过A_1、A_0的组合可以指定PPI8255三个端口之一和指定控制寄存器。

表4-11 PPI8255端口选择与基本操作功能

A_1	A_0	$\overline{RD}$	$\overline{WR}$	$\overline{CS}$	操作功能	
0	0	0	1	0	A组端口→数据总线	输入 (READ)
0	1	0	1	0	B组端口→数据总线	
1	0	0	1	0	C组端口→数据总线	
0	0	1	0	0	数据总线→A组端口	输出 (WRITE)
0	1	1	0	0	数据总线→B组端口	
1	0	1	0	0	数据总线→C组端口	
1	1	1	0	0	数据总线→控制字寄存器	
×	×	×	×	1	数据总线→三态	
×	×	1	1	0		
1	1	0	1	0	禁止状态	

(2) I/O 寻址方法

在 80 系列 CPU 中,选择其 I/O 端口的方法就是 I/O 寻址方法。当微机控制系统侧电许多输入、输出端口时,CPU 通过哪个端口将数据输送出去,又通过哪个端口将数据输入进来呢?这就有一个选择指定端口的问题也就是常说的寻址问题。

I/O 地址为输入端口或输出端口的地址总称,对于输入场合来说,它指的是输入端口地址,而对于输出场合,则指的是输出端口地址。这些地址实际上是用十六进制数表示的,例如在 8 位 CPU 内,这个数值范围一般是 00H~FFH(即十进制的 0~256)。因为 8 位 CPU 的 I/O 一般为 00H~FFH,故用 I/O 寻址方式,输入端口和输出端口挂在 CPU 上,最多也只能是 256 个。

$PA_0 \sim PA_7$、$PB_0 \sim PB_7$、$PC_0 \sim PC_7$ 为与外没连接的 I/O 线。由指定控制字来规定各端口的工作状态(见图 4-21)。图中 $D_0 \sim D_7$ 各位中,D_7 指定为 1,D_6 和 D_5 为 0。例如:设端口 A 用作输入,端口 B 用作输出,端口 C 的高 4 位和低 4 位都用作输出,此时的控制字为 $D_7 D_6 D_5 D_4 D_3 D_2 D_1 D_0 = 10010000 = 90H$。将此控制字"90H"送入 8255 中的 CR 控制寄存器后,即可规定各端口的输入/输出。

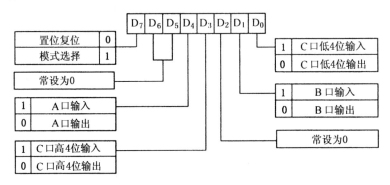

图 4-21 8255 各 I/O 口的控制字

使用 PPI255 的输入/输出端口时,首先要通过初始化程序来规定 A、B、C 各个端口是输出端口,还是输入端口。这种规定是通过将 8 位控制字代码写入控制寄存器来选择 8255 的动作状态的。PPI8255 的工作状态有三种,即 0、1 和 2 状态。

"0"状态时为基本的输入和输出方式,可以格端口 A(8位)、端口 B(8位)、端口 C(高4位)和端口 C(低4位)分别作为输入或输出使用(见表 4-12)、通过不同的控制字可选择不同的输入/输出端口。例如

表 4-12 "0"状态时的输入/输出口选择

端口 A	端口 B	端口 C ($PC_0 \sim PC_7$)		控制字
($PA_0 \sim PA_7$)	($PB_0 \sim PB_7$)	高四位($PC_4 \sim PC_7$)	低四位($PC_0 \sim PC_3$)	
出	出	出	出	80H
出	出	出	入	81H
出	入	出	出	82H
出	入	出	入	83H

续表

端口 A (PA$_0$ ~ PA$_7$)	端口 B (PB$_0$ ~ PB$_7$)	端口 C(PC$_0$ ~ PC$_7$)		控制字
		高四位(PC$_4$ ~ PC$_7$)	低四位(PC$_0$ ~ PC$_3$)	
出	出	入	出	88H
出	出	入	入	89H
出	入	入	出	8AH
出	入	入	入	8BH
入	出	出	出	90H
入	出	出	入	91H
入	入	出	出	92H
入	入	出	入	93H
入	出	入	出	98H
入	出	入	入	99H
入	入	入	出	9AH
入	入	入	入	9BH

当控制字为 90 H 时,除端口 A 为输入口之外,其他端口均为输出端口。

"1"状态时为选通控制信号、状态信号的 I/O 方式,端口 A 和端口 B 用于输入或输出,而端口 A 的动作状态由端口 C(高 4 位),控制,端口 B 组的动作状态由端口 C(低 4 位)控制。

"2"状态时为双向选通输入/输出方式,只能使用端口 A,就是说端口 A 由端口 C 控制。上述三种状态中,最常用的是:"0"工作状态。

(3) 实现片选的方法

逻辑电路法:用电路来片选的方法用于只使用有 1 或 2 个 8255 的场合。设定某一地址码使 $\overline{CS}=0$,其他地址码均使 $\overline{CS}=1$。图 4-22 所示,即为用逻辑电路法选片的一例。此时各端口的地址如表 4-13 所示。

表 4-13 端口地址表

$\overline{CS}$	A$_7$	A$_6$	A$_5$	A$_4$	A$_3$	A$_2$	A$_1$	A$_0$	I/O 地址	端口
0	1	1	1	1	1	0	0	0	F8H	A
							0	1	F9H	B
							1	0	FAH	C
							1	1	FBH	CR

译码器法:当同时使用几个 8255 时,用逻辑电路法选片使电路过于复杂。此时应用译码器来选片。图 4-23 为使用 74LSl39 译码器对 4 个 8255 选片的电路。74LSl39 的逻辑表如表 4-14 所示。按图 4-23 所示电路选片时,各芯片 I/O 口的地址码如表 4-15 所示。

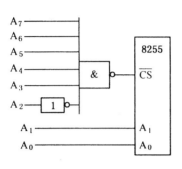

图 4-22 用逻辑电路选片

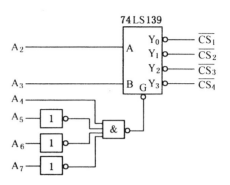

图 4-23 用译码器选片

表 4-14 74LS139 的真值表

输 入			输 出			
G	B	A	Y_0	Y_1	Y_2	Y_3
1	×	×	1	1	1	1
0	0	0	0	1	1	1
0	0	1	1	0	1	1
0	1	0	1	1	0	1
0	1	1	1	1	1	0

表 4-15 用译码器选片时各芯片 I/O 口的地址码

G	A_7	A_6	A_5	A_4	A_3	A_2	$\overline{CS_1}$	$\overline{CS_2}$	$\overline{CS_3}$	$\overline{CS_4}$	A_1	A_0	I/O 口地址
0	0	0	0	1	0	0	0	1	1	1	0 0 1 1	0 1 0 1	10H~13H
					0	1	1	0	1	1	0 0 1 1	0 1 0 1	14H~17H
					1	0	1	1	0	1	0 0 1 1	0 1 0 1	18H~1BH
					1	1	1	1	1	0	0 0 1 1	0 1 0 1	1CH~1FH
1	其他组合												

五、Z80CPU 的存储器及 I/O 接口扩展举例

如图 4-24 所示,该系统组成中,其内存有 16 KB,其中 8k×8EPROM(2764)、8k×8RAM(6264);I/O 接口由一个 8255 提供。Z80CPU 的工作频率可为 4 MHz。内存储器的地址译码器片内地址选择采用 13 根地址线 $A_0 \sim A_{12}$,片外由 A_{13}、A_{14}、A_{15} 分别接到 3-8 译码器(74Ls138)的选择端 A、B、C 上。CPU 的存储器请求信号 $\overline{MREQ}$ 接在 G_{2A} 上,G_{2B} 接地,G_1 接 +5 V 电源。3-8 译码器的 Y_0 和 Y_1 分别接到 2764、6264 的片选端 $\overline{CE_1}$ 上。这样,2764 的地址为 0000H~1FFFH,6264 的地址为 2000H~3FFFH。构成控制系统时将系统控制程序写入 2764,CPU 执行存入 2764 中的控制程序。并将 6264 的 8KB RAM 空间作为工作缓冲区,存放各种控制参数。微机

第4章 机电一体化系统的微机控制系统选择及接口设计

I/O 译码器由另一片 3－8 译码器完成。图中电路将地址总线的 A_7 接 3－8 译码器(74LS138)的 G_1，A_6 接 G_{2A}，A_2 和 $\overline{IORQ}$ 通过一个或门接到 $\overline{G_{2B}}$ 上，A_5、A_4、A_3 则分别接到 C、B、A 上。3－8 译码器的输出端 Y_0 与 8255 的 $\overline{CS}$ 相接，将 8255 的 A_0 和 A_1 分别与地址总线的 A_0、A_1 相连。从而根据 3－8 译码器的功能表和 8255 的口操作状态表确定 8255 的三个并行口和控制寄存器的地址，分别为(80H)、(81H)、(82H)和(83H)。从图中电路可知内存可扩展为 64 KB，I/O 接口可接入 8 个 8255。但是，实际进行内存与 I/O 口的扩展时，必须考虑 CPU 的总线驱动能力。为提高总线的驱动能力，可加入总线驱动器。

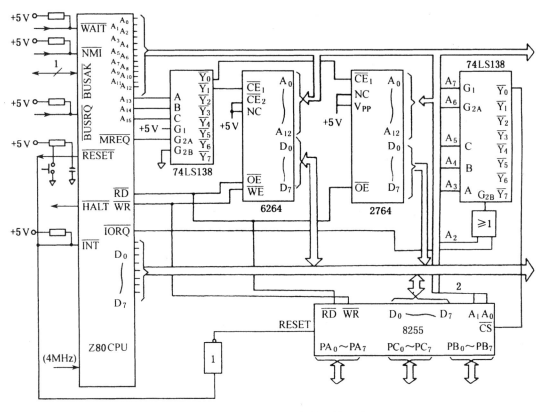

图 4－24　采用 Z80ACPU 微机存储器扩展接口组成

§4.8　单片机的结构特点及最小应用系统

单片机(Single Chip Microcomputer)的典型结构如图 4－25 所示，目前常用的 MCS－48、51、96 系列单片机的主要性能参数见表 4－16。其中 MCS－51 系列单片机是目前 8 位微机中性能价格比最佳，应用较多的系列产品。

下面以 MCS－51 系列产品为例，对其结构特点和应用作以简要说明。

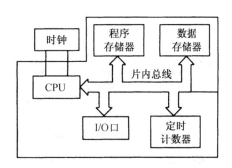

图 4－25　典型单片机结构图

表 4-16 INTEL MCS-48、51、96 系列单片机主要参数

系列	型号	片内存储器/B ROM/EPROM	片内存储器/B RAM	片外存储器直接寻址范围/B RAM	片外存储器直接寻址范围/B EPROM	I/O口线 并行	I/O口线 串行	中断源	定时/计数器 (个×位)	晶振/MHz	典型指令周期/μs	封装(DIP)	其他
MCS-48 (8位机)	8048	1K/-	64	256	4K	27		2	1×8	2~8	19	40	
	8748	-/1K	64	256	4K	27		2	1×8	2~8	19	40	
	8035	-	64	256	4K	27		2	1×8	2~8	19	40	
	8049	2K/-	128	256	4K	27		2	1×8	2~11	136	40	
	8749	-/2K	128	256	4K	27		2	1×8	2~11	136	40	
	8039	-	128	256	4K	27		2	1×8	2~11	136	40	
MCS-51 (8位机)	8051	4K/-	128	64K	64K	32	UART	5	2×16	12	1	40	
	8751	-/4K	128	64K	64K	32	UART	5	2×16	12	1	40	
	8031	-	128	64K	64K	32	UART	5	2×16	12	1	40	
MCS-96 (16位机)	8094	-	232	64K	64K	32	UART	8	4×16(软件)	12	1~2	48	
	8095	-	232	64K	64K	32	UART	8	4×16(软件)	12	1~2	48	4×10位 A/D
	8096	-	232	64K	64K	48	UART	8	4×16(软件)	12	1~268	68	
	8097	-	232	64K	64K	48	UART	8	4×16(软件)	12	1~2	68	8×10位 A/D
	8098	-	256	64K	64K	48(重)	UART	8	2×16(硬件) 4×16(软件)	12	0.25	48	8×16位 A/D PWM
	8394	8K/-	232	64K	64K	32	UART	8	4×16(软件)	12	1~2	48	
	8395	8K/-	232	64K	64K	32	UART	8	4×16(软件)	12	1~2	48	4×10位 A/D
	8396	8/-	232	64K	64K	4	UART	8	4×16(软件)	12	1~2	68	
	8397	8K/-	232	64K	64K	48	UART	8	4×16(软件)	12	1~2	68	8×10位 A/D

一、MCS-51系列单片机的结构特点

MCS-51系列单片机包括8051、8751和8031三种产品,其硬件设计简单灵活。

8051片内有4K及的ROM。用户将已开发好的程序交给芯片制造厂商,在制造芯片时用掩膜工序将用户程序写入ROM。显然用户本身是无法将自己的程序写入8051芯片的。程序一经写入片内ROM,用户也无法改变程序。所以8051用在批量较大(1000片以上)时,经济上才合算。

8751片内有4KB的EPROM。用户可以用高压脉冲将用户程序写入片内EPROM。所以当用户的程序不长时使用这种芯片可简化电路,也可以作为开发系统片内8051ROM单片机的代用芯片。由于EPROM可通过照射紫外光线抹去原有程序进行改写,所以这类芯片也可用于程序的开发工作。

8031片内无ROM或EPROM,使用时必须配置外部的程序存储器EPROM。如不使用8051或8751芯片片内的ROM或EPROM即可将其作为8031芯片使用。这三种引脚相容的产品均可寻址64KB的外部程序存储器和64KB的外部数据存储器。MCS-51系列单片机的引脚配置与引脚功能分类如图4-26(a)(b)所示,其引脚功能可分为三大部分:

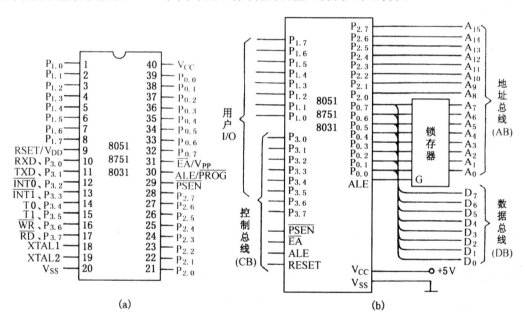

图4-26 MCS51系列单片机引脚及功能
(a)引脚配置;(b)引脚功能分类

(1) I/O口线

P_0、P_1、P_2、P_3共四个8位口。

(2) 控制口线

$\overline{PSEN}$(片外取指控制)、ALE(地址锁存控制)、$\overline{EA}$(片外存储器选择);RESET(复位控制)。

(3) 电源及时钟

V_{CC}、V_{SS};XTAL1/XTAL2。其应用特性:

1) I/O口线不能都用作用户I/O线。除8051/8751外真正可完全为用户使用的I/O口线

只有 P_1 口以及部分作为第一功能使用的 P_3 口。

1) I/O 口的驱动能力：P_0 口可驱动 8 个 TTL 门电路；P_1、P_2、P_3 则只能驱动 4 个 TTL 门电路。
2) P_3 口是双重功能口。其引脚功能如下：

引脚名	引脚号	功能
V_{CC}	40	8751 的编程，8051 或 8751 的检验和正常运行时的电源，+5V_0
V_{SS}	40	接地电平。
P_0 口	39~32	8 位双向 I/O 口，也是访问外存储器的低位地址和数据总线。在编程和校验时，用于数据的输入和输出。
P_1 口	1~8	8 位双向 I/O 口。在编程和校验时，用于接受低位地址字节。
P_2 口	21~28	8 位双向 I/O 口。在访问外存储器时，输出高位地址字节；在编程和检验时，它也能接受高位地址和控制信号。
P_3 口	10~17	8 位双向 I/O 口。实现第二功能时，必须在相应的输出锁存器里写入"1"。
RST/V_{DD}	9	从低到高(约 3V)的跳变使 8051 复位。若 V_{CC} 降到低于规定值，而 V_{DD} 在规定值范围(约为 5V)内，则 V_{DD} 将为 RAM 提供备用电源。
ALE/$\overline{PROG}$	30	提供地址锁存允许输出信号。在访问外存储器时，锁存低位地址字节。在进行 EPROM 编程时，接受编程脉冲输入。
$\overline{PSEN}$	29	程序存储允许输出信号。访问内程序存储器时，不激发 $\overline{PSEN}$。
$\overline{EA}/V_{PP}$	31	低电平时，8051 执行外程序存储器的指令。高电平时，当 PC 小于 4K 时，8051 执行片内 ROM/EPROM。该脚也接收 21V 的 EPROM 编程电压。
XTAL1	18	振荡器的高增益放大器输入。接晶振或外部源。
XTAL2	19	振荡器的放大器输出，或接收外振荡器信号。

4 个并行口 P_0、P_1、P_2、P_3 提供了 32 根 I/O 线。芯片内每个口由一个锁存器(特殊功能寄存器 P_0 到 P_3)、一个输出驱动器和一个输入缓冲器组成。口 0 和口 2 的输出驱动器以及口 0 的输入缓冲器用于访问外部存储器。此时，口 0 分别输出外部低位地址、读/写数据，而口 2 输出外部存储器高位地址。口 3 的每一根线可执行第二功能：

引脚	第二功能
$P_{3.0}$	PXD(串行输入口)
$P_{3.1}$	TXD(串行输出口)
$P_{3.2}$	$\overline{INT0}$(外部中断)
$P_{3.3}$	$\overline{INT1}$(外部中断)
$P_{3.4}$	T_0(定时器 0 外部输入)
$P_{3.5}$	T_1(定时器 1 外部输入)
$P_{3.6}$	$\overline{WR}$(外部数据存储器写脉冲)
$P_{3.7}$	$\overline{RD}$(外部数据存储器读脉冲)

二、MCS-51系列单片机的最小应用系统及其扩展

MCS-51系统结构紧凑,硬件设计简单灵活,特别是8031单片机以其构成系统的成本低及不需要特殊的开发手段等优点,在机电一体化系统中得到广泛应用。单片机的应用系统构成如图4-27所示。

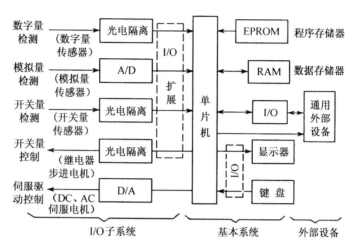

图4-27 单片机应用系统构成

1) 8031最小应用系统。8031内部不带ROM,需外接KPROM作为外部程序存储器。又因为8031在外接程序存储器或数据存储器时地址的低8位信息及数据信息分时送出,故还需采用一片74LS373来锁存低8位地址信息。这样,一片2764EPROM及一片74LS373组成了一个最小的计算机应用系统,如图4-28所示。

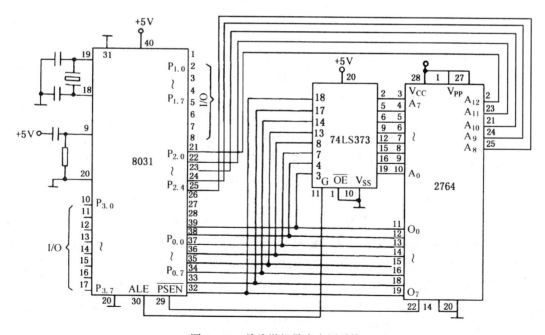

图4-28 单片微机最小应用系统

MCS-51 的程序存储器空间与数据存储器空间是相互独立的。用户可最多扩展到 64KB 的程序存储器及 64KB 的数据存储器,编址均为 0000H~FFFFH。片内 8KB 单元地址要求地址线 13 根(A_0~A_{12})。它由 P_0 和 $P_{2.0}$~$P_{2.4}$ 组成。地址锁存器的锁存信号为 ALE。程序存储器的取指信号为。由于程序存储器芯片只有一片,故其片选端(31)直接接地。

8031 芯片本身的连接除 $\overline{EA}$(31)必须接地来表明选择外部存储器外,还必须有复位及时钟电路。在此系统中有 P_1、P_3 口可作用户 I/O 口使用;74LS373 为地址锁存器,如图 4-29 所示。它是一片三态输出 8D 触发器,当 $\overline{OE}$ = 0 时三态门导通,输出线上为 8 位锁存器的状态。当 $\overline{OE}$ = 1 时输出线呈高阻抗状态。G 为锁存信号输入线,G = 1 时锁存器输出等于 D 端输入,G 输入端负跳变将输入信息锁存到 8 位锁存器中。

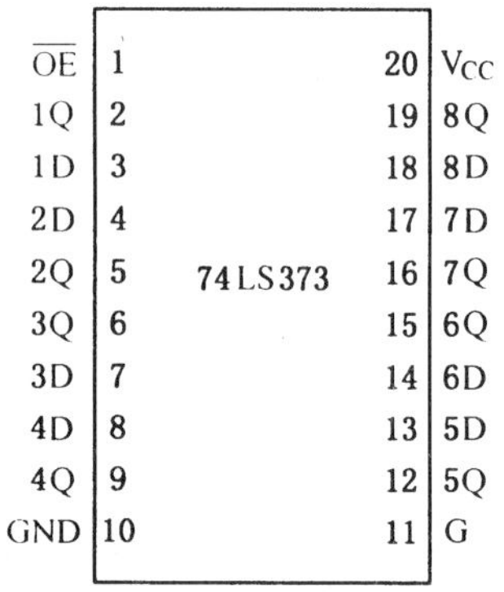

当 8031 在访问外部程序存储器时,P_2 口输出高 8 位地址;P_0 口分时传送低 8 位地址和指令字节。在 ALE 为高电平时,P_0 口输出的地址有效,并由 ALE 的下降沿锁存到地

图 4-29 芯片 74LS373 的引脚配置

址锁存器中,此时外部程序存储器选通信号线 $\overline{PSEN}$ 出现低电平,选通相应的外部。EPROM 存储器;相应的指令字节出现在 EPROM 的数据线(O_0~O_7)上,输入到 P_0 口。CPU 将指令字节读入指令寄存器。

2) 8031 的数据存储器的扩展。在 8031 单片机应用系统中,最常用的静态 RAM(数据存储器)芯片有 6116(2k×8)和 6264(8k×8)两种。与动态 RAM 相比,静态 RAM 无须考虑为保持数据而设置的刷新电路,故扩展电路较简单。但由于静态 RAM 通过有源电路来保持存储器中的数据,因此,要消耗较多功率,价格也较贵。

6264 是 8k×8 的静态随机存取存储器芯片。它也是采用 CMOS 工艺制作,由单一 +5V 电源供电,额定功率为 200 mV,典型存储时间为 200 ns。数据存储器扩展电路与程序存储器扩展电路相似,所用的地址线、数据线完全相伺,读写控制线用 $\overline{WR}$、$\overline{RD}$,但要考虑的问题比程序存储器涉及的问题多,如 I/O 口扩展的统一编址问题。图 4-30 是扩展的 6264 静态数据存储器电路。6264 芯片管脚 1 是空脚,不用接线。

3) 8031 输入/输出口的扩展。在使用单片机的实时控制系统中,往往需要通信的外部设备或控制对象比较多,单片机本身的 I/O 口无法满足要求,因而需要扩展 I/O 口。用户可以把 MCS-51 的 64KB 数据存储器地址空间的一部分(例如 0DH~FFH)作为外部 I/O 的地址空间,CPU 像访问外部 RAM 单元一样读写扩展的 I/O 口。常用的 I/O 接口电路是通用的可编程并行 8 位接口芯片(8255)。

图 4-31 为 8031 最小应用系统的 I/O 扩展接口电路。8255 的数据总线 D_0~D_7 与 8031 的 P_0 口通过地址寄存器连接以交换信息。8255A 的通道选择信号线 A_0 和 A_1 与 74LS373 的低位地址线 A_0 与 A_1 相连,8031 地址线的 28 端口($P_{2.7}$)经 74LS138 译码器控制 8255 的片选信号 $\overline{CS}$。$\overline{RD}/\overline{WR}$ 和 RESET 信号线分别与 8031 的相应引脚相连。如用 8255 的 B 通道的 PB_0、PB_1、PB_2 和 PB_4、PB_5、PB_6 以及 C 通道的 PC_0、PC_1、PC_2 三组引线各控制一个三相六拍运行方式的步进电动机,就可实现一个三轴联动控制。

第4章 机电一体化系统的微机控制系统选择及接口设计

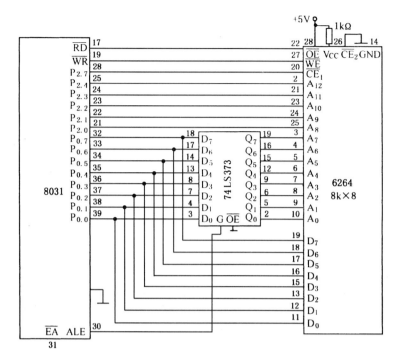

图 4-30 扩展 6264 数据存储器的电路

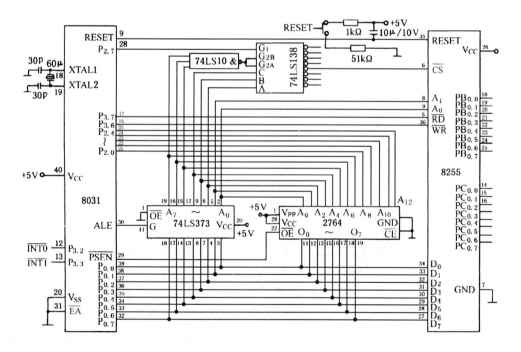

图 4-31 8031 的 I/O 扩展

§4.9 数字显示器及键盘的接口电路

一、数字显示器的结构及其工作原理

单片机应用系统中,常使用 LED(发光二极管)、CRT 显示器和 LCD(液晶显示器)等作为显示器件。其中 LED 和 LCD 成本低、配置灵活、与单片机接口方便,故应用广泛。

数码显示器是单片机应用产品中常用的廉价输出设备。它是由若干个发光二极管组成的。当发光二极管导通时,相应的一个点或一个笔画发亮。控制不同组合的二极管导通,就能显示出各种字符。常用七段显示器的结构如图 4-32 所示,其中(a)为共阴极,(b)为共阳极,(c)为管脚配置。发光二极管的阳极连在一起的称为共阳极显示器,阴极连在一起的称为共阴极显示器。这种笔画式的七段显示器,能显示的字符数量较少,但控制简单、使用方便。

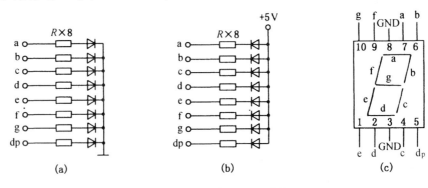

图 4-32 七段 LED 显示块

通常的七段 LED 显示块中有八个发光二极管,故也有人叫做八段显示块。其中七个发光二极管构成七笔字形"8"。一个发光二极管构成小数点。七段显示块与单片机接口非常容易。只要将一个 8 位并行输出口与显示块的发光二极管引脚相连即可。8 位并行输出口输出不同的字节数据即可获得不同的数字或字符。通常将控制发光二极管的 8 位字节数据称为段选码。共阳极与共阴极的段选码互为补数。

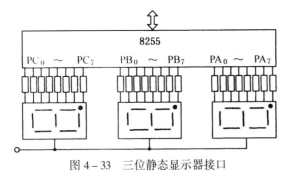

图 4-33 三位静态显示器接口

点亮显示器有静态和动态两种方法。所谓静态显示,就是当显示器显示某一个字符时,相应的发光二极管恒定地导通或截止。例如七段显示器的 a、b、c、d、e、f 导通,g 截止,显示 0。这种显示方式每一位都需要一个 8 位输出口控制,三位显示器的接口逻辑,如图 4-33 所示。图中采用共阴极显示器。静态显示时,较小的电流能得到较高的亮度,所以由 8255 的输出口直接驱动。当显示器位数很少(仅一、二位)时,采用静态显示方法是适合的。当位数较多时;用静态显示所需的 I/O 口太多,一般采用动态显示方法。所谓动态显示就是一位一位地轮流点亮各位显示器(扫描)。对于每一位显示器来说,每隔一段时间点亮一次。显示器的亮度既与导通电流有关,也和点亮时间与间隔时间的比例有关。调整电流和时间参数,可实现亮度较高较稳定的显示;若显示器的位数不大于 8 位,则控制显示器公共极电位只需一个 8 位并行口(称为扫描口)。控制各位显示器所显示的字形也需一个共用的 8 位口(称为段数据口)。8 位共阴极显示器和 8155 的接口逻辑如图 4-34 所示。8155 的 PA 口作为扫描口,经 BIC8718 驱动器接显示器公共极,PB 口作为段数据口,经驱动后接显示器的 a、b、c、d、e、f、g、dp 各引脚。如 PB_0 输出经驱动后接各显示器的 a 脚,PB_1 输出经驱动后接各显示器的 b 脚,以此类推。动态扫描显示程序流程如图 4-35 所示,其程序清单如下:

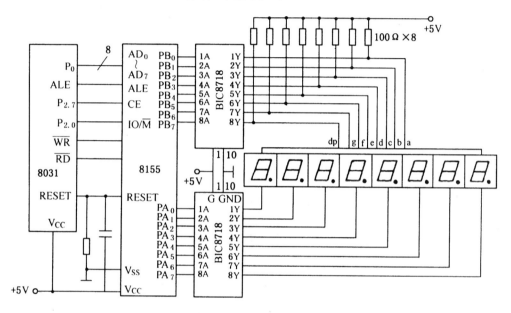

图 4-34 通过 8155 扩展口控制锝位 LED 动态显示接口

	MOV	R_3, #7FH	;存首位位选字
	MOV	A, R_3	
LD_0:	MOV	DPTR, #7F01H	;指向 PA 口
	MOVX	@DPTR, A	;送位选字入 PA 口
	INC	DPTR	;指向 PB 口
	MOV	A, @R_0	;查段选码
	ADD	A, #0DH	;#0DH 为从查表指令下一个机器码至段选表首的偏移量
	MOVC	A, @A+PC	;段选码送 PB 口
	MOVX	@DPTR, A	
	ACALL	DL_1	;延时 1ms
	INC	R_0	;指向显示缓冲区下一单元
	MOV	A, R_3	;
	JNB	ACC, 0, LD_1	;判断八位显示完?
	RR	A	;未显示完,变为下一位位选字

	MOV	R$_3$, A	
	AJMP	LD$_0$	;转显示下一位
LD$_1$:	RET		
DSEG:	DB	3FH, 06H, 5BH, 4FH, 66H, 6DH, 7DH, 07H, 7FH, 6FH	
		"0" "1" "2" "3" "4" "5" "6" "7" "8" "9",	
		77H, 7CH, 39H, 5EH, 79H, 71H	
		"A" "B" "C" "D" "E" "F"	
DL$_1$:	MOV	R$_7$, #02H	;延时子程序
DL:	MOV	R$_6$, #0FFH	
DL$_6$:	DJNZ	R$_6$, DL$_6$	
	DJNZ	R$_7$, DL	
	RET		

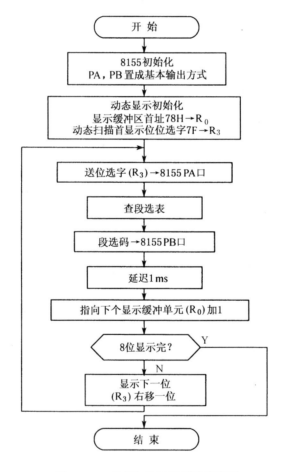

图 4-35 动态扫描显示程序流程图

二、键盘、显示器的接口电路

8279 芯片为专用键盘显示控制芯片。它与 8031 芯片接口方便,应用广泛。8279 键盘配置

最大为 8×8。扫描线由 $SL_0 \sim SL_2$ 通过 3-8 译码器提供,接入键盘列线(设扫描线为列线),查询线由反馈输入线 $RL_0 \sim RL_7$ 提供,接入键盘行线(设定查询线为行线)。

8279 显示器最大配置为 16 位显示,位选线由扫描线 $SL_0 \sim SL_3$ 经 4-16 位译码器、驱动器提供;段选线由 $B_0 \sim B_3$、$B_7 \sim B_4$ 通过驱动器提供。与 8031 连接无特殊要求,除数据 P_0 口、$\overline{WR}$、$\overline{RD}$ 可直接连接外,$\overline{CS}$ 由 8031 地址线选择。时钟由 ALE 提供,A_0 选择线也可由地址线选择。8279 的 $\overline{RESET}$ 按图 4-36 中连接,为上电复位方式。CNTL、SHIFT 接地,这时读取的键号不需要屏蔽高 2 位(D_6、D_7)。8279 的中断请求线须经反相器与 8031 的 $\overline{INT_0}/\overline{INT_1}$ 相连。ALE 可直接与 8279 的 CLK 相连,由 8279 设置适当的分频数,分频至 100 kHz。

图 4-36 是一个实际的 8279 键盘显示电路。按图中接法,在软件编制时有:

① 命令字、状态字口地址为 7FFFH;数据输入/输出口地址为 7FFEH。

② $B_0 \sim B_3$ 依次接显示器段选端,a、b、c、d,$B_4 \sim B_7$ 依次接显示器 e、f、g、dp 端。

③ 行列式键盘接口电路:行列式键盘又叫矩阵式键盘。用 I/O 口线组成行、列结构,按键设置在行列的交点上。例如用 2×2 的行、列可构成 4 个键的键盘,4×4 的行列结构可构成 16 个键的键盘。因此,在按键数量较多时,可以节省 I/O 口线。

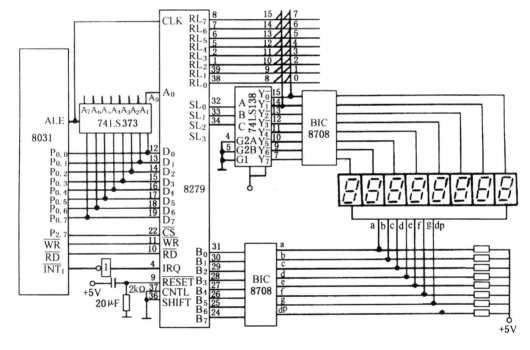

图 4-36 实际的 8279 键盘显示器接口电路

(1) 键盘工作原理。

行列式键盘电路原理如图 4-37 所示,按键设置在行、列线交点上,行、列线分别连接到按键开关的两端。当行线通过上拉电阻接 +5 V 时,被嵌位在高电平状态。键盘中有无按键按下是由列线送入全扫描字、行线读入行线状态来判断的。其方法是:给列线的所有 I/O 线均置成低电平,然后将行线电平状态读入累加器 A 中。如果有键按下,总会有一根行线电平被拉至低电平,从而使行输入不全为 1。

键盘中哪一个键按下是由列线逐列置低电平后,检查行输入状态。其方法是:依次给列线送低电平,然后查所有行线状态,如果全为1,则所按下之键不在此列。如果不全为1,则所按下的键必在此列。而且是在与0电平行线相交的交点上的那个键。键盘上的每个键都有一个键值。键值赋值的最直接办法是将行、列线按二进制顺序排列,当某一键按下时,键盘扫描程序执行到给该列置0电平,读出各行状态为非全1状态,这时的行、列数据组合成键值。如图4-37中键盘键值从左至右、从上至下依次是77,7B,7D,7E;B7,BB,BD,BE…;E7,BD,ED,EE。这种负逻辑表示往往不够直观,因而采取行、列线加反相器或软件求反方法把键盘改成正逻辑,这时键值依次为88,84,82,81;48,44,42,41;…;18,14,12,11。不论是正逻辑还是负逻辑,这种键值表示方式分散度大且不等距,用于散转指令不太方便。对于不是4×4或8×4、8×8的键盘,使用也不容易。故在许多场合下,采用依次排列键值的方法。这时的键值与键号相一致。

(2) 键盘工作方式

单片机应用系统中,键盘扫描只是 CPU 工作的一个内容之一。CPU 在忙于各项工作任务时,如何兼顾键盘扫描,即既保证不失时机地响应键操作,又不过多占用 CPU 时间。

因此,要根据应用系统中 CPU 的忙、闲情况,选择好键盘的工作方式。键盘的工作方式有编程扫描方式、定时扫描方式和中断扫描方式三种。这里仅简单介绍一下编程扫描方式。

编程扫描工作方式是利用 CPU 在完成其他工作的空,调用键盘扫描子程序,来响应

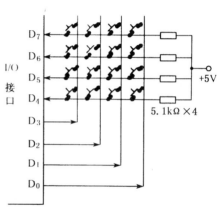

图4-37 行列式键盘原理电路

键输入要求。在执行键功能程序时,CPU 不再响应键输入要求。下面以图4-38的8155扩展 I/O 口组成的行列式键盘为例,介绍编程扫描工作方式的工作过程与键盘扫描子程序流程。在该键盘中,键值与链号相一致,依次排列为0~31,共32个键,由1个8位口和1个4位口组成4×8的行列式键盘。在键盘扫描子程序中完成下述几个功能:

1) 判断键盘上有无键按下。其方法为:PA 口输出全扫描字00H,读 PC 口状态,$PC_0 \sim PC_3$ 为全1,则键盘无键按下,若不全为1,则有键按下。

2) 去键的机械抖动影响。其方法为,在判断有键按下后,软件延时一段时间再判断键盘状态,如果仍为有键按下状态,则认为有一个确定的键按下,否则按键抖动处理。

3) 求按下键的键号。按照行列式键盘工作原理,图中32个键的键值应对应作如下分布(PA、PC 口为二进制码,X 为任意值):

FEXE	FDXE	FBXE	F7XE	EFXE	DFXE	BFXE	7FXE
FEXD	FDXD	FBXD	F7XD	EFXD	DFXD	BFXD	7FXD
FEXB	FDXB	FBXB	F7XB	EFXB	DFXB	NFXB	7FXB
FEX7	FDX7	FBX7	F7X7	EFX7	DFX7	BFX7	7FX7

其相对应的键号如图中所示。这种顺序排列的键号按照行首键号与列号相加的办法处理,每行的行首键号依次为:0,8,16,24,列首依列线顺序为0~7。在上述键值中,从零电平对应的位可以找出行首键号与相应的列号。

4) 键闭合一次仅进行一次功能操作。其方法为,等待键释放以后再将键号送入累加器 A 中。

图 4-39 为键扫描子程序框图。编程扫描工作方式只有在 CPU 空闲时才调用键盘扫描子程序。因此,在应用系统软件方案设计时,应考虑这种键盘扫描子程序的编程调用应能满足键盘响应要求。

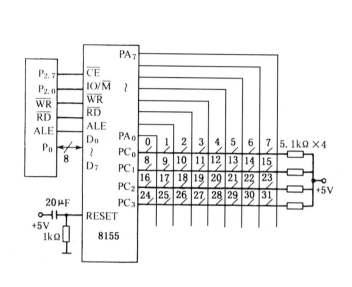

图 4-38 8155 扩展 I/O 口组成的行列式键盘 　　　　图 4-39 键扫描子程序框图

§4.10 可编程逻辑控制器(PLC)的构成及应用举例

一、PLC 的构成及工作原理

可编程逻辑控制器(PLC)是在工业环境中使用的数字操作的电子系统。它使用可编程存储器储存用户设计的程序指令,这些指令用来实现逻辑运算、顺序操作、定时、计数及算术运算和通过数字或模拟输入/输出来控制各种机电一体化系统。由于它具有程序可变、抗干扰能力强、可靠性高、功能强、体积小、耗电低,特别是易于编程、使用操作方便、便于维修、价格便宜等特点,具有广泛的应用前景。

PLC 实质上是一台面向用户的专用数字控制计算机。图 4-40 为 PLC 的硬件结构框图,PLC 通过输入/输出接口与被控对象工作机相连接。控制系统的具体要求,通过编程器预先把程序写入到存储器中,然后执行此程序,完成控制任务。当系统或被控对象改变时,只需相应变化输入/输出接口与被控对象的连线,重新编程,即可形成一个新的控制系统。

早期的 PLC 中 CPU 只作逻辑运算。目前市场上的 CPU 几乎都采用微机的 CPU,如 Z80A、8085、8039 等。主要完成指令分析、解释、运算及控制功能,是 PLC 的指挥中心。PLC 中的存储器分为随机存取存储器(RAM)和只读存储器(ROM)两种,主要用于存放程序、变量、各种参数等。早期的 PLC 上使用磁心存储器,现在均用半导体存储器。常用的 ROM 有两种,即

EPROM 和 E2PROM,由于考虑编程时修改程序方便,因此应用较多。

输入/输出接口有串行口、并行口、模拟量输入/输出口、开关量输入/输出口、脉冲量输入口等。这些接口是 PLC 与被控对象相联系的界面。PLC 的接口功能很强,常做成模块式,每种模块由一定数量的输入/输出通道组成,用户可以按自己的要求选择,并可随时扩展。编程器是 PLC 最常用的人机对话工具。

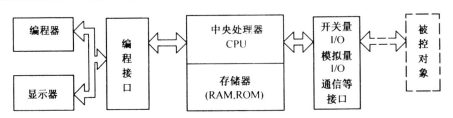

图 4-40 PLC 硬件结构框图

PLC 的设计者向用户提供了简单明了、易学、易记的汇编语言,几乎所有的 PLC 都把用逻辑梯形图进行编程的简易助记符作为第一语言。这种语言由一组含义明确、功能强、为数不多的指令组成,每条指令由助记符表示。虽然各 PLC 生产厂家都有自己的一套助记符,有些助记符的含义互有差异,但不会给用户带来太多的麻烦,只需练习几遍便可掌握。PLC 主要是利用逻辑运算来实现各种开关量的控制,基本指令较少,其助记符也很简单。使用时,首先要确定被控对象与 PLC 之间的输出/输入信号,并根据所需要的动作顺序过程画出梯形图,随后根据梯形图所表达的顺序过程用 PLC 指令编写顺序程序。程序编写完毕以后,用 PLC 编程器将程序输入 PLC 的 RAM 中,并对程序进行调式,发现错误可用编程器插入、删除或增减,修改完后继续调试,当所有程序均通过后,即可将 RAM 中的程序写入 PLC 的 EPROM 中,再经过测试至无误为止。

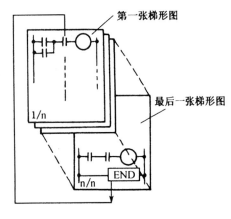

图 4-41 PLC 的执行过程

PLC 主要是利用逻辑运算以实现各种开关量的控制。首先扫描输入量(如继电器触点、限位开关、按钮等),然后把这些输入量与程序规定的条件相比较,从而使输出接通或断开。实际上,FLC 的执行过程就是顺序程序的执行过程,也就是按照一定的顺序从梯形图的第一张执行到最后一张,然后再次从第一张开始执行(见图 4-41)。

顺序程序是根据梯形图所表达的顺序过程用 PLC 指令编写的程序,顺序程序存储在 PLC 控制板的 EPROM 中。它是由 PLC 编程器写入 EPROM 中的。PLC 编程器是编制顺序程序不可缺少的辅助工具。它可以用来输入顺序程序、测试或修改顺序程序以及把顺序程序写入 EPROM 中。顺序程序的编制流程如图 4-42 所示。表 4-17 为某可编程逻辑控制器的基本指令。

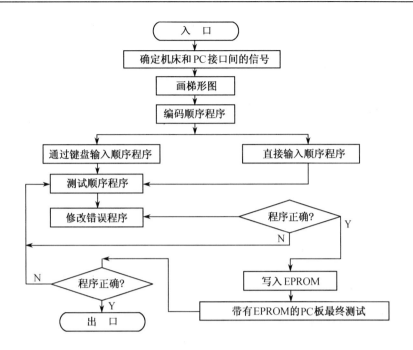

图4-42 顺序程序的编制流程

表4-17 PLC基本指令

序 号	指 令	说 明
1	RD	把读得的信号状态("1"或"0")置于STO中
2	RD.NOT	把读得信号的反码("1"或"0")置于STO中
3	WRT	把逻辑操作结果("1"或"0")写入继电器
4	WRT.NOT	把逻辑操作结果的反码("1"或"0")写入继电器
5	AND	逻辑乘。结果存在STO中
6	AND.NOT	取反以后逻辑乘。结果存在STO中
7	OR	逻辑加。结果存在STO中
8	OR.NOT	取反以后逻辑加。结果存在STO中
9	RD.STK	堆栈压入,读得的信号状态置入STO
10	RD.NOT.STK	堆栈压入,读得信号的反码置入STO
11	AND.STK	堆栈弹出,与弹出的信号状态进行逻辑乘
12	OR.STK	堆栈弹出,与弹出的信号状态进行逻辑加

二、PLC的应用举例

某工厂有一零件加工自动线,其中第二工位的头道工序是钻孔,工序的动作过程如下:启动后,夹紧装置动作,延时10 s后,控制冷却油的电磁阀吸合。与此同时,钻头快进,当接近工件时,限位开关 S_1 动作,钻头开始工进,钻削到预定深度时,限位开关 S_2 闭合,钻头快速退回。回到原位时,S_3 动作,钻头停止移动,钻削工序结束。可采用 PLC 控制上述钻削工序的钻削过程。为了使初次接触 PLC 的人员了解 PLC 的应用概况,现分以下几个步骤进行分析:

1) 输入信号:启动、停止信号;限位开关 S_1、S_2、S_3 信号。输出信号:夹紧装置夹紧信号、控制冷却油信号、快进信号、工进信号、快退信号、停止结束信号。

2) 按实际加工工艺要求绘制加工过程流程图,如图 4-43 所示。

3) 根据流程图画出逻辑控制电路(见图 4-44)。这里用有触点继电器逻辑控制图是为了对准备采用 PLC 取代继电器逻辑控制装置的人员提供一个分析实例。

4) 对应于上述逻辑控制图绘制 PLC 梯形图。首先将外部输入信号连接到 PLC 的输入口的接线端,即与 PLC 的输入继电器线圈连接,通常将这些输入信号源画在梯形图的左边。再将 PLC 的输出信号与外部执行元件相连,并将其画在梯形图的右边。然后根据图 4-43 和图 4-44 应用 PLC 的内部继电器、定时器/计数器等单元绘制梯形图,如图 4-45 所示。

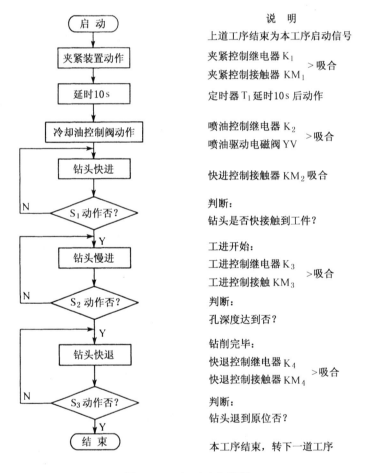

图 4-43 加工工艺流程

5) 用 PLC 所提供的有关指令根据梯形图编写程序。其程序清单如表 4-18 所示。

6) 程序的输入、调试、运行、验证考核,直到满足使用要求为止。

第4章 机电一体化系统的微机控制系统选择及接口设计

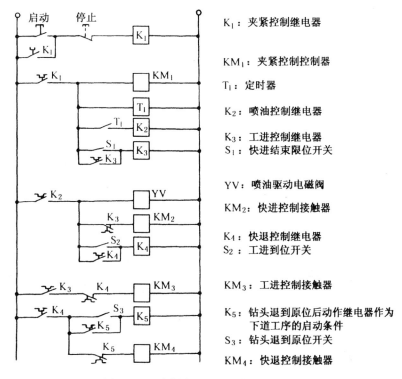

图 4-44 有触点继电器逻辑控制电路

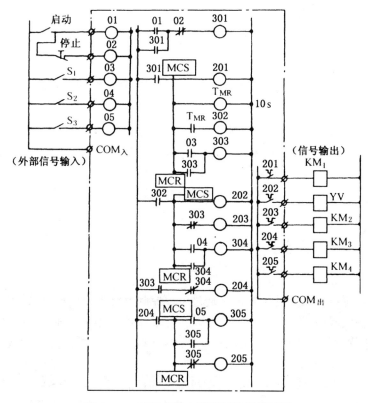

图 4-45 无触点继电器逻辑控制梯形图

表 4-18 钻孔工序的 PLC 程序清单

序 号	指 令	备 注	序 号	指 令	备 注
1	RD 01		19	WRT 203	
2	OR 301		20	RD 04	
3	AND.NOT 02		21	OR 304	
4	WRT 301		22	WRT 304	
5	RD 301		23	MCR	分支末
6	MCS	分支始	24	RD 303	
7	WRT 201		25	AND.NOT 304	
8	T_{MR} 1 10	1 为定时器定 10 s	26	WRT 204	
9	RD T_{MR}		27	RD 204	
10	WRT 302		28	MCS	分支始
11	RD 03		29	RD 05	
12	OR 303		30	OR 305	
13	WRT 303		31	WRT 305	
14	MCR	分支末	32	RD.NOT 305	
15	RD 302		33	WRT 205	
16	MCS	分支始	34	MCR	分支末
17	WRT 202		35	END	
18	RD.NOT 303				

§4.11 微机应用系统的输入/输出控制的可靠性设计

微机应用系统的输入/输出是通过硬件电路和软件共同完成的。对其硬件电路的要求是：① 能够可靠地传递控制信息，并能够输入有关运动机构的状态信息；② 能够进行相应的信息转换，以满足微机对输入/输出信息的转换要求，如 D/A、A/D 转换，并行数字量转换成串行电脉冲、电平的转换与匹配，电量与非电量之间的转换，弱电与强电的转换以及功率的匹配等；③ 应具有较强的阻断干扰信号进入微机控制系统的能力，以提高系统的可靠性。

一、光电隔离电路设计

(1) 光电隔离电路

为了防止强电干扰以及其他干扰信号通过 I/O 控制电路进入计算机，影响其工作，通常的办法是首先采用滤波吸收，抑制干扰信号的产生，然后采用光电隔离的办法，使微机与强电部件不共地，阻断干扰信号的传导。光电隔离电路主要由光电耦合器的光电转换元件组成，如图 4-46 所示。

控制输出时，如图 4-46(a)所示可知，微机输出的控制信号经 74LS04 非门反相后，加到光电耦合器 G 的发光二极管正端。当控制信号为高电平时，经反相后，加到发光二极管正端的电平为低电平,因此,发光二极管不导通,没有光发出。这时光敏三极管截止,输出信号几乎等于加在光敏三极管集电极上的电源电压。当控制信号为低电平时,发光二极管导通并发光,光敏三极管接收发光二极管发出的光而导通,于是输出端的电平几乎等于零。同样的道理,可将光电耦合器用于信息的输入,如图4-46(b)所示。当然,光电耦合器还有其他连接方式,以实现不同要求的电平或极性转换。

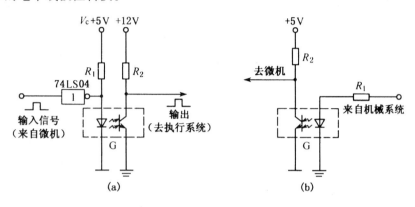

图4-46 光电隔离电路

光电隔离电路的作用主要有以下几个方面:

1) 可将输入与输出端两部分电路的地线分开,各自使用一套电源供电。这样信息通过光电转换,单向传递,又由于光电耦合器输入与输出端之间绝缘电阻非常大(一般为 $10^{11} \sim 10^{13}$ Ω),寄生电容很小(一般为0.5~2 pF),因此,干扰信号很难从输出端反馈到输入端,从而起到隔离作用。

2) 可以进行电平转换。如图4-46(a)所示电路,通过光电耦合器可以很方便地把微机的输出信号变为 12 V。

3) 提高驱动能力。隔离驱动用光电耦合器件如达林顿晶体管输出和晶闸管输出型光电耦合器件,不但具有隔离功能,而且还具有较强的驱动负载能力。微机输出信号通过这种光电耦合器件后,就能直接驱动负载。通常使用的光电耦合器如图4-47所示。图4-47(a)为普通型信号隔离用光电耦合器件,以发光二极管为输入端,光敏三极管为输出端。这种器件一般用在100 kHz以下的频率信号。如果光敏三极管的基极有引出线则可用于温度补偿、检测等。

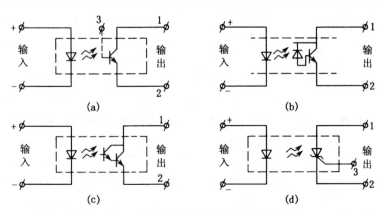

图4-47 几种常用光电耦合器结构原理图

图 4-47(b)为高速型光电耦合器的结构形式,与普通型的不同处在于其输出部分采用光敏二极管和高速开关管组成复合结构,具有较高的响应速度。图 4-47(c)为达林顿管输出光电耦合器件,其输出部分以光敏三极管和放大晶体管构成达林顿管输出。

具有达林顿晶体管输出的一切特性,可直接用于驱动较低频率的负载。图 4-47(d)为晶闸管输出型光电耦合器件。输出部分为光控晶闸管,光控晶闸管有单向、双向两种形式。这种光电耦合器常用在大功率的隔离驱动场合。

(2) 光电耦合隔离电路应用

采用光电耦合器可以将微机与前向、后向通道以及其他相关部分切断与电路的联系,从而有效地防止干扰信号进入微机,其基本配置如图 4-48 所示。

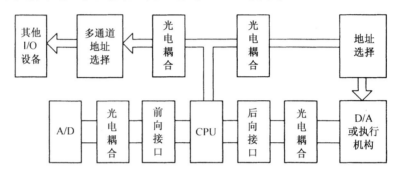

图 4-48 光电耦合器基本配置

在微机应用系统中,由于端口的性质不同,接口电路也有所不同。如 8031 的 P_3 口为准双向口,作为输入时拉成低电平,可由任何 TTL 或 MOS 电路所驱动。当外部输入信号为低电平时,P_3 口被拉成高电平,它与光电耦合器的连接如图 4-49 所示。

对于扩展的 8255 或 8155 的通用接口芯片的系统,当作为输入端口使用时,其端口为高阻抗输入,与光电耦合器的连接与 P_1 口相同。

当 P_1 口和 P_3 口作为输出时,由于 P_1 和 P_3 口为准双向口,高电平时对外电路泄放的电流很小,仅零点几毫安,而低电平时,外电路可经 P_1 口或 P_3 口流入较大的电流。故 P_1 口和 P_3 口作为输出口时,应采用如图 4-50 所示的电路。当 8031 复位时,P_1 口被强迫置成高电平,使 PNP 晶体管截

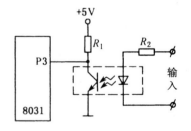

图 4-49 光电耦合输入接口

止,光电耦合器中无电流通过,输出为高电平。当软件使 P_1 口置为低电平时,则输出为低电平。采用这种电路可使开机复位时不因 P_1 口强迫置成高电平而输出不需要的信号。

8155、8255 输出口的放出及吸入电流均较大,故可直接用高电平来推动晶体管驱动发光二极管。由于 8155、8255 在上电复位时,端口初置为输入状态,即高阻抗状态,为不使开机输出额外的信息,晶体管基极应拉成低电平,如图 4-51 所示。

如要输出较大电流以驱动输出设备,如继电器、电磁离合器(J)等,则应接成达林顿型,如图 4-52 所示。为了进一步提高普通型光耦合器的光耦合速度,可采用图 4-53 电路。

在较恶劣环境中的前向通道,为了减少通道及电源的干扰,V/F 转换器(LM331)的频率输出可采用光耦合器隔离方法,使 V/F 转换器与微机无电路联系,如图 4-54 所示。

第4章 机电一体化系统的微机控制系统选择及接口设计

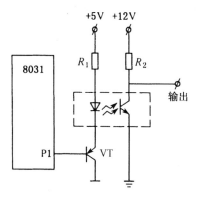

图4-50 光电耦合器的输出接口

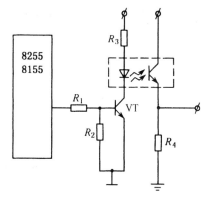

图4-51 8155、8255与光电耦合器的输出接口

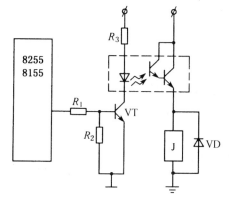

图4-52 光电耦合器与继电器输出接口

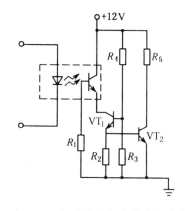

图4-53 提高光电耦合器响应速度的电路

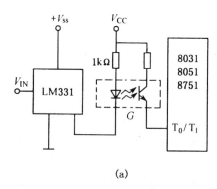

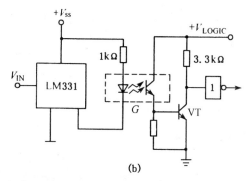

图4-54 LM331频率输出的光隔离

二、信息转换电路设计

(1) 弱电转强电电路

微机应用系统中的微机发出的控制信号一般要经过功率放大后,才能驱动各类执行元件,如图4-55所示的几种电路。图4-55(a)表示微机输出的开关量信号通过功率放大后,能够驱动有关小功率的直流电磁铁YA,如果是交流电磁铁,或大功率的直流电磁铁,就需使用继电器J作进一步的功率放大,如图4-55(b)所示。利用继电器K也可以驱动小功率的交流电动

机,如图4-55(c)所示。对于大功率的交流电动机,还需增加交流接触器C才能驱动,如图4-55(d)所示。

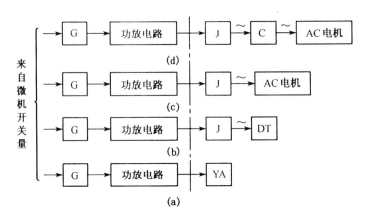

图4-55 弱电转强电的几种电路原理方框图

(2) 数字脉冲转换

在控制系统中,应用微机很容易实现数字脉冲的转换工作。事实上,只要CPU定时地向某个I/O端口的某一二进制位输出高低电平相间的逻辑信号,就可产生一个脉冲序列。步进电动机控制经常用到数字脉冲转换,例如图4-56所示的三相步进电动机驱动接口电路。该电路中电动机的每相驱动电路都单独有光隔离和放大电路,并联接到微机并行输出端口的一个二进制位上。脉冲信号经光隔离电路耦合、各相放大电路放大后,控制步进电动机按照一定方向转动。

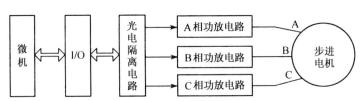

图4-56 采用软件实现环形分配的步进电动机控制通道组成

(3) 数/模(D/A)、模/数(A/D)转换

微机应用系统I/O控制回路中,还常用到D/A、A/D转换。例如图4-57所示的采用直流伺服电动机的控制回路中,就增加了D/A转换环节。控制输出时,微机每次都将运算后得到的以数字形式的控制参数输出到数/模转换电路中进行转换,转换后的模拟电压信号仍为弱电信号,还需经过线性功率放大电路放大,然后控制电动机运行。机械系统的位置反馈信号可以

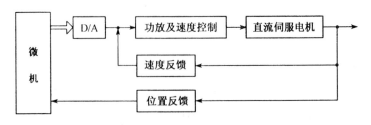

图4-57 直流伺服电动机的控制回路

是数字量信号,也可能是模拟量信号,视测量传感元件不同而异。若位置反馈量是模拟量,则在位置反馈回路中应设置模/数转换装置。在位置信号进入微机前,完成模/数转换工作。

(4) 电量转非电量 I/O 控制回路中还有一种电量到非电量的转换

例如,开关量的电液转换元件是电磁阀,这种电量到非电量的转换可以采用图 4-55(a) 和(b)所示的办法实现,其中 YA 就表示液压电磁阀。另外一种电液转换元件是电液伺服阀,在电液伺服控制电路中,需要数/模(D/A)转换后的模拟信号,而且,也要经过适当放大后,才能驱动电液伺服阀中的电磁元件。这种控制的流程框图如图 4-58 所示。

图 4-58 电液转换控制流程框图

§4.12 常用检测传感器的性能特点、选用及微机接口

一、检测传感器的分类与基本要求

传感器是将机电一体化系统中被检测对象的各种物理变化量变为电信号的一种变换器。它主要被用于检测机电一体化系统自身与作业对象、作业环境的状态,为有效地控制机电一体化系统的动作提供信息。传感器的种类繁多,按其作用可分为检测机电一体化系统内部状态的内部信息传感器和检测作业对象和外部环境状态的外部信息传感器。内部信息传感器包括检测位置、速度、力、转矩、温度以及异常变化的传感器。而外部信息传感器有与人体五感相对应的,也有纯工程性的。与五感相对应的有接触式的和非接触式的。如接触式的压觉传感器、滑动觉传感器等;非接触式的视觉、听觉传感器等。纯工程性的是人体感官所不及的,例如电涡流传感器、无线电接收机、超声波测距仪、激光测距机等。按输出信号的性质可将传感器分为开关型(二值型)、模拟型和数字型,如图 4-59 所示。

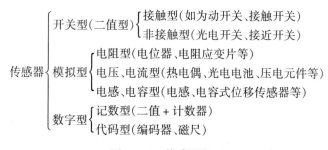

图 4-59 传感器类型

开关型传感器的二值就是"1"和"0"或开(ON)和关(OFF)。其工作原理如图 4-60 所示,如果传感器的输入物理量达到某个值以上时,其输出为"1"(ON 状态),在该值以下时,输出为"0"(OFF 状态),其临界值就是开、关的设定值。这种"1"和"0"数字信号可直接传送到微机进行处理,使用方便。模拟型传感器的输出是与输入物理量变化相对应的连续变化的电量。如图 4-61 所示,传感器的输入/输出关系可能是线性的(见图 4-61(a)),也可能是非线性的(见图 4-61(b)),线性输出信号可直接被采用,而非线性输出信号则需进行适当修正,将其变成

线性信号。一般需先将这些线性信号进行模拟/数字(A/D)转换,将其转换成数字信号再送给微机进行处理。

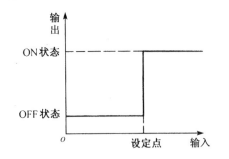

图 4-60 二值型传感器的工作原理

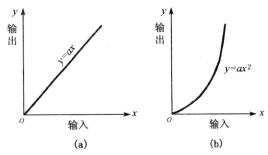

图 4-61 模拟型传感器的工作原理

数字型传感器有计数型和代码型两大类。其中计数型又称脉冲数字型,;其工作原理如图 4-62(a)所示。它可以是任何一种脉冲发生器,所发出的脉冲数与输入量成正比,加上计数器就可对输入量进行计数,如可用来检测通过输送带上的产品个数,也可用来检测运行机构的位移量,这时运行机构每移动一定距离或转动一定角度就会发出一个脉冲信号,例如增量式光电码盘和检测光栅就是如此。

代码型传感器又称编码器,其工作原理如图 4-62(b)所示;它输出的信号是数字代码,每一代码相当于一个一定的输入员的值、例如图中输入量的值为 1(1 时,输出代码为 1010,而输入量的值为 k_2 时,输出代码为 1011。代码的"1"为高电平,"0"为低电平。高、低电平可用光电元件或机械接触式元件输出。通常用来检测执行元件的位置或速度,例如绝对值型光电编码器、接触式编码板等。

按传感器的用途分类一般按被测物理量分类,其分类方法明确表示了传感器的用途,故便于机电一体化系统(或产品)的设计人员选用。

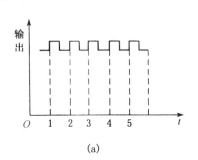

(a)

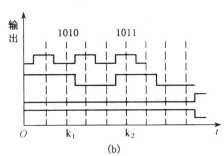

(b)

图 4-62 数字型传感器工作原理

传感器主要用于测量各种物理量,在机电一体化产品中常需测量的物理量如表 4-19 所示。

表 4-19 基本被测物理量及其对应的派生物理量

基本被测物理量		派生物理量
位 移	线位移	长度、位置、厚度、振幅、应变、磨损等
	角位移	角度、偏转角、俯仰角等
速 度	线速度	移动、振动、动量、流量等
	角速度	转动、角动量、角振动等

续表

基本被测物理量		派生物理量
加速度	线加速度	冲击、振动、动量、力、应力等
	角加速度	角冲击、角振动、转动惯量、力矩、转矩等
力、压力		重力、密度、推力、力矩、转矩、声压、应力等
温度		热量、比热容等
湿度		水分、露点等

根据被测物理量的不同,常用的传感器可以按用途分为位移、位置传感器、速度和加速度传感器、力和力矩传感器、温度传感器、湿度传感器等。传感器的基本工作原理有电阻式、电感式、磁电式、电容式、光电式等,因此,各种相应的传感器也可以按其工作原理分为电阻式、电感式、磁电式、电容式、光电式传感器。各种测量传感器的基本特性参数如表 4-20 所示。

表 4-20 传感器的特性参数及选用原则

	特性指标	定义、公式	选用原则
静态特性	测量范围(量程)	在允许误差限内传感器的适应测量范围	
	满量程输出	测量范围的上限与下限之差	
	线性范围	线性范围或动态线性范围是指机械输入量与传感器输出量之间维持线性比例关系的测量范围	线性范围宽,表明其工作量程大。传感器工作在线性区域是保证测量精度的基本条件。任何传感器都不容易保持绝对的线性,选用时必须考虑使传感器的非线性误差在允许范围内
	线性度 δ_L	被测值处于稳定状态时,传感器输出与机械量输入之间的关系曲线(称校准或标定曲线)对拟合直线的接近程度 $\delta_L = (\|\Delta L_{max}\|/Y) \times 100\%$ 式中:δ_L——线性度;ΔL_{max}——标定曲线对拟合曲线的最大偏差;Y——满量程输出值	选取的拟合直线不同,所得到的线性度也不同。通常选用线性度小的为宜
	灵敏度 K_0	传感器的输出变化量 ΔY 与引起此变化的输入量的变化量 ΔX 之比,$K_0 = \Delta Y/\Delta X$ 灵敏度误差 $r_s = (\Delta K_0/K_0) \times 100\%$	在量程范围内,传感器的灵敏度越高越好,但要求注意外界噪声的干扰影响
	精确度	简称精度。它表示传感器的输出量与被测量的实际值之间的符合程度,包括传感器的测量值精度和重复精度	对于定性分析的测试,只要求其重复精度即可。对于定量分析的测试,要求传感器具有足够的测试值精度和重复精确度
	分辨力	传感器能检测到的最小的输入增量	一般讲,分辨力越高越好

续表

	特性指标	定义、公式	选用原则
静态特性	迟滞	传感器在正(输入量增大)、反(输入量减小)行程中,输出/输入特性曲线的不重合程度 迟滞误差 $Y_H = (\Delta H_{max}/Y_{FS}) \times 100\%$ 式中:ΔH_{max}——Y向的最大不重合量; Y_{FS}——满量程输出	一般讲,迟滞误差越小越好
	稳定性	传感器在相同条件下,在相当长时间内,其输出/输入特性不发生变化的性能	对于长时间工作或牌恶劣环境下工作的传感器,在选用时必须优先考虑其稳定性因素
动态特性		测量交变信号时,在其所测频率范围内,保持信号不失真的测量特性,主要包括传感器的响应时延、频率特性和相频特性等	传感器的响应延迟时间一般越短越好 在信号的所测频率范围内,要求传感器的幅频特性是平直的,而要求相频特性是线性的或是不变的 在测量振动的基本参数时,要求其幅频特性要好;在测量系统的振动特性参数时,对其幅频和相频特性应有适当的要求 幅频特性一般是用灵敏度变动不超过场3 dB的频率范围来衡量的
	幅频特性	传感器的灵敏度与输入信号变化频率的关系	
	相频特性	被测输入量作正弦变化时,与输出量之间相位差随频率的变化关系	

机电一体化系统对检测传感器的基本要求:① 体积小、重量轻、对整机的适应性好;② 精度和灵敏度高、响应快、稳定性好、信噪比高;③ 安全可靠、寿命长;④ 便于与计算机连接;⑤ 不易受被测对象性(如电阻、磁导率)的影响,也不影响外部环境;⑥ 对环境条件适应能力强;⑦ 现场处理简单、操作性能好;⑧ 价格便宜。

二、各类传感器的主要性能及优缺点

1. 位移、位置传感器

位移、位置传感器的测量方法多为电测法。常用位移传感器的类型有电阻式、电感式电容式、电磁式、光电式、编码式等。表 4-21 列出了各种类型线位移、位置传感器的主要性能及其优缺点。表 4-22 为角度、角位移传感器的主要性能及其优缺点。

表 4-21 线位移、位置传感器的主要性能及其优缺点

类型		测量范围/mm	线性度/%	分辨力/μm	优点	缺点
电阻式	电位计式	0~300	0.1~1	10	结构简单,性能稳定,成本低	分辨力不高,易磨损
	电阻应变式	0~50	0.1~0.5	1	精度较高	动态范围窄
电感式	自感式	1~200	0.1~1	<0.01	动态范围宽,线性度好,抗干扰能力强	有残余电压

续表

类型		测量范围/mm	线性度/%	分辨力/μm	优点	缺点
电感式	电涡流式	1~5	1~3	0.05~5	结构简单,并能防水和油污	灵敏度随检测对象的材料而变
	电感调频式	1~100	0.2~1.5	1~5	导杆移动使磁阻变化,使调频振荡器频率发生变化。抗干扰能力强	结构复杂
电磁式	磁敏电阻式	<5	精度0.5%	0.3	体积小,结构简单,精度高,用于非接触测量	量程小
	感应同步式	200~4×10^4	精度2.5 μm/m	0.1	在机床加工和自动控制中应用广泛,动态范围宽、精度高	安装不便
	磁栅式	1000~4×10^4	精度1~2 μm/m	1	制造简单,使用方便,磁信号可重新录制,可用于机床和仪表,用来检测大位移	需要磁屏蔽和防尘措施
	霍尔效应式	5	<2%,精度±1个脉冲	1	结构简单,体积小	对温度敏感
电容式	容栅式	1~100	0.5~1	0.01~0.001	结构简单,动态性能好,灵敏度和分辨力高,用于无接触检测,能适应恶劣环境	轴端窜动和电缆电容等对测量精度有影响。输出阻抗高,需要采取屏蔽措施
光电式	反射式	±1		1		
	光栅式	30~3000	精度可达0.5~3 μm/m	0.1~10		
	激光式	单频激光干涉传感器(迈克尔式)可达几十米	精度可达10^{-7}~10^{-8}数量级/m, 0.5 μm/m	0.0001~1		
	光纤式	1	1	0.25		
	光电码盘式	1~1000	0.5%~1%	±1个二进制数		

表 4－22　角度、角位移传感器的主要性能及其优缺点

类　型		测量范围（量程－FS）	精确度	δ_L(线性度)/(%FS)	分辨力	优　点	缺　点
电位器式	绕线电位器式	0°~330°		0.1~3	0.1~1	结构简单、测量范围广、输出信号大、抗干扰能力强、精度较高	分辨力有限、存在接触摩擦、动态响应低
	非绕线电位器式	0°~330°		0.2~5	2″~6″	分辨力高、面耐磨性好、阻值范围宽	接触电阻和噪声大，附加力矩较大
	光电电位计式	0°~330°		3	较高	无附加力矩、寿命长、响应快	
应变计式		±180°				性能稳定可靠	
旋转变压器式		360°	2′~5′	小角度时0.1		对环境要求低，有标准系列，使用方便，抗干扰能力强，性能稳定	精度不高，线性范围小
感应同步器式		360°	±5″~±1″		0.1″	精度较高，易数字化，能动态测量，结构简单，对环境要求低	电路较复杂
电容式		70°	25″		0.1″	分辨力高，结构简单，灵敏度高，耐恶劣环境	需屏蔽
编码盘式		360°	0.7″		正负1个二进制数	分辨力和精度高，易数字化，非接触式寿命长，功耗小，可靠性高	电路较复杂
光栅式		360°	±0.5″最高0.06″		0.1″最高0.01″	易数字化，精度高，能动态测量	对环境要求较高
磁栅式		360°	±0.5″~±5″			易数字化，结构简单，录磁方便，成本低	需磁屏蔽
激光式		±45°			$d=50$cm时为 0.1 rad	精度高，常作为计量基准	设备复杂，成本高
陀螺式		±30°~±70°		±2		能测动坐标转角，采用新型结构和原理时精度高	结构复杂，工艺要求高

2．速度、加速度传感器

速度传感器有线速度、角速度、转速等传感器，加速度传感器有惯性加速度和振动冲击加速度传感器，其主要性能及特点如表 4－23、表 4－24 所示。

表 4-23 速度传感器的主要性能及特点

类型		精度	线性度	分辨力或灵敏度	特点
磁电感应式		5%～10%	0.02%～0.1%	600 mV·s/cm	灵敏度高、性能稳定、使用方便,但是频率下限受限制,体积较大与重量较重
差动变压器式		0.02%～1%	0.1%～0.5%	50 mV·s/mm	漂移小($\leqslant 0.1\%$℃、$\leqslant 0.1\%$/8h)。但只能测低速 $\pm(10\sim200)$mm/s
光电式		0.1%～0.5%或±1个脉冲			结构简单、体积小、重量轻、非接触测量工作可靠,成本低,精度高
电容式		±1个脉冲			非接触测量,结构简单,可靠性高,灵敏度、分辨力高,可测量转速。需要采取屏蔽措施
电涡流式		±1个脉冲			结构蠡并耐油水污染。主要用于测量转速。灵敏度高、线性范围宽,但灵敏度随检测对象的材料而变
霍尔效应式		±1个脉冲			结构简单、体积小,用于测转速,但对温度敏感
测速发电机			0.2%～1%	0.4～5(mV·min/r)	线性度好、灵敏度高、输出信号大、性能稳定
陀螺式	压电陀螺	±0.2(读数值)	0.1%～1%（满度值）	<0.04(°)/s	性能稳定、寿命长、体积小、重量轻,响应快、线性度好、滞后小、功耗低,价格低
	转子陀螺	<±2%(°)/s	0.2%（满度值）	(0.6～2)(°)/s	它是一种惯性传感器,安装简单,使用方便,但重较大,成本高,寿命较短
	激光陀螺			$10^{-4}\sim 10^{-5}$ rad/s	灵敏度高,但由于频差极小,故必须采取防止转速低时发性锁定现象的措施,成本较高
	光纤陀螺	稳定性(0.03～0.04)(°)/h		可达 10^{-8} rad/s（理论值）	精度高,稳定性好,性能价格比高,体积小,重量轻,无闭锁现象,灵敏度高

表 4-24 加速度传感器的主要性能及特点

类型		测量范围	δ_L 线性度/(%FS)	灵敏度	分辨力	特点
惯性加速度传感器	微型硅加速度传感器	±5 g	1%（跨度）	偏轴灵敏度<跨度的1%		测量值的零偏小,迟滞很小,且不受过载的影响
	压电加速度传感器(膜盒式)	±10 g	0.2	500 Hz/g	0.002 g	体积小,重量轻,但需要前置放大器
	石英挠性伺服加速度传感器(5512型微振仪)	$10^{-5}\sim 2$ g		电压 1～600 V/g	10^{-5} g	内部需要置放大倍数为1000、100、10 的有源低通、高通滤波器

续表

类型		测量范围	δ_L线性度 /(%FS)	灵敏度	分辨力	特点
冲击加速度传感器	压电加速度传感器	$2\times10^3 \sim 3\times10^5$ g		电荷灵敏度 2~10 pC/(ms^{-2}) 电压灵敏度 0.3~40 mV/(ms^{-2})		体积小,重量轻,动态范围大,频率范围宽,但需要阻抗变换器或电荷放大器
	应变加速度传感器(含压阻式)	±5~1 000 g	1~5	0.5~8%		体积小,重量轻,灵敏度高频响宽
	磁电式振动加速度传感器	0.5~10 g	<±5	0.15~0.75 mV/(mms^{-2})		可用于检测机械结构的振动加速度

3. 力、压力和扭矩传感器

力、压力和扭矩传感器的类型和特点见表 4-25。

表 4-25 力、压力和扭矩传感器的类型和特点

类型		特点	应用
电阻式	电阻应变式	测量范围宽(测力 $10^{-3}\sim10^8$ N,测压力几十 Pa~10^{11} Pa),精度高(一般≤0.1%,最高可达 $10^{-5}\sim10^{-6}$),动态性能好,寿命长,体积小,重量轻,价格便宜,可在恶劣环境下工作(如高压、高温、高速、振动、腐蚀、磁场等),有一定的非线性误差,抗干扰能力差	粘贴在不同形式的弹性件表面可测力、扭矩、矩重等
	压阻式	测量范围大,频响范围宽,灵敏度、分辨力高,体积小,易集成,使用方便,但有校大的非线性误差和温度误差,需采取温度补偿措施	目前主要用于测量压力,具有发展前途
	压电式	结构简单,工作可靠,使用方便,无需外加电源,抗磁、声干扰能力强,线性好,频响范围宽,灵敏度高,迟滞小,重复性良好,温度系数低	用来测量准静态力及动态力、压力,适用于动态和恶劣环境下进行力的测量
	压磁式	输出功率大,信号强,抗干扰和过载能力强,工作可靠,寿命长,能在恶劣环境下工作,但反应速度较慢、精度较低	常用于测量力、力矩和称重(如切削力、张力、重量等)
	电容式	结构简单,灵敏度高,动态特性好,过载能力强,对环境要求不高,成本低,但易受干扰	测量压力、扭转等
	霍尔效应式	结构简单,体积小,频带宽,动态范围大,寿命长,可靠性高,易集成,但温度影响大,转换效率较低	
	电位器式	线性度较好,结构简单,输出信号大,使用方便利,但精度不高,动态响应较慢	

续表

类　　型	特　　点	应　　用
电感式 (如差动变压器式)	灵敏度、分辨力高,线性度可达±0.1% FS,工作可靠,输出功率较大。但频响慢,不易快速动态测量	测量力、压力、扭矩、荷重等
光电式	结构简单,工作可靠,工作转换可达100~800 r/min,测量精度可达1%	测扭矩
弹性元件式	利用弹性敏感元件(如膜盒、波纹管、膜片等)把力、压力、扭矩等被测参数变换为应变或位移,再转换为电量输出,其灵敏度随弹性敏感元件的敏感性的不同而不同。使用可靠,但动态响应慢	测量力、压力、扭矩等

4. 温度、湿度、气敏传感器

温度代表物质的冷热程度,是物质内部分子运动剧烈程度的标志,测量温度的方法有接触式和非接触式两类。因此,温度传感器也被分为接触式和非接触式两大类,其类型和特点列于表4-26。

表4-26　温度传感器的分类及特点

类　型		特　　点	应　　用
接触式温度传感器	热电偶式	镍铬-金铁热电偶在低温和超低温下仍具有较高的灵敏度。铁-铜镍热电偶在氧化介质中的测温范围-40℃~75℃。钨镍系列热电偶灵敏高、稳定性好,工作范围可达0~2 800℃,但只适合于在真空和惰性气体中使用	测量物质(流体或气体)温度
	金属热电阻式	铂热电阻式抗氧化能力强,测温精度高、范围大,但成本高。铜热电阻式测温精度较低、测量范围小,但成本低。铟热电阻式可在275℃~336℃温度范围内使用,但容易损坏。镍热电阻式灵敏度较高,但稳定性较差	可用于工业测温
	热敏电阻式	常用的有陶瓷半导体组成的热敏电阻,一般都是锰、镍、钴铁、铜等氧化物以及碳化硅、硅、锗及有机新材料。这类热敏电阻式温度传感器的温度系数比金属热电阻式大而体积小、重量小,结构简单,热惯性小,响应速度快。此类传感器又分为具有正温度系数(PTC)和负温度系数(NTC)的两种	适用于小空间的温度测量,可测量温度的快速变化
	半导体温度传感器	它利用半导体P-N结的温度特性进行测量,有二极管式和三极管式。二极管式测量误差大,三极管式测量误差小。晶体二极管式结构简单、价格便宜,晶体三极管式测量精度高、范围宽	二极管式可测量0~50℃,三极管式可测量-50~150℃,常用于工业、医疗领域

续表

类型		特点	应用
非接触式温度传感器	全辐射式温度传感器	在高温及超高温时,可以采用非接触式的热辐射和光电检测方法 全辐射温度传感器是利用全光谱范围内总辐射能量与温度的关系进行温度测量的。这种传感器的测温范围为 100 ℃ ~ 2 000 ℃	适用于远距离且不能直接接触的高温物质
	亮度式温度传感器	这种传感器是利用单色辐射亮度随温度变化的原理,是以被测物质光亦一个狭窄区域内的亮度与标准辐射体的亮度进行比较来测量温度的。测量范围宽、精度较高	一般用于测量 700 ℃ ~ 3 200 ℃ 范围内的轧钢、锻压、热处理浇铸时的温度
	比色温度传感器	比色温度传感器以测量两个波长的辐射亮度之比为基础,故称为"比色测量法" 测量范围为 800 ℃ ~ 2 000 ℃,精度为 0.5%。响应速度快,测量范围宽,测量温度接近于实际温度值	用于连续自动测量钢水、铁水、炉渣和表面没有覆盖物的物体温度

湿度和水分传感器是利用湿敏元件吸收空气中的水分子而导致本身电阻值发生变化的原理制成的。其分类和特点见表 4 – 27。

表 4 – 27　湿度和水分传感器的分类及特点

类型		特点
湿度传感器	氯化锂湿敏传感器	氯化锂湿敏元件是利用吸湿性盐类的潮解后,离子导电率发生变化而制成的元件。它既可以测湿度,亦可以测露点。可检测 20% ~ 90% RH 的湿度。其优点是滞后小,不受测试环境风速的影响。测湿精度高达 ± 5%,其缺点是耐热性差,且不能用于露点以下
	半导体瓷湿敏元件	它是利用半导体瓷的多孔陶瓷吸收水分子后,其电阻、电容等性能的变化来检测湿度的。其优点是测湿范围宽,响应速度快,耐环境影响能力强,热稳定性好。可在 150 ℃ 以下使用 1. 烧结型($MgCr_2O_2 - TiO_2$)湿敏元件可进行加热清洗,敏感湿度的下限达 1% RH 2. 涂覆型(Fe_3P_4)湿敏元件式湿度传感器在常温常湿下性能比较稳定,有较强的抗结露能力,工艺简单,价格便宜,适用于精度要求不高(小于 ± 2% ~ ± 4% RH)的场合,测湿范围宽,但响应缓慢
	热敏电阻式湿敏元件	将石墨粉加入吸湿性树脂中形成高分子介质电阻。其特性是灵敏度高,响应速度快,无滞后现象,可进行连续测湿,抗风沙尘埃能力强。可用作湿度调节器,如空调机。还可以用于便携式绝对湿度计、直接露点计、相对湿度表和水分表等

续表

类型	特 点
高分子膜湿敏元件	将高分子膜用 Al_2O_3 等制成的金氧化物糊,涂覆或喷射在基片及电极上形成电容式湿敏元件,当高分子薄膜介质吸湿后,电容发生变化。其特点是测湿范围宽,滞后小,响应速度快。但湿度 >90%RH 时会结露,影响测湿精度,可制成结露传感器
微波湿度传感器	微波在含水分的空气中传播时,由于水蒸气吸收微波而使微波产生一定的损耗,其损耗的大小随波长而异,利用这一特性可以构成此种传感器。其特点是在结露温度下,传感器的性能不变,可在高温高温下长期工作,使用温度湿度范围宽,可加热清洗、且坚固耐用。缺点是当微波增益变化大时测湿精度会下降
红外湿度传感器	它利用水蒸气可以吸收特定波长的红外线现象制成。优点是能检测高湿、密封、大风速和通风孔道等场所的气体湿度,动态范围宽
水分传感器 直流电阻式水分传感器	它是利用直流电阻的电化学原理:随着水分的增加,电阻呈对数减少,通过测定电阻值来测量水分的含量。结构简单,成本低

气敏传感器是一种将被测到的气体成分或浓度转换为电信号的传感器。其类型和特点见表 4-28。

表 4-28 气敏传感器的类型及特点

类 型	特 点
气敏半导瓷电阻式传感器	气敏半导瓷多用氧化锡(SnO_2)类 N 型半导体作为气敏元件。由于 O_2 及氮氧化合物倾向于负离子吸附,故被称为氧化型气体。H_2、CO、碳氢化合物和酒类倾向于正离子吸附,故称为还原型气体。氧化型气体吸附到 N 型半导体上将使载流子减少,从而使材料的电阻增大;还原型气体吸附到 N 型半导体上,将使载流子增多,材料电阻下降。根据这一特性可以检测吸附气体的种类和浓度。SnO_2 气敏半导瓷对许多可燃性气体,如氢、一氧化碳、甲烷、丙烷、乙醇、丙酮等都有较高的灵敏度,掺加一些特用杂质的 SnO_2 元件可在常温下工作,并对烟雾的灵敏度有明显增加,可供制造常温下工作的烟雾报警器。其优点是工艺简单,价格便宜,使用方便,对气体浓度变化响应快,灵敏度高。其缺点是稳定性差、易老化
固体电解质气敏传感器	离子传导性好的材料被称为固体电解质。这种气敏传感器的代表性产品有 ZrO_2 类传感器。用固体电解质气敏传感器检测空气中可燃性气体时,在难于形成气相平衡条件下,容易产生比实现平衡后所产生的电势还大的电位差,故检测精度较高

5. 物位传感器

物位传感器的类型及主要性能特点见表 4-29。

表 4-29 物位传感器的类型及主要性能特点

类　型		检测范围/m	分 辨 力	特　　点
超声式	物位检测	$10^{-2} \sim 10^4$	精度0.1%(校准)一般可达2 mm	它利用超声波在气体、液体或固体介质中传播的回声测距原理检测物位。有气介式、液介式、固介式,有单探头式也有双探头式。可用于危险场所,精度高,寿命长,但单探头要注意检测的盲区
超声式	界面检测	$10^{-2} \sim 10$	精度0.1%,±1 mm/数米	用于检测液-液、液-固两种介质界面。利用反射时间差法检测
微波式	物位检测	$10^{-2} \sim 1$	精度2%	微波是波长0.01~1 m的电磁波,它能在各种障碍物界面上产生良好的反射,定向辐射性好。利用被测物质对微波的吸收量与介质的介质系数成正比原理进行检测,抗烟尘的干扰能力强。检测范围宽,性能稳定,但精度不高
光电式	液位检测		精度±1 mm	利用光的反射和折射检测各类容器的液面位置。该检测方法与被检测液体的密度、压力及导电性能无关,使用方便

6. 流量传感器

流量传感器的类型及主要性能特点如表 4-30 所示。

表 4-30 流量传感器的类型及主要性能特点

类型		测量范围	精度/(%指示值)	特　　点
超声式流量计		$0 \sim 10$ m³/s	$1 \sim 1.5$	它由检测器和转换器构成,可检测300 ℃的液体流量。适用于检测各种高温液体管道流量,适应性强
涡流式流量传感器		液体时 $3 \sim 3\,800$ m³/h 气体时 $6 \sim 2 \times 10^4$ m³/h 蒸气时 $40 \sim 6 \times 10^4$ m³/h	±1	它是利用在流体中放置垂直于流动方向的柱状障碍物,则在下流产生交替且有规则的涡流,在一定的条件下,涡流产生的频率与流速成比例。因此,根据检测的涡流数即可知道其流量之大小。多用于工业用水,城市煤气,饱和蒸气的检测与控汽
电磁式流量计		$0 \sim 10$ m³/s	$1 \sim 2.5$	它适用于腐蚀、导电或带微粒流量的检测,电导率大于 10^{-4} s/cm 的酸、碱、盐、氮水、泥浆等液体流量应选用此种传感器
转子式流量计	玻璃管式	液体 $0.01 \sim 40$ m³/h 气体 $0.016 \sim 10^3$ m³/h	$1 \sim 2.5$	它利用了转子的旋转速度与通过的流量成比例关系的原理,可用于石油及纯水装置等的流量检测 玻璃管式的体积小,重量轻,成本低。金属管式的寿命长
转子式流量计	金属管式	液体 $0.01 \sim 10^2$ m³/h 气体 $0.4 \sim 10^3$ m³/h	±2	

7. 视觉、触觉传感器

视觉、触觉传感器的分类及特点见表 4-31。

表 4-31 视觉、触觉传感器的分类及特点

类型		特点
视觉传感器	工业摄像机	一般由照明部、接收部、光电转换部、扫描部等几部分组成。可进行位置检测。通过图像处理进行图像识别,识别物体、读出文字、符号等
	固体半导体 CCD 摄像机	
	红外图像传感器	红外图像传感器由红外敏感元件和电子扫描电路组成,可将波长 2~20 μm 的红外光图像转换为电视图像
	激光式视觉传感器	它由光电转换部件、高速旋转多面棱镜、激光器等部件组成,可以识别物品的条形码、检测产品表面缺陷等
触觉传感器	接触觉传感器	它由微动开关、感压橡胶、含碳海绵、人工皮肤等制成,可通过接触压力感知物品等
	滑动觉传感器	它有光电式、电位计式等之分,都是将滑动位置量通过光电码盘或旋转电位计转换为电位号来检测滑动情况

三、传感器的选用原则及注意事项

选用传感器时,首先要根据使用要求在众多传感器中选择适合自己所需要的。有些传感器的输入/输出特性,理论上的分析较复杂,但实际应用时并非如此,因为传感器生产厂家所生产的系列产品已为用户作了那些较复杂的工作,用户只需根据使用要求按其主要性能参数,如测量范围、精度、分辨力、灵敏度等选用即可。传感器性能参数指标包含的面很宽,对于具体的某种传感器,应根据实际的需要和可能,在确保其主要性能指标的情况下,适当放宽对次要性能指标的要求,切忌盲目追求各种特性参数均高指标,以形成较高的性能/价格比。

此外,还可以采取某些技术措施来改善传感器的性能,这些技术如:

1) 平均技术。常用的平均技术有误差平均效应和数据平均处理。误差平均效应的原理是利用 n 个传感器单元同时感受被测量,因而其输出将是这些单元输出的总和。这在光栅、感应同步器等栅状传感器中都可取得明显效果;数据平均处理是在相同条件下重复测量 n 次,然后取其平均值,因此,该技术可以使随机误差小 $\sqrt{n}$ 倍。

2) 差动技术。差动技术在电阻应变式、电感式、电容式等传感器中得到广泛应用,它可以消除零位输出和偶次非线性项,抵消共模误差,减小非线性。

3) 稳定性处理。传感器作为长期使用的元件,其稳定性显得特别重要,因此,对传感器的结构材料要进行时效处理,对电子元件进行筛选等。

4) 屏蔽和隔离。屏蔽、隔离措施可抑制电磁干扰,隔热、密封、隔振等措施可削弱温度、湿度、机械振动的影响。

多数传感器采用的是非电量的电测方法。传感器在出厂时均要进行标定,即在明确其输入/输出关系的前提下,用国家标准计量仪器具体确定标准非电量输入,来确定输出电量与其输入非电量之间的关系。厂家的产品系列表中所列的主要性能参数(或指标)就是通过标定得到的。

需要说明的是,用户在使用前或在使用过程中或搁置一段时间后再使用时,必须对其性能参数进行复测或作必要的调整与修正,以保证其测量精度,这个复测过程就是"校准"。校准与标定的内容基本相同,其目的也基本相同。在使用前进行校准时,所使用的测量仪器应具有足够的精度,至少比被校准传感器的精度高一个精度等级,且符合国家计量值传递的规定或经计量部门鉴定合格。

选用传感器时,要特别注意不同系列产品的应用环境、使用条件和维护要求。环境变化(如温度、振动、噪声等)将改变传感器的某些特性(如灵敏度、线性度等指标),且能造成与被测参数无关的输出,如零点漂移。

为保证测量精度,根据使用目的可对环境条件及使用条件提出一定要求,或采取一定措施(如隔振);还可根据传感器的环境参数指标(如零点温漂、加速度灵敏度等)及应用环境要求合理选用传感器。

四、检测传感器的测量电路

在机电一体化系统中,传感器获取系统的有关信息并通过检测系统进行处理,以实施系统的控制。传感检测系统的构成如图4-63所示,传感器处于被测对象与检测系统的界面位置,是信号输入的主要窗口,为检测系统提供必需的原始信号。中间转换电路将传感器的敏感元件输出的电参数信号转换成易于测量或处理的电压或电流等电量信号。通常,这种电量信号很微弱,需要由中间转换电路进行放大、调制解调、A/D、D/A转换等处理以满足信号传输、微机处理的要求,根据需要还必须进行必要的阻抗匹配、线性化及温度补偿等处理。中间转换电路的种类和构成由传感器的类型决定,不同的传感器要求配用的中间转换电路经常具有自己的特色。

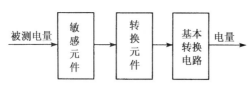

图4-63 传感检测系统构成

需要指出的是,在机电一体化系统设计中,所选用的传感器多数已由生产厂家配好转换放大控制电路而不需要用户设计,除非是现有传感器产品在精度或尺寸、性能等方面不能满足设计要求,才自己选用传感器的敏感元件并设计与此相匹配的转换测量电路。

传感器的输出信号(如模拟信号、数字信号和开关信号)的不同,其测量电路也有模拟型测量电路、数字型测量电路和开关型测量电路之分。

1. 模拟型测量电路

模拟测量电路适用于电阻式、电感式、电磁式、电热式等输出模拟信号的传感器。当传感器为电参量式时,即被测物理量的变化引起敏感元件的电阻、电感、或电容等参数变化时,则需通过基本转换电路将其转换成电量(电压、电流等)。若传感器的输出已是电量,则不需要基本转换电路。为了使测量信号具有区别于其他杂散信号的特征,以提高其抗干扰能力,常采用中间转换电路对信号进行"调制"的方法,信号的调制一般在转换电路中进行。调制后的信号经放大再通过解调器将信号恢复原有形式,通过滤波器选取其有效信号。未调制的信号不需要解调,也不需要振荡器提供调制载波信号和解调参考信号。为适应不同测量范围的需要,还可以引入量程切换电路。为了获得数字显示或便于与计算机连接,常采用A/D转换电路将模拟信号处理成数字信号。

2. 数字型测量电路

数字型测量电路有绝对码数字式和增量码数字式。绝对码数字式传感器输出的编码与被测量一一对应,每一码道的状态由相应的光电元件读出,经光电转换、放大整形后,得到与被测量相对应的编码。

输出的信号为增量码数字信号的传感器,如光栅、磁栅、容栅、感应同步器、激光干涉等传感器均使用增量码测量电路。为了提高传感器的分辨力,常采用细分的方法,使传感器的输出变化周期时计一个数,被称为细分数。细分电路还常同时完成整形作用,有时为便于读出还需要进行脉冲当量变换。辨向电路用于辨别运动部件的运动方向,以正确进行加法或减法计算。经计算后的数值被传送到相关的地方(显示或控制器)显示或控制。

3. 开关型测量电路

传感器的输出信号为开关信号,如光电开关和电触点开关的通断信号等。这类信号的测量电路实质为功率放大电路。

4. 转换电路

中间转换电路的种类和构成由传感器的类型决定。这里对常用的转换电路,如电桥、放大电路、调制与解调电路、数/模(D/A)与模/数(A/D)转换电路等的作用做一简单说明,其工作原理及应用电路请参考相关资料。

1) 电桥。电桥适用于电参量式传感器。其作用是将被测物理量的变化引起敏感元件的电阻、电感或电容等参数的变化,转换为电量(电压、电流、电荷等)。

2) 放大电路。放大电路通常由运算放大器、晶体管等组成,用来放大来自传感器的微弱信号。为得到高质量的模拟信号,要求放大电路具有抗干扰、高输入阻抗等性能。常用的抗干扰措施有屏蔽、滤波、正确的接地等方法。屏蔽是抑制场干扰的主要措施,而滤波则是抑制干扰最有效的手段,特别是抑制导线耦合到电路中的干扰。对于信号通道中的干扰,可依据测量中的有效信号频谱和干扰信号的频谱,设计滤波器,以保留有用信号,剔除干扰信号。接地的目的之一是为了给系统提供一个基准电位,如接地方法不正确就会引进干扰。

3) 调制与解调电路。由传感器输出的电信号多为微弱的、变化缓慢类似于直流的信号,若采用一般直流放大器进行放大和传送,零点漂移及干扰等会影响测量精度。因此常先用调制器把直流信号变换成某种频率的交流信号,经交流放大器放大后再通过解调器将此交流信号重新恢复为原来的直流信号形式。

4) 模/数(A/D)与数/模(D/A)转换电路。在机电一体化系统中,传感器输出的信号如果是连续变化的模拟量,为了满足系统信息传输、运算处理、显示或控制的需要,应将模拟量变为数字量,或再将数字量变为模拟量,前者就是模/数(A/D)转换,后者为数/模(D/A)转换。

五、检测传感器的微机接口

输入到微机的信息必须是微机能够处理的数字量信息。传感器的输出形式可分为模拟量、数字量和开关量。与此相应的有三种基本接口方式,见表4-32。

根据模拟量转换、输入的精度、速度与通道等因素有表4-33所示的四种转换输入方式。在这四种方式中,其基本的组成元件相同。

表 4-32 传感器与微机的基本接口

接口方式	基 本 方 法
模拟量接口方式	传感器输出信号→放大→采样/保持→模拟多路开关→A/D 转换→I/O 接口→微型机
开关量接口方式	开关型传感器输出二值式信号(逻辑 1 或 0)→三态缓冲器→微型机
数字量接口方式	数字型传感器输出数字量(二进制代码、BCD 码、脉冲序列等)→(计数器)→三态缓冲器→微型机

表 4-33 模拟量转换输入方式

类 型	组 成 原 理 框 图	特 点
单通道直接型		最简单的形式。只用一个 A/D 转换器及缓冲器将模拟量转换为数字量,并输入微型机。受转换电压幅度与速度的限制,应用范围窄
多通道一般型		依次对每个模拟通道进行采样保持和转换,节省元、部件,速度低,不能获得同一瞬时的各通道的模拟信号
多通道同步型		各采样/保持同时动作,可测得在同一瞬时各传感器输出的模拟信号
多通道并行输入型		各通道直接进行转换,送入微型机或信号通道。灵活性大,抗干扰能力强。根据传感器输出信号的特点可采用采样/保持或不同精度的 ADC

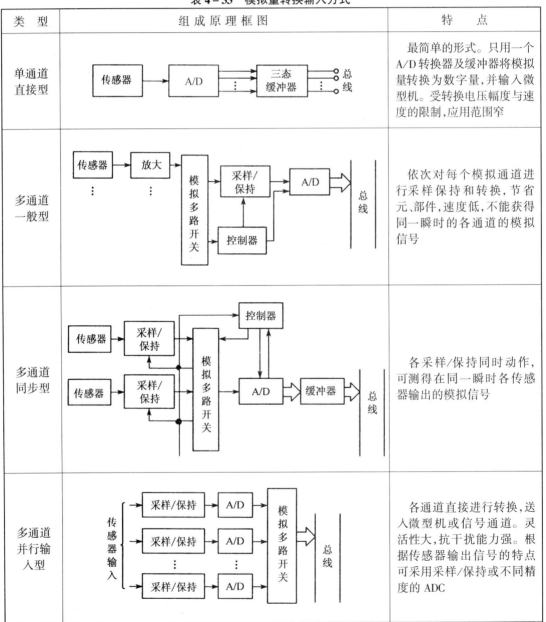

(1) 输入放大器

被分析的信号幅值大小不一,输入放大器(或衰减器)便是对幅值进行处理的器件。对于超过限额的电压幅值,可以加以衰减,对于太小的幅值,则加以放大,避免影响采样精度。输入放大器(衰减器)的放大倍数(衰减百分数),一般可用程控方式或手动方式设定。对信号放大时,一般不宜放得过大,以免后面分析运算中产生攫出现象。

输入放大器上往往设有 DC 和 AC 选择档。在分析交变信号时可用 AC 档来减小贸试系统中传感器或放大器的零漂误差。有时分桥的信号是交变信号与直流分量的叠加,但若感兴趣的只是交变信号,这时就可用 AC 档来消除直流分量,AC 档成为隔直电路。这样,AC 档实际上具有高通滤波特性。使用时应注意其响应问题,只有等输入波形稳定后再开始采样处理,才能得到正确结果。DC 挡是对信号直接进行处理,不存在上述问题,有的输入放大器还可改变输入信号的极性,使用时可依需要调整。

(2) 抗频混滤波器

在作频域分析时,为解决频混的影响,采样之前通常用模拟滤波器来衰减不感兴趣的高频分量,然后根据滤波器的选择性来确定适当的采样频率。低通滤波器为抗频混滤波器。由于低通滤波器能衰减高频分量,所以也可对时域分折时的信号作平滑处理。抗频混滤波器的截止频率一般都是多档可选的,依信号特性选用。

(3) 采样保持电路

这个电路在 A/D 转换器之前,是为 A/D 进行转换期间,保持输入信号不变而设置的。对于模拟输入信号变化率较大的信号通道,一般都需要它。对于直流或者低频信号通道则可不用。采样保持电路对系统精度起着决定性的影响。要求采样时,存储电容尽快充电,以跟随参量变化。保持时,存储电容漏电流必须接近于零,以便使输出值保持不变。

(4) 模拟多路开关

其作用为分别或依次把各传感器输出的模拟量与 A/D 接通,以便进行 A/D 转换。对其要求是:① 导通电阻小;② 开路电阻大,交叉干扰小;③ 速度快。

(5) A/D 转换器及其与微机的连接

A/D 转换器是数字信号处理系统的重要器件。实现 A/D 转换有多种方式,A/D 转换芯片也有多种型号,其技术参数主要有:分辨力、相对精度、输入电压、转换时间、输入电阻、供电电压等项。其中分辨力和转换时间两项较关键。分辨力是指转换微小输入量变化的敏感程度,用数字量的位数来表示,如 8 位、10 位、12 位等。对于 n 位的转换器,能对满量程输入电压的 $2-n$ 倍变化量作出反应。满量程输入电压为 5V 的 8 位转换器,能分辨的最小电压为 0.02V;12 位的能分辨的最小电压约为 0.0012 V。有的转换芯片用其中最高位表示输入电压的正负,这对转换双极性的电压信号有利,但转换的数字位减少了一位,分辨力降低。转换时间是指 A/D 转换的工作时间,它对所能转换的最高信号额率有影响;时间的倒数对应最高转换颇率。例如转换时间为 100 μs 的 A/D 转换芯片,能转换的最高信号频率为 10 kHz。因此 A/D 转换芯片的转换时间,也就大致上决定了该数字信号处理系统的最高采样频率范围。

图 4-64 是典型 0809A/D 芯片与微机的连接线图,芯片脚 $V_{VEF(-)}$ 接 -5 V,$V_{VEF(+)}$ 接 $+5$ V;此时输入电压可在 ±5 V 范围之内变动。A/D 转换器的位数可以根据检测精度要求来选择。0809 是 8 位 A/D 转换器,它的分辨力为满刻度值的 0.4%,即

$$\frac{1}{2^8-1} \times 100\% = \frac{1}{255} \times 100\% \approx 0.4\%$$

ALE 是地址锁存端,高电平时将 A、B、C 锁存。A、B、C 全为 1 时,选输入端 IN_7。ST 是重新启动的转换端;高电平有效,由低电平向高电平转换时,将已选通的输入端开始转换成数字量,转换结束后引脚 EOC 发出高电平,表示转换结束。OE 是允许输出端,高电平有效。高电平时将 A/D 转换器中的三态缓冲器打开,将转换后的数字量送到 $D_0 \sim D_7$ 数据线上。

在微机接口中有一根是地址译码线 $\overline{PSR}$,地址线为某一状态时,它为有效电平。$\overline{IOW}$ 是 I/O 设备"写"信号线。微机从外设备接收信息时,该信号线有效。在这里,$\overline{IOW}$ 和 $\overline{PSR}$ "或非"用以启动 A/D 转换器 $\overline{IOR}$ 是 I/O 设备"读"信号线。微机向外设备输出信息时,该信号线有效。在这里,$\overline{IOR}$ 和 $\overline{PSR}$ "或非"用以从 A/D 转换器读入数据。

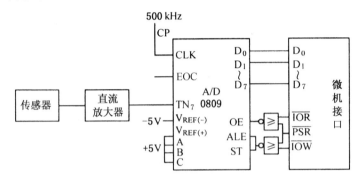

图 4-64 传感器与微机的连接

思考题和习题

4-1 试说明在设计微机控制系统中首先会遇到的问题。

4-2 从控制的角度出发所选择的微机应能满足哪些要求。

4-3 试说明 CPU、MC 与 MCS 之关系。

4-4 微型计算机的基本特点及选用要点.

4-5 8086/8088 微机的主要结构特点。

4-6 8086/8088CPU 的最小、最大工作模式的特征。

4-7 Z80CPU 的结构特点。

4-8 在"0"工作状态下,PPI8255 的输入/输出口的选择方法。

4-9 MCS51 系列单片机的结构特点。

4-10 单片机具有哪些独特优点。

4-11 常用半导体存储器的种类。

4-12 8031 单片机的输入输出及存储器的扩展方法。

4-13 七段 LED 的组成原理。

4-14 静态显示与动态显示的主要区别。

4-15 键盘键值如何确定。

4-16 微机应用系统 I/O 控制的可靠性设计分析。

4-17 光电耦合器的光电隔离原理。

4-18 机电一体化系统常用传感器种类、原理及其特性参数。

4-19 传感器的选用原则及注意事项。

第5章 机电一体化系统的元、部件的特性分析

§5.1 自动控制理论与机电一体化系统

自动控制理论是机电一体化系统的控制基础,随着机电一体化技术的发展,控制理论在机电一体化系统中的应用越来越广泛。机电一体化系统的操作过程控制目的有两个,其一是根据操作条件的变化,制定最佳操作方案;其二是对操作过程进行自动检测和自动控制,提高控制性能,实现规定的目的功能。

在机电一体化系统中,伺服控制的首要目标是系统的输出,要尽可能使输出量跟踪随时刻变化的输入量,因此,对抗外部干扰的能力要求更高。对被控对象来说,系统的各构成要素的特性参数比较容易掌握,而随操作条件和环境条件变化的过程控制较难掌握,为此,以反馈控制理论为基础的控制理论是机电一体化系统不可缺少的理论基础。所谓"反馈",就是通过适当的检测传感装置将输出量的全部或一部分返回到输入端,使之与输入量进行比较,用其偏差对系统进行控制,反馈控制的目标是使该偏差为零。在设计机电一体化系统的控制系统时,首先必须明确其静态和动态特性要求,研究其外部干扰的形式、强弱、持续时间及其作用点,其次,必须选择具有适合该系统特性的调节器、检测传感器及执行元件。

在经典控制理论中,研究机电一体化系统的动态特性是以传递函数为基础的,而传递函数是通过数学中的拉普拉斯变换定义的。这里仅就机电一体化系统设计中用到的动态特性的分析基础概述如下。

1. 拉普拉斯变换与传递函数

若函数 $f(t)$ 满足

当 $t<0$ 时,$f(t)=0$

当 $t>0$ 时,$f(t)$ 逐段连续

当 $\int_0^\infty f(t)e^{-st}dt < \infty$、$(s=\sigma+j\omega)$ 时,则函数

$$F(s) = \int_0^\infty f(t)e^{-st}dt$$

称为 $f(t)$ 的拉普拉斯变换(简称拉式变换),通常把 $F(s)$ 称为 $f(t)$ 的象函数,$f(t)$ 称为 $F(s)$ 的原函数。拉式变换一般记为

$$L[f(t)] = F(s) = \int_0^\infty f(t)e^{-st}dt$$

如工程上常用的判定系统性能好坏的单位阶跃输入信号:

$$f(t) = 1(t) = \begin{cases} 0 & t<0 \\ 1 & t>0 \end{cases}$$

的拉式变换 $F(s)$ 为

$$L[f(t)] = \int_0^\infty 1 \times e^{-st}dt = \left.\frac{1}{s}e^{-st}\right|_0^\infty = \frac{1}{s}$$

幅值为 R 的阶跃函数，即

$$f(t) = R \times 1(t) = \begin{cases} 0 & t < 0 \\ R & t > 0 \end{cases}$$

的拉式变换 $F(s)$ 为

$$L[f(t)] = \int_0^\infty R \times e^{-st} dt = \frac{R}{s}$$

拉式变换有一系列的定理，这里仅介绍其中的微分、积分和终值定理。

微分定理：若 $f(t)$ 可拉式变换，且有 $L[f(t)] = F(s)$，则

$$L\left[\frac{df(t)}{dt}\right] = sF(s) - f(0)$$

对于高阶导数，有

$$L\left[\frac{d^n f(t)}{dt^n}\right] = s^n F(s) - s^{n-1} f(0) - s^{n-2} f^{(1)}(0) - \cdots - f^{(n-1)}(0)$$

式中 $f(0)$ 为函数的初始值，$f^{(1)}(0)$、$\cdots$、$f^{(n-1)}(0)$ 分别为 $f(t)$ 的各阶导数的初始值。

如果 $f(t)$ 及各阶导数的初始值都等于零，则

$$L\left[\frac{d^n f(t)}{dt^n}\right] = s^n F(s)$$

积分定理：若 $f(t)$ 可拉式变换，且有 $L[f(t)] = F(s)$，则

$$L\left[\int f(t) dt\right] = \frac{1}{s} F(s) + \frac{1}{s} f^{(-1)}(0)$$

对于多重积分，有

$$L\left[\int \cdots \int f(t) dt^n\right] = \frac{1}{s^n} F(s) + \frac{1}{s^{(n-1)}} f^{(-1)}(0) + \frac{1}{s^{(n-2)}} f^{(-2)}(0) + \cdots + \frac{1}{s} f^{(n-1)}(0)$$

式中 $f^{(-1)}(0)$、$f^{(-2)}(0)$、$f^{(-n)}(0)$ 分别为 $f(t)$ 的各重积分的初始值。

如果 $f(t)$ 及各重积分的初始值都等于零，则

$$L\left[\int \cdots \int f(t) dt^n\right] = \frac{1}{s^n} F(s)$$

终值定理：若函数 $f(t)$ 及其一阶导数都是可拉氏变换的，则函数 $f(t)$ 的终值为

$$\lim_{t \to \infty} f(t) = \lim_{s \to 0} sF(s)$$

注意：当 $f(t)$ 是周期函数，如正弦函数 $\sin \omega t$ 时，由于它没有终值，故终值定理不适用。

根据象函数 $F(s)$ 求原函数 $f(t)$ 称为拉氏反变换，记为 $L^{-1}[F(s)] = f(t)$。

常用函数的拉氏变换和反变换可从拉氏变换表中查出，通常不必自己计算。

一般来说，机电一体化系统（或元件）的输入量（或称输入信号）和输出量（或称输出信号）可用时间函数描述，输入量与输出量之间的因果苯系或者说系统（或元件）的运动特性可用微分方程描述。若设输入信号为 $r(t)$，输出信号为 $c(t)$，则描述系统（或元件）运动特性的微分方程一般形式为：

$$a_n \frac{d^n c(t)}{dt^n} + a_{n-1} \frac{d^{n-1} c(t)}{dt^{n-1}} + \cdots + a_0 c(t) = b_m \frac{d^m r(t)}{dt^m} + b_{m-1} \frac{d^{m-1} r(t)}{dt^{m-1}} + \cdots + b_0 r(t)$$

(5 – 1)

系统（或元件）的运动特性也可以用传递函数描述。线性定常系统（或元件）的传递函数定

义为:

在零初始值下,系统(元件)输出量拉氏变换与输入量拉氏变换之比。

将式(5-1)中的各项在零初始值下进行拉氏变换,可得

$$(a_n s^n + a_{n-1} s^{n-1} + \cdots + a_1 s + a_0) C(s) = (b_m s^m + b_{m-1} s^{m-1} + \cdots + b_1 s + b_0) R(s)$$
(5-2)

由式(5-2)可得线性定常系统(或元件)传递函数的一般形式为:

$$G(s) = \frac{C(s)}{R(s)} = \frac{b_m s^m + b_{m-1} s^{m-1} + \cdots + b_1 s + b_0}{a_n s^n + a_{n-1} s^{n-1} + \cdots + a_1 s + a_0}$$
(5-3)

当系统(或元件)的运动能够用有关定律(如电学、热学、力学等的某些定律)描述时,该系统(或元件)的传递函数就可用理论推导的方法求出。对那些无法用有关定律推导其传递函数的系统(或元件),可用实验法建立其传递函数。

2. 系统的过渡过程特性

当系统受到外部干扰时,其输出量必将发生变化,但由于系统总含有惯性或储能元件,其输出量不可能立即变化到与外部干扰相应的值,而需要有一个过程,这个过程就是系统的过渡过程。

系统在阶跃信号作用下(即操作量阶跃变化时)的过渡过程,大致可分为图5-1(a)、稳定过程、(b)不稳定过程(发散)、(c)稳定过程(有振荡)所示三种情况,并可近似地用下面的传递函数表示。

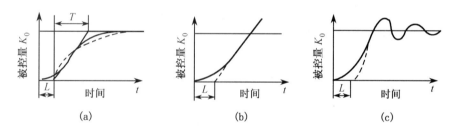

图5-1 过程的瞬态响应

图(a): $$G_p(s) = \frac{K_0}{Ts + 1} e^{-Ls} \quad (一阶滞后与滞后时间) \tag{5-4}$$

图(b): $$G_p(s) = \frac{1}{Ts} e^{-Ls} \quad (积分和滞后时间) \tag{5-5}$$

图(c): $$G_p(s) = \frac{K_0}{T^2 s_2 + 2\zeta Ts + 1} e^{-Ls} \quad (二阶元件和滞后时间) \tag{5-6}$$

上述各式对应的过渡过程曲线如图5-1中的虚线所示。

由此可知,系统(或元件)对输入品响应通常都具有相当大的滞后时间。上述过渡过程中,时向常数 T 很容由随系统运行状况的不向而发生变化。

系统过渡过程结束后,其输出即进入与输入相应的稳态。此时系统输出量与目标值之差叫做稳态误差,稳态误差通常以 e_{ss} 表示。

3. 伺服系统及其动态特性

伺服系统也有时称伺服机构,它是以机械位置或角度作为控制对象的自动控制系统。其

输出量随输入量的变化而变死,因此,有时也称随动系统。

图 5-2 为一个位置控制伺服系统实例。被控对象是机器人的手臂,被控制量是手臂的转角 θ。手臂转角的目标值 θ_1 由指令电位计转换为电压 u_1,手臂的实际输出转角 θ_2 由检测电位器检测,并转换为电压 u_2,只要 $u_2 \neq u_1$,即 θ_2 就有偏差电压 e 存在,该偏差电压经放大器放大后,驱动电机转动,并通过减速机构带动机器人手臂转动,从而始终使输出转角 θ_2 跟随目标转角 θ_1 变化。该位置控制系统的工作过程可用图 5-3 所示框图表示。通过该图介绍几个常用名词术语。

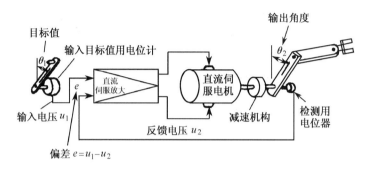

图 5-2 位置的电气伺服系统

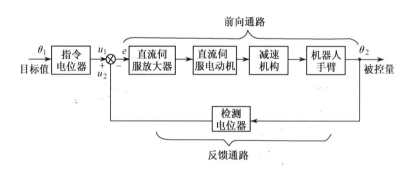

图 5-3 反馈控制系统框图

在该系统中,输出量不仅受输入量控制,而且反馈回来影响输入量,所以称其为闭环控制或反馈控制。并且由于系统是利用输出量与输入量之间的偏差进行控制的,故又称负反馈控制。对于输出量与输入量之间只有顺向作用,而无反向联系的控制,则称其为开环控制。在图 5-2 系统中,电机接受放大器输出信号,直接对被控对象进行控制,一般将这类元件称之为执行元件。

根据系统中执行元件(如电机、气动与液动等)所用能源的不同,伺服系统可分为电气伺服系统、液压伺服系统(又称电-液伺服系统)、气压伺服系统等。图 5-2 所示系统即为电气伺服系统之一例。

现以图 5-4 所示电-液伺服系统为例,说明伺服系统的动态特性。由图 5-4 可画出其系统框图如图 5-5 所示,将系统中各元件的传递函数填入图 5-5 的各方框内,则可得到该系统的结构图,如图 5-6 所示。

ω_n 为液压缸系统的固有频率,其值可由下式求出

第5章 机电一体化系统的元、部件的特性分析

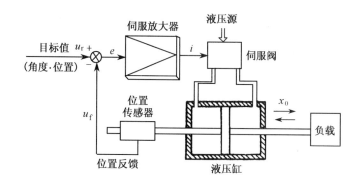

图 5-4 电-液伺服系统(或机构)的基本组成

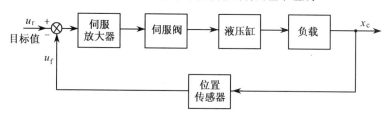

图 5-5 电-液伺服系统框图

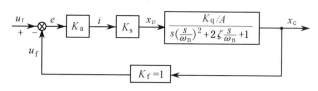

图 5-6 电-液伺服系统结构图

K_a—伺服放大器的放大系数；K_S—伺服阀的比例常数；u_r—输入量(目标值)；K_q—伺服阀的流量增益；i—伺服放大器输出电流；x_v—伺服阀阀芯位移；x_c—油缸活塞位移；A—液压缸活塞面积；K_f—反馈增益

$$\omega_n = \sqrt{\frac{2A^2}{\beta M_1 \overline{V}}}$$

ζ 为液压缸系统的阻尼比,其值可由下式求出

$$\zeta = \frac{M_1 K_1}{2A^2}\omega_n$$

上两式中 $\overline{V}$ 为活塞处于中间位置时的油缸单侧体积；β 为液压油的压缩率；M_1 为负载质量；K_1 为伺服阀的流量-压力系数。

根据控制理论,由图 5-6 可写出该电-液伺服系统的闭环传递函数为：

$$\frac{X_c(s)}{U_r(s)} = \frac{K_a K_s K_q/A}{s\left[\left(\frac{s}{\omega_n}\right)^2 + 2\zeta\frac{s}{\omega_n} + 1\right] + K_a K_s K_q/A} \quad (5-7)$$

由式(5-7)可得系统的输出象函数为

$$X_c(s) = \frac{K_a K_s K_q/A}{s\left[\left(\frac{s}{\omega_n}\right)^2 + 2\zeta\frac{s}{\omega_n} + 1\right] + K_a K_s K_q/A} U_r(s)$$

对上式取拉式反变换可求出原函数,即求出了输出量随时间变化的规律。据此,可以分析:

1) 系统过渡过程品质,即系统响应的快速性和震荡性。

2) 系统的稳态精度,即稳态误差的大小。

4. 采样控制简介

(1) 采样控制概念

首先介绍一下流经系统信号的性质。

流经系统的信号随时间连续变化时,则称系统为连续时间系统,其信号为连续时间信号;在系统中,只要有一个地方的信号是脉冲信号或数字信号时,就称系统为离散系统或称采样系统,其脉冲信号或数字信号称为离散信号或采样信号。

所谓采样是指将连续时间信号转变为脉冲或数字信号的过程。采样控制系统包括一般的采样系统和数字控制系统。下面通过一个一般采样控制系统实例,介绍采样控制的有关概念。图 5-7 是炉温控制系统原理图。

当炉温偏离给定值时,测温电阻 R 的阻值变化,使电桥失去平衡,检流计指针发生偏转,偏转角为 θ(或 $\theta(t)$),检流

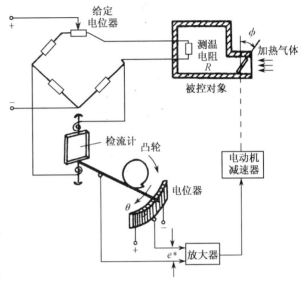

图 5-7 炉温控制系统原理图

计是十个高灵敏度的元件,不允许在指针与电位器之间有摩擦力,故由一套专门的同步电动机通过减速器带动凸轮,使检流计指针周期性地上下运动,指针每隔 T 秒与电位器接触一次,每次接触时间为秒 τ。T 称为采样周期,τ 称为采样持续时间。当炉温连续变化时,电位器的输出是一串宽度为 τ 的脉冲电压信号 $e_\tau^*(t)$,如图 5-8(a) 所示,$e^*(t)$ 为保持器输出信号。$e^*(t)$ 经放大器、电动机、减速器去控制加热气体进气阀门角度 ϕ,从而控制炉温,使炉温趋向于给定值。给定值的大小,由给定电位器给定。通过此例子,可指出以下几点:

1) 信号采样与复现:在此例中,把检流计输出的连续信号 $\theta(t)$ 变成电位器输出的脉冲信号这一过程,称为采样,故该系统是一个采样控制系统。

在采样控制中,实现采样的装置称为采样器或采样开关。最常用的采样形式是周期采样,即以相同的时间间隔进行采样。用 T 表示采样周期,单位为秒;$f_s = \dfrac{1}{T}$ 表示采样频率,单位为(Hz);$\omega_s = 2\pi f_s = 2\pi/T$ 表示采样角频率,单位为(1/s)。在大多数实际应用中,采样保持时间远小于采样周期 T,

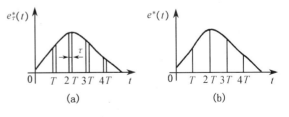

图 5-8 保持器的输入与输出信号

可以认为 τ 趋近于零,即可把采样器的输出近似地看成一连串强度等于矩形脉冲面积的理想

脉冲 $e^*(t)$，如图 5-8(b)所示。

在采样系统中；流经各元件的信号不都是离散信号，如执行元件的输入/输出信号就是连续信号。因此在实际的采样控制中，还有一个将脉冲信号恢复成连续信号的过程，称这个过程为信号的复现。信号的复出可由保持器来实现，保持器可将脉冲信号变成阶梯信号。很明显，当采样频率足够高时，保持器的输出信号就接近于连续信号。采样频率可根据采样定理来确定。

2) 采样定理：如果 $e_\tau^*(t)$ 是有限带宽信号，即 $|\omega|>\omega_{max}$ 时，$E(j\omega)=0$（参看图 5-9(a)）。而 $e_\tau^*(t)$ 是的理想采样信号（即采样持续时间 $\tau=0$ 的采样信号），若采样频率 $\omega_s \geqslant 2\omega_{max}$，那么一定可以由采样信号 $e^*(t)$ 唯一地决定出原始信号 $e(t)$。这就是说，若 $\omega_s \geqslant 2\omega_{max}$，则由 $e^*(t)$ 可以完全地恢复 $e(t)$。

图 5-9(b)中，ω_{max} 是采样器输入连续信号频谱中的最高频率。

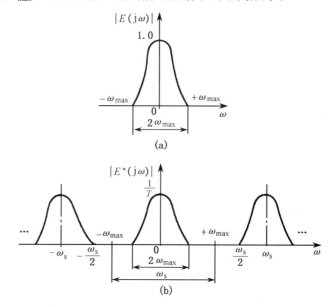

图 5-9 理想采样器输入和输出的信号与频谱

应该指出，采样定理只是给出了采样信号能够完全恢复成连续信号的最小采样频率为 $\omega_s \geqslant 2\omega_{max}$。由于所有信号并非都是"有限带宽"，所以在实际应用中，往往所取的实际采样频率 ω_s 比 $2\omega_{max}$ 大得多，采样频率为理论采样频率 10 倍的情况也不少见。工程上，经常根据经验确定采样频率。

3) 采样控制系统典型结构图：(采样控制过程可用图 5-10 的典型结构图表示)。

图中，$r(t)$、$c(t)$、$b(t)$、$e(t)$ 分别为系统的输入信号、输出信号、反馈信号和误差信号，它们都是连续量，S 表示采样器（采样开关），它对误差信号 $e(t)$ 进行采样。分别为保持器 $G_h(s)$、$G_p(s)$、$H(s)$ 被控对象和反馈元件的传递函数。

(2) 数字控制系统

数字控制系统是指在系统中含有数字计算机或数字式控制器的系统。由于数字控制系统中也需要采样，所以也称其为采样控制系统。图 5-11 是数字控制系统工作原理图，由图可知，在数字控制系统中，对信号的采样和复现是分别由模/数转换（A/D）装置和数/模转换（D/A）装置实现的。

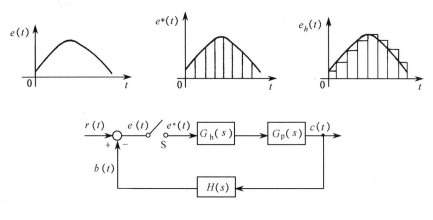

图 5-10 采样系统典型结构

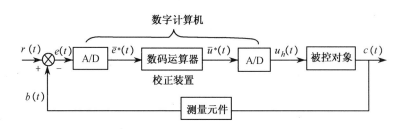

图 5-11 数字控制系统工作原理框图

为了了解数字控制系统的特点,下面对 A/D、D/A 过程作一简单介绍。

1) A/D 过程:模/数转换装置每隔秒对输入的连续信号 $e(t)$ 进行一次采样,采样信号为 $e^*(t)$,如图 5-12(a)所示。该采样信号是时间上离散而幅值上连续的信号,它不能直接进入计算机进行运算,必须经量化后成为数字信号才能为计算机所接受。将采样信号经量化后成为数字信号的过程是一个近似过程,称之为量化过程。现对量化过程作简单的说明:将采样信号 $e^*(t)$ 的变化范围分成若干层,每一层都用一个二进制数码表示,这些数码可表示幅值最接近它的采样信号。如图 5-12(b)所示,采样信号 A_1 为 1.8 V,则量化值 A_1' 为 2 V,用数字量 010 来代表;采样信号 A_2 为 3.2 V,则量化值 A_2' 为 3 V,用数字量 011 代表。这样就把采样信号变成了数字信号,A/D 转换装置最小的二进制单位称为量化单位,用 q 表示,q 可用下式确定:式中,e_{max}、e_{min} 分别为信号的最大值和最小值,i 为二进制字长。

采样信号 $e^*(t)$ 量化后变成数字信号 $\bar{e}^*(t)$,如图 5-12(c)所示,这就是编码过程。由以上可知,数字计算机中,信号的断续性表现在幅值上。

这里应该指出:量化会使信号失真,会给系统带来量化噪声,影响系统的精度和过程的平滑性。量化噪声的大小取决于量化单位 q 的大小。为了减小由于量化噪声对于系统精度和平滑性的不利影响,希望 q 值足够小,亦希望计算机的数码有足够的字长。因此,当数字计算机有足够的字长来表示数码时,我们就可以忽略由于量化引起的幅值上的断续性。

另外,如果认为采样编码过程瞬时完成,并用理想脉冲来等效代替数字信号,则数字信号可以看成采样信号,A/D 过程就可以用一个每隔 T 秒瞬时闭合一次的理想开关 S 来表示。

2) D/A 过程:数字计算机经数字运算后,所给出的数字信号 $\bar{u}^*(t)$,如图 5-13(a)所示,要将它恢复成连续的电信号,通常最简单的办法是利用计算机的输出寄存器,使每个采样周期

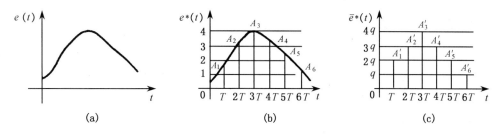

图 5-12 A/D 转换过程

内保持数字信号为常值，然后再经解码网络，将数字信号转换为模拟电信号 $u_h(t)$，如图 5-13(b)所示。

显然，$u_h(t)$是一个阶梯信号，计算机的输出寄存器和解码网络起到了信号保持器的作用。当采样频率足够高时，$u_h(t)$趋于连续信号。

如果忽略由于量化所引起的数字信号幅值上的断续性，那么图 5-11 所示数字控制系统就可以等效地用图 5-14 所示采样系统结构图来表示。图中采样器代表 A/D 转换装置，保持器代表 D/A 转换装置；采样器 S_2 是为表示每段路径的信号是离散信号而虚设的。应认为 S_1 与 S_2 是同步动作的。实际上，图 5-14 也是数字控制系统常见的典型结构框图。

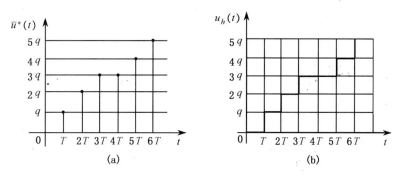

图 5-13 D/A 转换过程

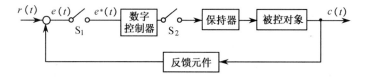

图 5-14 图 5-11 所示系统的等效结构图

(3) 采样系统的研究方法

由于采样系统中存在脉冲（或数码）信号，所以不能利用拉氏变换的方法建立各元件的传函数。通常用 z 变换方法来研究采样系统。由于篇幅所限，关于 z 变换，本书不予介绍，需要时请读者阅读其他有关参考书。

§5.2 机电一体化系统元、部件的动态特性分析

机电一体化系统由机械系统、传感检测系统、执行元件系统和电子信息处理(控制)系统等子系统构成。各子系统的输入与输出之间不一定成比例关系,可具有某种频率特性(动态特性或传递函数),即输出可能具有与输入完全不同的性质。机械系统一般都具有非线性环节,在非线性不能忽略时,只能用微分方程来研究其特性。

考虑各子系统的动态特性和非线性进行电子信息处理系统设计是机电一体化系统设计的一个特点。本章主要介绍机电一体化系统中的机械系统、传感器系统和执行元件系统等几个子系统的基本特性,并从机电一体化系统构成要素的角度说明其分析方法。

一、机械系统特性及变换机构

机械系统是由轴、轴承、丝杠及连杆等机械零件构成的,其功能是将一种机械量变换成与目的要求对应的另一种机械量。例如,有的连杆机构就是将回转运动变换为直线运动。机械系统在传递运动的同时还将进行力(或转矩)的传递。因此,机械系统的各构成零部件必须具有承受其所受力(或转矩)的足够强度和刚度的尺寸。但尺寸一大,质量和转动惯量就大,系统的响应就慢。图 5–15(a)所示,输入为力 $F_x(t)$ 时,其响应为 $F_y(t)$ 或 $y(t)=f(x(t))$,系统负载质量和惯量不同,其响应快慢也不同。含有机械负载的机械系统动态特性如图 5–15(b)所示。如果是齿轮减速器,其机构的运动变换函数 $y=f(x)=(1/i)x$ 就是线性变换。如果只有机构的转动惯量 J_m,则其动态特性为 $1/(J_m s^2)$,如果只有负载转动惯量 J_L,则其负载反力为 $J_L s^2 y$。包括负载在内的机械总体的动态特性,以传递函数形式可表示为

$$X(s)/F_x(s) = 1/[(J_m + J_L/i^2)s^2] \quad (5-8)$$

如果运动变换是非线性变换,就不能用上述传递函数表示,只能用微分方程表示

$$F_x = F_m(x,\dot{x},\ddot{x}) + \frac{\mathrm{d}f(x)}{\mathrm{d}t}F_y(y,\dot{y},\ddot{y}) \quad (5-9)$$

式中 $y=f(x), \dot{y}=(\frac{\mathrm{d}f}{\mathrm{d}x})\dot{x}, \ddot{y}=(\frac{\mathrm{d}f}{\mathrm{d}x})\ddot{x}+(\frac{\mathrm{d}^2 f}{\mathrm{d}x^2})\dot{x}^2, F_y=J_L\ddot{y}, F_m=J_m\ddot{x}$

机构通过这样的线性或非线性变换就可以产生各种各样的运动。在选择执行元件和给定运动指令时,一定要考虑伴随这些运动的动态特性。

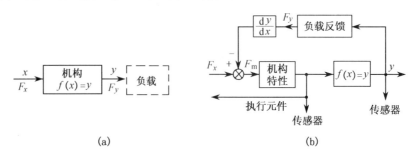

图 5–15 机构特性的一般表示

机电一体化系统的传动机构有线性传动机构也有非线性传动机构,常用的线性传动机构

有齿轮传动、同步带传动等。图 5-16 为齿轮传动机构,图中(a)、(b)、(c)的传动比 $i = \theta_1/\theta_2 = z_2/z_1$;图中(d)的传动比 $i = 2(z_1 + z_2)/z_1$;图中(e)为谐波齿轮传动,当刚性轮固定时,其传动比 $i_{Hr} = n_H/n_r = z_r/(z_r - z_g)$;图中(f)为差动齿轮传动机构,其运动变换关系为

$$\begin{bmatrix} \theta_1 \\ \theta_2 \end{bmatrix} = \frac{1}{2} \begin{bmatrix} 1 & 1 \\ z_1/z_2 & -z_1/z_2 \end{bmatrix} \begin{bmatrix} \phi_1 \\ \phi_2 \end{bmatrix} \qquad (5-10)$$

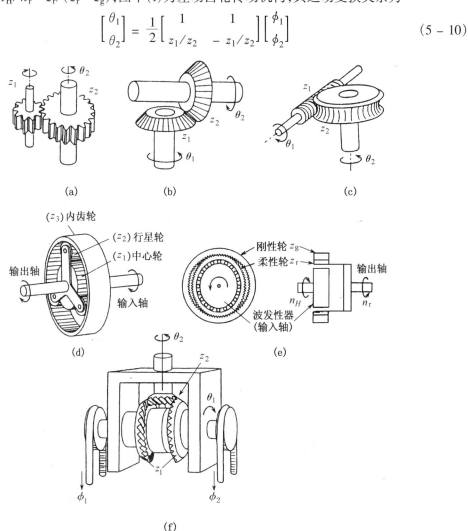

图 5-16 齿轮传动机构

图 5-17 为挠带传动机构(同步带传动(a)、链轮链条传动(b)、绳轮传动(c)),这种机构适合于轴间距较大的轴之间传递回转运动。带轮传动的回转轴的方向可略有不同,其传动比 $i = z_2/z_1$ 或 $i = d_2/d_1$;绳轮传动的回转轴方向可自由改变,绳与轮之间是摩擦传动,如果有滑动,就会影响传动精度,为避免打滑,可将绳的一端固定在轮子上,但这会限制轮子的回转角度。绳子可在任意方向上弯曲,具有很大的柔性,故常在机器中作为回转运动机构应用。带轮传动机构中的带一松,在正反转时,从动轮的转角就与主动轮的转角有一误差,这种误差与齿轮传动间隙具有同样的性质。为消除带的松动现象,可给予一定张力,这就要求轴、轴承要有足够的刚度和强度。链轮链条传动的回转轴方向不能改变,必须是平行的。

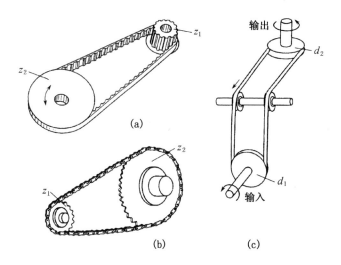

图 5-17 挠带传动机构

回转—直线(或直线—回转)线性变换机构如图 5-18 所示。图(a)为齿轮齿条机构图,图(b)为滚珠丝杠副。

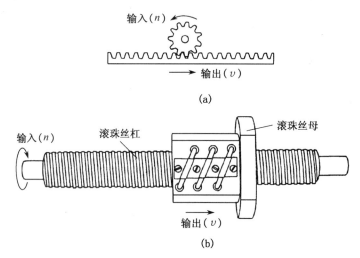

图 5-18 回转—直线线性变换机构

二、机械系统的机构静力学特性分析

机构静力学特性所研究的问题是:① 机构输出端所受负载(力或转矩)向输入端的换算;② 机构内部的摩擦力(或转矩)对输入端的影响;③ 求由上述各种力或重力加速度引起的机构内部各连杆、轴承等的受力。这里主要对研究机电一体化系统设计中机电有机结合最重要的第一、第二个问题加以叙述。第三个问题是机构的强度、刚度设计中要研究的重要问题,此处予以省略。

(1) 负载力(或转矩)向输入端的换算

在机构内部摩擦损失小时,应用虚功原理很容易进行这种换算。在图 5-19 所示的单输入单输出系统中,设微小输入位移为 δx,由此产生的微小输出位移为 δy,则输入的功为 $F_x\delta y$,输出功为 $F_x\delta y$,如忽略内部损失,可得 $F_x\delta x = F_y\delta y$。若机构的运动变换函数关系为 $y = f(x)$,则力的换算关系就可以写成

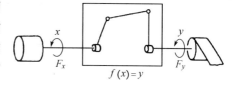

图 5-19 单输入单输出系统

$$F_x = \frac{\delta y}{\delta x}F_y = \left(\frac{\mathrm{d}y}{\mathrm{d}x}\right)F_y \qquad (5-11)$$

在机构学中,将 $\mathrm{d}y = \mathrm{d}x = 0$ 状态称为变点(方案点)。在 $\mathrm{d}y/\mathrm{d}x = \infty$ 附近,用很小的 F_x 就可得到很大的,将 $\mathrm{d}y/\mathrm{d}x = 0$ 时的状态称为死点,这种状态不论输入多大力(或转矩)也不会产生输出力(或转矩)。对于图 5-20 多输入多输出系统,也可用虚功原理导出输入与输出力(或转矩)的变换关系。

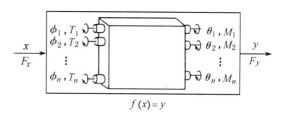

图 5-20 多输入—多输出系统

设对微小输入位移 $\boldsymbol{\delta x} = (\delta\phi_1, \delta\phi_2, \cdots, \delta\phi_n)^T$ 则有微小的输出位移 $\boldsymbol{\delta y} = (\delta\theta_1, \delta\theta_2, \cdots, \delta\theta_n)^T$ 则输入功的总和与输出功的总和分别为

$$\begin{cases} (\boldsymbol{F_x}, \boldsymbol{\delta x}) = T_1\delta\phi_1 + T_2\delta\phi_2 + \cdots + T_n\delta\phi_n \\ (\boldsymbol{F_y}, \boldsymbol{\delta y}) = M_1\delta\theta_1 + M_2\delta\theta_2 + \cdots + M_n\delta\theta_n \end{cases} \qquad (5-12)$$

式中

$\boldsymbol{F_x} = (\partial f/\partial x)^T \boldsymbol{F_y}$,$(\partial f/\partial x)^T$ 为 $n \times m$ 矩阵;

$\boldsymbol{F_x}$——输入转矩(或力),$\boldsymbol{F_x} = (T_1, T_2, \cdots, T_n)^T$;

$\boldsymbol{F_y}$——输出转矩(或力),$\boldsymbol{F_y} = (M_1, M_2, \cdots, M_m)^T$。

忽略机构内部损失时,两式相等。由于 $\delta\phi_1, \delta\phi_2, \cdots, \delta\phi_n$ 相互独立,则对第 i 个输入有

$$T_i = \frac{\partial\theta_1}{\partial\phi_i}M_1 + \frac{\partial\theta_2}{\partial\phi_i}M_2 + \cdots + \frac{\partial\theta_m}{\partial\phi_i}M_m = \left(\frac{\delta y}{\delta\phi_i}, \boldsymbol{F_y}\right) \qquad (i = 1, 2, \cdots, n) \qquad (5-13)$$

用 F_x 表示输入力(或转矩)时,可写成

$$\boldsymbol{F_x} = \left(\frac{\partial y}{\partial x}\right)^T \boldsymbol{F_y} \qquad (5-14)$$

式中 $\left(\frac{\partial y}{\partial x}\right)^T$ ——力(或转矩)的变换系数,是 $n \times m$ 矩阵。

(2) 机构内部摩擦力的影响

1) 线性变换机构:图 5-21 所示的滑动丝杠副为线性变换机构,现以其为例分析滑动摩擦的影响。该机构的运动变换关系为 $y = (r_0\mathrm{tg}\beta)\phi$,其中 $2r_0$ 为丝杠螺纹中径,ϕ 为丝杠转角。图中,$T_x = F_x r_0$ 是使丝杠产生转动所需的转矩,F_y 为螺母所受的向上的推力。设摩擦系数为 μ,则沿螺纹表面丝杠对螺母的作用力(摩擦力)为 μF_n,设 F_n 与 μF_n 在 x 向和 y 向的分力分别为 F_x、F_y,则

$$\begin{cases} F_x = F_n\sin\beta + \mu F_n\cos\beta \\ F_y = F_n\cos\beta + \mu F_n\sin\beta \end{cases} \qquad (5-15)$$

由此可以推出,$T_x = F_x r_0 = F_y r_0 \mathrm{tg}(\beta + \rho)$

式中，$\rho = \arctan \mu$。从 F_y 向 T_x 的变换系数为 $r_0 \mathrm{tg}(\beta + \rho)$，由于摩擦阻力的存在，该值会有变化，但不受输入转角 ϕ 的影响。

2) 非线性变换机构：现以图 5-22 曲柄滑块机构为例分析非线性变换机构中摩擦的影响。该机构的运动变换关系为 $y = a\cos\phi + \sqrt{b^2 - a^2\sin^2\phi}$，设连杆 BC 作用于滑块的力为 F_c，固定杆 AC 作用于滑块的力为 F_n，摩擦力为 μF_n，外负载力为 F_y，则

$$F_n = F_c \sin\beta \tag{5-16}$$

$$F_y + \mu F_n = F_c \cos\beta \tag{5-17}$$

又由于

$$T = F_c a \min(\phi + \beta) \tag{5-18}$$

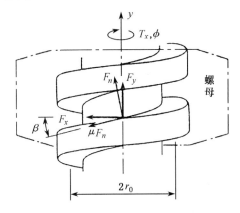

图 5-21 滑动丝杠变换机构

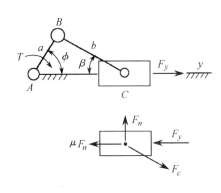

图 5-22 曲柄滑块机构

则由式(5-16)~式(5-18)可得

$$T = \frac{a\cos\rho \min(\phi + \beta)}{\cos(\beta + \rho)} F_y \tag{5-19}$$

由式(5-19)知，由于摩擦力的存在，从 F_y 向 T 的变换系数与 ϕ 有关，但不是比例关系。在上式中，当 $(\beta + \rho) < \pi/2$ 时，T/F_y 的比值是有限的，但当 $(\beta + \rho) \approx \pi/2$ 时，其比值会非常大。在这种状态下，运动部件是不能动的。

一般来讲，由于摩擦的存在，非线性变换机构的变换关系不是一定的。固体摩擦的力学计算不但麻烦，而且会使机电一体化系统的整体特性变差，因此要尽可能减少摩擦阻力。

三、机械系统的机构动力学特性分析

机构动力学是研究构成机构要素的惯性和机构中各元、部件的刚性引起振动的一门学问。

(1) 平面运动机构要素的动态力及动态转矩

图 5-23 所示刚体是平面运动机构的一个要素。图中 G 为刚体重心；r 为重心的位置矢量；θ 为刚体回转角，r_i 为重心到受力点的位置矢量；m 为刚体质量；J 为刚体绕其重心的转动惯量。该刚体的平面运动可用平动 $r = (x, y)$ 与转角 θ 来表示。当刚体受到来自其他连杆的作用力为 $F_1, F_2, \cdots, F_n$ 时，其刚体重心 $r(t)$、转角 $\theta(t)$ 与力之间的关系可用下式表示：

$$F_d = \sum_i F_i = m\ddot{r} \tag{5-20}$$

$$M_d = \sum_i r_i \times F_i = J\ddot{\theta} \tag{5-21}$$

这是维持该机构要素的运动(r,θ)所必需的动态力F_d和动态转矩M_d。

(2) 空间运动机构要素的动态力及动态转矩

图5-24所示的刚体为空间机构的刚体要素。图中，G为刚体重心；r为重心的位置矢量；$G-x_sy_sz_s$为刚体的固定坐标系(Σ_S)；J为Σ_S表示的惯性矩阵(3×3)，$\omega^{(S)}$为Σ_S表示的刚体角速度矢量；F_i为刚体所受作用力；$F_i(s)$为刚体所受作用力的Σ_S表示；$r_i^{(s)}$为受力点从重心开始的位置矢量的Σ_S表示。空间运动可用重心的位置$r=(x,y,z)^T$与刚体的姿态即绕X_S、Y_S和Z_S转动的姿态角表示，其动态力与动态转矩分别为

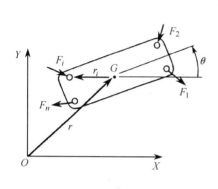

图5-23 刚体平面运动的动力学

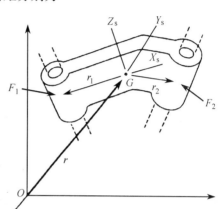

图5-24 刚体空间运动的动力学

$$F_d = \sum F_i = M\ddot{r} \tag{5-22}$$

$$M_d^{(s)} = \sum r_i^{(s)} \times F_i^{(s)} = J\dot{\omega}^{(s)} + \omega^{(s)} \times J\omega^{(s)} \tag{5-23}$$

与平面运动一样，刚体重心的运动r与回转运动ω、$\dot{\omega}$取决于机构的运动，力F_d和转矩M_d是刚体运动所必需的。这些力和转矩来源于与该刚体相连接的其他连杆。通过顺序连接的连杆最终可将所受负载转换成输入端所需的力(或转矩)。这种动态力(或转矩)向输入端的换算利用虚功原理或 lagrange 公式很容易实现。下面介绍 lagrange 公式。

(3) lagrange 公式与动态力(或转矩)向输入端的换算

图5-25(a)为一般的机构模型。图(b)为机构内部动态力框图。设机构要素重心位置矢量为r，绕重心的回转角速度为ω，则该要素所具有的动能为K。

$$K = \frac{1}{2}m\dot{r}^2 + \frac{1}{2}\omega^T J\omega \tag{5-24}$$

式中 m——要素的质量；

J——绕其重心的转动惯量矩阵。

该要素所具有的重力势能为

$$U = m(r,g), \quad g = (0,0,9.8)^T \quad (\text{m/s}^2) \tag{5-25}$$

设单输入系统输入的角位移为ϕ_1，保持其运动所需要的力(或转矩)为T_{di}，则用 lagrange 方程可求得

$$T_{di} = \frac{d}{dt}\left(\frac{\partial K}{\partial \dot{\phi}_1}\right) - \frac{\partial K}{\partial \phi_1} + \frac{\partial U}{\partial \phi_1} \qquad (5-26)$$

从机构的运动知

$$r = r(\phi_1), \dot{r} = (dr/d\phi_1)\dot{\phi}_1, \omega = E(\phi_1)\dot{\phi}_1 \qquad (5-27)$$

将式(5-24~5-25)代入式(5-26),可得

$$T_{di} = \left(\frac{\partial \dot{r}}{\partial \dot{\phi}_1}, m\dot{r}\right) + \left(\frac{\partial \omega}{\partial \dot{\phi}_1}, J\dot{\omega}\right) + \left(\frac{dr}{d\phi_1}, mg\right) = \left(\frac{dr}{d\phi_1}, m\ddot{r} + mg\right) + (E, J\dot{\omega}) \qquad (5-28)$$

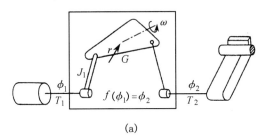

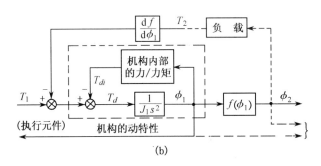

图 5-25 非线性变换机构的动力学与动态特性

从虚功原理也可导出上述相同的结果,由于

$$\ddot{r} = \frac{dr}{d\phi_1}\ddot{\phi}_1 + \frac{dr^2}{d\phi_1^2}\dot{\phi}_1^2, \dot{\omega} = E\ddot{\phi}_1 + (dE/d\phi_1)\dot{\phi}_1^2 \qquad (5-29)$$

因 T_{di} 为 ϕ_1、$\dot{\phi}_1$ 和 $\ddot{\phi}_1$ 的函数,所以 T_{di} 可用下式表示

$$T_{di} = J_1(\phi_1)\ddot{\phi}_1 + J_2(\phi_1)\dot{\phi}_1^2 + J_3(\phi_1)g \qquad (5-30)$$

对于多输入系统,设输入位移为 $\phi = (\phi_1, \phi_2, \cdots, \phi_n)^T$,各输入端输入力(或转矩)为 $T_{di} = (T_{d1}, T_{d2}, \cdots, T_{dn})^T$,且 r 与 ω 均为 $\phi, \dot{\phi}$ 的函数,即

$$r = r(\phi), \dot{r} = \left(\frac{\partial r}{\partial \phi}\right)\dot{\phi}, \omega = E(\phi)\dot{\phi} \qquad (5-31)$$

式中,$\partial r/\partial \phi$、E 均为 $3 \times n$ 矩阵。

$$T_{di} = \left(\frac{\partial r}{\partial \phi}\right)^T(m\ddot{r} + mg) + E^T\{J\dot{\omega} + \omega \times J\omega\} \qquad (5-32)$$

设

$$r = (x_G, y_G, z_G)^T, \omega = (E_1, E_2, E_3)^T\dot{\phi}$$

则

$$\ddot{r} = (\ddot{x}_G, \ddot{y}_G, \ddot{z}_G)^T \qquad (5-33)$$

$$\ddot{x}_G = \frac{\partial x_G}{\partial \phi}\ddot{\phi} + \dot{\phi}_1^T \frac{\partial^2 x_G}{\partial \phi^2}\dot{\phi} \qquad (5-34)$$

$\ddot{y}_G$、$\ddot{z}_G$ 与此相同。

$$\dot{\omega} = E\ddot{\phi} + \dot{\phi}^T \left(\frac{\partial E_1}{\partial \phi}, \frac{\partial E_2}{\partial \phi}, \frac{\partial E_3}{\partial \phi} \right)^T \dot{\phi} \qquad (5-35)$$

式中，$\frac{\partial^2 x_G}{\partial \phi^2}$ 为 $n \times n$ 矩阵，其 i,j 元为 $\partial^2 x_G/(\partial \phi_i \partial \phi_j)$，$E_1$、$E_2$、$E_3$ 是将 E 阵的行变为列的形式，故 $\partial E_1/\partial \phi$ 等均为 $n \times n$ 矩阵。将上述式(5-33~35)代入式(5-32)经整理可得到如下表现形式

$$T_{di} = J_1(\phi)\ddot{\phi} + J_2(\phi,\dot{\phi}) + J_3(\phi)g \qquad (5-36)$$

可以认为式中的第一项为惯性力项，第二项为离心力和哥氏力项，第三项为重力项。如果从输入端来看，动态力(转矩)是变化的惯性转矩、与速度平方成比例的力和变化的重力共同的作用，系统具有非线性特性。

图 5-26(a)所示行星齿轮机构为线性变换机构，忽略重力项时

$$T_1 = T_d + T_2/i, \quad T_d = T_{eq}\ddot{\phi}_1, \quad J_{eq} = J_s + \frac{1}{i_P^2}J_P + \frac{1}{i^2}J_C \qquad (5-37)$$

式中 $i = \frac{2(z_1 + z_2)}{z_1}$；

$i_P = \frac{2z_2}{z_1}$；

J_S、J_P 和 J_C——太阳轮、行星轮和系杆的转动惯量；

T_d——行星齿轮机构的惯性转矩。

J_{eq}——等效到输入轴上去的转动惯量。

此时动态力(转矩)换算到输入轴上时是线性的。图 5-26(b)是考虑机构内部动态力(转矩)时的系统框图。

(4) 机构输出端的弹性与动态特性

机械零件不管是连杆还是轴承受力后都有一定的变形，设该变形量为 δ，其弹簧刚度为 $F/\delta = k$，则 $\delta/F = c$ 被称为柔度(compliance)。柔度是降低运动精度的原因之一，但更大的影响是在高速运动时产生振动。能够实现多大程度的高速度取决于系统内部的固有振动角频率 ω_0 (或固有振动周期 T_0)。当机构的运动周期(或角频率)与 T_0 或 ω_0 一致时，将会引起共振，共振会导致机械破坏，这是系统设计中应避免的。周期运动的速度界限就是 T_0 (或 ω_0)。在闭环系统中，其界限应大致取为 $\omega_0/2$ (或 $2T_0$)。图 5-27 表示了几种机构中的弹性。这种机构内的弹性有的能够换算到输出端，有的不能换算到输出

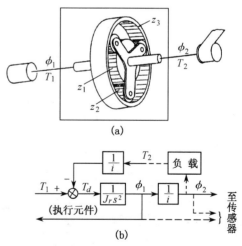

图 5-26 线性变换机构的动力学及动态特性

端,多连杆机构的连杆弹性属于后者。这种弹性的处理相当复杂,常采用现代设计方法中的有限元分析方法进行计算。图 5-27 所示实例都能换算到输出端,可以将它们简化成图 5-28(a)所示的模型,其运动方程为

$$F_x = m_1 \ddot{x} + \frac{\mathrm{d}f}{\mathrm{d}x} F_y \tag{5-38}$$

$$F_y = m_2 \ddot{y}_c + k(y_c - y) \tag{5-39}$$

$$m\ddot{y} + k(y - y_c) = 0 \tag{5-40}$$

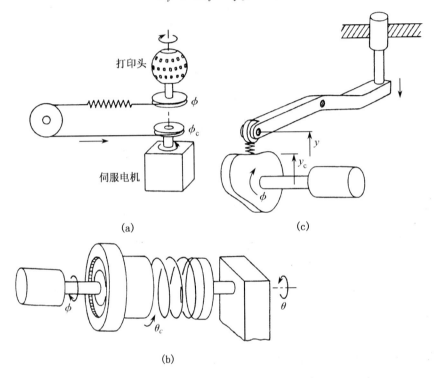

图 5-27 机构输出端的弹性

设对从执行元件来的输入 F_x 的响应为 x,或设负载 m 的位移为 y,其动态特性的框图如图 5-28(b)所示。机构为非线性变换时,s、$1/s$ 分别表示微分和积分。

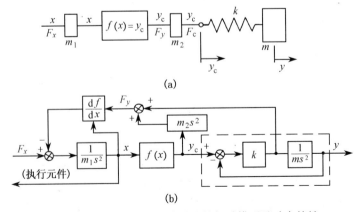

图 5-28 考虑机构输出端弹性的振动模型及动态特性

四、两自由度机器人运动轨迹创成所需转矩分析

求图 5-29 所示的两自由度水平多关节型机器人的手部沿垂直于 X 轴的直线从 P_0 到 P_f,并按摆线运动定位时,求各关节所需要的力矩 T_1、T_2 随时间变化的函数及其最大值(逆动力学问题)。该问题计算顺序是:首先利用逆运动学方法将轨迹 $\{x(t),y(t)\}$ 变换为关节运动 $\phi_1(t)$、$\phi_2(t)$,然后从 ϕ_1 和 ϕ_2 导出计算关节力矩 T_1、T_2 的计算公式。由平面几何学知识,可得逆运动学解为

$$\phi_2 = \arccos\left(\frac{x^2 + y^2 - l_1^2 - l_2^2}{2l_1 l_2}\right) \tag{5-41}$$

$$\phi_1 = \arctan\left(\frac{p_y - q_x}{p_x + q_y}\right) \tag{5-42}$$

式中 $p = l_1 + l_2\cos\phi_2$, $q = l_2\sin\phi_2$。

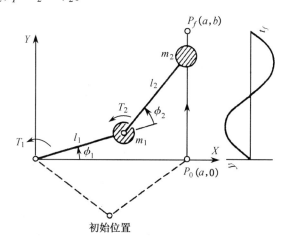

图 5-29 二自由度水平多关节型机器人臂部运动及其必需的关节转矩

逆动力学解可由 lagrange 公式求出。设机器人的负载只有各臂端部的质量 m_1、m_2,则

$$\frac{1}{m_2}\begin{bmatrix}T_1\\T_2\end{bmatrix} = \begin{bmatrix}(m_1/m_2 + 1)l_1^2 + l_2^2 + 2l_1 l_2\cos\phi_2 & l_2^2 + l_1 l_2\cos\phi_2 \\ l_2^2 + l_1 l_2\cos\phi_2 & l_2^2\end{bmatrix} \cdot \begin{bmatrix}\ddot{\phi}_1\\\ddot{\phi}_2\end{bmatrix} +$$

$$l_1 l_2\sin\phi_2 \begin{bmatrix}-(2\dot{\phi}_1\cdot\dot{\phi}_2 + \dot{\phi}_2^2)\\ \dot{\phi}_1^2\end{bmatrix} \tag{5-43}$$

式中,第一项相当于惯性项,第二项相当于离心力与哥氏力项。

图 5-30 为机器人的端部沿图 5-29 的直线轨迹按摆线规律运动时的诸量变化图。从该计算结果可得出如下结论:运动轨迹虽然是平滑的摆线(加速度是正弦曲线),但是关节运动与摆线有相当大的差别。并且各关节所需要的力矩曲线由于受到相当于转动惯量项的变化和离心力的作用,与关节角的加速度变化有很大的不同。设 $l_1 = l_2 = l$,关节力矩的最大值分别为 $T = 10.6(ml^2/t_f^2)$、$T_2 = 4.7(ml^2/t_f^2)$。该伺服电动机必须保持其具有输出最大转矩的能力。

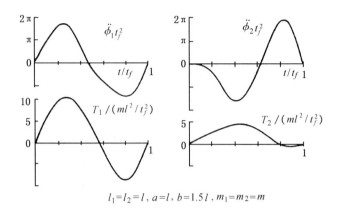

图 5-30 两自由度机器人臂端直线运动时的关节角加速度及必需的关节转矩

§5.3 传感器的动态特性分析

机电一体化系统中传感器输入的物理量多为机械量(位移、速度、加速度、力等),而输出的物理量为电量(电压、电流等)。为了进行信号处理,传感器中不只是单纯的传感元件(变换器),多数传感器中都配置运算放大电路,以便将微弱的电信号变换成较强的便于利用的信号。另外,有的传感器中装有将一种机械量变换为另一种机械量的变换装置。图 5-31 所示的压电加速度计中就有将加速度 $\ddot{x}_B(x)$ 变换为力 $F(y)$ 的机械量的变换装置。将力 $F(y)$ 变换成电荷 $Q(v_s)$ 的是变换器,将电荷 $Q(v_s)$ 变换成电压的是运算电子电路。

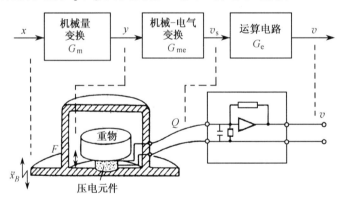

图 5-31 传感器的构成与压电式加速度计

设各种变换的传递函数(动态特性)为 G_m、G_{me}、G_e,则输出信号 v 与机械量输入 x 之比为 $G_s = G_m G_{me} G_e$。G_m 中包含电气系统对变换器的柔度和质量等的反作用,一般取 $G_m = 1$。以光电编码器为代表的光学传感器受到从变换机构(将机械量变换成光/电信号的变换机构)来的反作用很小,如果传感器与被测量物体的安装为刚性连接的话,也可以认为,机械量/机械量的变换为比例变换。变换器根据变换的物理过程可分为以下几种:

1) 电/磁变换:动电式、静电式、磁阻式、霍尔效应式等;
2) 压电变换:压电元件;

3) 应变/电阻变换:应变片、半导体应变计;
4) 光/电变换:光电二极管、光敏晶体管。

此外,还有其他的利用半导体和陶瓷等产生的各种物理现象的变换器。下面介绍变换器的特性。

一、动电式变换器的特性分析

图 5-32 为动电式变换器的原理图。图(b)所示动电式变换器中下式成立。

$$k\frac{dy}{dx} = v_s + L\frac{di}{dt}, v_s = Ri \tag{5-44}$$

$$\text{(或 } k\frac{d\theta}{dt} = v_s + L\frac{di}{dt}, v_s = Ri\text{)}$$

$$F = ki \tag{5-45}$$

式中 L——线圈电感;
  k——感应电压常数,$k = Bl$(B 为磁束密度,l 为线圈长度);
  i——感应电压产生的电流;
  F——对机械系统的反作用力。

线圈的轴如果固定在比传感器大得多的被测物体上,即使产生反作用力(或转矩)F(或 T),也不会改变 y 的大小,否则被测量系统会受到传感器的干扰,必须充分注意。

由上述各式可知,动电式变换器的传递函数为

$$\frac{V_s(s)}{Y(s)} = G_{me}(s) = \frac{Ks}{1 + Ls/R} \tag{5-46}$$

或

$$\frac{V_s(s)}{\Theta(s)} = G_{me}(s) = \frac{Ks}{1 + Ls/R}$$

通常,当 $Ls/R \ll 1$ 时,就可得到与速度成比例的输出信号,即 $V_s(s)/Y(s) \approx Ks$。

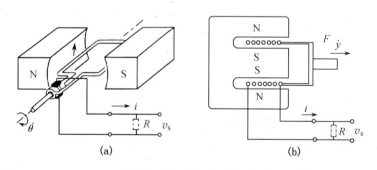

图 5-32 动电式变换器

二、压电式变换器的特性分析

图 5-33 为压电式变换器。设电气变换部分的输入阻抗为 R,压电元件的杨氏模量为 E,由作用力 F 产生的位移为 x、所产生的电荷为 Q,$C = \varepsilon S/d_0$ 为电容量(此处 S 为作用面积),其中 ε 为感应系数,则下式成立

$$Q = K_F x = [1/Rs + C]v_s \qquad (5-47)$$
$$F = (\varepsilon S/d_0)x + K_F v_s \qquad (5-48)$$

由上述两式可得

$$\frac{V_s(s)}{F(s)} = G_{me}(s) = \frac{Rs}{1+RCs+kRs}d \approx \frac{Rs}{1+RCs}d \qquad (5-49)$$

式中 $K_F = k/d$；

$k = (\varepsilon S/d_0)d^2$；

d——压电系数，$d = d_0 K_F/(\varepsilon S) = kh/E$。

若上式中的 $RCs \gg 1$，则 $G_{me} \approx d/C$。此时可得到与力成比例的输出，但固有振动周期 $\tau = RC$ 低的情况不能准确求出。由此可知，只有当被测信号频率足够高的情况下，才有可能实现不失真测量。在压电元件上并联 C_1，虽然可使 $\tau = R(C+C_1)$ 增大，但这也不能测量变化缓慢的力，这是压电元件的缺点。

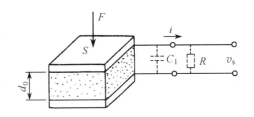

图 5-33 压电式变换器

图 5-34 所示的几种变换器的动态特性在某种频率范围内是一定的，且 $C_m = K$。图(a)所示差动变压器的一次线圈与二次线圈的耦合系数与铁心位移 y 成正比，以铁心在线圈中心部位时的位移为初始零点，则可测得与位移 y 成比例的电压 v_s。图(b)为静电式变换器，它是通过导体间隔的变化引起电容变化，并用电桥电路灵敏地测量位移的一种变换器。导体间的电容 $C = \varepsilon_0 S/(d_0+y)$，对已设定的间隔 d_0 而言，位移 y 一大，输出 v_s 就不能保证与位移 y 成比例。图(c)是用应变计测量应力变化的变换器，由于应变与被测物体的变形或施加的力(或转

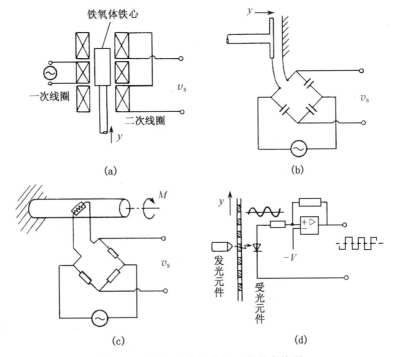

图 5-34 机—电变换特性一定的变换器

矩)成比例,所以应变计是对变形和力(或转矩)都能测量的变换器。图(a)~(c)所示的变换器使用载波,可能的限界测定频率 f_m 大致为载波频率的1/4,可以认为从0到 f_m 范围内其特性保持一定。但是,在图(c)中,如果使用半导体应变计,其应变—电阻变化的变化率比金属应变计大数十倍,此时可使用直流电源,使用直流电源时的限界频率 f_m 远比使用交流电源时高。图(d)为光电编码器的基本构成原理,受光元件接受的光量随码盘的透光与不透光而改变。通过高倍率放大、整形可得到矩形波,其波数的多少与码盘的位移成比例。如果随着码盘的位移,受光元件的电压变化为正弦波 $v_s = a\sin(2\pi y/y_0)$(式中 y_0 为码盘刻度节距),则从电压变化的大小就可以测量一个节距甚至更小的位移量。这种变换器的截止频率完全取决于受光元件、放大器电路的特性。

§5.4 执行元件的动态特性分析

机电一体化系统中常用的执行元件是电气执行元件,其输入为电信号,输出为机械量(位移、力等)。下面介绍电气执行元件的特性。图5-35所示执行元件作为一个系统,由驱动电路、电→机变换器(伺服电动机)、机械量变换器(如减速器)组成。执行元件系统的传递函数当然不能像传感器系统那样,只写成各部分的乘积($G_s = G_e G_{em} G_m$)。这是因为一般来说,在电气变换中都像图5-36所示的那样,将电气-机械变换的状态(电流、速度)进行反馈,由机械变换器以及与其相连接的机构特性改变电气-机械变换装置的状态,从而使输出转矩 T_a 得到改变。执行元件的特性不单纯是它本身的特性,而应该将执行元件与机械机构的动态特性结合起来分析。

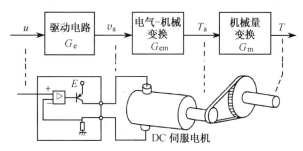

图5-35 执行元件的构成和直流伺服电动机驱动系统

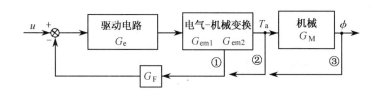

图5-36 进行各种状态反馈的执行元件系统

电气执行元件有多种,如前面介绍的 DC 和 AC 伺服电动机、步进电动机、直线电动机、压电式执行元件以及超声波电动机等。执行元件的电气-机械变换的基本原理是电磁变换和压电变换,与前面介绍的变换器的变换原理相同。此外,形状记忆合金执行元件也可以认为是通过电－热－变形、具有电气－机械变换功能的一种电气式执行元件。上述这些执行元件有的是反馈控制(闭环控制)，有的是开环控制。反馈控制根据反馈的物理量的不同，可得到不同的特性。下面介绍最基本的执行元件的动态特性。

一、电磁变换执行元件的特性分析

图 5－37 所示电动机是电磁变换的典型实例。图(a)、(b)为直流伺服电动机工作原理，图中电动机线圈的电流为 i；(c)中的 L 与 R 为线圈的电感与电阻；电动机的输入电压为 u；折算到电动机转子轴上的等效负载转动惯量为 J_M；电动机输出转矩和角速度分别为 T 和 ω；e 为电动机线圈的反电动势。于是可写出如下方程

$$L\frac{di}{dt} + Ri = u - e, \quad e = K_E\omega \qquad (5-50)$$

$$T = K_T i$$

式中　K_E、K_T——电枢的电势常数和转矩常数。

执行元件的角速度由机构的动态特性 G_M 确定，即

$$\omega = G_M(s)T \qquad (5-51)$$

在上述方程中，如果机构具有非线性，拉普拉斯变换算子 s(或 $1/s$)可看成微分(或积分)

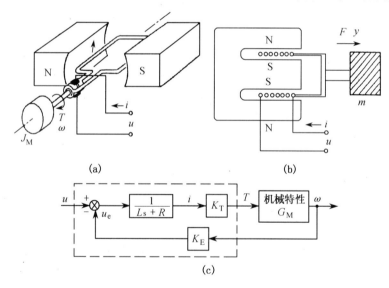

图 5－37　电磁感应式执行元件

符号。由上述各式可画出图(c)所示框图，执行元件的输出 ω 与输入电压 u 之间的传递函数为

$$\frac{\Theta(s)}{U(s)} = \frac{K_T G_M}{G_M K_T K_E + Ls + R} \qquad (5-52)$$

如果机构只有惯性负载,则 $G_M = 1/(J_M s)$,于是有

$$\frac{\Theta(s)}{U(s)} = \frac{K_T}{(Ls+R)J_M s + K_T K_E} \tag{5-53}$$

作为电磁变换执行元件,AC 伺服电动机及其他执行元件都具有上述二次滞后特性。

二、具有反馈环节的驱动电路电磁变换执行元件的特性分析

取驱动电路的动态特性 $G_e = 1$,具有电流反馈的框图如图 5-38(a)所示((b)为(a)的等效电路),指令电压 u 和电动机输出转矩之间的传递函数为

$$\frac{T(s)}{U(s)} = \frac{K_1 K_T}{G_M K_T K_E + Ls + R + K_1 r} \tag{5-54}$$

当式中的反馈增益 K_1 取得充分大时,可得到与输入信号成比例的转矩

$$\frac{T(s)}{U(s)} \approx \frac{K_T}{r} \tag{5-55}$$

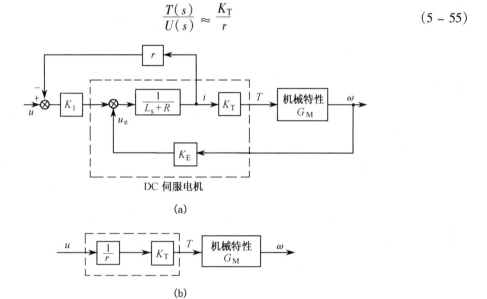

图 5-38 具有线圈电流反馈的直流伺服电动机的动态特性

图 5-39 为具有速度反馈的驱动电路和利用测速发电动机作为传感器进行速度反馈的直流伺服电动机系统的动态特性,如果机构只有惯性负载,即 $G_M = 1/(J_M s)$ 时,该系统可看成其惯性 J 缩小为 $J'_M = (r/K_2 K_T)J_M$、时间常数缩小为 $\tau = J'_M/K_V$ 的一阶系统。K_V 愈大,系统的响应特性愈好。系统的等效框图如图(b)所示。图中 $G'_M = (K_2 K_T/r)G_M$,此时系统的动态特性也可以写成

$$\frac{\Theta(s)}{U(s)} = \frac{1}{J'_M s + K_V} \tag{5-56}$$

执行元件与机械结构是相互影响的,其特性必须根据两者结合的形式来研究。

三、压电式执行元件及其特性分析

压电元件具有给予应力变形时,则产生电荷(传感器的效果),反之给予电压,则产生应力

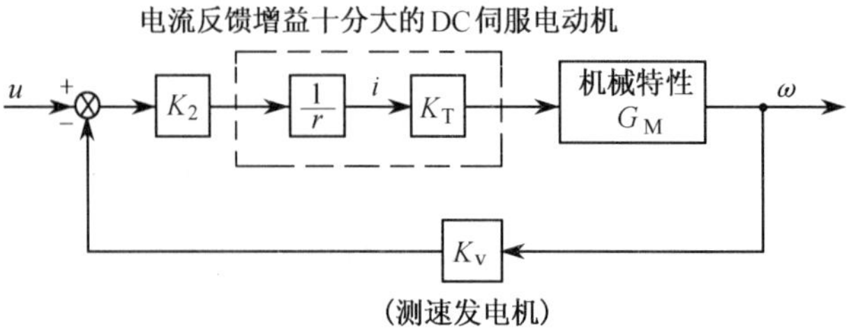

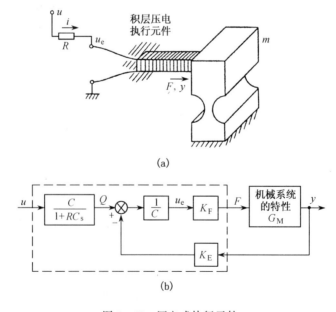

图 5-39 具有速度反馈的直流伺服电动机的动态特性

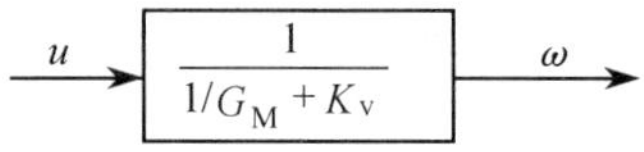

变形(执行元件效果)的性质。图 5-40(a)是为了产生大变形量而将 100 片以上的薄片压电元件重叠在一起的压电式执行元件。通常通过电阻加压,包含电路在内的压电执行元件的动态特性框图如图(b)所示。将机械系统特性 G_m 看成只有压电执行元件的弹性(弹簧常数 K),则压电执行元件在一定电压下的静态伸长 y 为

$$y = \frac{K_F}{K + K_E K_F / C} u \qquad (5-57)$$

式中　C——压电执行元件的电容;

　　　K_F——力变换常数;

　　　K_E——感应电荷常数($K_E = K_F$)。

图 5-40 压电式执行元件

图 5-41 磁滞曲线虽然可表示压电执行元件的性能,但该曲线没有式(5-57)那样严格的比例关系。包含驱动器与执行元件在内的系统动态特性可用下式表示

$$G_a(s) = \frac{Y(s)}{U(s)} = \frac{1}{1+RCs} \cdot \frac{K_F}{(K_E K_F/C)+(1/G_M)} \quad (5-58)$$

式中 G_M——机械系统的动态特性，$G_M = 1/(ms^2+K)$。

积层式压电执行元件中，其 C 很大，要提高其响应性就必须减小 R 值。压电式执行元件可用于微小位移定位，其优点是没有机械滑动，整体刚度大。但是由于有磁滞现象，相对于所加电压的变形不准确，因为没有检测传感器，其定位精度较低。

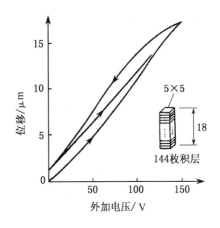

图 5-41 积层压电执行元件外加电压与位移的磁滞特性

上面简单介绍了几种基本的执行元件的动态特性。正如本节开始所述，执行元件的动态特性取决于与机构的结合，其本身的动态特性意义不大。例如，在机器人中，电动机本体按照计算机的指令运动，与电动机和减速器及机器人臂连接在一起时得到的输出转矩是不同的，因此电动机输出的转速也未必相同。可以说，在这种机电一体化系统中，存在着机械与电子技术的有机结合的本质特征。

四、执行元件与机械惯性阻转矩的匹配方法

图 5-42(a)所示为工作台伺服进给系统，电动机由恒定电流驱动(见图 5-38)。电动机输出转矩受限于电动机电流。要使工作台从静止位置 0 到终点位置 x_f 以最快速度移动，如何取滚珠丝杠的基本导程(螺距)是需要研究的问题。图(b)为电动机与工作台结合的系统框图。从该系统的运动方程从框图可知

$$T = \left(\frac{2\pi}{p_h}\right)\left\{J+\left(\frac{p_h}{2\pi}M\right)^2\right\}\ddot{x} = A_m \ddot{x} \quad (5-59)$$

用额定转矩 T(最大值 T_m)进行快速定位的方法如图 5-43 所示。工作台行程的前一半用最大加速度，其后半用最大减速度。设移动所需时间为 t_f，则

$$0 \leq t \leq t_f/2; \ddot{x} = T_m/A_m$$
$$x = (T_m/A_m)(t^2/2) \quad (5-60)$$

因 $t=t_f/2$ 时，$x=x_f/2$，将其代入式(5-60)，得

$$t_f = 2\sqrt{A_m x_f/T_m} \quad (5-61)$$

式中

$$A_m = (2\pi/p_h)[J+(p_h/2\pi)^2 M] \quad (5-62)$$

t_f 随螺距 p_h 的改变而改变。当 t_f 在最小值的 p_h，也就是使 M(工作台质量)移动最小的 p_h 时，上式的解为

$$\frac{p_h}{2\pi} = \sqrt{\frac{J}{M}} \quad (5-63)$$

该解是令 J 与工作台等效到电动机轴上的转动惯量 $M(p_h/2\pi)^2$ 相等得到的，将此称为机械惯性阻转矩的匹配。此时的定位时间为

$$t_f = 2\sqrt{(2\pi x_f/p_h)J/T_m} \quad (5-64)$$

输入驱动电路的指令电压 u,在 $0 \sim t_f$ 之间给予最大值、在 $t_f/2 \sim t_f$ 之间给予负的最大值时,在 t_f 时刻,$x = x_f, \dot{x} = 0$。一般来说,如果电动机与减速器的转动惯量为 J_1、减速器输出端有惯性负载为 J_2,当减速比 $i = \sqrt{J_2/J_1}$ 时,将能实现最快速定位。

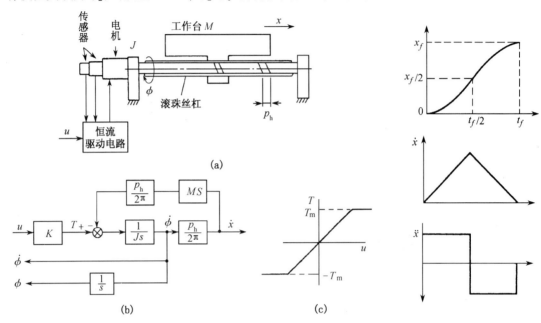

图 5-42 工作台丝杠进给装置的惯性阻转矩匹配

图 5-43 由额定转矩决定的最短时间控制方案

五、凸轮曲线理论

将惯性负载从一静止点移动到另一静止点时,让其运动怎样地随时间而变化问题,在机构学中是采用凸轮曲线理论处理的。该凸轮曲线理论同样也适用于解决电动机控制中的定位问题。

在图 5-44 中,希望物体的运动是平滑的,所谓平滑是指从始点到终点的位移、速度、加速度都是连续的。在始点和终点的连续条件为

$$t = 0, \dot{x} = 0, \ddot{x} = 0 \tag{5-65}$$

$$t = t_f, x = x_f, \dot{x} = 0, \ddot{x} = 0 \tag{5-66}$$

在惯性负载运动过程中,希望"加速度×转动惯量=力"中的力的最大值,即加速度的最大值要尽可能地小,设定位时间的变化为

$$t/t_f = T, x/x_f = X \tag{5-67}$$

将 $x(t)$ 统一为 $X(T)$,再设 $dx/dT = V$、$d^2x/dT^2 = A$,则有

$$\begin{cases} x = x_f X \\ \dot{x} = (x_f/t_f)V \\ \ddot{x} = (x_f/t_f^2)A \end{cases} \tag{5-68}$$

在上述条件下,有图 5-45 所示的各种凸轮曲线供选用。

等加速曲线中,虽有最大加速度为最小的曲线。但由于其加速度不连续,易产生振动。摆线的 A_m 相当大,但函数形式简单,产生的振动也小。变形梯形曲线的 A_m 较小,适用于高速驱动。凸轮曲线中有几种是非对称性的,这是用减小负加速度的最大值来代替从加速域到减速

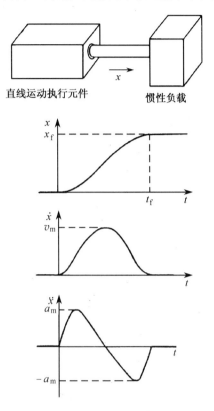

图 5-44 刚性联结惯性负载的定位与凸轮曲线

域的时间,其目的是为了尽可能抑制终点的振动。

名　称	加速度曲线	$A(T)$	A_m
等加速度		± 4	4
摆线		$2\pi \sin 2\pi T$	6.28
合成正弦		$\dfrac{15}{8}\pi \sin 2\pi T$ $-\dfrac{3}{8}\pi \sin 6\pi T$	5.13
变形梯形（$T>1/2$对称形）		$A_m \pi \sin 4\pi T$ $(0 \leqslant T \leqslant 1/8)$ A_m $(1/8 \leqslant T \leqslant 3/8)$ $A_m \sin 4\pi \left(\dfrac{1}{2}-T\right)$ $(3/8 \leqslant T \leqslant 1/2)$	4.89
5次多项式		$120T^3 - 180T^2 + 60T$	5.77
变形正弦（$T>1/2$对称形）		$A_m \sin 4\pi T$ $(0 \leqslant T \leqslant 1/8)$ $A_m \sin\left(\dfrac{4\pi}{3}-T\right)$ $(1/8 \leqslant T \leqslant 1/2)$	5.53

图 5-45　各种凸轮曲线（对称凸轮曲线）

思考题和习题

5-1　回顾所学机械控制工程基础（自动控制理论）知识，简述机电一体化系统设计与自动控制理论的关系。

5-2　简述传递函数、系统的过渡过程、伺服系统的动态特性的含义

5-3　在机电一体化系统设计时，何时应用所学自动控制理论？

5-4　用所学自动控制理论对机电一体化系统元、部件的动态特性进行分析。

第6章 机电一体化系统的机电有机结合分析与设计

§6.1 机电一体化系统的稳态与动态设计

机电一体化系统(产品)的设计过程是机电参数相互匹配,即机电有机结合的过程。机电伺服系统是典型的机电一体化系统。本章将以机电伺服系统为例,说明机电一体化系统设计的一般考虑方法。伺服系统中的位置伺服控制系统和速度伺服控制系统的共同点是通过系统执行元件直接或经过传动系统驱动被控对象,从而完成所需要的机械运动。因此,工程上是围绕机械运动的规律和运动参数对它们提出技术要求的。

在进行机电伺服系统设计时,首先要了解被控对象的特点和对系统的具体要求,通过调查研究制订出系统的设计方案。该方案通常只是一个初步的轮廓,包括系统主要元部件的种类、各部分之间的连接方式、系统的控制方式、所需能源形式、校正补偿方法,以及信号转换的方式等。

有了初步设计方案就要进行定量的分析计算,分析计算包括稳态设计计算和动态设计计算。稳态设计包括使系统的输出运动参数达到技术要求、执行元件(如电动机)的参数选择、功率(或转矩)的匹配及过载能力的验算、各主要元部件的选择与控制电路设计、信号的有效传递、各级增益的分配、各级之间阻抗的匹配和抗干扰措施等,并为后面动态设计中的校正补偿装置的引入留有余地。

通过稳态设计,系统的主回路各部分特性、参数已初步确定,便可着手建立系统的数学模型,为系统的动态设计做好准备。动态设计主要是设计校正补偿装置,使系统满足动态技术指标要求,通常要进行计算机仿真,或借助计算机进行辅助设计。

通过上述理论设计计算,完成的还仅是一个较详细的设计方案,这种工程设计计算一般是近似的,只能作为工程实践的基础。系统的实际电路及实际参数,往往要通过样机的试验与调试,才能最后确定下来。这并不等于以上设计计算是多余的,因经过设计计算后确定的方案,考虑了机电参数的有机结合与匹配,这对工程实践是必需的,这有利于减少盲目性和加快样机的调试与电路参数的确定。

§6.2 机电有机结合之一——机电一体化系统的稳态设计考虑方法

一、典型负载分析

位置控制系统和速度控制系统的被控对象作机械运动时,该被控对象就是系统的负载,它与系统执行元件的机械传动联系有多种形式。机械运动是组成机电一体化系统的主要组成部分,它们的运动学、动力学特性与整个系统的性能关系极大。

(1) 典型负载

被控对象(简称负载)的运动形式有直线运动、回转运动、间歇运动等,具体的负载往往比较复杂,为便于分析,常将它分解为几种典型负载,结合系统的运动规律再将它们组合起来,使定量设计计算得以顺利进行。

所谓典型负载是指惯性负载、外力负载、弹性负载、摩擦负载(滑动摩擦负载、黏性摩擦负载、滚动摩擦负载等)。对具体系统而言,其负载可能是以上几种典型负载的组合,不一定均包含上述所有负载项目。在设计系统时,应对被控对象及其运动作具体分析,从而获得负载的综合定量数值,为选择与之匹配的执行元件及进行动态设计分析打下基础。

(2) 负载的等效换算

被控对象的运动,有的是直线运动,如机床的工作台 X、Y 及 Z 轴,机器人的臂部的升降、伸缩运动,绘图机的 X、Y 方向运动;也有的是旋转运动,如机床主轴的回转、工作台的回转、机器人关节的回转运动等。执行元件与被控对象有直接连接的,也有通过传动装置连接的。执行元件的额定转矩(或力、功率)、加减速控制及制动方案的选择,应与被控对象的固有参数(如质量、转动惯量等)相互匹配。因此,要将被控对象相关部件的固有参数及其所受的负载(力或转矩等)等效换算到执行元件(k)的输出轴上,即计算其输出轴承受的等效转动惯量和等效负载转矩(回转运动)或计算等效质量和等效力(直线运动)。下面以机床工作台的伺服进给系统为例加以说明。图 6-1 所示系统由 m 个移动部件和 n 个转动部件组成。M_i、V_i 和 F_i 分别为移动部件的质量(kg)、运动速度(m/s)和所受的负载力(N);J_j、n_j(ω_j) 和 T_j 分别为转动部件的转动惯量(kgm^2)、转速(r/min 或 rad/s)和所受负载转矩(Nm)。

1) 求等效转动惯量 J_{eq}^k。该系统运动部件的动能总和为

$$E = \frac{1}{2}\sum_{i=1}^{m} M_i V_i^2 + \frac{1}{2}\sum_{j=1}^{n} J_j \omega_j^2 \qquad (6-1)$$

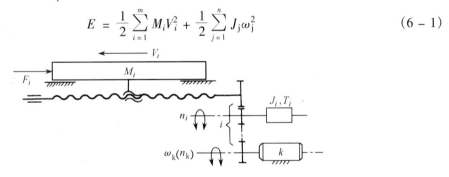

图 6-1 伺服进给系统示意

设等效到执行元件输出轴上的总动能为

$$E^k = \frac{1}{2} J_{eq}^k \omega_k^2 \qquad (6-2)$$

由于
$$E = E^k$$

故
$$J_{eq}^k = \sum_{i=1}^{m} M_i \left(\frac{V_i}{\omega_k}\right)^2 + \sum_{j=1}^{n} \left(\frac{\omega_j}{\omega_k}\right)^2 \qquad (6-3)$$

用工程上常用单位时,可将上式改写为

$$J_{eq}^k = \frac{1}{4\pi^2}\sum_{i=1}^m M_i\left(\frac{V_i}{n_k}\right)^2 + \sum_{j=1}^n J_j\left(\frac{n_j}{n_k}\right)^2 \qquad (6-4)$$

式中 n_k——执行元件的转速(r/min)。

2) 求等效负载转矩 T_{eq}^k。设上述系统在时间 t 内克服负载所作功的总和为

$$W = \sum_{i=1}^m F_i V_i t + \sum_{j=1}^n T_j \omega_j t \qquad (6-5)$$

同理,执行元件输出轴在 t 时间内的转角为

$$\varphi_k = \omega_k t$$

则执行元件所做的功为

$$W_k = T_{eq}^k \omega_k t \qquad (6-6)$$

由于

$$W_k = W$$

故

$$T_{eq}^k = \sum_i^m F_i V_i/\omega_k + \sum_{j=1}^n T_j \omega_j/\omega_k \qquad (6-7)$$

采用工程上常用单位时,可将上式改写为

$$T_{eq}^k = \frac{1}{2\pi}\sum_i^m F_i V_i/n_k + \sum_{j=1}^n T_j n_j/n_k \qquad (6-8)$$

3) 计算举例。设有一进给系统如图 6-2 所示。已知:移动部件(工作台、夹具、工件等)的总质量 $M_A = 400$ kg;沿运动方向的负载力 $F_L = 800$ N(包含导轨副的摩擦阻力);电动机转子的转动惯量 $J_m = 4 \times 10^{-5}$ kgm^2,转速为 n_m;齿轮轴部件Ⅰ(包含齿轮)的转动惯量 $J_I = 5 \times 10^{-4}$ kgm^2;齿轮轴部件Ⅱ(包括齿轮)的转动惯量 $J_{II} = 7 \times 10^{-4}$ kgm^2;轴Ⅱ的负载转矩 $T_L = 4$ Nm;齿轮 z_1 与齿轮 z_2 的齿数分别为 20 与 40,模数为 $m = 1$。

求:等效到电动机轴上的等效转动惯量 J_{eq}^m 和等效转矩 T_{eq}^m。

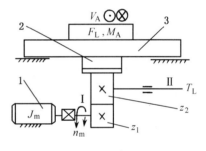

图 6-2 进给系统示意图
($\odot$、$\otimes$ 为工作台的运动方向)
1—电动机;2—齿轮齿条副;3—工作台;

解: ① 求 J_{eq}^m,根据式(6-4)可得

$$J_{eq}^k = \frac{1}{4\pi^2} M_A\left(\frac{V_A}{n_m}\right)^2 + J_m + J_I + J_{II}(n_{II}/n_m)^2$$

因为

$$V_A = n_m \frac{1}{i}\frac{\pi m z_2}{1000} = n_m \pi m z_1/1000$$

$$n_{II}/n_m = z_1/z_2$$

所以

$$J_{eq}^m = \frac{1}{4\pi^2} \times 400 \times \left(\frac{n_m \pi \times 1 \times 20}{1000 n_m}\right)^2 + 4 \times 10^{-5} + 5 \times 10^{-4} + 7 \times 10^{-4} \times \left(\frac{20}{40}\right)^2$$

$$= 0.1264 \text{ kgm}^2$$

② 求 T_{eq}^m,根据式(6-8)可知

$$T_{eq}^m = \frac{1}{2\pi} F_L \frac{V_A}{n_m} + T_L n_{II}/n_m = \frac{1}{2\pi} \times 800 \times \frac{n_m \pi m z_1}{1000 n_m} + 4 \times \frac{z_1}{z_2} = 10 \text{ Nm}$$

二、执行元件的匹配选择

伺服系统是由若干元、部件组成的,其中有些元、部件已有系列化商品供选用。为降低机电一体化系统的成本、缩短设计与研制周期,应尽可能选用标准化零、部件。拟定系统方案时,首先确定执行元件的类型,然后根据技术条件的要求进行综合分析,选择与被控对象及其负载相匹配的执行元件。下面以电动机的匹配选择为例简要说明执行元件的选择方法。

被控对象由电动机驱动,因此,电动机的转速、转矩和功率等参数应和被控对象的需要相匹配,如冗余量大、易使执行元件价格贵,使机电一体化系统的成本升高,市场竞争力下降,在使用时,冗余部分用户用不上,易造成浪费。如果选用的执行元件的参数数值偏低,将达不到使用要求。所以,应选择与被控对象的需要相适应的执行元件。

例如,机床工作台的伺服进给运动轴所采用的执行元件(电动机)的额定转速 $n(r/min)$ 基本上应是所需最大转速,其额定转矩 $T(Nm$ 或 $Ncm)$ 应大于(考虑机械损失)所需要的最大转矩,即 T 应大于等效到电动机输出轴上的负载转矩 T_{eq}^m 与克服惯性负载所需要的转矩 $T_惯 = J_{eq}^m \varepsilon_m$,($\varepsilon_m$ 为电动机升降速时的角加速度(rad/s^2))之和。

(1) 系统执行元件的转矩匹配

设伺服进给系统执行元件输出轴所承受的等效负载转矩(包括摩擦负载和工作负载)为 T_{eq}^m、等效惯性负载转矩为 $T_惯$,则电动机轴上的总负载转矩为

$$T_\Sigma = T_{eq}^m + T_惯 \tag{6-9}$$

考虑到机械的总传动效率 η 时,则

$$T'_\Sigma = (T_{eq}^m + T_惯)/\eta \tag{6-10}$$

当机床工作台某轴的伺服电动机输出轴上所受等效负载转矩 $T_{eq}^m = 2.5$ Nm,等效转动惯量为 $J_{eq}^m = 3 \times 10^{-2}$ kgm²,由工作台某轴的最高速度换算为电动机输出轴角速度 ω_m 为 50 rad/s,等加速和等减速时间 $\Delta t = 0.5$ s,机械传动系统的总传动效率为 0.85 时,则

$$T_惯 = J_{eq}^m \varepsilon_m = J_{eq}^m \omega_m / \Delta t = 3 \times 10^{-2} \times 50/0.5 = 3 \text{ Nm}$$

因此, $\qquad T'_\Sigma = (2.5 + 3)/0.85 = 6.471$ Nm

若选用 110BF003 反应式步进电动机,其最大静转矩 $T_{jmax} = 7.84$ Nm。当采用三相六拍通电方式,为保证带负载能正常起动和定位停止,电动机的起动和制动转矩 T_q 应满足下列要求

$$T_q \geqslant T'_\Sigma \tag{6-11}$$

查表 3-7 可知, $T_q/T_{jmax} = 0.87$, $T_q = 0.87 \times T_{jmax} = 6.82$ Nm。因为 $T_q > T'_\Sigma$,故可选用。

(2) 系统执行元件的功率匹配(直流、交流伺服电动机)。

从上述可知,在计算等效负载力矩和等效负载惯量时,需要知道电动机的某些参数。在选择电动机时,常先进行预选,然后再进行必要的验算。预选电动机的估算功率 P 可由下式确定

$$P = \frac{(T_{eq}^m + J_{eq}^m \varepsilon_m) n_{max} \lambda}{9.55} = T_\Sigma \omega_{max} \lambda (W) \tag{6-12}$$

式中 n_{max}——电动机的最高转速(r/min);

ω_{max}——电动机的最高角速度(rad/s);

λ——考虑电动机、减速器等的功率系数,一般取 $\lambda = 1.2 \sim 2$,对于小功率伺服系统 λ

可达 2.5。

在预选电动机功率后,应进行以下验算。

1) 过热验算。当负载转矩为变量时,应用等效法求其等效转矩 T_{eq},在电动机励磁磁通 Φ 近似不变时

$$T_{eq} = T_{dx} = \sqrt{\frac{T_1^2 t_1 + T_2^2 t_2 + \cdots}{t_1 + t_2 + \cdots}} \quad (6-13)$$

式中 t_1, t_2——时间间隔,在此时间间隔内的负载转矩分别为 T_1、T_2、…。

则所选电动机的不过热的条件为

$$\begin{cases} T_N \leqslant T_{eq} \\ P_N \geqslant P_{eq} \end{cases} \quad (6-14)$$

式中 T_N——电动机的额定转矩(Nm);

P_N——电动机的额定功率(W);

P_{eq}——由等效转矩换算的电动机功率,$P_{eq} = (T_{eq} n_N)/9.55$(W),其中 n_N 为电动机的额定转速(r/min)。

2) 过载验算。即应使瞬时最大负载转矩 $T_{\Sigma max}$ 与电动机的额定转矩 T_N 的比值不大于某一系数,即

$$\frac{T_{\Sigma max}}{T_N} \leqslant k_m \quad (6-15)$$

式中 k_m——电动机的过载系数,一般电动机产品目录中给出。

三、减速比的匹配选择与各级减速比的分配

减速比主要根据负载性质、脉冲当量和机电一体化系统的综合要求来选择确定,既要使减速比达到一定条件下最佳,同时又要满足脉冲当量与步距角之间的相应关系,还要同时满足最大转速要求等。当然要全部满足上述要求是非常困难的。

1) 使加速度最大的选择方法。当输入信号变化快、加速度又很大时,应使

$$i = \frac{T_{LF}}{T_m} + \left[\left(\frac{T_{LF}}{T_m}\right) + \frac{J_L}{J_m}\right]^{1/2} \quad (6-16)$$

2) 最大输出速度选择方法。当输入信号近似恒速,即加速度很小时,应使

$$i = \frac{T_{LF}}{T_m} + \left[\left(\frac{T_{LF}}{T_m}\right) + \frac{f_1}{f_2}\right]^{1/2} \quad (6-17)$$

式中 f_1——电动机的黏性摩擦系数;

f_2——负载的黏性摩擦系数。

3) 满足送进系统传动基本要求的选择方法。即满足脉冲当量 δ、步距角 α 和丝杠基本导程 P_h(螺距)之间的匹配关系

$$i = \alpha P_h / (360°\delta) \quad (6-18)$$

4) 减速器输出轴转角误差最小原则。即

$$\Delta\varphi_{max} = \sum_{i}^{n} \Delta\varphi_k / i_{(k-n)}$$

最小。

5）对速度和加速度均有一定要求的选择方法。当对系统的输出速度、加速度都有一定要求时，应按 1)选择减速比 i，然后验算是否满足 $i\omega_{Lmax} \leq \omega_m$，式中的 $\omega_{Lmax}(\dot{\theta}_{Lmax})$ 为负载的最大角速度；$\omega_m(\dot{\theta}_m)$ 为电动机输出的角速度。

根据设计要求，通过综合分析，利用上述方法选择总减速比之后，就需要合理确定减速级数及分配各级的速比，其分配原则可参看第 2 章。

四、检测传感装置、信号转换接口电路、放大电路及电源等的匹配选择与设计

执行元件与机械传动系统确定之后，需要根据所拟系统的初步方案，选择和设计系统的其余部分，把初步方案逐步具体化。各部分的设计计算，必须从系统总体要求出发，考虑相邻部分的广义接口、信号的有效传递（防干扰措施）、输入/输出的阻抗匹配。总之，要使整个系统在各种运行条件下，达到各项设计要求。伺服系统的稳态设计就是要从两头入手，即首先从系统应具有的输出能力及要求出发，选定执行元件和传动装置；其次是从系统的精度要求出发，选择和设计检测装置及信号的前向和后向通道；最后通过动态设计计算，设计适当的校正补偿装置、完善电源电路及其他辅助电路，从而达到机电一体化系统的设计要求。

检测传感装置的精度（即分辨力）、不灵敏区等要适应系统整体的精度要求，在系统的工作范围内，其输入/输出应具有固定的线性特性，信号的转换要迅速及时，信噪比要大，装置的转动惯量及摩擦阻力矩要尽可能小，性能要稳定可靠等。

信号转换接口电路应尽量选用商品化的集成电路，要有足够的输入/输出通道，不仅要考虑与传感器输出阻抗的匹配，还要考虑与放大器的输入阻抗符合匹配要求。

伺服系统放大器的设计与选择主要考虑以下几个问题：

1）功率输出级必须与所用执行元件匹配，其输出电压、电流应满足执行元件的容量要求，不仅要满足执行元件额定值的需要，而且还应该能够保证执行元件短时过载、短时快速的要求。总之，输出级的输出阻抗要小，效率要高、时间常数要小。

2）放大器应为执行元件（如电动机）的运行状态提供适宜条件。例如：为大功率电动机提供制动条件，为力矩电动机或永磁式直流电动机的电枢电流提供限制保护措施。

3）放大器应有足够的线性范围，以保证执行元件的容量得以正常发挥。

4）输入级应能与检测传感装置相匹配。即它的输入阻抗要大，以减轻检测传感装置的负荷。

5）放大器应具有足够的放大倍数，其特性应稳定可靠，便于调整。

伺服系统的能源（特别是电源）支持：在一个系统中，所需电源一般很难统一，特别是放大器的电源常常为适应各放大级的不同需要而进行适应性设计。但是最关键的还是动力电源，它常常制约系统方案的形式。系统对电源的稳定度和对频率的稳定度都有一定要求，设计时要注意不要让干扰信号从电源引入，所使用电源应具有足够的保护措施，如过电压保护、掉电保护、过电流保护、短路保护等。抗干扰措施有滤波、隔离、屏蔽等。此外，要有为系统服务的自检电路、显示与操作装置。总之，系统设计牵涉的知识面较广，每一个环节均要给予充分注意。

五、系统数学模型的建立及主谐振频率的计算

在稳态设计的基础上，利用所选元、部件的有关参数，可以绘制出系统框图，并根据自动控

制理论基础课程所学知识建立各环节的传递函数,进而建立系统传递函数。现以工作台闭环伺服进给系统为例,分析在不同控制方式下的传递函数的建立方法。

(1) 半闭环控制方式。

图 6-3 为检测传感器装在丝杠端部的半闭环伺服控制系统。它的系统框图如图 6-4 所示。该图的传递函数为

$$G(s) = \frac{\Theta_i(s)}{V_i(s)} = \frac{G_1 G_2 G_3 G_4}{1 + G_2 G_3 G_7 + G_1 G_2 G_3 G_4 G_5 G_6}$$

$$= \frac{K_a K_A K_m / i_1}{s(1 + T_m s) + K_A K_m K_v s + K_a K_A K_r K_m / (i_1 i_2)}$$

$$= \frac{K}{T_m s^2 + (1 + K_A K_m K_v) s + K K_r / i_2} \quad (6-19)$$

式中 $K = K_a K_A K_m / i_1$。

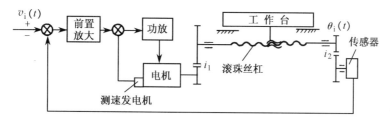

图 6-3 用滚珠丝杠传动工作台的伺服进给系统

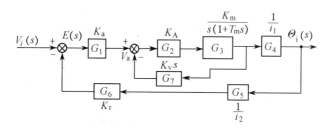

图 6-4 系统框图

K_a—前置放大器增益;K_A—功率放大器增益;K_m—直流伺服电动机增益;K_v—速度反馈增益;T_m—直流伺服电动机时间常数;i_1、i_2—减速比;K_r—位置检测传感器增益;$V_i(s)$输入电压的拉氏变换;$\Theta_i(s)$—丝杠输出转角的拉氏变换

当系统受到附加外扰动转矩 T_r(如摩擦转矩)时,图 6-4 就变为图 6-5。图中:K_T—直流伺服电动机的转矩常数;R_a—直流伺服电动机转子的绕组阻抗;R_0—功率放大器的输出阻抗;$V_D(s)$—对应于扰动力矩的等效扰动电压的拉氏变换。为分析方便起见,将 6-5 改画成图 6-6 所示,则传递函数为

$$G(s) = \frac{\Theta_i(s)}{V_D(s)} = \frac{K_m(R_0 + R_a)/(K_T i_1)}{T_m s^2 + (1 + K_A K_m K_v) s + K_A K_m K_a K_r / (i_1 i_2)} \quad (6-20)$$

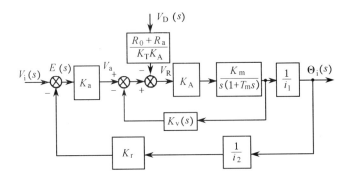

图6-5 附加扰动力矩(以电压 V_D 表示)的系统框图

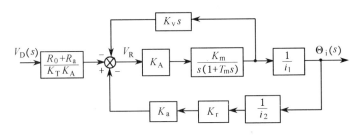

图6-6 附加扰动力矩的等效电压后的框图

(2) 全闭环控制方式

检测传感器安装在工作台动导轨上的直流伺服控制系统,如图6-7所示。其系统框图如图6-8所示。

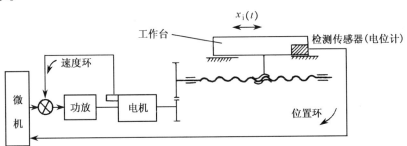

图6-7 全闭环直流伺服控制系统组成

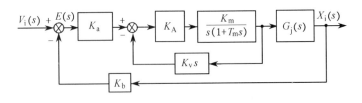

图6-8 系统框图

图中:$G_j(s)$—机械传动系统传递函数,K_b—位移传感器的传递函数,其余同图6-4,则系

· 224 ·

统的传递函数为

$$G(s) = \frac{X_i(s)}{V_i(s)} = \frac{K_a K_A K_m G_j(s)}{T_m s^2 + (1 + K_A K_m K_v)s + K_a K_A K_m K_b G_j(s)} \quad (6-21)$$

机械传动系统的传递函数 $G_j(s)$ 的建立方法如下：

如图 6-9 所示，伺服进给传动系统由齿轮减速器、轴、丝杠副及直线运动工作台等组成。图中，$\theta_{mi}(t)$——伺服电动机输出轴转角（系统输入量）；$x_0(t)$——工作台位移（系统输出量）；i_1、i_2——减速器的减速比；J_1、J_2、J_3——轴Ⅰ、Ⅱ、Ⅲ及其轴上齿轮的转动惯量；M——工作台直线移动部件的质量；B——工作台直线运动的速度阻尼系数；l_0——丝杠的导程（螺距）；K_1、K_2、K_3——轴Ⅰ、Ⅱ、Ⅲ的扭转刚度；K_4——丝杠副

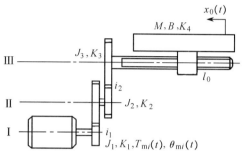

图 6-9 伺服进给机械传动系统示意

及螺母座部分的轴向刚度；$T_{mi}(t)$——伺服电动机的输出转矩。

设 $K_{\text{Ⅲ}}$ 为 K_3、K_4 换算到轴Ⅲ上的扭转刚度，则有

$$K_{\text{Ⅲ}} = \frac{1}{\frac{1}{K_3} + \frac{1}{\frac{l_0 K_4}{2\pi}}} = \frac{l_0 K_3 K_4}{2\pi K_3 + l_0 K_4} \quad (6-22)$$

设 K 为等效到电动机轴上的总的扭转刚度，则有

$$K = \frac{1}{\frac{1}{K_1} + \frac{1}{\frac{K_2}{i_1^2}} + \frac{1}{K_{\text{Ⅲ}}(\frac{1}{i_1^2 i_2^2})}} = \frac{K_1 K_2 K_{\text{Ⅲ}}}{K_2 K_{\text{Ⅲ}} + K_1 K_{\text{Ⅲ}} i_1^2 + K_1 K_2 i_1^2 i_2^2} = \quad (6-23)$$

又有：$x_0(t)$ 等效到电动机轴Ⅰ上的转角为 $i_1 i_2 \frac{2\pi x_0(t)}{l_0}$

$x_0(t)$ 等效到Ⅱ轴上的转角为 $i_2 \frac{2\pi}{l_0} x_0(t)$；

$x_0(t)$ 等效到Ⅲ轴上的转角为 $\frac{2\pi}{l_0} x_0(t)$；

M 等效到Ⅲ轴上的转动惯量为 $M(\frac{l_0}{2\pi})^2$；

B 等效到Ⅲ轴上的速度阻尼系数为 $B(\frac{l_0}{2\pi})^2$。

设作用在轴Ⅱ上的转矩为 $T_2(t)$，作用在轴Ⅲ上的转矩为 $T_3(t)$，则有

$$K[\theta_{mi}(t) - i_1 i_2 \frac{2\pi}{l_0} x_0(t)] = T_{mi}(t)$$

$$T_{mi}(t) = J_1 \frac{d^2(i_1 i_2 2\pi x_0(t)/l_0)}{dt^2} + \frac{T_2(t)}{i_1}$$

$$T_2(t) = J_2 \frac{d^2(i_2 2\pi x_0(t)/l_0)}{dt^2} + \frac{T_3(t)}{i_2}$$

$$T_3(t) = \left[J_3 + M(l_0/2\pi)^2\right] \frac{d^2\left(\frac{2\pi}{l_0}x_0(t)\right)}{dt^2} + B(l_0/2\pi)^2 \frac{d(2\pi x_0(t)/l_0)}{dt}$$

消去 $T_{mi}(t)$、$T_2(t)$、$T_3(t)$，并进行拉氏变换经整理得到系统的传递函数为

$$\frac{X_i(s)}{\Theta_{mi}(s)} = K \bigg/ \left\{ \left[J_1 + J_2/i_1^2 + J_3/(i_1^2 i_2^2) + M\left(\frac{l_0}{2\pi}\right)^2 /(i_1^2 i_2^2)\right] s^2 + B\left(\frac{l_0}{2\pi}\right)^2 /(i_1^2 i_2^2) s + K \right\}$$

故

$$G_j(s) = \frac{X_i(s)}{\Theta_{mi}(s)} = \frac{K l_0/(2\pi i_1 i_2)}{J_{eq}^m s^2 + B\left(\frac{l_0 i_1 i_2}{2\pi}\right) s + K} \tag{6-24}$$

式中　　$J_{eq}^m + J_1 + J_2/i_1^2 + J_3/(i_1^2 i_2^2) + M\left(\frac{l_0}{2\pi}\right)^2 /(i_1^2 i_2^2)$

(3) 工作台进给系统的主谐振频率

对于带非刚性轴的传动系统，上述完整的传递函数必然是高阶的。而在控制系统应用中，往往感兴趣的是机械传动系统的主谐振频率。现就其主谐振频率的求法分析如下：

在图 6-10(a) 所示的机械传动系统中：$T_{mi}(t)$—电动机输出转矩(Nm)；$x_i(t)$—工作台位移(m)；i_1、i_2—减速比；K_1、K_2、K_3—轴 I、II、III 的扭转刚度(Nm/rad)；$\theta_{mi}(t)$—电动机输出轴角位移(rad)；J_1、J_2、J_3—轴 I、II、III 上运动零部件的转动惯量(kgm²)；M—工作台上直线运动零部件的总质量(kg)；l_0—丝杠的导程(m)；$J_0 = J_{eq}$—轴 II、III 转动惯量以及工作台总质量 M 等效到电动机轴上的总转动惯量(kgm²)；$B_0 = B_{eq}$—工作台直线运动速度阻尼系数 B 等效到电动机轴上的等效阻尼系数(Nm/(m/s))；K—机械传动系统的总扭转刚度(Nm/rad)。由图

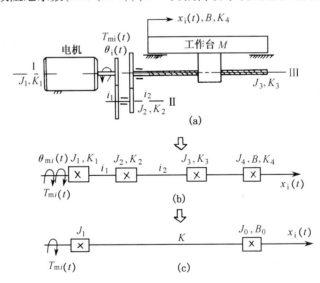

图 6-10　机械传动系统的简化

6-10(b)、(c)可知

$$K = \cfrac{1}{\cfrac{1}{K_1} + \cfrac{1}{K_2/i_1^2} + \cfrac{1}{K_3/(i_1^2 i_2^2)} + \cfrac{1}{K_4/\left(\cfrac{l_0}{2\pi i_1 i_2}\right)^2}}$$

$$= \frac{K_1 K_2 K_3 K_4 l_0^2}{K_2 K_3 K_4 l_0^2 + K_1 K_3 K_4 l_0^2 i_1^2 + K_1 K_2 K_4 l_0^2 i_1^2 i_2^2 + K_1 K_2 K_3 i_1^2 i_2^2 (2\pi)^2}$$

$$J_0 = J_2/i_1^2 + J_3/(i_1 i_2)^2 + \left(\frac{l_0}{2\pi}\right)^2 M/(i_1 i_2)^2 = J_{eq}$$

$$B_0 = \left(\frac{l_0 i_1 i_2}{2\pi}\right)^2 B = B_{eq}$$

则可写出简化系统的动态方程:

$$\begin{cases} J_1 \dfrac{d^2 \theta_{mi}(t)}{dt^2} = T_{mi}(t) - K\left[\theta_{mi}(t) - \dfrac{2\pi i_1 i_2}{l_0} x_i(t)\right] \\ J_0 \left(\dfrac{2\pi i_1 i_2}{l_0}\right) \dfrac{d^2 x_i(t)}{dt^2} = -K\left[\left(\dfrac{2\pi i_1 i_2}{l_0}\right) x_i(t) - \theta_{mi}(t)\right] - B\left[\left(\dfrac{2\pi i_1 i_2}{l_0}\right) \dfrac{dx_i(t)}{dt}\right] \end{cases}$$
(6-25)

对上式进行拉氏变换得

$$\begin{cases} J_1 s^2 \Theta_{mi}(s) = T_{mi}(s) - K[\Theta_{mi}(s) - X'_i(s)] \\ J_0 s^2 X_i(s) = K[\Theta_{mi}(s) - X'_i(s)] - B_0 s X'_i(s) \end{cases} \quad (6-26)$$

式中 $X'_i(s) = \dfrac{2\pi i_1 i_2}{l_0} X_i(s) = D X_i(s)$,其中 $D = \dfrac{2\pi i_1 i_2}{l_0}$。

根据式(6-26),可画出简化系统的框图如图6-11所示。通过系统框图的简化可得系统的传递函数为

$$\frac{X_i(s)}{T_{mi}(s)} = \cfrac{\cfrac{K}{J_1 s^2 (J_0 s^2 + B_0 s + K)}}{D\left(1 + \cfrac{Ks(J_0 s + B_0)}{J_1 s^2 (J_0 s^2 + B_0 s + K)}\right)}$$

$$= \frac{K}{Ds\{J_1 J_0 s^3 + J_1 B_0 s^2 + (J_1 + J_0) Ks + B_0 K\}} \quad (6-27)$$

式中 $J_0 = J_{eq}, B_0 = B_{eq}$

通常,在机械传动系统中,$B_0 = B_{eq}$是比较弱的,故式(6-27)可近似用下式表示

$$\frac{X_i(s)}{T_{mi}(s)} = \frac{l_0/(2\pi i_1 i_2)}{s[J_{eq}^m s + B_{eq}]\left[\dfrac{J_1 J_{eq}}{K J_{eq}^m} s^2 + 2\zeta \sqrt{\dfrac{J_{eq} J_1}{K J_{eq}^m}} s + 1\right]} \quad (6-28)$$

则 $\zeta = \dfrac{1}{2} \dfrac{B_{eq}}{J_{eq}} \sqrt{\dfrac{J_{eq} J_1}{K J_{eq}^m}} \left[1 - \dfrac{J_{eq}}{J_{eq}^m}\right]$——阻尼比

$\omega_n = \sqrt{\dfrac{K J_{eq}^m}{J_1 J_{eq}}}$——主谐振频率。

式中 J_{eq}^m为系统等效到电动机轴上的总转动惯量。

从式(6-28)可以看出,由于系统存在一个等效速度阻尼系数 B_{eq},说明该系统不仅主谐振

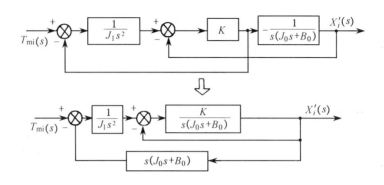

图 6-11 系统框图

频率具有阻尼特性,且有一个纯积分转变为惯性环节。

例 由直流伺服电动机驱动的全闭环系统,如图 6-12 所示,检测传感器安装在移动工作台导轨上。这种方式常用于不能采用大变速比的直流伺服电动机或 CNC 机床的连续切削控制等的驱动系统中。已知:

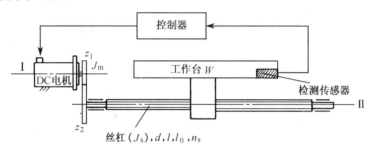

图 6-12 直流伺服电动机驱动全闭环控制系统

直流伺服电动机:转速 = 1 200 r/min,功率 $P = 1.5$ kW,转子转动惯量 $J_m = 1 \times 10^{-4}$ kgm²。
齿轮箱:高速减速比 $i = 3$, $z_1 = 17$, $z_2 = 51$,模数 $m = 2$,齿轮宽度 $B = 15$ mm。
滚珠丝杠:直径 $d = 60$ mm,长度 $l = 2.16$ m,导程 $l_0 = 12$ mm,丝杠转速 $n_s = 400$ r/min。
工作台:移动部件总重 $W = 2 000$ N,最大进给速度为 4.8 m/min,导轨摩擦系数 0.05。
求:该机械传动系统的主谐振频率和由于轴向刚度和齿轮传动间隙引起的失动量。

解 (1) 求主谐振频率 ω_n

因为 $J_1 = J_m + J_{z1}$, $J_{z1} = \dfrac{\pi d_1^4 B \gamma}{32 g}$,取 $\gamma = 7.8 \times 10^4$ N/m³; $g = 10$ m/s²

$$J_{z1} = \frac{3.1416 \times 0.034^4 \times 0.015 \times 7.8 \times 10^4}{32 \times 10} = 1.535 \times 10^{-5} \quad (\text{kgm}^2)$$

所以 $J_1 = 1 \times 10^{-4} + 1.535 \times 10^{-5} = 1.1535 \times 10^{-4}$ (kgm²)

又 $J_{eq} = J_s/i^2 + J_{z2}/i^2 + \left(\dfrac{l_0}{2\pi}\right)^2 \dfrac{W}{gi^2} = \dfrac{\pi d_s^4 l \gamma}{32 g i^2} + \dfrac{\pi d_2^4 B \gamma}{32 g i^2} + \left(\dfrac{l_0}{2\pi}\right)^2 \dfrac{W}{gi^2}$

$$= \frac{3.1416 \times 0.06^4 \times 2.16 \times 7.8 \times 10^4}{32 \times 10 \times 3^2} + \frac{3.1416 \times 0.102^4 \times 0.015 \times 7.8 \times 10^4}{32 \times 10 \times 3^2} +$$

$$\left(\frac{0.012}{2 \times 3.1416}\right)^2 \times \frac{2000}{10 \times 3^2}$$

$$= 2.38 \times 10^{-3} + 1.38 \times 10^{-4} + 8.11 \times 10^{-4} = 3.32 \times 10^{-3} \quad (\text{kgm}^2)$$

从刚度计算方法可知:轴 I 与轴 II 的扭转刚度为

$$K_{\text{I}} = K_{\text{m}} = \frac{\pi d_{\text{m}}^4 G}{32 l}$$

式中 K_{m}——电动机输出轴的扭转刚度;

d_{m}——电动机输出轴的直径(设 $d_{\text{m}} = 0.025$ m),可能变形的长度为 $l_{\text{b}} = 100$ mm;

G——钢的弹性模量(8.1×10^{10} Pa)。

则 $K_{\text{I}} = K_{\text{m}} = \dfrac{\pi d_{\text{m}}^4 G}{32 l_{\text{b}}} = \dfrac{3.1416 \times 0.025^4 \times 8.1 \times 10^{10}}{32 \times 0.1} = 3.1 \times 10^4$ (Nm/rad)

$K_{\text{II}} = K_{\text{s}} = \dfrac{\pi d_{\text{s}}^4 G}{32 l} = \dfrac{3.1416 \times 0.06^4 \times 8.1 \times 10^{10}}{32 \times 2.16} = 4.8 \times 10^4$ (Nm/rad)

因为机械系统的总扭转刚度 K_{e} 为

$$K_{\text{e}} = \frac{1}{1/K_{\text{m}} + 1/(K_{\text{s}} i^2)} = \frac{1}{\dfrac{1}{3.1 \times 10^4} + \dfrac{1}{4.8 \times 10^4 \times 9}} = 28890 \quad (\text{Nm/rad})$$

故由机械传动系统的扭转刚度引起的主谐振频率 ω_n 为

$$\omega_n = \sqrt{\frac{K_{\text{e}} J_{\text{eq}}^{\text{m}}}{J_1 J_{\text{eq}}}} = \sqrt{\frac{K_{\text{e}}(J_1 + J_{\text{eq}})}{J_1 J_{\text{eq}}}} = \sqrt{\frac{28890 \times (1.1535 \times 10^{-4} + 3.32 \times 10^{-3})}{1.1535 \times 10^{-4} \times 3.32 \times 10^{-3}}} = 16\,187 \quad (\text{rad/s})$$

(2) 求由丝杠系统的轴向刚度和齿轮传动间隙引起的失动量 Δx_0

由于丝杠的两端由止推轴承支承,所以丝杠的轴向刚度,即压缩刚度 K_{c} 由下式求得

$$K_{\text{c}} = \frac{ES}{l} = \frac{E\pi d^2}{4l} = \frac{2.1 \times 10^{11} \times 3.14 \times 0.06^2}{4 \times 2.16} = 2.75 \times 10^8 \quad (\text{N/m})$$

式中 E——纵弹性模量(2.1×10^{11} Pa);

s——丝杠截面积(m^2);

l——丝杠长度(m);

d——丝杠直径(m)。

因为两端均由止推轴承支承,所以这里可取 $l = 2.16/2 = 1.08$ m,故 $K_{\text{c}} = 5.5 \times 10^8$ N/m,如图 6-13 所示,止推轴承和滚珠丝母的刚度从有关资料中可以求出。这里取螺母的刚度 $K_{\text{N}} = 2.14 \times 10^9$ N/m,止推轴承的刚度 $K_{\text{B}} = 1.07 \times 10^9$ N/m。由于单个轴承的刚度与 $l/2$ 长的丝杠串联,故

$$K' = \frac{1}{1/K_{\text{B}} + 1/K_{\text{c}}} = \frac{K_{\text{B}} K_{\text{c}}}{K_{\text{B}} + K_{\text{c}}}$$

又因为 $l/2$ 长丝杠的并联作用,所以它们合成后的刚度是

$$K'' = \frac{2 K_{\text{B}} K_{\text{c}}}{K_{\text{B}} + K_{\text{c}}} = \frac{2 \times 1.07 \times 10^9 \times 5.5 \times 10^8}{1.07 \times 10^9 + 5.5 \times 10^8} = 7.26 \times 10^8 \quad (\text{N/m})$$

由于 K'' 与螺母刚度 K_{N} 串联,故丝杠系统的总刚度为

$$K_{\text{e}} = \frac{K'' K_{\text{N}}}{K'' + K_{\text{N}}} = \frac{7.26 \times 10^8 \times 2.14 \times 10^9}{7.26 \times 10^8 + 2.14 \times 10^9} = 5.42 \times 10^8 \quad (\text{N/m})$$

又因工作台启动时的摩擦阻力 $F = 2\,000 \times 0.05 = 100$ N,所以到工作台开始移动,只压缩了 $F/K_{\text{e}} = \Delta x_1$,又因为由压线引起的失灵区是 $2\Delta x_1$,所以

$$2\Delta x_1 = \frac{2F}{K_{\text{e}}} = \frac{2 \times 100}{5.42 \times 10^8} = 3.7 \times 10^{-7} \text{ m} = 0.37 \text{ μm}$$

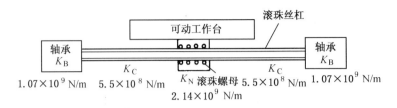

图 6-13 滚珠丝杠两端用止推轴承支承

如果设滚珠丝杠轴端齿轮 z_2 和齿轮 z_1 之间的齿侧间隙为 0.12 mm，那么由齿侧间隙引起的工作台位移失动量 Δx_1 为

$$\Delta x_2 = \frac{0.12 l_0}{\pi z_2 m} = \frac{0.12 \times 12}{3.14 \times 51 \times 2} = 0.0045 \text{ mm} = 4.5 \text{ }\mu\text{m}$$

故 $\Delta x_0 = 2\Delta x_1 + \Delta x_2 = 0.37 + 4.5 = 4.87 \text{ }\mu\text{m}$。

§6.3 机电有机结合之二——机电一体化系统的动态设计考虑方法

一、机电伺服系统的动态设计

机电一体化系统的伺服系统的稳态设计只是初步确定了系统的主回路，还很不完善。在稳态设计基础上所建立的系统数学模型一般不能满足系统动态品质的要求，甚至是不稳定的。为此，必须进一步进行系统的动态设计。系统的动态设计包括：选择系统的控制方式和校正（或补偿）形式，设计校正装置，将其有效地连接到稳态设计阶段所设计的系统中去，使补偿后的系统成为稳定系统，并满足各项动态指标的要求。伺服系统常用的控制方式为反馈控制方式（即误差控制方式），也可采用前馈和反馈相结合的复合控制等方式。它们各具特点，需要按被控对象的具体情况和要求，从中选择一种适宜的方式。同样，校正形式也多种多样，设计者需要结合稳态设计所得到系统的组成特点，从中选择一种或几种校正形式，这是进行定量计算分析的前提。具体的定量分析计算方法很多，每种方法都有其自身的优点和不足。而工程上常用对数频率法即借助波德（Bode）图和根轨迹方法进行设计，这些方法作图简便，概念清晰，应用广泛。

对数频率法即波德图法，主要适用于线性定常最小相位系统。系统以单位反馈构成闭环，若主反馈系统不为 l（单位反馈），则需要等效成单位反馈的形式来处理。这是因为该方法主要用系统开环对数幅频特性进行设计，必须将各项设计指标反映到波德图上，并画出一条能满足要求的系统开环对数幅频特性，并与原始系统（稳态设计基础上建立的系统）的开环对数幅频特性相比较，找出所需补偿（或校定）装量的对数幅频特性。然后根据此特性来设计较正（或补偿）装置，将该装置有效地连接到原始系统的电路中去，使校正（或补偿）后的开环对数幅频特性基本上与所希望系统的特性相一致。这就是动态设计的一般考虑方法和步骤。

二、系统的调节方法

在研究机电伺服系统的动态特性时，一般先根据系统组成建立系统的传递函数（即原始系统数学模型),不易用理论方法求解的可用实验方法建立。进而可以根据系统传递函数分析系统的稳定性、系统的过渡过程品质(响应的快速性和振荡)及系统的稳态精度。

当系统有输入或受到外部干扰时,其输出必将发生变化,由于系统中总是含有一些惯性或蓄能元件,其输出量也不能立即变化到与外部输入或干扰相对应的值,也就是说需要有一个变化过程,这个变化过程即为系统的过渡过程。

当系统在阶跃信号作用下,过渡过程大致有以下三种情况:① 系统的输出按指数规律上升,最后平稳地趋于稳态值;② 系统的输出发散,即没有稳态值,此时系统是不稳定的;③ 系统的输出虽然有振荡,但最终能趋于稳态值。

当系统的过渡过程结束后,其输出值达到与输出相对应的稳定状态,此时系统的输出值与目标值之差被称为稳态误差。具体表征系统动态特性好坏的定量指标就是系统过渡过程的品质指标,在时域内,这种品质指标一般用单位阶跃响应曲线(图 6-14)中的参数来表示,即

T_s—上升时间;T_y—延滞时间;T_t—调整时间;$\sigma\%$—最大超调量。

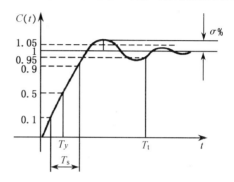

图 6-14 单位阶跃响应过渡过程曲线

当系统不稳定或虽然稳定但过渡过程性能和稳态性能不能满足要求时,可先调整系统中的有关参数。如仍不能满足使用要求就需进行校正(常采用校正网络)。所使用的校正网络多种多样,其中最简单的校正网络是比例—积分—微分调节器,简称 PID 调节器(P-比例、I-积分、D-微分)。

(1) PID 调节器及其传递函数

简单的调节器由阻容电路组成。这种无源校正网络衰减大,不易与系统其他环节相匹配,目前常用的调节器是有源校正网络。它由运算放大器与阻容电路组成,其类型如图 6-15 所示。

1) 比例(P)调节。比例调节网络如图 6-15(a)所示,其传递函数为

$$G_c(s) = -K_p \quad (6-29)$$

式中 $K_p = R_2/R_1$。

它的调节作用的大小主要取决于增益 K_p(比例系数)的大小。K_p 越大,调节作用越强,但是存在调节误差。而且 K_p 太大会引起系统不稳定。

2) 积分(I)调节。积分调节网络如图 6-15(b)所示。其传递函数为

$$G_c(s) = 1/(T_i s) \quad (6-30)$$

式中 $T_i = RC$。

系统中采用积分环节可以减少或消除误差,但由于积分调节器响应慢,故很少单独使用。

3) 比例—积分(PI)调节。其网络如图 6-15(c)所示。它的传递函数为

$$G_c(s) = -K_p(1 + 1/(T_i s)) \quad (6-31)$$

式中 $K_p = R_2/R_1, T_i = R_2 C$。

这种环节既克服了单纯比例环节有调节误差的缺点,又避免了积分环节响应慢的弱点,既

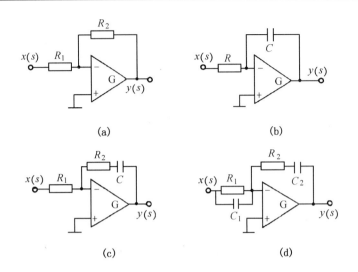

图 6-15 有源调节器

能改善系统的稳定性能,又能改善其动态性能。

4) 比例-积分-微分(PID)调节。这种调节网络的组成如图 6-15(d)所示,其传递函数为

$$G_c(s) = -K_p(1 + 1/(T_i s) + T_d s) \quad (6-32)$$

式中　$K_p = (R_1C_1 + R_2C_2)/(R_1R_2)$;

　　　　$T_i = R_1C_1 + R_2C_2$;

　　　　$T_d = R_1C_1R_2C_2/(R_1C_1 + R_2C_2)$。

这种校正环节不但能改善系统的稳定性能也能改善其动态性能。但是,由于它含有微分作用,在噪声比较大或要求响应快的系统中不宜采用;PID 调节器能使闭环系统更加稳定,其动态性能也比用 PI 调节器时更好。

有源校正,通常不是靠理论计算而是用工程整定的方法来确定其参数的。大致做法如下:在观察输出响应波形是否合乎理想要求的同时,按照先调 K_p、后调 T_i、再调 T_d 的顺序,反复调整这三个参数,直至观察到输出响应波形比较合乎理想状态要求为止(一般认为在闭环机电伺服系统的过渡过程曲线中,若前后两个相邻波峰值之比为 4∶1 时,则响应波形较为理想)。

(2) 调节作用分析

图 6-16 为闭环机电伺服系统结构图的一般表达形式。图中的调节器是为改善系统性能而加入的。调节器 $G_c(s)$ 有电子式、液压式、数字式等多种形式,它们各有其优缺点,使用时必须根据系统的特性,选择具有适合于系统控制作用的调节器。在控制系统的评价或设计中,重要的是系统对目标值的偏差和系统在有外部干扰时所产生的输出(即误差)。

由图 6-16 可写出控制系统对输入和干扰信号的闭环传递函数分别为

$$\frac{C(s)}{R(s)} = \frac{AG_c(s)G_v(s)G_p(s)}{1 + G_c(s)G_v(s)G_p(s)G_h(s)} \quad (6-33)$$

$$\frac{C(s)}{D(s)} = \frac{G_p(s)G_d(s)}{1 + G_c(s)G_v(s)G_p(s)G_h(s)} \quad (6-34)$$

系统在输入和干扰信号同时作用下的输出象函数为

第6章 机电一体化系统的机电有机结合分析与设计

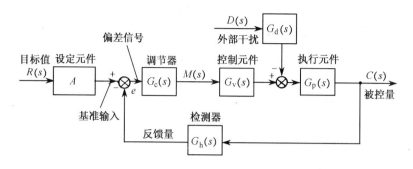

图 6-16 闭环伺服系统结构图

$$C(s) = \frac{AG_c(s)G_v(s)G_p(s)}{1+G_c(s)G_v(s)G_p(s)G_h(s)}R(s) + \frac{G_p(s)G_d(s)}{1+G_c(s)G_v(s)G_p(s)G_h(s)}D(S)$$

(6-35)

式中 $C(s)$——输出量的象函数;

$R(s)$——输入量的象函数;

$D(s)$——外部干扰信号的象函数;

$G_c(s)$——调节器的传递函数;

$G_v(s)$——控制元件的传递函数;

$G_p(s)$——执行元(部)件的传递函数;

$G_h(s)$——检测元件的传递函数;

$G_d(s)$——外部干扰的传递函数。

调节器控制作用有三种基本形式,即比例作用、积分作用和微分作用。每种作用可以单独使用也可以组合使用,但微分作用形式很少单独使用,一般与比例作用形式或比例—积分作用形式组合使用。这些控制作用如表 6-1 所示,表中 m 为调节器的输出;e 为偏差信号;K_0 为比例增益;T_i 为积分时间常数;T_d 为微分时间常数。这些控制作用对阶跃、脉冲、斜坡及正弦波四种典型信号的响应如表 6-2 所示。

表 6-1 基本控制作用的种类

作用形式	符 号	说 明	公 式
单项作用	P	比例	$m = K_0 e$
	I	积分(复位)	$m = \frac{1}{T_i}\int e dt$
二项作用	PI	比例+积分	$m = K_p\left[e + \frac{1}{T_i}\int e dt\right]$
	PD	比例+微分	$m = K_p\left[e + T_d\frac{d}{dt}e\right]$
三项作用	PID	比例+积分+微分	$m = K_p\left[e + \frac{1}{T_i}\int e dt + T_d\frac{d}{dt}e\right]$

表6-2 典型信号的响应

控制作用＼输入	阶跃	脉冲	斜坡	正弦波
P				
I			$m = kt^3$	
D				
PI			$m = (Kt+K)t$	
PD				
PID				

下面讨论各种控制作用对系统产生的控制结果。设图6-16中各传递函数表达式为

$$G_p(s) = \frac{K_p}{T_d s + 1} \qquad G_d(s) = \frac{1}{K_p}$$

$$G_v(s) = K_v \qquad G_h(s) = K_h$$

1) 应用比例(P)调节器的情况。应用比例作用时,其闭环响应为

$$C(s) = \frac{AK_0 K_v \dfrac{K_p}{T_d s + 1}}{1 + \dfrac{K_0 K_v K_p K_h}{T_d s + 1}} R(s) + \frac{\dfrac{K_p}{T_d s + 1} \dfrac{1}{K_p}}{1 + \dfrac{K_0 K_v K_p K_h}{T_d s + 1}} D(s) \tag{6-36}$$

即

$$C(s) = \frac{K_1}{\tau_1 s + 1} R(s) + \frac{K_2}{\tau_1 s + 1} D(s) \tag{6-37}$$

由式(6-37)知:

输入信号 $R(s)$ 引起的输出为

$$C_r(s) = \frac{K_1}{\tau_1 s + 1} R(s) \tag{6-38}$$

扰动信号 $D(s)$ 引起的输出为

$$C_d(s) = \frac{K_2}{\tau_1 s + 1} D(s) \tag{6-39}$$

式中

$$K_1 = \frac{AK_0 K_v K_p}{1 + K_0 K_v K_p K_h}; \qquad K_2 = \frac{1}{1 + K_0 K_v K_p K_h}; \qquad \tau_1 = \frac{T_d}{1 + K_0 K_v K_p K_h}$$

从以上推导知,系统加入具有比例作用的调节器时,其闭环响应仍为一阶滞后,但时间常数比原系统执行元件部分的时间常数小了,这说明系统响应快了。

设外部干扰信号为阶跃信号,其拉氏变换 $D(s) = D_0/s$(其中 D_0 为阶跃信号幅值),根据拉氏变换的终值定理及式(6-39),可求出稳态($t \to \infty$)时扰动引起的输出为

$$C_{\text{ssd}} = \lim_{t \to \infty} C_d(t) = \lim_{s \to \infty} s C_d(s) = \lim_{s \to \infty} s \frac{K_2}{\tau_1 s + 1} D(s)$$

$$= \lim_{s \to \infty} s \frac{K_2}{\tau_1 s + 1} \frac{D_0}{s} = K_2 D_0$$

系统在干扰作用下产生的输出 C_{ssd} 对目标值来说,全部都是误差。

设系统目标值阶跃变化(即输入信号为阶跃信号),其拉氏变换 $R(s) = R_0/s$(式中 R_0 为输入信号幅值),则用同样方法可求出系统对输入信号的稳态输出为

$$C_{\text{ssr}} = \lim_{s \to 0} s C_r(s) = K_1 R_0$$

若取 $K_1 = 1$,即

$$A = (1 + K_0 K_v K_p K_h)/K_0 K_v K_p$$

则有 $C_{\text{ssr}} = R_0$,即输出值与目标值相等。

由以上可以看出,比例调节作用的大小,主要取决于比例系数 K_0,K_0 愈大调节作用愈强,动态特性也愈好。但 K_0 太大,会引起系统不稳定。

比例调节的主要缺点是存在误差。因此,对于干扰较大、惯性也较大的系统,不宜采用单纯的比例调节器。

2) 应用积分(I)调节器的情况。应用积分作用时,其闭环响应为

$$C(s) = \frac{A \frac{K_v K_p}{T_i s(T_d s + 1)}}{1 + \frac{K_v K_p K_h}{T_i s(T_d s + 1)}} R(s) + \frac{\frac{1}{T_d s + 1}}{1 + \frac{K_v K_p K_h}{T_i s(T_d s + 1)}} D(s)$$

$$= \frac{\frac{A K_v K_p}{T_i T_d}}{s^2 + \frac{1}{T_d} s + \frac{K_v K_p K_h}{T_i T_d}} R(s) + \frac{\frac{1}{T_d} s}{s^2 + \frac{1}{T_d} s + \frac{K_v K_p K_h}{T_i T_d}} D(s)$$

通过计算可知,系统对阶跃干扰信号的稳态响应为零,即外部干扰不会影响该控制系统的稳态输出。

当目标值阶跃变化时,其稳态响应为

$$C_{\text{ssr}} = \lim_{s \to 0} s C_r(s) = \frac{A}{K_h} R_0$$

若取 $A = K_h$,则有 $C_{\text{ssr}} = R_0$,即稳态输出值等于目标值。

积分调节器的特点是,调节器的输出值与偏差 e 存在的时间有关,只要有偏差存在,输出值就会随时间增加而不断增大,直到偏差 e 消除,调节器的输出值才不再发生变化。因此,积分作用能消除误差,这是它的主要优点。但由于积分调节器响应慢,所以很少单独使用。

3) 应用比例-积分(PI)调节器的情况。应用比例-积分(PI)调节器时,系统的闭环响应为

$$C(s) = \frac{\frac{A K_0 K_v K_p}{T_d T_i}(T_i s + 1)}{s^2 + \frac{1 + K_0 K_v K_p K_h}{T_d} s + \frac{K_0 K_v K_p K_h}{T_d T_i}} R(s) + \frac{\frac{s}{T_d}}{s^2 + \frac{1 + K_0 K_v K_p K_h}{T_d} s + \frac{K_0 K_v K_p K_h}{T_d T_i}} D(s)$$

当外部干扰为阶跃信号时,其稳态响应为零,即外部扰动不会影响该系统的稳态输出。当目标值阶跃变化时,其稳态输出值为

$$C_{ssr} = \frac{A}{K_h} R_0$$

这与应用积分作用的情况相同,但瞬态响应得到了改善。由以上分析可知,应用比例—积分调节器,既克服了单纯比例调节有稳态误差存在的缺点,又避免了积分调节器响应慢的缺点,即稳态和动态特性都得到了改善,所以应用比较广泛。

4) 应用比例–积分–微分(PID)器的情况。对于一个 PID 三作用调节器,在阶跃信号作用下,首先是比例和微分作用,使其调节作用加强,然后再进行积分(见表 6-2 中 PID 控制器对阶跃输入的响应曲线),直到最后消除误差为止。因此,采用 PID 调节器无论从稳态,还是从动态的角度来说,调节品质均得到了改善,从而使用 PID 调节器成为一种应用最为广泛的调节器。由于 PID 调节器含有微分作用,所以噪声大或要求响应快的系统最好不使用。加入各种调节器的系统在阶跃干扰信号作用下的响应如图 6-17 所示。

(3) 速度反馈校正

在机电伺服系统中,电动机在低速运转时,工作台往往会出现爬行与跳动等不平衡现象。当功率放大级采用晶闸管时,由于它的增益的线性相当差,可以说是一个很显著的非线性环节,这种非线性的存在是影响系统稳定的一个重要因素。为改善这种状况,常采用电流负反馈或速度负反馈。在伺服机构中加入测速发电动机进行速度反馈就是局部负反馈的实例之一。

测速发电动机的输出电压与电动机输出轴的角速度成正比,其传递函数 $G_c(s) = T_d s$,式中 T_d 为微分时间常数。设被控对象的传递函数为

$$G_0(s) = \frac{K}{s(Js + K)} \tag{6-40}$$

则采用测速发电动机进行速度反馈的二阶系统的结构图如图 6-18 所示。由图可知,无反馈校正器时的控制系统的闭环传递函数为

$$\Phi(s) = \frac{K}{Js^2 + Fs + K} \tag{6-41}$$

用速度反馈校正后的闭环传递函数为

$$\Phi'(s) = \frac{K}{Js^2 + (F + T_d K)s + K} \tag{6-42}$$

式中　J——二阶伺服系统的等效转动惯量;
　　　F——系统的等效黏性摩擦系数;
　　　K——I 型系统的开环增益。

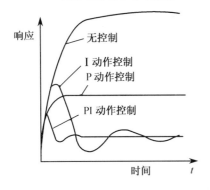

图 6-17　P、I、PI 作用系统对阶跃干扰信号的响应

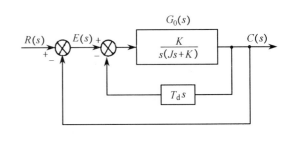

图 6-18　速度反馈校正框图

比较上述两式可知,用反馈校正后,系统的阻尼(由分母中第二项的系数决定)增加了,因而阻尼比 ζ 增大,超调量 σ 减小,相应地相角裕量 γ 则会增加,故系统的相对稳定性得到改善。

通常,局部反馈校正的设计方法比串联校正复杂一些。但是,由于它具有两个主要优点:①反馈校正所用信号的功率水平较高,不需要放大,这在实用上有很多优点。②如图 6-19 所示,当 $|G(s)H(s)| \gg 1$ 时,局部反馈部分的等效传递函数为

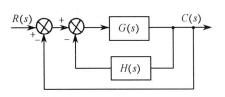

图 6-19 局部反馈校正框图

$$\frac{G(s)}{1+G(s)H(s)} \approx \frac{1}{H(s)} \quad (6-43)$$

因此,被局部反馈所包围部分的元件的非线性或参数的波动对控制系统性能的影响可以忽略。基于这一特点,采用局部速度反馈校正可以达到改善系统性能的目的。

三、机械结构弹性变形对系统特性的影响

(1) 结构谐振的影响

由传动装置(或传动系统)的弹性变形而产生的振动,称为结构谐振(或机械谐振)。

为了使问题简化,在分析系统时,常假定系统中的机械装置为绝对刚体,即无任何结构变形。实际上,机械装置并非刚体,而具有柔性。其物理模型是质量—弹簧系统。例如机床进给系统中,床身、电动机、减速箱、各传动轴都有不同程度的弹性变形,并具有一定的固有谐振频率。但对于一般要求不高且控制系统的频带也比较窄,只要传动系统设计的刚度较大,结构谐振频率通常远大于闭环上限频率,故结构谐振问题并不突出。

随着科学技术的发展,对控制系统的精度和响应快速性要求愈来愈高,这就必须提高控制系统的频带宽度,从而可能导致结构谐振频率逐渐接近控制系统的带宽,甚至可能落到带宽之内,使系统产生自激振荡而无法工作,或使机构损坏。

机械传动装置的弹性变形与它的结构、尺寸、材料性能及受力状况有关。现以最简单的两级齿轮传动(见图 6-20)为例来讨论机械谐振对系统的影响。图中已知两级传动比分别为 i_1 和 i_2,电动机电磁转矩为 T_m,轴 1、2 和 3 分别承受的转矩为 T_1、T_2 和 T_3,且两端弹性扭转角分别为 θ_1、θ_2 和 θ_3,则有

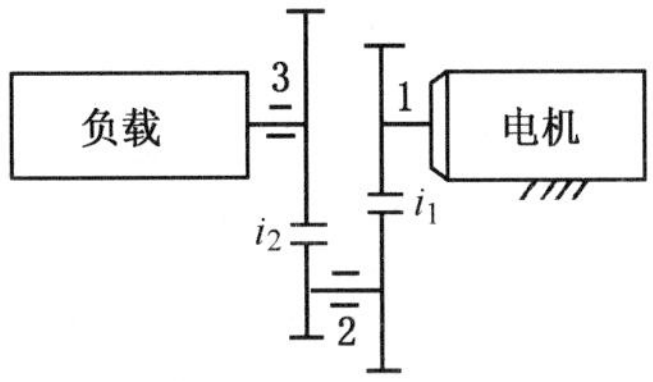

图 6-20 两级齿轮减速器

$$T_1 = T_m, \quad T_2 = T_m i_1, \quad T_3 = T_m i_1 i_2 \quad (6-44)$$

根据弹性变形的虎克定律,轴的弹性扭转角 θ 正比于其所承受的扭转力矩,即

$$\theta = \frac{T}{K_T} = \frac{\pi d^4 GT}{32l} \quad (6-45)$$

式中 K_T——轴的扭转刚度;

G——轴的扭转弹性模量;

l——力矩作用点间的距离;

d——轴的直径。

当已知轴的尺寸和受力情况时,便可计算每一根轴的弹性扭转角 θ_1、θ_2 和 θ_3。当 $l_1 = l_2 = l_3$、$G_1 = G_2 = G_3$ 时,将 θ_1、θ_2 都换算到输出轴 3 上,则总弹性扭转角为

$$\theta = \theta_3 + \frac{\theta_2}{i_2} + \frac{\theta_1}{i_1 i_2} = \theta_3 + \frac{\theta_3}{i_2^2} + \frac{\theta_3}{i_1^2 i_2^2} = \theta_3\left(1 + \frac{1}{i_2^2} + \frac{1}{i_1^2 i_2^2}\right) \quad (6-46)$$

可见,输出轴 3 的变形对系统的影响最大、轴 2 次之、轴 1 最小。

在机电伺服系统中,机械传动系统的结构形式多种多样。因此分析起来相当复杂。最简单的办法是将整个机械传动系统的弹性变形看成集中在系统输出轴即负载轴上,也就是都等效到输出轴上,如图 6-21 所示。图中 L_a、R_a 为电动机电枢回路的电感和电阻,J_m 为电动机电枢(转子)的转动惯量,若减速装置的转动惯量不能忽略时,也应将它换算到电动机轴上。u_a 和 I_a 电动机的电枢电压和电流,ω_m 为电动机输出轴的角速度,T_m 为电动机的电磁转矩,T 为输出轴的弹性力矩,K_T 为扭转变形弹性系数,对具体的传动装置 K_T 为常数,θ_1 为弹性轴输入端角位移,θ_2 为弹性轴输出端角位移,J_L 为被控对象的负载惯量,B 为黏性阻尼系数,i 为减

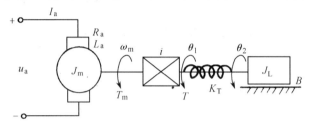

图 6-21 传动系统模型

速器的减速比。由图 6-21 可写出下列方程组

$$\begin{cases} U_a = K_a\omega_m + I_a(R_a + L_a s) \\ T_m = K_m I_a \\ T_m = J_m s\omega_m + \dfrac{T}{i} \\ \omega_m = is\theta_1 \\ T = K_T(\theta_1 - \theta_2) = K_T\theta \\ T = J_L s^2 \theta_2 + B s\theta_2 \end{cases} \quad (6-47)$$

根据上述方程组,可得图 6-22 驱动系统结构图。

由此可知,考虑机械弹性变形时的系统结构图比刚性传动的系统结构图复杂得多。上图可简化成图 6-23 所示的形式,图中 $\tau_a = L_a/R_a$,为伺服电动机的电磁时间常数,$J'_m = J_m i^2$ 是从电动机输出轴折算到减速器输出轴上的等效转动惯量。由图 6-23 可以看出,由于传动装置的弹性变形,不仅 θ_1 到 θ_2 之间存在一个振荡环节,而且在电动机的等效传递函数中,分子和分母都增加了高次项。只有当 $K_T = \infty$,即为纯刚性传动时,图 6-23 才与不考虑弹性变形时的系统结构相一致。从图 6-23 可写出其传递函数为

$$G(s) = \frac{\Theta_2(s)}{U_a(s)} =$$

$$\frac{K_m i}{R_a B}\bigg/\left\{s\left[(\tau_a s + 1)\left(\frac{J_L + J'_m}{K_T B}s^3 + \frac{J'_m}{K_T}s^2 + \frac{J_L + J'_m}{B}s + 1\right) + \frac{K_m K_a i^2}{R_a B}\left(\frac{J_L}{K_T}s^2 + \frac{B}{K_T}s + 1\right)\right]\right\}$$

$$(6-48)$$

当 L_a 与 B 可以忽略不计时,式(6-48)可以简化为

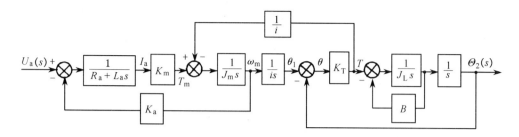

图 6-22 考虑弹性变形时的系统结构图

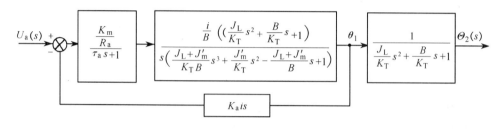

图 6-23 等效框图

$$G(s) = \frac{\Theta_2(s)}{U_a(s)} = \frac{1}{K_a i} \Big/ \left\{ s\left[\frac{R_a J_m}{K_a K_m} \frac{J_L}{K_T} s^3 + \frac{J_L}{K_T} s^2 + \frac{R_a(J_m i^2 + J_L)}{K_a K_m i^2} s + 1 \right] \right\}$$

$$= \frac{\frac{1}{K_a i}}{s[\tau_m \tau^2 s^3 + \tau^2 s^2 + (\tau_m + \tau_L)s + 1]} \qquad (6-49)$$

式中 $\tau_m = \dfrac{R_a J_m}{K_a K_m}$，而 $1/\tau$ 为电动机的机电时间常数；

$\tau = \sqrt{\dfrac{J_L}{K_T}}$ 为机械自振角频率；

$\tau_L = \dfrac{R_a J_L}{K_a K_m i^2}$ 为控对象的等效时间常数。

用根轨迹法对式(6-49)的分母进行因式分解，将其改写为

$$\frac{\Theta_2(s)}{U_a(s)} = \frac{1}{K_a i \tau_L s^2} \cdot \frac{\tau_L s}{(\tau_m s + 1)(\tau^2 s^2 + 1) + \tau_L s} \qquad (6-50)$$

上式对应的框图和以 τ_L 为变量的小闭环根轨迹如图 6-24 所示。小闭环具有一个负实极点和一对共扼复极点。因为 τ_L 的实际数值不大，故小闭环极点的数值离开环极点 $-1/\tau_m$、j/τ、$-j/\tau$ 不远。小闭环传递函数分母可以写成

$$(\tau_m s + 1)(\tau^2 s^2 + 1) + \tau_L s \approx (\tau'_m s + 1)(\tau'^2 s^2 + 2\zeta \tau' s + 1) \qquad (6-51)$$

式中 τ'_m 的数值与 τ_m 相近，τ' 的数值与 τ 相近，因此，式(6-50)可近似写成如下形式

$$G(s) = \frac{\Theta_2(s)}{U_a(s)} \approx \frac{1}{K_a i \tau_L s^2} \cdot \frac{\tau_L s}{(\tau'_m s + 1)(\tau'^2 s^2 + 2\zeta \tau' s + 1)}$$

$$= \frac{1}{K_a i} \Big/ [s(\tau'_m s + 1)(\tau'^2 s^2 + 2\zeta \tau' s + 1)] \qquad (6-52)$$

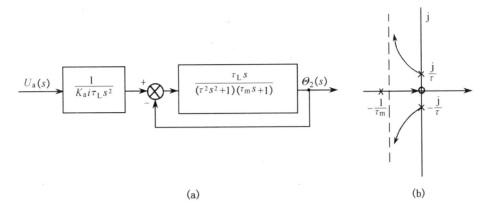

图 6-24 等效结构图及根轨迹

上式说明,考虑弹性变形时,电动机与减速器的传递函数除具有积分环节和惯性环节之外,还包含有振荡环节。由于 $\tau' = 1/\omega_n$ 与 $\tau = \sqrt{J_L/K_T}$ 之值相近,因而这对共轭复根靠虚轴很近,相对阻尼比也很小,一般讲,$0.01 < \zeta < 0.1$。这样的振荡环节具有较高的谐振峰值。

若被控对象的负载惯量 J_L 不大,机械传动装置的刚性很好,即 K_T 值很大,则 $\tau = (J_L/K_T)^{1/2}$ 之值很小。由于 τ' 与 τ 相近,故结构谐振的谐振频率 $\omega_n = 1/\tau'$ 很大,只要 ω_n 处在系统的通频带之外(即高频段),就可以认为结构谐振对整个伺服系统的动态性能没有影响,如图 6-25 实线所示。反之,如果 J_L 很大,K_T 很小,故 τ 很大,相应的 ω_n 很小,当 ω_n 距 ω_c 很近,处于系统的中频段(见图 6-25 虚线),将会引起系统不稳定,机械谐振对伺服系统的影响就会很大,致使系统在 ω_n 附近产生自激振荡。对要求加速度很大、快速性能好的系统,其通频带必然较宽,因而容易出现自激振荡。

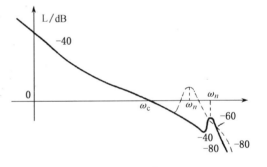

图 6-25 传动装置弹性变形对系统稳定性的影响

若跟踪系统的位置反馈不是取自电动机输出轴,而是取自减速器输出轴,即相当于图 6-22 中的 θ_1 处取反馈,跟踪系统就少了一个机械振荡环节,电动机至 θ_1 的等效传递函数(忽略 L_a 时),可以近似写成

$$\frac{\Theta_1(s)}{U_a(s)} = \frac{\Theta_2(s)}{U_a(s)} \cdot \frac{\Theta_1(s)}{\Theta_2(s)} \approx \frac{\frac{1}{K_a i}(\tau^2 s^2 + 2\eta\tau s + 1)}{s(\tau'_m s + 1)(\tau'^2 s^2 + 2\zeta\tau' s + 1)} \quad (6-53)$$

式中,$\eta = B/\sqrt{K_T J_L}$,又因 τ' 与 τ 很接近,所以就可简化为

$$\frac{\Theta_1 s}{U_a(S)} \approx \frac{\frac{1}{K_a i}}{s(\tau'_m s + 1)} \quad (6-54)$$

即闭环系统基本上不会受结构谐振的影响。但是,结构谐振对被控对象的实际运动还是有影响的。

(2) 减小或消除结构谐振的措施

工程上常采取以下几项措施来减小或消除结构谐振

1) 提高传动刚度。提高传动刚度,可提高结构谐振频率,使结构谐振频率处在系统的通频带之外,一般使 $\omega_n \geq (8 \sim 10)\omega_c$,$\omega_c$ 为系统的截止频率。提高结构谐振频率的根本办法是增加传动系统的刚度、减小负载的转动惯量和采用合理的结构布置。例如,选用弹性模量高、密度小的材料。增加刚度主要是加大传动系统最后几根轴的刚度,因为末级轴的刚度对等效刚度的影响最大,或者采用无齿轮传动装置,因为齿轮传动中齿隙会降低系统的谐振频率。减小惯性元件之间的距离也是提高传动系统刚度的一个措施。

2) 提高机械阻尼。提高机械阻尼是解决结构谐振问题的一种经济有效的方法。机械结构本身的阻尼是很小的,通常采用黏性联轴器,或在负载端设置液压阻尼器或电磁阻尼器。这都可明显提高系统阻尼。如果结构谐振频率不变,将阻尼比提高 10 倍,系统的带宽也可提高 10 倍。从图 6 - 23 的传递函数

$$\frac{\Theta_2(s)}{\Theta_1(s)} = \frac{1}{\frac{J_L}{K_T}s^2 + \frac{B}{K_T}s + 1} = \frac{1}{\tau^2 s^2 + 2\zeta\tau s + 1} \quad (6-55)$$

式中 $\tau = (J_L/K_T)^{1/2}$;
$\zeta = B/(2\sqrt{J_L K_T})$。

可以看出,加大黏性阻尼系数 B,即增大相对阻尼比 ζ,就能有效地降低振荡环节的谐振峰值。只要使相对阻尼比 $\zeta \geq 0.5$,机械谐振对系统的影响就会被大大削弱。还可以看出,增大弹性系数 K_T,时间常数 τ 就会减小,使振荡频率处于系统通频带之外,从而减弱机械谐振对系统的影响。

3) 采用校正网络。在系统中串联图 6 - 26 所示的反谐振滤波器校正网络,该网络传递函数为

$$G(s) = \frac{\tau_1 \tau_2 s^2 + (\tau_1 + \tau_2)s + 1}{\tau_1 \tau_2 s^2 + (\tau_1 + \tau_{12} + \tau_2)s + 1} \quad (6-56)$$

式中 $\tau_1 = mRC$;
$\tau_2 = nRC$;
$\tau_{12} = RC$。

图 6 - 27 为该网络频率特性。图中

$$\begin{cases} \omega_0 = \sqrt{\dfrac{1}{\tau_1 \tau_2}} \\ d = \dfrac{\tau_1 + \tau_{12}}{\tau_1 + \tau_{12} + \tau_2} \\ b = 2(\tau_1 + \tau_{12} + \tau_2)\sqrt{1 - 2d^2} \end{cases} \quad (6-57)$$

由图可知,该网络频率特性有一凹陷处,将此处对准系统的结构谐振频率,就可抵消或削平结构谐振峰值。

4) 应用综合速度反馈减小谐振。在低摩擦系统中,谐振的消除可以用测速发电动机(TG)电压与正比于电动机电流的综合电压来实现。这个综合电压由电容器滤波后,将其输出作为速度反馈信号,如图 6 - 28 所示。测速发电动机电压 u_T 正比于电动机的输出转速,即

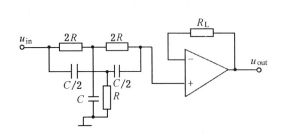

图 6-26 桥式 T 型微分网络

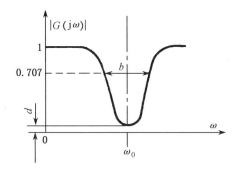

图 6-27 频率特性

$$u_T = K_e \omega \quad (6-58)$$

式中，K_e 为测速发电动机比电势系数。当摩擦忽略不计时，电动机电压正比于角加速度。从而可以写出：

$$u_s = A \frac{d\omega}{dt} \quad (6-59)$$

式中，$A = R_s J_L / K_T$。此时，已给电路在节点 u_0 处的拉氏变换方程式为

$$\frac{U_s(s) - U_0(s)}{\alpha R} + \frac{U_T(s) - U_0(s)}{(1-\alpha)R} - CsU_0(s) = 0$$
$$(6-60)$$

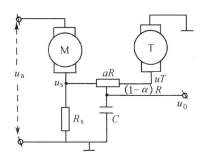

图 6-28 综合速度反馈

对式(6-58)和式(6-59)进行拉氏变换，并与式(6-60)联立求解，得

$$U_0(s) = \frac{sA(1-\alpha) + \alpha K_e}{\alpha(1-\alpha)sRC + 1}\Omega(s) \quad (6-61)$$

为使 $U_0(s)$ 正比于 $\Omega(s)$，这就要求极点和零点两者有相同的数值，即

$$\alpha^2 = \frac{A}{K_e RC} = \frac{R(s)J_L}{K_e K_T RC} \quad (6-62)$$

这可以通过调节电位计来实现。将 α 值代入式(6-61)，此时

$$U_0(s) = \alpha K_e \Omega(s) \quad (6-63)$$

即电压 $U_0(s)$ 正比于角速度 $\Omega(s)$。应用综合速度进行速度反馈是有利的。因为，在这种情况下，综合测速发电动机电压和正比于电动机电流的电压，可以使结构谐振的影响降低到最低程度。但是，这种反馈也有不利的一面，那就是反馈的速度信号与转速不完全成正比，因此对速度调节不利，特别是在负载摩擦阻尼显著时更为明显。

值得注意的是，实际的机电一体化系统的传动装置较复杂，结构谐振频率和谐振峰值不止一个，又由于系统的参数也可能变化，使谐振频率不能保持恒定，再加上传动装置存在传动间隙、干摩擦等非线性因素的影响，使得实际的结构谐振特性十分复杂。用校正(或补偿)方法只能近似地削弱结构谐振对伺服系统的影响。对于负载惯量大的伺服系统，由于其谐振频率低，严重影响获得系统应有的通频带，若对系统进行全状态反馈，可以任意配置系统的极点，特别是针对结构谐振这一复极点，进行阻尼的重新配置，可以有效地克服结构谐振现象的出现。

四、传动间隙对系统特性的影响

(1) 机械传动间隙

在机电一体化系统的伺服系统中,常利用机械变速装置将执行元件(电动机或液压电动机)输出的高转速、低转矩转换成被控对象所需要的低转速、大转矩。应用最广泛的变速装置是齿轮减速器。理想的齿轮传动的输入和输出转角之间是线性关系,即

$$\theta_c = \frac{1}{i}\theta_r$$

式中 θ_c——输出转角;

θ_r——输入转角;

i——齿轮减速器的传动比。

实际上,由于减速器的主动轮和从动轮之间间隙的存在和传动方向的变化,齿轮传动的输入转角和输出转角之间呈滞环特性,如图 6-29 所示。图中 2Δ 代表一对传动齿轮间的总间隙。当 $|\theta_r| < \Delta$ 时,$\theta_c = 0$,当 $\theta_r > \Delta$ 时,θ_c 随 θ_r 线性变化,当 θ_r 反向时,开始 θ_c 保持不变,直到 θ_r 减小 2Δ 后,θ_c 和 θ_r 才恢复线性关系。

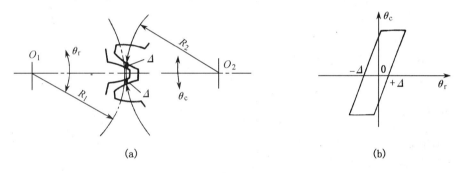

图 6-29 齿侧间隙

在伺服系统的多级齿轮传动中,各级齿轮间隙的影响是不相同的。设有一传动链为三级传动,R 为主动轴,C 为从动轴,各级传动比分别为 i_1、i_2、i_3,齿侧间隙分别为 Δ_1、Δ_2、Δ_3,如图 6-30 所示。

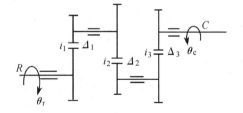

图 6-30 多级齿轮传动

因为每一级的传动比不同,所以各级齿轮的传动间隙对输出轴的影响也不一样。将所有的传动间隙都折算到输出轴 C 上,其总间隙 Δ_C 为

$$\Delta_C = \frac{\Delta_1}{i_2 i_3} + \frac{\Delta_2}{i_3} + \Delta_3 \qquad (6-64)$$

如果将其折算到输入轴 R 上,其总间隙 Δ_R 为

$$\Delta_R = \Delta_1 + i_1\Delta_2 + i_1 i_2\Delta_3 \qquad (6-65)$$

由于是减速运动,所以 i_1、i_2、i_3 均大于1,故由式(6-64)、式(6-65)可知,最后一级齿轮的传动间隙 Δ_3 影响最大。为了减小其间隙的影响,除尽可能地提高齿轮的加工精度外,装配

时还应尽量减小最后一级齿轮的传动间隙。

（2）传动间隙的影响

齿轮传动装置在系统中的位置不同，其间隙对伺服系统的影响也不同。

1）闭环之内的动力传动链齿轮间隙影响系统的稳定性。设图 6-31 中的 G_2 代表闭环之内的动力传动链。若给系统输入一阶跃信号，在误差信号作用下，电动机开始转动。由于 G_2 存在齿轮传动间隙，当电动机在齿隙范围内运动时，被控对象（设为机床伺服进给系统的丝杠）不转动，没有反馈信号，系统暂时处于开环状态。当电动机转过齿隙后，主动轮与从动轮产生冲击接触，此时误差角大于无齿轮间隙时的误差角，因此从动轮以较高的加速度转动。又因为系统具有惯量，当被控对象转角 θ_c 等于输入转角 θ_r 时，被控对象不会立即停下来，而靠惯性继续转动，使被控对象比无间隙时更多地冲过平衡点，这又使系统出现较大的反向误差。如果间隙不大，且系统中控制器设计得合理，那么被控对象摆动的振幅就愈来愈小，来回摆动几次就停止 $\theta_c = \theta_r$ 在平衡位置上。如间隙较大，且控制器设计得不好，那么被控对象就会反复摆动，即产生自激振荡。因此，闭环之内动力传动链 G_2 中的齿轮传动间隙会影响伺服系统的稳定性。

但是，G_2 中的齿轮传动间隙不会影响系统的精度。当被控对象受到外力矩干扰时，可在齿轮传动间隙范围内游动，但只要 $\theta_c \neq \theta_r$，通过反馈作用，就会有误差信号存在，从而将被控对象被校正到 θ_r 所确定的位置上。

2）反馈回路上的传动链齿轮传动间隙既影响系统的稳定性又影响系统精度。设图 6-31 中反馈回路上的传动链 G_3 具有齿轮传动间隙，该间隙相当于反馈到比较元件上的误差信号。在平衡状态下，输出量等于输入量，误差信号等于零。当被控对象（在外力作用下）转动不大于 $\pm \Delta$ 时，因有齿轮传动间隙，连接在 G_3 输出轴上的检测元件

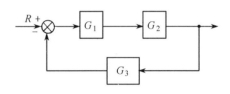

图 6-31 传动间隙在闭环内的结构图

仍处于静止状态，无反馈信号，当然也无误差信号，所以控制器不能校正此误差。被控对象的实际位置和希望位置最多相差 $\pm \Delta$，这就是系统误差。

G_3 中的齿轮传动间隙不仅影响系统精度，也影响系统的稳定性，其分析方法与分析 G_2 中的齿轮传动传动间隙对稳定性影响的方法相同。

五、机械系统实验振动模态参数识别

上面几部分主要介绍了可计算（传动系统）部分的动态分析方法。机电一体化系统的机械系统（包括机械传动系统和机械支承系统）在系统内、外的变化载荷作用下，会表现出不同的动态响应特性。它会影响机电一体化系统的正常工作，工程设计人员必须给予足够的重视。对不可计算的复杂机械系统的动态分析，通常采用实验模态分析方法，这种方法是广泛采用的一种方法。通过这种方法可识别机械系统的结构模态参数，如固有振动频率、振型、模态刚度、模态质量及模态阻尼等。从而建立用这些模态参数表示的机械结构系统的动态方程，通过分析找出其问题所在，以便采取提高刚度和阻尼效果的有效方法。

实验振动模态分析方法有时域法和频域法。时域法是直接从机械系统结构的时间域的响应求取模态参数。频域法是先将测试数据变换成频率域数据，然后进行模态分析进而确

定模态参数,其具体分析方法请参看有关资料。

§6.4 机电一体化系统的可靠性、安全性设计

一、可靠性设计

(1) 可靠性的基本概念

要发挥机电一体化系统应有的作用,首先应使它可靠地工作。在设计一个新的系统(或产品)时,要对各种方案进行分析比较,要想得到一个最佳方案,不考虑可靠性问题是不完善的。因此,可靠性问题是机电一体化系统设计的一个重要组成部分。所谓可靠性,是指"产品(或系统)在规定条件下和规定时间内,完成规定功能的能力"。"完成规定功能"就是能够连续地保持产品(或系统)的工作能力,使各项技术指标符合规定值。如果产品不能完成规定功能,就称为失效,对于可修复的产品,也可称为故障。可见失效(或故障)是一种破坏产品(或系统)工作能力的事件,失效(或故障)越频繁可靠性就越低。

产品(或系统)完成规定的功能是相对于"规定条件"和"规定时间"而言的。"规定条件"是指使用时的应力条件(工作条件)、环境条件和存储时的存储条件等,"规定条件"不同,产品的可靠性也不同。例如,同一半导体器件,在使用时要求输出不同的功率,但不同的温度和湿度等环境条件、存储条件都会影响其可靠性。"规定时间"长短的不同,产品的可靠性也不同,一般来说,规定的时间越长、故障越多,可靠性也就越低。

总的来看,可靠性的概念包括产品(或系统)的无故障性和耐久性两方面的含义。产品的无故障性,是指产品在某一时期内(或某一段工作时间内),连续不断地保持其工作能力的性能。产品的耐久性是指产品在整个使用期限内和规定的维修条件下,保持其工作能力的性能。一般来说,如果不采取维修和预防措施消除故障、恢复其丧失了的工作能力,产品是不能长时期工作的。

(2) 保证产品(或系统)可靠性的方法

保证产品具有必要的可靠性是一个综合性问题,不能单纯依靠某一特定的方法。在保证产品可靠性的方法中,提高产品的"设计和制造质量"是最根本的方法,它的作用是消除故障于发生之前,或者降低故障率。但从某种意义上来讲,由于故障是一种随机事件,因而是不可避免的。在这种情况下,冗余技术就成为保证产品可靠性的一种重要方法,它可以在故障发生之后把故障造成的影响掩蔽起来,使产品在一定时间内继续保持工作能力。如果说冗余技术是一种掩蔽法,那么诊断技术就是一种暴露法,它可以把已经出现的或即将出现的故障及时暴露出来,以便迅速修复。因为故障掩蔽只能推迟产品失效的时间,如果时间一长,故障就会累积起来,终归是掩蔽不住的。因此,诊断技术的作用就在于及时发现故障,以便缩短修理时间,提高产品的有效度。

1) 提高产品的设计和制造质量。保证产品的可靠性,要从设计和制造入手,在保证实现各种基本性能指标的同时,还要保证可靠性。在设计过程中,要进行可靠性分析,估计系统和单元中各种引起失效的可能因素,采取必要的可靠性措施,以降低产品的故障率。这时可以采用可靠性预测的方法,对各种可靠性指标进行估计。制造阶段中的原材料和制造工艺,都要保证完全达到各项设计指标。最后,可对产品进行可靠性试验,以便确定实际产品的可靠性指

标。对于可靠性要求特别高的产品,除可采用冗余技术和诊断技术外,还可采用下述方法:

裕度法:对于关键性的产品,可以加大设计的安全系数,以保证一定的可靠性储备。设产品的某一输出参数为 Y,而 Y 值是一个随机量,它可能在极限条件下达到极值 $Y_{\lim}$。这种极限条件可能是最恶劣的使用条件(如最大的工作规范、缺乏润滑等)和环境条件(如高温、潮湿等)。如果 Y 达到 $Y_{\lim}$ 时还没有达到失效时的参数值 $Y_{\max}$,则称为具有可靠性储备,用可靠性储备系数 K_R 表示,即

$$K_R = \frac{Y_{\max}}{Y_{\lim}} > 1$$

可靠性储备系数也可按下式计算:

$$K_R = \frac{Y_{\max}}{Y'}$$

式中 Y' 为 Y 值不超出极限范围的概率为 γ 时的值。

自动控制:在产品设计中,利用机电一体化技术的优势,使产品(或系统)具有自适应、自调整、自诊断甚至自修复的功能,可以大大提高产品的可靠性。这是因为自适应和自调整等自动化技术,能使机器具有适应工作条件经常变化的功能(对外界的作用作出反应),以及恢复丧失了的工作能力的功能,使产品不仅具有完成规定功能的能力,而且能够长时期地保持这种能力,不必担心外界影响,也不必担心产品本身在运转过程中发生故障。

此外,在设计阶段就应考虑到在使用阶段如何保证产品可靠性的问题,应规定适当的环境条件、维护保养条件和操作规程。产品结构应具有良好的维修性,如易损件应便于更换、故障应便于诊断、容易修复等。

2) 冗余技术。冗余技术又称储备技术。它是利用系统的并联模型来提高系统可靠性的一种手段。冗余有工作冗余和后备冗余两类。

工作冗余:又称工作储备或掩蔽储备,是一种两个或两个以上单元并行工作的并联模型。平时,由各个单元平均负担工作应力,因此工作能力有冗余。只有当所有的单元都失效时系统才失效,如果还有任何一个单元未失效,系统就可靠地工作,不过这个单元要负担额定的全部工作应力。

后备冗余:又称非工作储备或待机储备。平时只需一个单元工作,另一个单元是冗余的,用于待机备用。这种系统必须设置失效检测与转换装置,不断检测工作单元的工作状态,一旦发现失效就启动转换装置,用后备单元代替失效的工作单元。

在设计中,究竟采用哪种冗余方法为好,要根据具体情况作具体分析。如果失效检测和转换装置绝对可靠,则后备冗余的可靠度比工作冗余法高,如果不绝对可靠,就宁肯采用工作冗余法,因工作冗余系统还有一个优点,就是由于冗余单元分担了工作应力,各单元的工作应力都低于额定值,因此其可靠度比预定值高。选择冗余法必须考虑产品性能上的要求,如果由多个单元同时完成同一工作显著影响系统的工作特性时,就不能采用工作冗余法;产品设计必须考虑环境条件和工作条件的影响,例如,如果多个工作单元同时工作,因每个工作单元的温升而产生系统所不能容许的温升时,最好采用后备冗余法。又如系统的电源有限,不足以使冗余单元同时工作,也以采用后备冗余法为好。

决定是否采用冗余技术时,要分析引起失效的可能原因。当失效真正是随机失效时,冗余技术就能大大提高可靠度,但如果失效是由于过应力所引起的,冗余技术就没有用。如果某一

环境条件是使并联各单元失效的共同因素,则冗余单元也并不可靠。

通常,机械系统很少采用冗余技术,而常采用裕度法来提高可靠性。例如在强度、刚度、抗振性等方面采取较大的安全系数,实现可靠性储备。当然在采用冗余技术时,还要考虑经济上的可行性和产品的体积和重量等因素。

3) 诊断技术。从本质上来看,诊断技术是一种检测技术,用来取得有关产品中产生的失效(故障)类型和失效位置信息。它的任务有两个:一是出现故障时,迅速确定故障的种类和位置,以便及时修复;二是在故障尚未发生时,确定产品中有关元器件距离极限状态的程度,查明产品工作能力下降的原因,以便采取维护措施或进行自动调整,防止发生故障。诊断的过程是:首先对诊断对象进行特定的测试,取得诊断信号(输出参数),再从诊断信号中分离出能表征故障种类和位置的异常性信号,即征兆;最后将征兆与标准数据相比较,确定故障的种类和故障位置。

测试:通常有两种测试,一是在故障出现之后,为了迅速确定故障的种类和位置,对诊断对象进行的试验性测试,这时诊断对象处于非工作状态,这种情况称为诊断测试;二是在故障发生之前,诊断对象处于工作状态,为了预测故障或及时发现故障而进行的在线测试,这种情况称为故障监测。

征兆:征兆是有助于判断故障种类和故障位置的异常性诊断信号,可分为直接征兆和间接征兆两类。直接征兆是在检测产品整机的输出参数或可能出现故障的元、部件的输出参数时,取得的异常性诊断信号。例如,产品的主要性能参数异常或有关机械零件的磨损量、变形量等参数变化的信号。间接征兆是从那些与产品工作能力存在函数关系的间接参数中取出的异常性诊断信号。例如,产品的音响信号、温度变化、润滑油中的磨损产物、系统动态参数(幅频特性)等,都可作为取得间接征兆的信号。采用间接征兆进行诊断的主要优点是,可以在产品处于工作状态及不作任何拆卸的情况下,评价产品的工作能力。其缺点是,间接症兆与产品输出信号之间往往存在某种随机关系,此外,一些干扰因素也会影响间接征兆的有效性。尽管如此,间接征兆在诊断技术中还是得到了广泛应用。

诊断:诊断就是将测试取得的诊断信号与设定的标准数据相比较,或利用事先确定的症兆与故障之间的对应关系,来确定故障的种类与部位。标准数据是根据产品或元、部件输出参数的极限值来设定的。征兆与故障之间的对应关系,可根据理论分析或模拟仿真试验来建立,这种关系用列表形式来表示时,称为故障诊断表,有时称为故障字典。

前面简述了保证产品可靠性的方法,其中裕度法主要是一种改进硬件的措施,自动控制法以及冗余技术和诊断技术是用硬件、软件或两者结合来保证产品可靠性的措施。

(3) 干扰和抗干扰措施

在机电一体化产品(或系统)中,电噪声的干扰是产生元部件失效或数据传输、处理失误、进而影响其可靠性的最常见和最主要的因素,这是机电一体化产品设计中不可忽视的问题之一。

1) 干扰源。一般来说,在机电一体化系统(或产品)中,用专用或通用微型计算机组成的控制器,其硬件经过筛选和老化处理,可靠性非常高,平均无故障工作时间较长,因此,引起控制器故障(失效)的原因多半不在于其本身,而在于从各种渠道进入控制器的干扰信号。

图 6-32 表示干扰信号进入控制器的各种渠道。这些渠道可分为两大类型:一是传导型,通过各种线路传人控制器,包括供电干扰、强电干扰和接地干扰等;二是辐射型,通过空间感应

进入控制器,包括电磁干扰和静电干扰等。

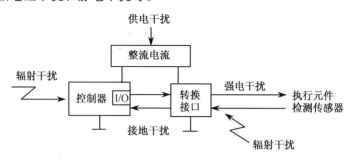

图 6-32 干扰渠道示意图

供电干扰:控制器一般都配备有专用的直流稳压电源,即使如此,从交流供电网传来的干扰信号仍然可能影响电源电压的稳定性,并可能经过整流电源窜入控制器。这些干扰信号主要来源于附近大容量用电设备的负载变化和开、停时产生的电压波动。这些设备在启动时使电网电压瞬时降低,在停止时又产生过电压和冲击电流。此外,雷电感应也会产生冲击电流。供电电网对控制器的另一种干扰是断电或瞬时断电,这将引起数据丢失或程序紊乱。

强电干扰:驱动电路中的强电元件如继电器、电磁铁和接触器等感性负载,在断电时会产生过电压和冲击电流。这些干扰信号不仅影响驱动电路本身,还会通过电磁感应干扰其他信号线路。这种强电干扰信号能通过外部接口通道影响控制器内部 I/O 接口的状态,并通过 I/O 接口进入控制器。

接地干扰:接地干扰是由于接地不当、形成接地环路产生的。图 6-33 为接地环路的两种典型情况。图(a)是由于接地点远而形成的环路,因为不同位置的接地点一般不可能电位相同,因此形成图中所示的地电位差;图(b)是采用公用地线串联接地而形成的环路,由于各设备负载不平衡、过载或漏电等原因,可能在设备之间形成电位差;无论哪种情况形成的电位差,都会产生一个显著的电流而干扰电路的低电平。

辐射干扰:如果在控制系统附近存在磁场、电磁场、静电场或电磁波辐射源,就可能通过空间感应,直接干扰系统中的各设备

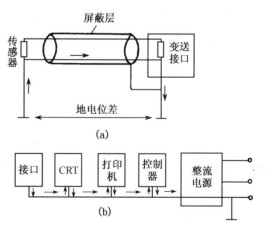

图 6-33 接地环路

(控制器、驱动接口、转换接口等)和导线,使其中的电平发生变化,或产生脉冲干扰信号。系统附近或系统中的感性负载是最常见的干扰源,它的开、停会引起电磁场的急剧变化,其触点的火花放电也会产生高频辐射。人体和处于浮动状态的设备都可能带有静电,甚至可能积累很高的电压。在静电场中,导体表面的不同部位会感应出不同的电荷,或导体上原有的电荷经感应而重新分配,这些都将干扰控制系统的正常运行。

2) 抗干扰措施。用来抑制上述各种干扰信号的产生或防止干扰信号危害的抗干扰措施,既有针对各种干扰源的性质和部位而采取的措施,也有从全局出发而采取的提高产品可靠性

的措施。

供电系统的抗干扰措施：针对交流供电网络这个干扰源所采取的抗干扰措施主要是稳（稳压）、滤（滤波）、隔（隔离）。

增加电子交流稳压器：在直流稳压电源的交流进线侧增加电子交流稳压器，用来稳定 220 V 单向交流进线电压，可以进一步提高电源电压的稳定性。

增加低通滤波器，用来滤去电源进线中的高频分量或脉冲电流。

加入隔离变压器，以阻断干扰信号的传导通路，并抑制干扰信号的强度。

在可靠性要求很高的地方，可采用不间断电源（具有备用直流电源），以解决瞬时停电或瞬时电压降所造成的危害。

接口电路的抗干扰措施：在控制器与执行元件之间的驱动接口电路中，少不了由弱电转强电的电感性负载，以及用来通、断电感负载的触点，这些都是产生强电干扰的干扰源。对于这种干扰，首先是采取吸收的方法抑制其产生，然后采取隔离的方法，阻断其传导。这种强电干扰，也会通过电磁感应影响控制器与检测传感器之间的转换接口电路。对于这种干扰以及从空间感应受到的其他辐射干扰，也需采取隔离的办法，以免通过转换接口进入控制器。采用 RC 电路或二极管和稳压二极管吸收在电感负载断开时产生的过电压，以消除强电干扰。

采用光隔离措施似防止驱动接口中的强电干扰及其他干扰信号进入控制器。如图 6-34 所示，GT 为光电耦合器，信号在其中单向传输，其输入端与输出端之间的寄生电容很小，绝缘电阻又非常大，因此干扰信号很难从输出端反馈到输入端，从而起到隔离作用。

转换接口的隔离：为了防止各种干扰影响由检测传感器传来的较弱的模拟信号，通常采用差动式运算放大器来隔离干扰信号，其原理如图 6-35 所示。这种放大器的输出信号决定于两个输入端的电位差，即 $U_P - U_i$，而干扰信号的相位及大小对两个输入端来说是相同的，因此干扰信号就被抵消了。

对于近距离的检测传感器发出的数字或脉冲信号，不必再经过放大，可采用图 6-36 所示的抗干扰电路。由 R_1 和 C_1 组成滤波器，滤去高频干扰。由于经过 RC 滤波后的脉冲信号往往有脉动和抖动，为了改善脉冲前沿，故增加了一级整形电路。

接地系统的抗干扰措施：要防止从接地系统传来的干扰，主要方法是切断接地环路，通常采用以下措施。

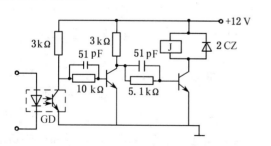

图 6-34 驱动接口的光电隔离措施

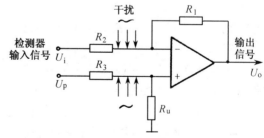

图 6-35 差动式运算放大器抗干扰原理

单点接地：对于图 6-33(a)所示的由于接地点远而形成的环路，可采用图 6-37 所示单点接地的方法来切断。

并联接地：对于图 6-33(b)所示的由于多个设备采用公用地线串联接地而形成的环路，

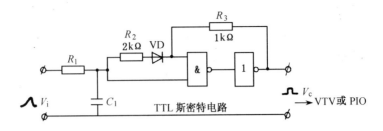

图 6-36　近距离数字信号抗干扰接口电路

可用图 6-38 所示的并联接地的方法来切断。

光电隔离：对于用长线传输的数字信号，可用光电耦合器来切断接地环路。

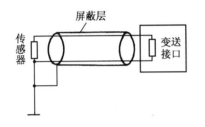

图 6-37　单点接地系统

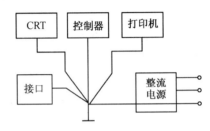

图 6-38　并联接地系统

(4) 软件的可靠性技术

软件的可靠性技术，大致包含以下两方面的内容。

1) 利用软件来提高系统的可靠性。由于系统是由硬件和软件组成的，因而系统的可靠性也分硬件可靠性和软件可靠性两个方面，通过提高元、器件的质量、采用冗余设计、进行预防性维护、增设抗干扰装置等措施，能够提高硬件的可靠性。但是要想得到理想的可靠度是不够的，这要求利用软件来进一步提高系统的可靠性，其措施有：① 增加系统信息管理的软件，与硬件配合，对信息进行保护。这包括防止信息被破坏、在出现故障时保护信息，在故障排除后，恢复信息等；② 利用软件冗余，防止信息的输入/输出过程及传送过程中出错。如对关键数据采用重复校验方式，对信息采用重复传送并进行校验等；③ 编制诊断程序，及时发现故障，找出故障的部位，以便缩短修理时间；④ 用软件进行系统调度，这包括在发生故障时，进行现场保护、迅速将故障装置切换成备用装置；在过负荷或环境条件变化时，采取应急措施；在排除故障后，使系统迅速恢复正常并投入运行等。

2) 提高软件的可靠性。尽管采用软件可提高系统可靠性，但值得指出的是，由于种种原因，软件本身也会发生故障。为了减少出错，提高软件的可靠性，使用户满意，应该采取以下措施：程序分段和层次结构；在进行程序结构设计时，将程序分成若干具有独立功能的子程序块，各程序块可单独也可和其他程序一起使用，各程序块之间通过一个固定的通信区和一些指定的单元进行通信。每个程序块能进行调整和修改而不影响其他程序块。这些各自独立的程序块在连接时，尽量减少程序之间的依赖关系，按层次进行排列，而各程序块具有独立功能，因此结构简单，易于修改和扩充、故障少。提高可测试性设计：软件故障具有和硬件故障不同的特点，软件故障往往是在设计阶段，由于人为错误，或者在运行初期输入程序时的操作错误而引起，很少发现在经过长期运行之后这种存在于程序内的错误，必须通过反复测试才能发现，因此为了使软件便于测试,应进行提高可测试性的设计,通常有三种方法:第一种方法是明确软件规格,使测试易于进行;第二种方法是把

测试手段的设计作为软件开发的一部分来进行;第三种方法是把程序结构本身组成便于测试的形式。对软件进行测试:要求软件完全满足用户的要求,十全十美几乎是不可能的。要软件完全可靠、没有故障,必须对软件进行多次测试,每测试一次,修改一次,逐步达到完善。

测试的基本方法是给软件一个典型的输入,观测输出是否符合要求,如发现结果有错,应设法将可能产生错误的区域逐步缩小,经修改后,再次调试,直到消除所有错误为止。

测试按照下述步骤进行:① 单元测试,即对每个程序块单独地进行测试,通过对各程序块的调测试,找出程序设计中的错误,测试可利用事先准备好的经过某种算法产生的测试码来进行;② 局部或系统测试,即对由若干程序块组成的局部程序或系统程序进行测试,以发现各程序块之间连接的正确性;③ 系统功能调试,测试该软件能实现的功能;④ 现场安装、综合验收。

软件,特别是应用软件,其可靠性除了取决于设计而使其具有固有的特性外,还取决于使用条件。必须根据现场条件,在实际系统中,按设计、使用双方共同拟定的验收标准进行验收调试,直到满足用户要求达到验收标准为止。

通过以上步骤,经过调试后的软件,应该说,发生软件故障的可能性已减至最小限度。

二、安全性设计

随着生产机械、搬运机械、装配机械等的机电一体化的发展、自动化程度的提高,安全性设计越来越重要。从工业安全角度来看,要减少生产事故的发生,在很大程度上寄希望于发展机电一体化技术。本节以工业机器人为例讨论安全性设计问题。

(1) 工业机器人产生事故的原因。

随着自动化程序的提高,由于操作简单而淡化了安全观念,这是产生事故的主要原因之一。这是因为:

由于机器人是自动线的一个重要组成部分,因而往往不太注意机器人本身的安全措施。

而由于机器人作为自动化的手段,又容易忽视人－机的配合。所以:① 对机器人的可靠性还较低的认识不足;② 虽是自动机械,但实际上与人有密切联系,尽管人的不安全动作直接与事故有联系,但在设计和使用上还没充分认识到这一点;③ 机器人的手臂是在三维空间运动的,没有在整体上充分考虑安全保护措施。

因此,在维修或调整时,自动化机械突然起动而造成事故的情况以及在机器人或自动机械的危险作业区、几台自动机械的接口处、甚至由于钩切屑等小事而造成事故的情况较多。发生机器人事故的情况(如被机器人搬运的工件碰伤、或被机械手碰伤、夹住等)多数是在某种误动作时发生的。误动作的原因主要是机器人的可靠性低引起的,如控制电路不正常、伺服阀故障、内外检测传感器不正常、与其他机械的联锁机构和接口故障,以及人的操作失误等。使用机器人或自动机械时,人不可避免地要进入危险作业区,例如进行示教操作或调整时,人要接近机器人或自动机械去对准位置,这时当然不能预先切断电源,如果由于噪声干扰或伺服阀门的灰尘引起误动作,就会被机器人手臂碰伤。有时在检查示教动作能否正确再现时,也需要操作人员进入危险区。此外,在自动加工机械运转过程中,为了清除切屑、更换刀具等,也有必须接近机器人的情况。失控和示教操作上的错误也不少。表6-3(b)为机器人的平均无故障时间(MTBF),不到 100 h 的竟高达 28.70%,1 h 以下的占 75%。因为机器人的可靠性较低,容易

发生故障,所以必须充分考虑安全措施。

表 6-3 机器人的可靠姓

(a) 机器人的故障	
控制装置的故障	66.9%
机器人本体的故障	23.5%
焊枪等工具的故障	18.5%
失 控	11.1%
示教等操作上的错误	19.9%
精度不够或降低	16.1%
夹具等的不适合	45.5%
其 他	2.55%
(b) 平均无故障时间(MTBF)	
<100 h	28.7%
100~250 h	12.2%
250~500 h	19.5%
500~1 000 h	14.7%
1 000~1 500 h	10.4%
1 500~2 000 h	4.9%
2 000~2 500 h	1.2%
>2 500 h	8.5%

(2) 工业机器人的安全措施。

安全措施之一是故障自动保护化:一是必须具有通过伺服系统对机器人的误动作进行监视的功能,一有异常动作应自动切断电源;二是必须具有当人误入危险区时,能立即测知并自动停机的故障自动检测系统。具体讲其安全措施大致有:

1) 设置安全栅。具备联锁功能,即拔出门上的安全插销时,机器人就自动停止动作。

2) 安装警示灯。在自动运转中开启指示灯,提醒操作人员不要进入因等待条件而停止着的机器人的工作区。

3) 安装监视器。采用光电式、静电电容式传感器或安全网等,设置监视人的不安全动作的系统。

4) 安装防越程装置。即使机器人可以回转270°,一般也应限制其使用范围。为防止超越使用范围,必须安装限位开关和机械式止动器。

5) 安装紧急停止装置。由微机控制的机电一体化设备,一般采用软件方式进行减速停止定位,但从控制装置容易发生故障的现状来看,在安全上仍然存在很大问题。因此,紧急停止功能是很重要的。通常对紧急停止装置的要求是:

应能尽快地停止;电路应是独立的,以确保高可靠性;除控制台以外,在作业位置上也要安装紧急停止按钮;紧急停止后不能自动恢复工作。

6) 低速示教。为了确保安全,应设置较低的示教速度,即使示教中产生误动作,也不致造成重大事故。

随着机器人的构造与功能的进步,机器人的自由度增加了,运动范围扩大了,其应用范围也在不断扩大,人机的安全问题就更加突出。

如上所述,在工业机器人等机电一体化设备中,虽然安装了各种安全装置,但为了提高工作效率,这类设备有高速化、大型化的趋势。此外,由于有与操作者混在一起使用的情况,一旦发生事故,就是重大事故。因此,有必要进一步进行技术研究,采取可靠性更高的安全措施。

最后,从最近的发展趋势来看,机电一体化机械设备的自动化还存在如下问题:① 由于机械设备的高度自动化和大型化,以及控制的软件化,不可能从外观上了解自动化机械的动作,操作者处理异常情况比较困难;② 由于许多自动化机械与非自动化机械的混合使用,因而事故较多,难以制定对策,以确保安全;③ 异常情况的处理是由人来完成的,而自动化设备并未充分考虑人的存在,在排除故障过程中容易发生安全事故。

有些问题虽然可以通过机电一体化技术得到解决,但是,如果稍有疏漏,机电一体化机械设备就有沿袭老式自动机械的缺点的危险,这是值得注意的问题。

思考题和习题

6-1 稳态设计和动态设计各包含哪些内容?

6-2 在机电一体化系统中,所谓的典型负载有哪些?

请说明以下公式的含义:

$$J_{eq}^k = \frac{1}{4\pi^2} \sum_{i=1}^{m} M_i \left(\frac{V_i}{n_k}\right)^2 + \sum_{j=1}^{n} J_j \left(\frac{n_j}{n_k}\right)^2$$

$$T_{eq}^k = \frac{1}{2\pi} \sum_{i}^{m} F_i V_i / n_k + \sum_{j=1}^{n} T_j n_j / n_k$$

6-3 设有一工作台 X 轴驱动系统,如习题 6-3 图所示,已知:参数为下表中所列以及 $M_A = 400 \text{ kg}$,丝杆基本导程 $P_h = 5 \text{ mm}$,$F_{L水平} = 800 \text{ N}$,$F_{L垂直} = 600 \text{ N}$,工作台与导轨间为滑动摩擦,其摩擦系数为0.2。试求转换到电动机轴上的等效转动惯量和等效转矩。

参 数 单 位	齿 轮				轴		丝 杠	电 机
	G_1	G_2	G_3	G_4	Ⅰ	Ⅱ		
$n/(\text{r·min}^{-1})$	720	360	360	180	720	360	180	720
$J/(\text{kgm}^2)$	0.01	0.016	0.02	0.032	0.024	0.004	0.012	0.004

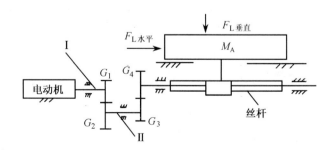

题 6-3 图

6-4　机电一体化系统的伺服系统的稳态设计要从哪两头入手？

6-5　机电一体化系统的数学模型建立过程及主谐振频率的计算方法。比例调节（P）、积分调节（I）、比例-积分调节（PI）和比例-积分-微分调节（PID）的优缺点？

6-6　机电一体化系统在干扰作用下所产生的输出 C_{ssd} 对目标值来说，全部都是误差吗？减小或消除机电一体化系统的结构谐振，工程上常采取哪些措施？

6-7　在闭环之外的动力传动链齿轮传动间隙对系统的稳定性有无影响？为什么？

6-8　何谓机电一体化系统的"可靠性"？

6-9　机电一体化系统的"失效"与"故障"有何异同？

6-10　保证机电一体化系统（产品）可靠性的方法。

6-11　以工业机器人为例，为保证机电一体化系统（产品）安全性，在设计中应采取哪些措施？

第 7 章 常用机械加工设备的机电一体化改造分析与设计

在机械加工设备中,如果绝大多数传统机床,改用微机控制、实现机电一体化改造,将会适应多品种、小批量、复杂零件加工的需求,不但提高加工精度和生产率,而且会降低生产成本、缩短生产周期,更加适合我国国情。利用微机实现机床的机电一体化改造的方法有两种,一种是以微机为中心设计控制系统;另一种是采用标准的步进电动机数字控制系统作为主要控制装置,前者需要重新设计控制系统、比较复杂;后者选用国内标准化的微机数控系统、比较简单。这种标准的微机数控系统通常采用单板机、单片机、驱动电源、步进电动机及专用控制程序组成的开环控制,如图 7-1 所示,其结构简单、价格低廉。对机床的控制过程大多是由单片机或单板机,按照输入的加工程序进行插补运算,由软件或硬件实现脉冲分配,输出一系列脉冲,经功率放大、驱动纵横轴运动的步进电动机。

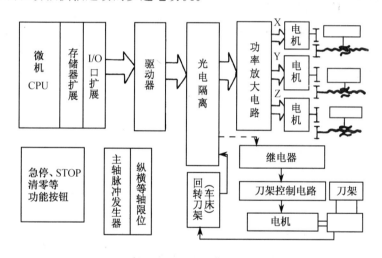

图 7-1 开环控制系统框图

§7.1 机床的机电一体化改造分析

一、机械传动系统的改造设计方案分析

1. 车床机械传动系统的改造设计方案分析

图 7-2(a)(b) 为 C620-1 机床外形与改造方案,图 7-3 为 CA6140 机床改造方案。这些改造方案均比较简单,当数控系统出现故障时,仍可使用原驱动系统进行手动加工。改装时,只要将原机床进给丝杠尾部加装减速箱和步进电动机(如图中 A 和 B)即可。对 CA6140 车床

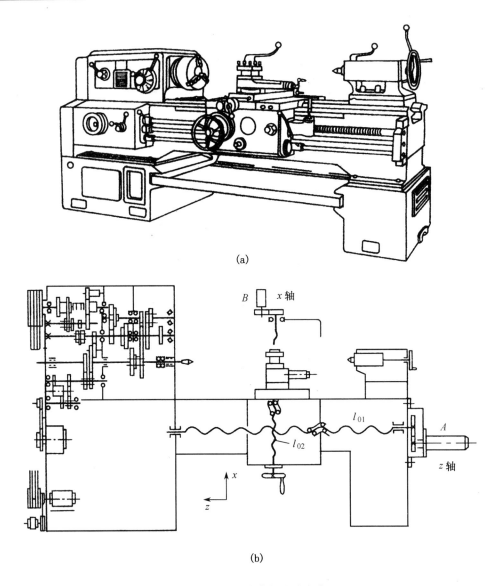

图 7-2 C620-1 车床的改造方案

的纵向(z 向)进给运动,可将对开开合螺母合上,离合器 M_5 脱开,以使主运动与进给运动脱开,此时,将脱开蜗杆等横向自动进给机构调整至空挡(脱开)位置。若原刀架换为自动转位刀架则可以由微机控制自动转换刀具,否则仍由手动转动刀架。如需加工螺纹,则要在主轴外端(如图 7-3 所示)或其他适当位置安装一个脉冲发生器 C 检测主轴转位,用它发出的脉冲来保证主轴旋转运动与纵向进给运动的相互关系,因为在车螺纹时,主轴转一转,车刀要移动一个螺距(单头螺纹)。为了每次吃刀都不乱扣,也必须取得脉冲发生器的帮助。

这种改造方案成本较低。但是,为了保证加工精度,还需根据实际情况对机床进行检修,以能保证控制精度。原机床运动部件(包括导轨副、丝杠副等)安装质量的好坏,直接影响阻力和阻转矩的大小,应尽量减小阻力(转矩),以提高步进电动机驱动转矩的有效率。对丝杠要提高其直线度,导轨压板及螺母的预紧力都要调得合适。为减少导轨副的摩擦阻力可改换成滚动导轨副或采用镶塑料导轨。根据阻力(转矩)、切削用量的大小及机床型号的不同,应通过计算,选用与之相匹配的步进电动机。如果选用步进电动机的最大静转矩冗余过大,价格就贵,改造成本就高,对用户来说,在使用中,转矩的冗余部分始终用不上,是一个极大的浪费;如果选得过小,在使用中很可能会因各种原因而使切削阻力突然增大、驱动能力不够,引起丢步现象的产生,造成加工误差。因此,必须采用第6章介绍的方法对执行元件进行匹配选择。对要求加工精度较高的机床,其进给丝杠应改换为滚珠丝杠。

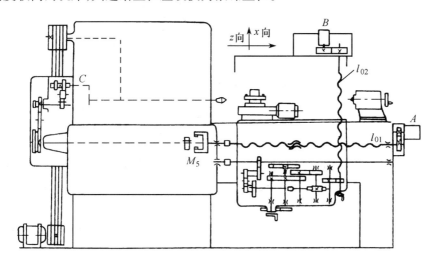

图 7-3 CA6140 车床的改造方案

2. 铣床机械传动系统改造方案分析

(1) X52K 型立式铣床传动系统改造方案分析

图 7-4(a)所示为 X52K 立式铣床的原传动系统图。其主轴转动由电动机 1 经变速齿轮驱动。其主轴的升降用手柄 5 经锥齿轮副 3、丝杠 2 手动操作。工作台的 X 轴(纵轴)和 Y 轴(横轴)均通过离合器 6 和离合器 7,由进给电动机 10 通过变速齿轮驱动丝杠副 4 和 8 机动进给。工作台的升降由电动机 10 通过离合器 9 将运动传给丝杠副 11 实现。

为实现复杂零件的自动铣削加工,可以将工作台升降、工作台 X 与 Y 轴的进给运动、或将主轴升降和工作台的 X、Y 轴的进给运动、或仅将工作台的 X、Y 轴进给运动改为微机控制实现三轴或二轴的开环同步控制或非同步控制。上述方案中的第一种方案,由于工作台较重,升降所需步进电动机转矩大,功率损失也大,改造成本高,故一般不采用。而第三种方案仅为二轴控制,不能自动铣削三维曲面零件,显然改造的意义不大。第二种方案实现较容易、成本也较低,故多被采用。现就第二种方案的改造设计思路说明。

为保留原机床的半自动功能,应对原系统作尽可能少的改动,即一旦控制系统出了问题,机床还可以手动进行加工,以免影响生产。为此可进行以下改动(如图 7-4(b)所示)。

① 保留原机床主轴传动系统;② 保留机床工作台 X、Y 轴进给系统,脱开离合器 6、7,去掉手轮,将滑动丝杠副换为滚珠丝杠副(也可用原有丝杠副),并改装减速齿轮箱、减速齿轮、步进电动机(16、17);③ 主轴垂直升降进给运动:拆去原手动锥齿轮副 3 及丝杠副 2,更换成滚珠丝杠副 12 或采用滑动丝杠副并将丝杠上的锥齿轮改为圆柱齿轮,由于安装电动机受到减速齿轮副中心距尺寸的限制,故可安装一个采用偏心轴支承的中间轮(椭轮 13),设计并安装减速

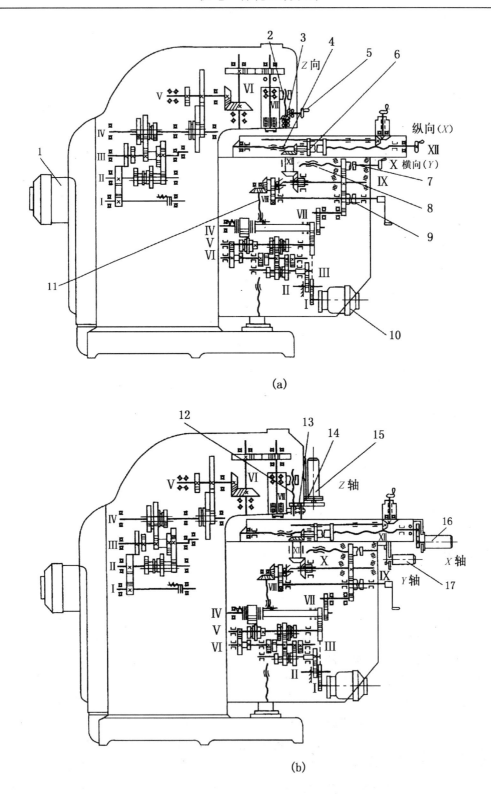

图 7-4 X52K 传动系统图

箱,将电动机 15 安装在减速箱的偏心套 14 上。

为了调整齿轮传动间隙;可通过惰轮轴(偏心轴)调整与丝杠轴上齿轮的啮合间隙。调整偏心套 14 又可调整电动机输出轴上的齿轮与中间轴齿轮之间的传动间隙。

(2) XA6132 型升降工作台卧式铣床传动系统改造方案分析

对于 XA6132 普通升降工作台卧式铣床可采用图 7-5 所示的改造方案。其改造目的主要是加工不同品种的凸轮轴。由于凸轮轴所需加工的轮廓外形含有直线;圆弧和渐开线,要求的轮廓的尺寸公差为 0.1 mm;表面粗糙度为 $R_a1.6$。因此,采用了三坐标联动方案。为使铣床的机电一体化改造后的性能不低于原铣床,选 X、Z 坐标快进速度不低于 2.4 m/min,水平拖动力按 15 kN 计算,则要求电动机功率 $P = Fv = 15 \times 2.4/60 = 0.6$ kW,如选用步进电动机作为执行元件,则步进电动机达不到此功率要求。例如,200BF001 反应式步进电动机,其最大静转矩为 14.7 Nm,最高空载运行频率为 11 000 step/s,步距角 $\alpha = 0.16°$/step。若取最高工作频率下的工作转矩为最大静转矩的 1/4,则高速运行工作状态下所需功率为 $P_H = 1/4 \times 14.7 \times 11\,000 \times 0.16° \times 2\pi/360° \approx 112.9(W) = 0.1129$ kW,因此,如果选用步进电动机,必须相应地降低快速性要求。又由于步进电动机在低速工作时有明显冲击,易引起自激振荡,而且其振荡频率很可能与铣削加工所用进给速度相近或一致;对加工极为不利。故不易采用步进电动机驱动。若采用直流或交流伺服电动机的全闭环控制方案,结构复杂技术难度大,成本高。如果采用直流或交流伺服电动机的半闭环控制,其性能介于开环和闭环控制之间。由于调速范围宽;过载能力强,又采用反馈控制,因此性能远优于步进电动机开环控制;反馈环节不包括大部分机械传动元件,调试比闭环简单,系统的稳定性较易保证,所以比闭环容易实现。但是采用半闭环控制,调试比开环控制步远电动机要困难些,设计上要有其自身的特点;另外反馈环节外的传动零件将会直接影响机床精度和加工精度,因此在设计中也必须给予足够重视。在直流和交流伺服电动机之间进行比较时,交流调速逐渐扩大了其使用范围,似乎有取代直流伺服电动机的趋势。但交流伺服的控制结构较复杂,技术难度高,而且价格贵;此外,相比于直流伺服的大惯量电动机,交流伺服电动机自身惯量小,调试时困难大一些,维修时元件来源也较困难。直流伺

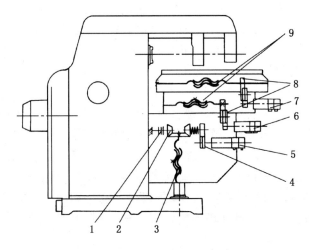

图 7-5 XA6132 铣床改造方案示意

1—离合器;2—锥齿轮副;3—滚珠丝杠副;4—减速齿轮;5—直流伺服电动机(2.5 kW,1 000 r/min);6—(横向)直流伺服电动机(1.4 kW,1 500 r/min);7—(纵向)直流伺服电动机(1.4 kW,1 500 r/min);8—减速齿轮;9—滚珠丝杠副

服电动机的控制系统技术较成熟,普及较广。

通过上述比较分析,确定采用直流伺服电动机驱动半闭环控制为宜。X、Y、Z轴采用其中二轴作插补联动;第三轴作单独的周期进刀,故称 2.5 轴联动加工;其传动方案如图 7-5 所示。图 7-6 为结构改装装配原理图。

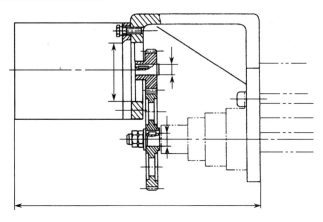

图 7-6 改装部分装配原理图

上述各种铣床的设计计算与车床类似。读者可根据实际情况及特点参照车床改造中的主要设计计算进行。

二、机械传动系统的简化

以车床为例,如果原机床不再考虑原手动传动系统的使用问题,其机械系统将得到大大简化。图 7-2(a)所示车床改装时需要改动的部分为:① 挂轮架系统:全部拆除。② 进给齿轮箱:箱体内零件全部拆去,原丝杠端加一个轴承套。③ 溜板齿轮箱:拆去箱体部分光杠、操作杆、增加滚珠丝杠支承架和螺母座。④ 横向拖板:安装步进电动机,并通过减速齿轮、联轴器将电动机轴与横向滚珠丝杠连接起来。改造后,主传动系统与进给系统互相独立。⑤ 刀架体:采用自动转位刀架或根据需要加装纵、横向微调装置,供调整刀具用。

改造后,车床的主运动:驱动主轴电动机→皮带传动→主轴变速齿轮传动→主轴;进给运动:步进电动机→减速齿轮传动→丝杠传动→溜板→刀架。改造后的车床传动系统如图 7-2(b)所示。

自动转位刀架具有重复定位精度高、刚性好、寿命长等特点。按其工作原理可分为螺旋升降转位刀架、槽轮转位刀架、棘轮棘爪转位刀架及电磁转位刀架等。图 7-7(a)为螺旋升降转位刀架原理图,电动机 1 经弹簧安全离合器 2、蜗轮蜗杆副 3 带动螺母 6 旋转,并将刀架 5 推起使端齿盘 7 的上、下盘分离,随即带动刀架旋转到位,然后,由内装信号盘 4 发出到位信号,让电动机反转锁紧。图 7-7(b)为槽轮转位刀架原理图。它是利用十字槽轮原理进行转位和锁紧定位的。销钉盘 8 每转一周,带动槽轮转过一个槽,使其刀架 5 转过 $360°/K$(K 为刀架工位数)。

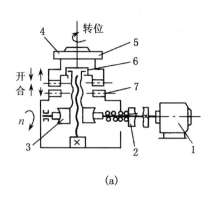
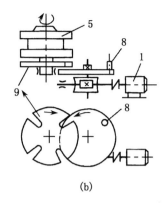

(a)   (b)

图 7-7 转位刀架原理图

1—电动机；2—安全离合器；3—蜗轮蜗杆副；4—内装信号盘；5—刀架；6—螺母；7—端齿盘；8—销钉；9—十字槽轮

图 7-8 为四工位自动转位刀架结构原理图。这种刀架适用于多种车床。其转位、定位锁紧过程如下：转换刀位时，微机发出信号，电动机 1 旋转、经蜗轮蜗杆副 3、键 2 使螺杆 4 转动，迫使刀架体 5 与其相连的双头螺母 6 轴向上移动，使端齿盘 11 的上、下齿盘脱开，与螺杆 4 一起旋转的拨套 9 拨动拨块 10，从而强制带动刀架体转位，实现 90°、180°、360°转位、换刀。换刀到位时，行程挡块触发微动开关 8，使电动机反转带动螺杆 4 反转，螺母 6 带刀架体 5 轴向下移，致使上、下端齿盘重新啮合、定位，达到预定锁紧力后，电动机停止转动，完成换刀过程。

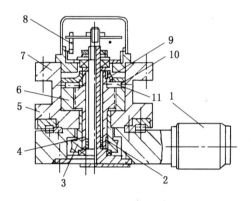

图 7-8 四工位自动转位刀架结构原理

1—电动机；2—键；3—蜗轮蜗杆副；4—螺杆；5—刀架体；6—双头螺母；8—微动开关；9—拨套；10—拨块；11—端齿盘

三、机床机电一体化改造的性能及精度选择

机床的性能指标应在改造前根据实际需要作出选择。以车床为例，其能加工工件的最大回转直径及最大长度，主轴电动机功率等一般都不改变。加工工件的平面度、直线度、圆柱度及粗糙度等基本上仍取决于机床本身原来的水平。但有一些性能和精度的选择是要在改装前确定，主要包括：

(1) 主轴

主轴变速方法、级数、转速范围、功率以及是否需要数控制动停车等。

(2) 进给运动

进给速度：Z 向（通常为 8~400(mm/min)）；X 向（通常为 2~100(mm/min)）；

快速移动：Z 向（通常为 1.2~4(m/min)）；X 向（通常为 1.2~5(m/min)）；

脉冲当量：在 0.005~0.01(mm) 内选取，通常 Z 向为 X 向的 2 倍。

加工螺距范围：包括能加工何种螺纹（公制、英制、模数、径节和锥螺纹等），一般螺距在 10(mm) 以内。通常进给运动都改装成滚珠丝杠传动。

(3) 刀架

是否需要配置自动转位刀架,若配置自动转位刀架时需要确定工位数,通常有 4、6、8 个工位;刀架的重复定位精度通常为 5 角秒以内。

(4) 其他性能指标的选择

刀具补偿:指刀具磨损后要使刀具微量调整的运动量;

间隙补偿:在传动链中,影响运动部件移动的齿轮或其他构件造成的间隙,常用消除间隙机构来消除,也可以用控制微机发脉冲来补偿掉,从而提高加工精度。

显示:采用单板机时其显示用数码管显示的位数较少,如不能满足要求,必要时可以采用显示荧光屏,这样可以清楚地把许多条控制机床工作的数控程序都完整地显示出来。甚至可以把加工过程工件及刀具的运动图形显示出来。

诊断功能:为防止操作者输入的程序有错和随之出现误动作,指示出机床某部分有故障或某项功能失灵,都可在改装时加入必要的器件和软件,使数控机床具有某些诊断功能。

以上是车床改装时考虑的一些共性问题,有时改装者根据需要还提出一些专门要求。例如,有的要求能车削大螺距的螺纹;有的要求控制机与电气箱能防灰尘,在恶劣环境下工作;有的要求车刀能高精度且方便地对刀等。

四、机床进给系统的有机结合的匹配计算

设某车床,其纵向(Z)进给丝杠改用滚珠丝杠,其导程 $p_h = 6$ mm;纵向溜板箱及横向工作台与刀架等可移动部件的总质量为 400 kg(实际设计时应根据图纸进行计算或拆卸称量);脉冲当量 δ 取为 0.01 mm/脉冲,(δ 应根据被加工零件的最高精度的尺寸公差来选定,一般取其公差的二分之一);这里取工进速度为 $V_溜 = 60$ mm/min、快进速度取为 $V_溜 = 2$ m/min;步进电动机的步距角选为 $0.75°$/step。

(1) 纵向进给运动的负载分析

步进电动机的负载有外力负载(切削力)、摩擦负载和惯性负载,所选步进电动机必须克服这些负载才能作正常的进给驱动。

1) 切削负载。若采用图 7-9 所示的刀具角度,切削用量范围: $v = 1.75$ m/s; $a_p = 5$ mm; $f = 0.3$ mm/r,则其主切削力(可根据切削原理近似公式计算) $F_z = 3\,000$ N(垂直向),取 $F_x = 0.6 F_z = 1\,800$(纵向), $F_y = 0.5 F_z = 1\,500$ N(横向)(根据机床设计手册在一般车外圆时 $F_x = (0.1 \sim 0.6) F_z, F_y = (0.15 \sim 0.7) F_z)$。

设计时,可根据主轴电动机的功率来计算能承受的最大主切削力 F_{zmax},但是,这样计算的 F_{zmax} 往往都很大,与实际需要不匹配。这是在原机床设计时,其主轴电动机功率往往都是按最大功率原则选取的,一般功率都较大的缘故。用这样计算的主轴切削力来计算 X、Y 轴的驱动电动机的额定转矩的冗余量会很大而造成成本大为提高。最好应根据实际需要所选定的机床所限用的最大切削用量进行计算。

2) 摩擦阻力。当溜板箱导轨为滑动摩擦

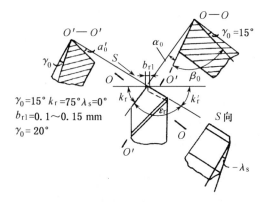

图 7-9 刀具角度

时,取其摩擦系数 $\mu = 0.1$,因主切削力压向导轨,则摩擦阻力 $F_{摩} = (400 \times 10 + 3000) \times 0.1 = 700$ N($g = 10$ m/s² 时),(其他摩擦阻力这里未计算)。

3) 等效转动惯量计算。根据理论力学公式计算进给系统中各回转零部件的转动惯量。设减速比为 i,则

$$i = \frac{\alpha p_h}{360°\delta} = \frac{0.75° \times 6}{360° \times 0.01} = 1.25$$

故可取 $Z_1 = 20$、$Z_2 = 25$;$m = 1.5$(模数),$b = 20$(mm) = 2(cm)(齿宽),$\alpha = 20°$;$d_{f1} = mZ_1 = 30$(mm),$d_{f2} = mZ_2 = 37.5$(mm),$d_{e1} = d_{f1} + 2h = 33$(mm),$d_{e2} = d_{f2} + 2h = 40.5$(mm)。则齿轮的转动惯量分别为(齿轮为 45 钢,并将齿轮近似看做圆柱体)

$J_{z1} = 7.8 d_{e1}^4 \cdot b \times 10^{-4} = 7.8 \times 3.3^4 \times 2 \times 10^{-4} = 0.185$(kgcm²) $= 1.85 \times 10^{-5}$(kgm²)

$J_{z2} = 7.8 d_{e2}^4 \cdot b \times 10^{-4} = 7.8 \times 4.05^4 \times 2 \times 10^{-4} = 4.2 \times 10^{-5}$(kgm²)

若根据类比法,选用型号为 CMFZD40×6 − 3.5 − C3/1200 的丝杠,其长度为 1.2 m(钢材),直径 $d_0 = 40$ mm,则丝杠的转动惯量近似为

$$J_s = 7.8 \times 4^4 \times 120 \times 10^{-4} = 23.96 \text{(kgcm}^2\text{)} = 2.4 \times 10^{-3} \text{(kgm}^2\text{)}$$

设电动机转子的转动惯量为 $J_m = 4.6 \times 10^{-4}$(kgm²)(当等效到电动机轴上的负载转动惯量大于电动机转子转动惯量一个数量级时,J_m 值可以忽略,但当等效到电动机轴上的负载惯量较小时,就不能轻易地忽略它。现预选电动机为 110BF003,其电动机转子的转动惯量为 4.6×10^{-4}(kgm²))。

根据式(6 − 4)可知

$$J_{eq}^k = \frac{1}{4\pi^2} \sum_{i=1}^{m} M_i \left(\frac{V_i}{n_k}\right)^2 + \sum_{j=1}^{n} J_j \left(\frac{n_j}{n_k}\right)^2$$

式中 V_i 采用最不利于机床启动时速度,这里选用快速进给速度 $V_{溜} = 2$ m/min;$n_k = n_m$(电动机) $= V_{溜}\alpha/(360°\delta) = 416.67$(r/min);$M_i = 400$ kg(全部直线运动部件的总质量);$n_{z1} = n_m$;$n_{z2} = n_{z1}/i = 333.34$(r/min)。则

$$J_{eq}^m = \frac{1}{4\pi^2} \times 400 \times (2/416.67)^2 + J_m + J_{z1} + (J_{z2} + J_s)/i^2$$

$$= 2.34 \times 10^{-4} + 4.6 \times 10^{-4} + 1.85 \times 10^{-5} + (4.2 \times 10^{-5} + 2.4 \times 10^{-3})/1.25^2$$

$$= 2.28 \times 10^{-3} \text{(kgm}^2\text{)}$$

4) 丝杠摩擦阻力矩(T_{sm})的计算。由于丝杠承受轴向载荷,又由于采取了一定的预紧措施,故滚珠丝杠会产生摩擦阻力矩,但由于滚珠丝杠的传动效率很高,其摩擦阻力矩相对于其他负载力矩小得多,故一般不予考虑。

5) 等效负载转矩 T_{eq}^m。由式(6 − 8)得

$$T_{eq}^m = \frac{1}{2\pi}(F_{纵} + F_{摩}) \times V_{溜}/n_m + 0 = \frac{1}{2 \times 3.1416}(1800 + 700) \times 2/416.67$$

$$= 1.91 \text{(Nm)}$$

6) 启动惯性阻力矩($T_{惯}$)的计算。这里以最不利于启动的快进速度进行计算,设启动加速(或制动减速)时间为 $\Delta t = 0.3$ s(一般在 $0.3 \sim 1$ s 之间选取),由于电动机转速 $\omega_m = 2\pi n_m/60 = 2\pi \times 416.67/60 = 43.63$(1/s),取加(减)速曲线为等加(减)速梯形曲线,故角加速度为

$$\varepsilon_m = \frac{\omega_m}{\Delta t} = 43.63/0.3 = 145.4(1/s^2)$$

则 $T_{惯} = J_{eq}^m \cdot \varepsilon_m = 2.28 \times 10^{-3} \times 145.4 = 0.332(\text{Nm})$

7) 步进电动机输出轴上总负载转矩 T_Σ 的计算

$$T_\Sigma = T_{eq}^m + T_{惯} = T_\Sigma = 1.91 + 0.322 \approx 2.242(\text{Nm})$$

(2) 步进电动机的匹配选择

上述计算均未考虑机械系统的传动效率,当选择机械传动总效率 $\eta = 0.7$ 时

$$T'_\Sigma = T_\Sigma/\eta = 2.242/0.7 \approx 3.2(\text{Nm})$$

在车削时,由于材料的不均匀等因素的影响,会引起负载转矩突然增大,为避免计算上的误差以及负载转矩突然增大引起步进电动机丢步而引起加工误差,可以适当考虑安全系数,安全系数一般可在 1.2~2 之间选取。如果取安全系数 $K = 1.5$,则步进电动机可按以下总负载转矩选取

$$T''_\Sigma = KT'_\Sigma = 1.5 \times 3.2 = 4.8(\text{Nm})$$

若选用上述预选的电动机 110BF003,其最大静转矩 $T_{jmax} = 7.84\text{Nm}$。在三相六拍驱动时,其步距角为 0.75°/step,为保证带负载能正常加速起动和定位停止,电动机的起动转矩必须满足

$$T_q \geqslant T''_\Sigma$$

由表 3-7 可知 $T_q/T_{jmax} = 0.87$,则 $T_q = 0.87 \times 7.84 = 6.82(\text{Nm})$,故选用合适。

(3) 滚珠丝杠的校核。

在选择滚珠丝杠时是根据原丝杠直径的大小,按类比法选择名义直径,就要对其负载能力进行必要的校核;若是根据承载能力选出的,则应对压杆稳定及其刚度进行必要的校核。

当根据类比法选择丝杠时,其校核如下:

1) 承载能力的校核。根据公式(2-1)

$$F_Q = \sqrt[3]{L} f_H f_W F_{max} < C_a$$

式中 $L = 60nT/10^6$,取 $T = 15000$,$n = n_s = 416.67/i = 333.3(\text{r/min})$;$f_H = 1.0(\text{HRC 为 58 时})$,$f_W = 1.2(平稳或轻度冲击时)$,$F_{max} = F_{纵} + F_{摩} = 1800 + 700 = 2500$ N,则

$$F_Q = \sqrt[3]{(60 \times 333.3 \times 15000)/10^6} \times 1.0 \times 1.2 \times 2500 \approx 20\,082 \text{ N}$$

查有关滚珠丝杠额定载荷 $C_a = 79339\text{N} > F_Q$。

2) 压杆稳定性验算。根据公式(2-2)

$$F_k = f_k \pi^2 EI/(Kl^2) \geqslant F_{max}$$

式中 $f_k = 2$(双推一简支);

$E = 2.1 \times 10^{11}$ Pa,

$I = \frac{\pi}{64} d_1^4 = \frac{\pi}{64} \times 0.035^4 \approx 7.37 \times 10^{-8} \text{ m}^4$ (式中 $d_1 = 0.035$ mm)

取 $K = 4$,$l = l_s = 120 \text{ cm} = 1.2$ m   (式中 l_s 为丝杠长度)

则 $F_k = (2 \times 3.1416^2 \times 2.1 \times 10^{11} \times 7.37 \times 10^{-8})/(4 \times 1.2^2) \approx 5.3 \times 10^4 \text{N} \gg F_{max}$

3) 刚度的验算。根据公式(2-3)

$$\Delta L = \pm \frac{Fp_h}{ES} + \frac{Mp_h^2}{2\pi IE} \quad (均取拉伸时)$$

式中　丝杆导程 $p_h = 0.6 \text{ cm} = 0.006 \text{ m}, E = 2.1 \times 10^{11}$ Pa

$$S = \pi\left(\frac{d_1}{2}\right)^2 = 3.1416 \times \left(\frac{0.035}{2}\right)^2 \approx 9.62 \times 10^{-4} \text{ m}^2$$

$$I = 7.37 \times 10^{-8} \text{ m}^4, M = T_{jmax}i = 7.84 \times 1.25 = 9.8 \text{ Nm}$$

$$F = F_{max} = 2\,500 \text{ N}$$

则 $\Delta L = \left(\dfrac{2500 \times 0.006}{2.1 \times 10^{11} \times 9.62 \times 10^{-4}} + \dfrac{9.8 \times 0.006^2}{2\pi \times 7.37 \times 10^{-8} \times 2.1 \times 10^{11}}\right)$ m

$\approx (7.425 \times 10^{-8} + 7.61828 \times 10^{-9})\text{m} \approx 0.082 \ \mu\text{m}$

§7.2 微机控制系统的设计分析

机床的微机开环控制系统框图如图 7-1 所示。系统应具有以下功能(或部分功能)及特点:① 控制机床刀具、工作台纵、横向和主轴 z 向的速度和位移;② 可控制加工端面、内外圆以及由任意锥面、球面、逼近的任意曲面;③ 控制走刀速度,一般分 0、1、2、…、9、A、B…F 等 16 档,并可随时进行换挡;加工程序中可给出一定的延时,在加工中执行延时程序时,车床刀架在预定时间内停止运动;④ 具有程序暂停功能,当执行到暂停程序时,刀架停止运动,再按下启动键,可继续执行程序;⑤ 微机 I/O 端口可发出和接受各种信号,作为限位、刀架(车床)回转、电动机正、反转等的控制及反馈信号。它与程序的自动循环功能相结合,可实现加工的全自动化;⑥ 程序固化在 EPROM 中,使用时只要将所需程序调至内存即可,并可较方便地修改加工程序;⑦ 具有点动和单步控制功能,以便调试、校对原点及修正加工尺寸;⑧ 具有一定的自诊断功能,以便调试、校对原点及修正加工尺寸;⑨ 具有一定的自诊断功能。

一、选择 Z80CPU 单板机的控制系统设计(以车床为例)

利用标准的单板机(如 TP801A)作为控制器,控制车床的纵、横轴及自动转位刀架时,首先应熟悉单板机提供的资源,包括硬件资源和软件资源。硬件资源主要是指单板机的硬件配置及提供给用户扩展用的硬件特性;软件资源主要指单板机的监控程序,特别是供调用的基本子程序。对用户关系较大的资源、特点分析与选用如下:

(1) 主要技术特性和硬件配置

1) 中央处理机为 Z80CPU,晶振频率为 3.9936 MHz,不分频时其系统时钟为 4 MHz。

2) 存储器共有七个 24 脚插座,可以插 5 片 2k×8 位的 6116RAM 和 2 片 2k×8 位的 2716EPROM 或者插上 7 片全是 2716EPROM 或 4k×8 位的 2732EPROM。作为车床改造的控制系统选用 3 片 2k×8 位的 2716EPRON 和二片 2k×8 位的 6116RAM 就足够了。2716 的读周期是 450 ns,6116 的读写周期小于 200 ns,CPU 的时钟周期是 250 ns,所以在搭配上符合要求。监控程序固化在一片 2716EPROM 内,各功能模块程序存放在另一片 2716EPROM 内,剩下的一片 EPROM 芯片用于存放常用零件的加工程序。这样安排的好处是更换零件加工程序时,只需更换一块芯片即可。2 片 6116RAM 作为调试程序存放和运行程序的中间数据存放用。

3) I/O 口,Z80PIO 并行接口芯片,有两个 8 位可编程 I/O 口,全供用户使用。这里将 A 口作为 X、Z 轴进给系统步进脉冲的输出口,其中 $PA_0 \sim PA_2$ 为 X 向的输出口,$PA_3 \sim PA_5$ 为 Z 向输出口。B 口为位控方式,其中 $PB_0 \sim PB_3$ 为 $+X$、$-X$、$+Z$、$-Z$ 的行程越位信号输入,PB_5 为急停信号输入,PB_6、PB_7 为系统工作正常、报警信号输出。

4) 计数器/定时器。它有 Z80 - CTC 计数器/定时器芯片一片。它的 4 个通道中 $0^\#$ 和 $3^\#$ 通道在应用程序中使用,其余由监控程序使用。

5) 显示器由 6 位 LED 构成。

6) 具有 31 个键的键盘,包括 16 个数字键、14 个命令键及一个复位键。足够控制使用。另外还有 S - 100 总线插孔一组。

(2) 存储器空间分配

单板机可寻址范围是 64 kB 字节,板上提供的插座占 16 kB,已插入的芯片占 10 kB,其余以备扩展使用。其存储空间选用分配如下:

0000H ~ 07FFH 2kB EPROM 放监控程序(译码器输出 $Y_0 \rightarrow \overline{\text{MON SEL}}$)

0800H ~ 0FFFH 2kB EPROM 放功能子程序(译码器输出 $Y_1 \rightarrow \overline{\text{PROM}_1\text{SEL}}$)

1000H ~ 17FFH 2kB EPROM 放零件加工程序(译码器输出 $Y_2 \rightarrow \overline{\text{PROM}_2\text{SEL}}$)

2000H ~ 27FFH 2kB RAM 调试程序等(译码器输出 $Y_4 \rightarrow \overline{\text{CS}_4}(\text{RAM})$)

2800H ~ 2FFFH 2kB RAM 调试程序等(译码器输出 $Y_5 \rightarrow \overline{\text{CS}_5}(\text{RAM})$)

(3) I/O 地址分配

单板机设置 I/O 口地址为 80 ~ 2FH 共 32 个口地址,分配如下:

60H ~ 83H Z80 - PIO(译码器输出 $Y_0 \rightarrow \overline{\text{PIO SEL}}$)

84H ~ 87H Z80CTC(译码器输出 $Y_1 \rightarrow \overline{\text{CTC SEL}}$)

88H ~ 8BH 字形锁存(译码器输出 $Y_2 \rightarrow \overline{\text{SEG LATCH}}$)

8CH ~ 8FH 字位锁存(译码器输出 $Y_3 \rightarrow \overline{\text{DIGITLATCH}}$)

90H ~ 93H 读键值(译码器输出 $Y_4 \rightarrow \overline{\text{KB SEL}}$)

94H ~ 9FH 用户扩展用

(4) 单板机部分相关电气工作原理设计

如图 7 - 10 所示,Y_3、$\overline{\text{IORQ}}$、$\overline{\text{WR}}$ 是通过负逻辑的与非门逻辑组合成 $\overline{\text{DIGITLATCH}}$ 一根信号线,馈给显示器字位选择控制 C 的输入信号。同样,Y_2、$\overline{\text{IORQ}}$、$\overline{\text{WR}}$ 是通过负逻辑与非门逻辑组合成 $\overline{\text{SEG LATCH}}$ 一根信号线,馈给显示器七段字形选择控制 C 的输入信号,三个 D 中断触发器组成 DMA 直接数据交换控制器,直接与非屏蔽中断请求信号端 $\overline{\text{NMI}}$ 相接。通常,系统的地址和数据总线以及一些控制信号线(如 $\overline{\text{MREQ}}$、$\overline{\text{IORQ}}$、$\overline{\text{RD}}$、$\overline{\text{WR}}$ 等)都是由 CPU 管理的,而在 DMA 方式下,就让 CPU 将这些线让出来,直接由 DMA 对数据交换进行控制。该触发器电路组成 DMA 控制器只在高速外部设备的成批交换数据时才使用,对于一般外部设备,一般不用,仅用中断的传送方式即可。车床控制电路中可以不用这一部分电路。

第 7 章 常用机械加工设备的机电一体化改造分析与设计

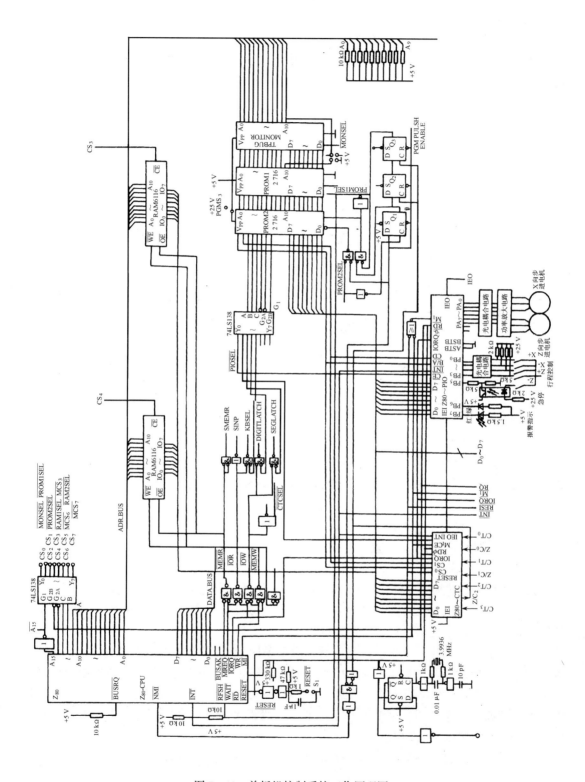

图 7-10 单板机控制系统工作原理图

(5) 驱动电路设计

图 7-11 为步进电动机驱动电路原理之一。为提高系统的抗干扰能力,在驱动电路(功率放大)与 I/O 口之间用光电隔离器连接。图中,由于 X、Z 轴步进电动机的 A、B、C 相控制信号输入端均接入一驱动器(跟随器)以提高驱动能力。当 I/O 口输出为高电平时,经驱动器后仍为高电平,此时发光二极管不发光,使光电隔离器中的光敏三极管截止,则 T_1、T_2 均截止,T_3、T_4 基加压导通,相绕组通电。反之,相绕组不通电。

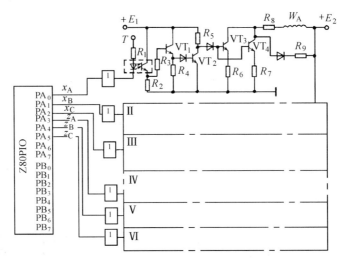

图 7-11 驱动电路原理

(6) 其他辅助电路

为了防止机床行程越界,所以在机床上装有行程控制开关。为了防止意外,装有急停按钮。因为这些开关都安装在机床上,距控制箱较远,容易产生电气干扰。为了避免这种情况发生,在电路和接口之间实行光电隔离。

为了报警,还设有报警电路。当绿色的发光二极管亮时表示工作正常。当红色发光二极管亮时,表示溜板箱已到极限位置。

(7) 控制系统软件设计

为了让车床自动加工零件,必须先将人的意图,用机器所能接受的语言,编制加工程序,程序格式不同,其设计方法也不同。下面以某厂生产的微机数控装置为例,对控制系统的程序设计做一简要说明。

1) 加工程序的总格式。该系统在进行某段工序加工时,需将加工量以十进制的 mm 数送入,然后送入加工速度字、方向字等。因此,在车床进行加工之前,必须根据零件图纸给出每道工序的刀具运动方向和位移长度。根据零件材料和车床的特性以及工艺要求,给出车床的切削速度。该加工程序以四个字节至八个字节为一段程序,先以一段为开头,中间为加工程序段,最后为结尾,如图 7-12 所示。

2) 主程序。根据上面规定的加工格式,画出控制系统的主程序流程图,如图 7-13 所示。

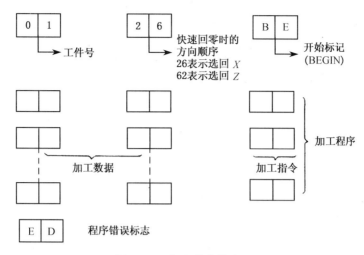

图 7-12 加上程序格式

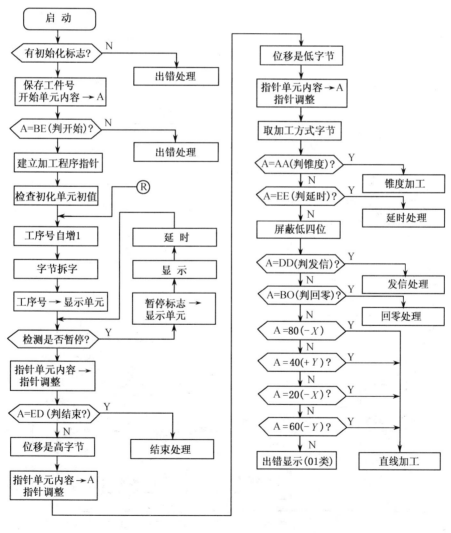

图 7-13 控制系统主程序流程图

3) 直线和斜线加工程序的设计。直线加工主要是指车外圆、内孔、端面、切槽等加工。这类加工程序的设计比较简单。它只需加工刀具在纵向或横向运动。为了控制方向,该机利用了单板机键盘上的数字键的安装位置,如图 7-14 所示的数字键(a)和加工方向(b)的关系中,用 4、6 键分别代表纵向(Z 向)进、退刀方向,用 8、2 键分别代表横向(X 向)进、退刀方向。直线加工程序首先根据零件图要求,给出加工量(即刀具的位移置),进给方向和加工速度。根据位移量计算所需脉冲数,然后由方向字确定纵向或横向步进

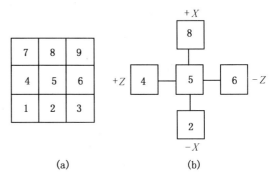

图 7-14 数字键与加工方向之关系

电动机动作,并用其速度标记判别在加工即将结束时,是否需进行降速处理。图 7-15 为直线加工程序流程图。斜线加工是指锥面加工,此时 X、Z 方向的步进电动机都需要动作,与直线加工程序一样,其方向也是由单板机上的数字键确定的,如图 7-14(a)所示,1、3、7、9 表示斜线加工方向。斜线加工一般采用插补原理,其加工程序格式如图 7-16 所示,加工流程如图 7-17 所示。此外,还有升降速延时程序、手动程序、圆弧加工程序以及步进电动机控制程序等。

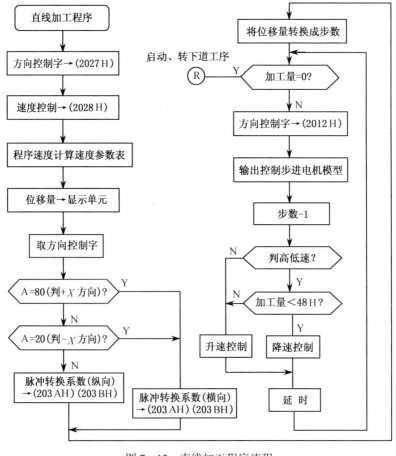

图 7-15 直线加工程序流程

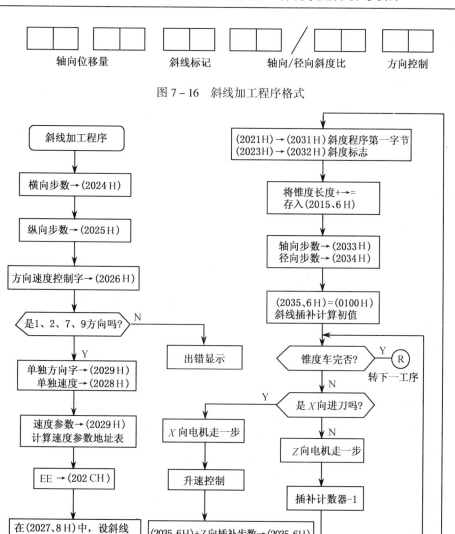

图7-16 斜线加工程序格式

图7-17 斜线加工程序流程

4）软件环分配。三相六拍控制方式的通电状态参看表3-10；要让 Z 向电动机连续正向转动，I/O 应循环输出 01H→03H→02H→06H→04H→05H→…。在输出最后一个状态码 05H 后，要修改状态码地址指针，即地址指针重新赋值。在内存中的代码为

    ORG ××××H
  00H 地址指针重新赋值标志
  状态代码起始地址 01H
           03H
          02H

06H
04H
05H
00H　地址指针重新赋值标志

在每输出一状态代码之前,先判断地址指针中的内容是否为00H。如果是00H,则地址指针重新赋值,将其地址中存放的状态代码送到I/O口输出;否则,直接将地址指针中的内容输出到I/O中,则地址指针加1。如此循环,便实现步进电动机的连续运转。

5) 升降速及变速控制。改变输出状态代码之间的时间间隔,即可实现电动机的升降速及变速控制。时间间隔可以用软件实现,也可以用计数器/定时器(如CTC)实现。

步进电动机在启动加速和制动减速时,由于负载惯性,会引起失步。因此,步进电动机运行时应有一个加、减速过程,而且希望在一定时间 Δt 内(0.1~1 s)达到预定的速度。最简单而实用的是等加速、等减速。此时,加速和减速的速度曲线有图7-18所示两种。图中, f_q 为起跳频率, f_n 为定常(工进、快进)运行频率或不能达到快进或工进运行速度时的频率(总之在 t 时间内达到所要求的运行距离为止)。下面以图(b)进行时间常数的计算。

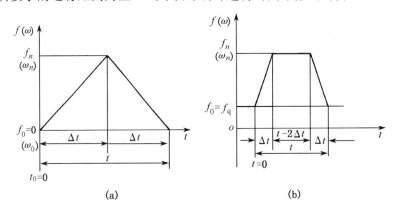

图7-18　三角形与梯形速度曲线

f_q 由电动机的最高空载启动频率求得。查110BF003电动机的空载启动频率为 $f_{q空} = 1\ 500\ Hz$,一般取 $f_q = \dfrac{1}{2 \sim 3} f_{q空}$,现取

$$f_q = \frac{1}{2} f_{q空} = 750\ Hz$$

参考§7.1之三进给移动速度,这里取快进速度为 $v_快 = 3\ m/min$,求得快进时连续运行频率 $f_n = v_快/(\delta \times 60) = 3\ 000/(0.01 \times 60) = 5\ 000\ Hz$(查表110BF003电动机的运行频率达7 000 Hz,满足使用要求)。

6) 起始频率 $f_0 = 0$ 时的情况分析(慢加速时)。在不考虑起跳频率而直接从 $f_0 = 0$ 开始启动时,如图7-19(a)所示,若给出连续运行(如快速进给运行频率) f_n 和加、减时间 $\Delta t(t_n)$ 时,则直线加速的方案有多种。它们的直线斜率 K 为

$$K = \frac{f_n}{\Delta t - t_0} \tag{7-1}$$

由于以 t_0 为时间起点,且 $t_0 = 0$ 时

$$K = \frac{f_n}{\Delta t} = \frac{f_n}{t_n} \tag{7-2}$$

此时,从施加最初脉冲的时刻开始,电动机的回转角速度为 ω：

$$\omega = K \cdot \alpha \cdot t\,[1/\text{s}]\,(\text{式中 }\alpha\text{ 为步距角,用弧度 rad 表示}) \tag{7-3}$$

在图 7-19(a)中,设 A、B、C…各相当于一个步距角对应的面积,即在每个脉冲内回转角速度对时间的积分。因此,梯形的面积代表转过的角度 α

$$\alpha = \frac{1}{2}K(\omega_{m+2} + \omega_{m+1})(t_{m+2} - t_{m+1})$$

$$= \frac{1}{2}(\omega_{m+1} + \omega_m)(t_{m+1} - t_m) \quad (\text{rad})$$

式中　$m = 0、1、2、3、\cdots、n$（m 为单个脉冲数）

由式 7-3 和上式得

$$t_{m+2}^2 - t_{m+1}^2 = t_{m+1}^2 - t_m^2 = \frac{2}{K}$$

当 $m = 0$、$t = 0$ 时

$$t_2^2 - t_1^2 = t_1^2 - t_0^2 = t_1^2 = \frac{2}{K} \tag{7-4}$$

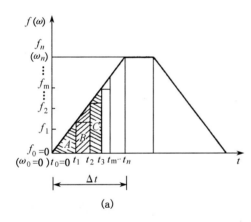 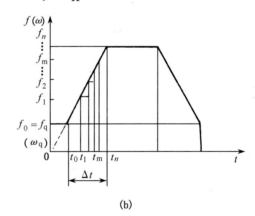

(a)   (b)

图 7-19　速度曲线

由此可得　$t_1 = \sqrt{\dfrac{2}{K}} = \sqrt{\dfrac{2t_n}{f_n}}$ (7-5)

且　$t_2 = \sqrt{2}\,t_1$ (7-6)

当 $m = 1$ 时

$$t_3^2 - t_2^2 = t_2^2 - t_1^2 \tag{7-7}$$

将式(7-6)代入式(7-7)得

$$t_3 = \sqrt{3}\,t_1 \tag{7-8}$$

故,其通式可写成

$$t_m = \sqrt{m}\,t_1 \tag{7-9}$$

则脉冲间隔为 $\Delta t_m = t_m - t_{m-1} = (\sqrt{m} - \sqrt{m-1})t_1 = (\sqrt{m} - \sqrt{m-1})\sqrt{\dfrac{2}{K}}$ (7-10)

由式(7-9)得定常速度以前的时间 ΔT 为

$$t_n = \sqrt{n}\, t_1 \qquad (7-11)$$

式中 n——加速段所需的脉冲数。

将式(7-5)代入上式得

$$t_n = \sqrt{n}\sqrt{\dfrac{2}{K}} = \sqrt{n}\sqrt{\dfrac{2t_n}{f_n}}$$

由此可得

$$t_n = \dfrac{2n}{f_n} \qquad (7-12)$$

则各脉冲频率为 $f_m = K t_m$ (7-13)

必须注意,上式表示的脉冲频率与脉冲时间间隔无关。

7) 起始脉冲频率 $f_0 = f_q$ 时的情况分析(快速时)。

如图 7-19(b)所示,启动加速和制动减速均为直线加速过程,通常将启动加速和制动减速曲线设定为对称的梯形曲线。这里仅对升速段做一简单分析。

根据式(7-12)可得升速段所需的脉冲数为

$$N = \dfrac{1}{2} f_n t_n \qquad (7-14)$$

根据式(7-9)原理,可以导出

$$t_m = \dfrac{1}{K}(\sqrt{2Km + f_q^2} - f_q) \qquad (7-15)$$

$$\Delta t_m = \dfrac{1}{K}(\sqrt{2Km + f_q^2} - \sqrt{2K(m-1) + f_q^2}) \qquad (7-16)$$

式中 $K = (f_n - f_q)/t_n$ (7-17)

通常,由于升速(或降速)段所需的脉冲步数较多,所计算的时间常数也较多,故可按下述方法做简化计算。设计算的点数为 $i(i=1、2、\cdots、0)$,每点按同一频率运行 M 步($M = N/Q$),则可将式(7-15)、式(7-16)改写为

$$t_i = \dfrac{1}{K}(\sqrt{2KMi + f_q^2} - f_0) \qquad (7-18)$$

$$\Delta t_i = \dfrac{1}{K}(\sqrt{2KMi + f_q^2} - \sqrt{2KM(i-1) + f_q^2}) \qquad (7-19)$$

计算举例: 设 $f_n = 5\,000$ Hz, $f_q = 750$ Hz, $t_n = 0.5$ s, $Q = 10$。

求:升速所需要的脉冲(步)数 N;以及相应的脉冲时刻 t_i、M 步的时间间隔(T_i)、时间常数(T_{ci})及相对应的脉冲频率。

解:① $N = \dfrac{1}{2} f_n t_n = \dfrac{1}{2} \times 5000 \times 0.5 = 1250$ (步)

$$M = N/Q = 1250/10 = 125 \ (步)$$

② 其他计算结果见表 7-1(取 $P = 16$, $t_c = 0.25$ μs 时),($T_i = t_c \cdot P \cdot T_{ci}$)

第7章 常用机械加工设备的机电一体化改造分析与设计

表7-1 升降速时间常数及脉冲频申计算

i	Mi/步	t_i/s	Δt_i/s	脉冲时间间隔 T_i/ms	时间常数 T_{ci}	脉冲频率 f_i/Hz
0				1.333	014DH	750
1	125	0.104 630 5	0.104 630 5	0.837	0D1H	1195
2	250	0.169 851 9	0.065 221 4	0.522	083H	1916
3	375	0.221 636 9	0.051 785	0.414	068H	2415
4	500	0.265 929 3	0.044 292 4	0.354	059H	2822
5	625	0.305 267 3	0.039 338	0.315	04FH	3178
6	750	0.341 015 3	0.035 748	0.286	048H	3497
7	875	0.374 006 9	0.032 991 6	0.264	042H	3789
8	1000	0.404 795 7	0.030 788 8	0.246	03EH	4060
9	1125	0.433 771 7	0.028 976	0.230	03AH	4346
10	1250	0.461 221 8	0.027 450 1	0.220	037H	4554
11				0.200	032H	5000
注	$\Delta f = Mi$	(7-18)式	(7-19)式	$\Delta t_i / \Delta f_i$	$T_i/(t_{ci} \cdot P)$	

二、选择8031单片机的控制系统设计(以 $X-Y$ 工作台为例)

$X-Y$ 工作台的工作原理比较简单,X、Y 向均采用步进电动机并通过齿轮减速器和丝杠传动副带动工作台沿 X 和 Y 向运动,与车床 X 轴、Z 轴和铣床的 X 轴、Y 轴与 Z 轴的传动原理相同。

如对 $X-Y$ 工作台的控制要求先作如下规定:① 步进电动机选用四相八拍,其脉冲当量为 0.01 mm/step;② 能用键盘输入命令,控制工作台的 X 向、Y 向运动及实现其他功能,其运动范围为均为 0~200 mm;③ 能实时显示工作台的当前运动位置;④ 具有越程指示报警及停止功能;⑤ 采用硬件进行环形分配,字符发生及键盘扫描均由软件实现。

单片机控制系统的硬件构成:现选用 8031 单片机芯片作为主芯片。它有 P_0、P_1、P_2、P_3 四个 8 位口,P_0 可以驱动 8 个 TTL 门电路,16 根地址总线由它经地址锁存器(74LS373)提供低 8 位 $A_0 \sim A_7$,而高 8 位 $A_8 \sim A_{15}$ 由 P_2 直接提供。数据总线由 P_0 口直接提供。控制总线由 P_3 口的第二功能状态和 4 根独立的控制线 RESET、EA、ALE、PSEN 组成。仅剩 P_1 口可供控制外设。因此,不能满足上述控制要求,又由于 8031 芯片无 ROM,且只有 128 字节的 RAM 也是不够用的,故也需要进行扩展。现采用 8155 和 2764、6264 芯片作为 I/O 口和存储器扩展芯片。显示器采用 LED 数码显示,从控制要求来看,需要 5 位数码显示,其中整数部分 3 位,小数部分 2 位。其他辅助电路有复位电路、时钟电路、越位报警指示电路。延时可利用 8155 的定时器/计数器的引脚 TMRIN 和 TMROUT。

综上所述绘制单片机(8031)控制系统工作原理图如图 7-20 所示。

图 7-20 中,单片机时钟利用内部振荡电路,在 XTAL1、XTAL2 引脚上外接定时元件,晶振可以在 1.2~12 MHz 间任选,电容在 5~30 pF 之间,对时钟有微调作用。越位超程报警、指示电路,采用 4 个限位开关,一旦越位,应立即停止工作台移动。这里采用中断方式,利用 8031 的外部中断,只要有一个开关闭合,即工作台的 X 向或 Y 向有一越位,便能产生中断信号。为了报警,设置了两个发光二极管灯,一个红灯用于越位报警,另一个为绿灯,工作正常时亮,两

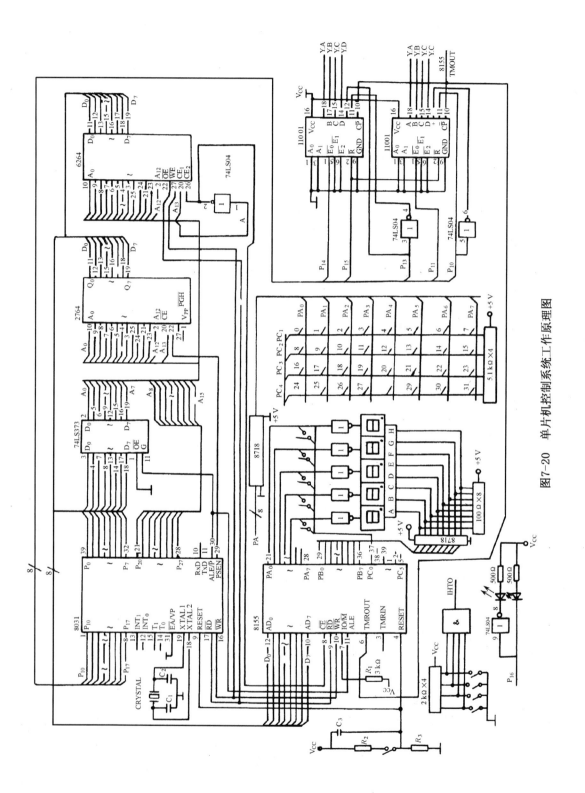

图7-20 单片机控制系统工作原理图

灯均由 8031 的 $P_{1.6}$ 控制。为了整体控制需要,应将 8155 的输出端 TMROUT 与 8031 的 T_0 端相连,且还应与步进电动机控制用环形分配器的 CP 端相接。

三、XA6132 型铣床的多 CPU 直流伺服系统设计

根据 §7.1 的 2(2)所选定的直流伺服驱动与加工要求,所配数控装置应实现闭环(半闭环)控制;提供模拟量控制信号,接收半闭环的反馈信号;要能控制三个坐标轴的运动,其中至少需同时控制两轴联动完成圆弧插补;为了在加工中可使用不同尺寸的刀具,数控装置应具有刀具的半径和长度的补偿功能,以便数控加工中按轮廓编制程序而能适应刀具尺寸的变化。为了适应将来发展的需要,数控装置应具备通讯接口。因此确定选用 MTC – 1M 铣床数控装置。MTC – 1M 是三坐标 2.5 轴联动的铣床用多 CPU 数控装置。该装置除了有一般数控功能之外,还具有子程序和参数编程,特别是镜像功能,很适合具有对称轮廓工件的数控加工编程。此外,它还具有示教、录返和用 RS232C 通讯的功能。该数控装置还可以控制主轴转速,但由于主轴所需调速范围小,调速机会也不多,而且主轴电动机功率较大,如采用调速装置将会增加不少投资,所以改造中未采用数控装置调速,而仍保留原机床上的手动机械换挡方式对主轴实行变速。

由于采用现成的 MTC – 1M 数控装置,在选配时要考虑功能需求,与伺服单元的配接,其他的输入/输出控制信号及控制能力。在配接时要考虑接口的数量及参数,必要时要设计信号变换电路,在设计参考点信号的电路时,采用了光电隔离;另外为了在接近开关及其电源、引线等发生故障时,能有一定的保护,设计了逻辑检测电路。此逻辑检测电路的作用是当发生元件损坏、断线或短路时发出信号,产生紧急停机的作用。为了能用一般的 8 位微处理器芯片完成插补运算,而且还要监控键盘,对显示屏幕的不断刷新等,系统采用了多 CPU 结构。多 CPU 结构是数控系统为了适应功能强、速度快、分辨力高而发展起来的很有生命力的结构型式。数控系统硬件框图如图 7 – 21 所示。

该数控装置采用三个 CPU,分别是中央 CPU,显示和键盘管理 CPU 以及插补和输入/输出 CPU。中央 CPU 起主要控制作用,负责数控程序的编辑、数控程序段的译码预处理、刀具半径补偿的计算、机器和刀具参数编程与诊断处理,按键信号监控处理等,并且要协调另两个 CPU 的同步工作。显示 CPU 主要功能是按照中央 CPU 送来的显示命令和显示内容,组成相应的显示页面,负责产生 CRT 显示器所需要的视频扫描信号,控制显示器按规定的显示方式显示有关信息。此外,扫描键盘,将接受的键盘和开关信号经译码后送给中央 CPU 进行相应处理。插补 CPU 主要进行插补运算,发生伺服驱动所需的控制信号,接收测量元件的反馈信号,实现速度和位置的控制。此外,对输入/输出信号进行控制,并完成 RS232C 通讯功能。插补 CPU 接收中央 CPU 送来的程序段信息和其他命令,并返回插补完成情况及出错信号。为了完成信息交换,中央 CPU 与显示 CPU 之间,中央 CPU 与插补 CPU 之间分别设置了公用存储区。以中央 CPU 与插补 CPU 之间数据交换为例,为了避免两个 CPU 同时存取公用存储区而发生冲突,需要采取措施。为了简化线路和控制,该设计方案采取借用 Z80CPU 所具备的总线请求和响应的功能,以中央 CPU 为主控,当中央 CPU 需要时,通过 I/O 口,由芯片 8255 的输出向插补 CPU 的总线请求发出信号。插补 CPU 返回响应信号后,也经由 8255,从输入口传给中央 CPU。中央 CPU 接到响应信号后打开 74LS244 和 74LS245 总线驱动器的门,使中央 CPU 的地址信号送达插补 CPU 的存储区,数据得以传送。

在地址分配上,为了减少芯片数,插补 CPU 所用的 ROM 采用 2 片 EPROM2764,用 74LS138

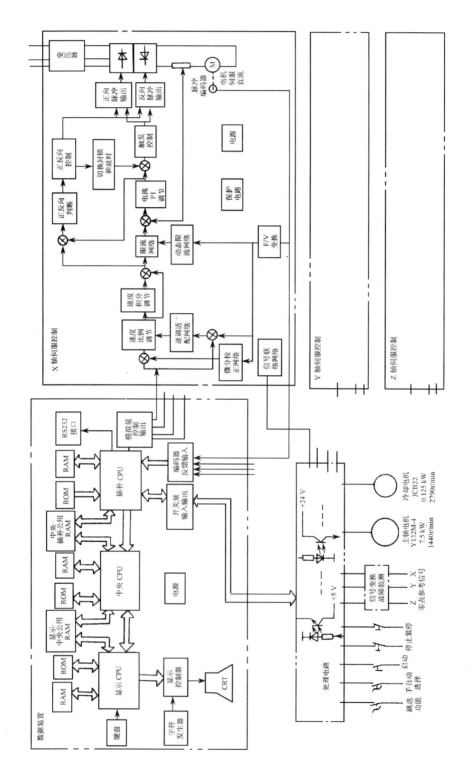

图7-21 数控系统硬件框图

完成片选,由三根地址线译码后,每个输出 Y 端控制 8k 存储区。2 片 2764 占低地址区。但 RAM 只需 2k(包括公用存储区),设计中把公用存储区放在最高地址区,为了精确的选址,又加了 74LSl39,进一步用 A_{11}、A_{12} 选定 RAM 的地址为 0F800H ~ 0FFFFH。

输入/输出采用 8255,每片可以有 24 个端口作为输入/输出用。对伺服驱动单元的控制模拟量信号采用 DAC0830 数/模转换。为了实现正反转控制,采用 2 级放大,可输出 ±10V 控制信号。由于数控装置在使用 RS232C 通讯功能时不做其他工作,为了简化结构,利用 8255 的一个输入端口和一个输出端口,用软件实现串行数据通讯。I/O 的地址分配,由于 I/O 片不多,为简化线路减少芯片数,地址译码输入只用了 5 根地址线,输出分别给 CTC,2 片 8255 和 4 片 DAC0830 共 7 个芯片,其中 CTC 和 8255 每个口有 2 个地址,而 DAC0830 有 8 个地址。该系统的软件设计采用模块化设计,图 7 – 22 为其主程序框图。

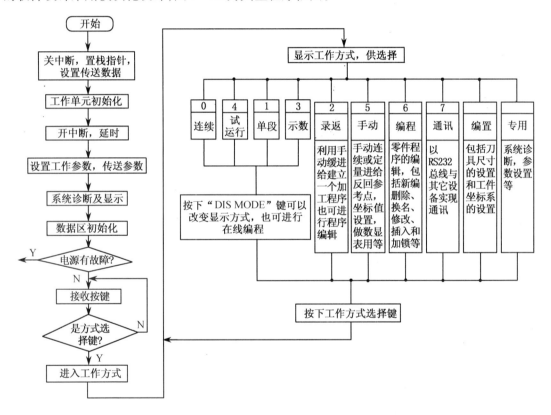

图 7 – 22 系统主程序框图

思考题和习题

7 – 1 利用"微机"实现传统机床的机电一体化改造的方法有哪两种?

7 – 2 分析 C620 – 1 车床的机电一体化改造原理方案。

7 – 3 为何说传统切削机床的机电一体化改造大大简化了其机械传统系统。

7 – 4 了解一两种自动转位刀架的原理。

7 – 5 在对传统切削加工机床进行机电一体化改造之前,首先要选择机床的哪些性能指标。

7 – 6 在对传统切削加工机床进行机电一体化改造时,对进给系统必须作怎样的设计计算?

7-7 为什么说在对传统切削机床进行机电一体化改造时,最好应根据实际需要所选定的机床所限用的最大切削用量进行计算。

7-8 以 X52K 型立式铣床为例,分析并绘制其进给系统的传动系统改造方案。

7-9 分析图 7-10 和图 7-20 所示控制系统工作原理图中存储器及 I/O 口的扩展方法。

第8章 典型机电一体化系统(产品)设计简介

§8.1 工业机器人

一、简述

工业机器人(1ndustrial Robot)是一种能模拟人的手、臂的部分动作,按照预定的程序、轨迹及其他要求,实现抓取、搬运工件或操纵工具的自动化装置,是典型的机电一体化产品,在实现柔性制造、提高产品质量、代替人在恶劣环境条件下工作中发挥着重要作用。

工业机器人一般应由机械系统、驱动系统、控制系统、检测传感系统和人工智能系统等组成。机械系统是完成抓取工件(或工具)实现所需运动的执行机构,包括以下几个部分:手部是工业机器人直接与工件或工具接触用来完成握持工件(或工具)的部件,有些工业机器人直接将工具(如焊枪、喷枪、容器)装在手部位置,而不再设置手部;腕部是连接手部与臂部的部件,主要用来确定手部工作方位、姿态并适当扩大臂部动作范围;臂部是支承腕部、手部、实现较大范围运动的部件;机身是用来支承臂部、安装驱动装置及其他装置的部件;行走机构是扩大工业机器人活动范围的机构,有的是专门的行走装置,有的是轨道、滚轮机构;驱动系统的作用是向执行机构提供动力,执行元件驱动源的不同,驱动系统的传动方式有液动式、气动式、电动式和机械式四种。

控制系统是工业机器人的指挥系统,它控制工业机器人按规定的程序
运动,可记忆各种指令信息(如动作顺序、运动轨迹、运动速度及时间等),同时按指令信息向各执行元件发出指令。必要时还可对机器人动作进行监控,当动作有误或发生故障时即发出警报信号。

检测传感系统主要检测工业机器人执行系统的运动位置、状态,并随时将执行机构的实际位置反馈给控制系统,并与设定的位置进行比较,然后通过控制系统进行调整。从而使执行机构以一定的精度达到设定位置状态。

人工智能系统。该系统主要赋予工业机器人五感功能,以实现机器人对工件的自动识别和适应性操作。

通常按坐标形式可分为五类,如图8-1所示,(a) 直角坐标型,(b) 圆柱坐标型,(c) 极坐标型,(d) SCARA 型,(e) 多关节型。

工业机器人的技术参数是说明机器人规格与性能的具体指标,一般有以下几个方面:

握取重量(即臂力)。握取重量标明了机器人的负荷能力。这项参数与机器人的运动速度有关,通常指正常运行速度所能握取的工件重量。当机器人运行速度可调时,低速运行时所能握取工件的最大重量比高速时为大。为安全起见,也有将高速时所能握取的工件重量作为指标的情况,此时常指明运行速度。

运动速度。运动速度是反映机器人性能的一项重要技术参数。它与机器人握取重量、定位、精度等参数都有密切关系,同时也直接影响机器人的运动周期。

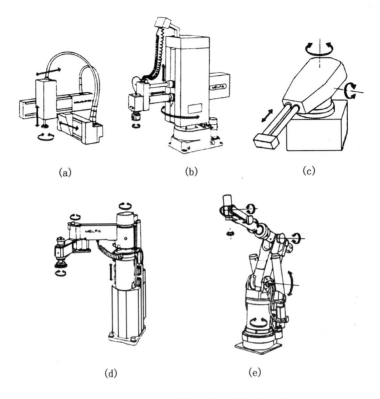

图 8-1 工业机器人的坐标形式分类

自由度。确定工业机器人的末端执行器(手部)在运动空间的位置和姿态的、独立的变化参数就是工业机器人的自由度。自由度越多,其动作越灵活,适应性越强,但结构也相应越复杂。一般具有 4~6 个自由度即满足使用要求。

定位精度。定位精度即重复定位精度,是衡量机器人工作质量的又一项重要指标。定位精度的高低取决于位置控制方式以及运动部件本身的制造精度和刚度,与握取重量、运动速度等也有密切关系。

程序编制与存储容量。该技术参数是用来说明机器人的控制能力的,存储容量大,则适应性强、通用性好,从事复杂作业的能力强。

二、电动喷砂(多关节型)机器人

该机器人为全电动式、五自由度、具有连续轨迹控制等功能的多关节型示教再现型机器人,用于高噪声、高粉尘等恶劣环境的喷砂作业。

(1)机器人机构原理

该机器人的五个自由度分别是立柱回转(L)、大臂回转(D)、小臂回转(X)、腕部俯仰(W_1)、腕部转动(W_2),其机构原理如图 8-2 所示,机构的传动关系如图 8-3 所示。

(2) 控制系统

如图 8-4 所示,控制系统(包括驱动与检测)主要由微型计算机、接口电路、速度控制单元、位置检测(码盘—编码器)电路、示教盒等组成。计算机:实现机器人示教、校验、再现的控制功能包括示教数据编辑、坐标正逆变换、直线插补运算,以及伺服系统闭环控制。

接口电路:通过光电编码器进行机器人各关节坐标的模数转换(A/D),及把计算机运算结果的数字量转换为模拟量(D/A)传送给速度控制单元。

速度控制单元:它是驱动机器人各关节运动的电气驱动系统。

示教盒:它是人-机联系的工具,主要由一些点动按键和指令按键组成。通过点动按键可以对机器人各关节的运动位置进行示教,利用指令键完成某一指定的操作、实现示教、再现的各种功能。微机控制系统的硬件组成如图 8-5 所示,CPU 为 Intel8086,主频 5 MHz。RAM16K 主要用于存储示教数据。ROM32K 存储计算机的监控程序和示教再现的全部控制程序。两片 8259A 中断控制器相连,共有 15 级中断,用于向计算机输入示

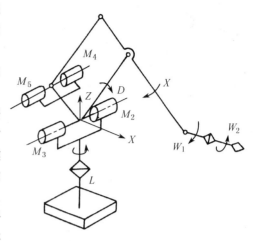

图 8-2 机器人的机构原理

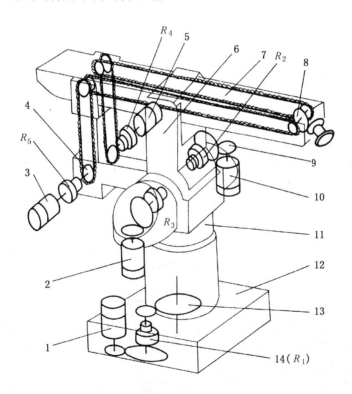

图 8-3 机器人机构传动关系

1—立柱驱动器 M_1;2—小臂驱动电动机 M_3;3—腕部回转电动机 M_5;
4—链轮链条;5—腕部俯仰电动机 M_4;6—大臂;7—小臂;8—锥齿轮;
9—锥齿轮;10—大臂驱动电动机 M_2;11—立柱;12—基座;13—直齿轮
14—R_1、R_2、R_3、R_4、R_5 均为谐波减速器

教、校验、再现的所有控制指令。定时器 8253 用于产生计算机实时时钟信号,通过中断实现采

样控制。A/D 变换器完成将机器人关节转角 θ_L、θ_D、…、θ_{W_2} 转换成数字量,变换器为 16 位,主要由光电(码盘)编码器(包括方向判别、可逆计数、清零电路及与计算机的接口电路)组成。首先由装在电动机轴上的增量式光电编码器将关节转角变换成数字脉冲,然后经方向判别电路将变换后的脉冲分成正转脉冲和反转脉冲,用可逆计数器记录这些脉冲数,从而实现由转角向数字量的变换。D/A 变换器位数为 9 位,由一片集成 D/A 变换器 DAC0832 和一个触发器、

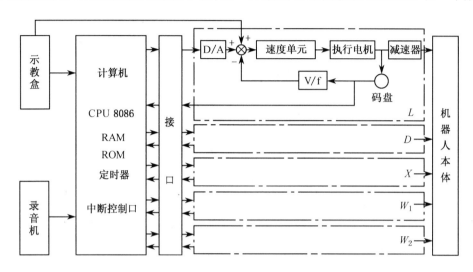

图 8-4 机器人控制系统框图

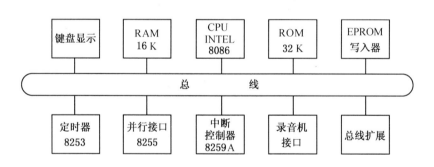

图 8-5 计算机的硬件构成

反相器、运算放大器组成,基准电源 5 V,输出是双极性的,其原理如图 8-6 所示。计算机输出的数码低 8 位 $D_0 \sim D_7$ 由八位 DAC0832 变换,计算机输出的最高位(符号位)D_{15},由 D 触发器接收,经反相器反相之后,将 $D_{15} = 1$ 变换成 5 V,将 $D_{15} = 0$ 变换成零伏。运算放大器 2 对 DAC0832 和反相器的输出进行综合,实现 9 位双极性 D/A 变换,输出模拟量电压到驱动速度控制单元。各关节速度控制单元都是双环速度闭环系统,其框图如图 8-7 所示。电动机为永磁式直流伺服电动机(功率 400 W,最高转速 2000 r/min,额定电流 12 A),功率放大器为三相可控硅全波整流可逆电路,内环为电流反馈环,采用纯比例调节。外环为速度环,由于电动机轴上的光电编码器输出的数字脉冲频率与电动机转速成正比,因此只要将码盘的脉冲频率变换成与频率成比例的电压就能测出测出电动机的转速;所以速度检测就是进行电压/频率转换(v/f),其输出作为速度负反馈,速度环的调节器为带有非线性特性的 PID 调节器。

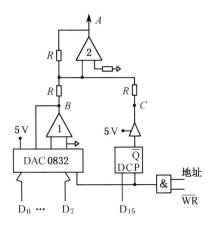

图 8-6　D/A 变换

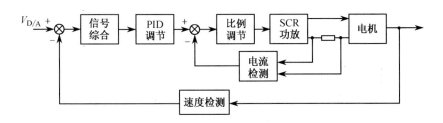

图 8-7　速度控制单元框图

(3) 规格参数(见表 8-1)

表 8-1　机器人规格参数

项　　目		规　　格		
坐标型式		多　关　节　型		
自由度		五		
运动范围		角　度/(°)	最大速度/(°/s)	臂　长/mm
	L	±135	30	
	D	±35	40	600
	X	+17～-14	40	800
	W_1	±45	70	180
	W_2	±135	70	
可搬至量/N		100		
重复定位精度/mm		±0.5		
本体质量/kg		600		
示教方式		间接示教		
示教点数		>1000		
驱动方式		直流伺服电动机 SCR 驱动.		
控制方式		半闭环控制的连续轨迹(直线插补实现)		
控制轴数		五轴同步控制		
供电电源		三相 380V、50Hz、1.5kW		

(4) 控制算法简介

坐标的指定:关节坐标如图 8-8 所示,图中 X、Y、Z 为直角坐标系。$\theta_1 \sim \theta_5$ 为指定的关节坐标,分别对应五路 A/D 变换器得到的数值,其方向如图中"+"、"-"号所示。θ_1——立柱 L_1 相对基座 L_0 的转角;θ_2——大臂 L_2 与铅垂线的夹角;θ_3——小臂 L_3 与水平面的夹角;θ_4——手腕轴 L_4 与小臂 L_3 延长线的夹角;θ_5——差动轮系中的转角;θ_5 与 θ_4 合成的结果是手部相对于手腕的转角;A——姿态参数,$A = \theta_3 + \theta_4$,即手腕轴线与水平面的夹角;B——姿态参数,$B = \theta_4 - \theta_5$,即喷枪与铅垂面的夹角(喷枪与手腕垂直固定);P 点为加工点,其在直角坐标系中的位置为 x、y、z。

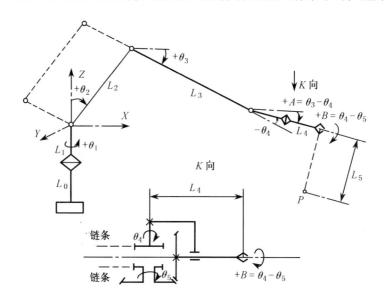

图 8-8 关节坐标

关节坐标到直角坐标的运动学正变换:示教点的关节坐标 $\theta_1 \sim \theta_5$ 与直角坐标 x、y、z 及姿态参数 A、B 的运动学正变换公式为

$$\begin{cases} x = (-L_5 S_A C_B + L_4 C_A + L_3 C_3 + L_2 S_2) C_1 + L_3 S_1 S_B \\ y = (-L_5 S_A C_B + L_4 C_A + L_3 C_3 + L_2 S_2) S_1 - L_5 C_1 S_B \\ z = -L_5 C_A C_B - L_4 S_A - L_3 S_3 + L_2 C_2 \\ A = \theta_3 + \theta_4 \\ B = \theta_4 - \theta_5 \end{cases}$$

式中 $C_i = \cos\theta_i, S_i = \sin\theta_i (i = 1, \cdots, 5, A, B)$,$L_i(2, 3, \cdots, 5)$ 为各臂杆长度。

示教时,计算机读进关节坐标 θ_i,然后经运动学坐标正变换,变换为工作点 P 的位置与姿态参数存入内存作为示教点参数。

直线插补:取机器人的零位(如图 8-9 所示)为每次工作的初始位置,工作完后又返回到这个初始位置。零位坐标为 $\Theta_0 = [\theta_1, \theta_2, \theta_3, \theta_4, \theta_5]^T = [0, 0, 0, 0, 0]^T$,$X_0 = [x, y, z, A, B]^T = [x_0, 0, z_0, 0, 0]^T$。设再现到第 i 个示教点,要在第 i 点和第 $i+1$ 点之间进行直线插补,并设工作点 P 的位置与姿态坐标是 $(x_i, y_i, z_i, A_i, B_i)$,取第 $i+1$ 个示教数据 $(v_{i+1}, x_{i+1}, y_{i+1}, z_{i+1}, A_{i+1}, B_{i+1})$,则

$\Delta x'_{i+1} = x_{i+1} - x_i$; $\Delta y'_{i+1} = y_{i+1} - y_i$; $\Delta z'_{i+1} = z_{i+1} - z_i$; $\Delta A'_{i+1} = A_{i+1} - A_i$; $\Delta B'_{i+1} = B_{i+1} - B_i$。

求插补步数：$N_{i+1} = \text{INT}\left[\dfrac{\sqrt{\Delta x'^2_{i+1} + \Delta y'^2_{i+1} + \Delta z'^2_{i+1}}}{v_{i+1}}\right]$,

式中, v_{i+1} 为示教速度，表示一个采样周期内所走的距离。求运动增量如下：

$\Delta x_{i+1} = \Delta x'_{i+1}/N_{i+1}$； $\Delta y_{i+1} = \Delta y'_{i+1}/N_{i+1}$；
$\Delta z_{i+1} = \Delta z'_{i+1}/N_{i+1}$； $\Delta A_{i+1} = \Delta A'_{i+1}/N_{i+1}$；
$\Delta B_{i+1} = \Delta B'_{i+1}/N_{i+1}$。

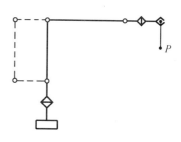

图 8-9　机器人零位

位置与增量的逆变换：由直线插补得到的位置与姿态增量必须经坐标逆变换，变换成关节坐标的增量才能作为各关节伺服系统的给定值，控制机器人按给定轨迹运动。逆变换的计算式为

$$\Delta\theta_1 = [C_1\Delta y - S_1\Delta x + L_5 C_B \Delta B]/[C_1 x + S_1 y]$$
$$\Delta\theta_2 = [C_3 M - S_3 N]/(L_2 C_{2-3})$$
$$\Delta\theta_3 = -[S_2 M + C_2 N]/[L_3 C_{2-3}]$$
$$\Delta\theta_4 = \Delta A - \Delta\theta_3$$
$$\Delta\theta_5 = \Delta\theta_4 - \Delta B$$

式中　$M = C_1\Delta x + S_1\Delta y + (C_1 y - S_1 x)\Delta\theta_1 + (L_4 S_A + L_5 C_A C_B)\Delta A - L_5 S_A S_B \Delta B$
　　　$N = \Delta z + (L_4 C_A - L_5 S_A C_B)\Delta A - L_5 C_A S_B \Delta B$
　　　$C_i = \cos\theta_i$, $C_{2-3} = \cos(\theta_2 - \theta_3)$, $S_i = \sin\theta_i$

数字 PID：机器人五个关节的位置闭环是由计算机实现的。数字 PID 为位置环的调节算法，是为了系统稳定而设置的。每当实时时钟中断之后，计算机就采样五个关节的坐标值，然后与坐标逆变换出来的五个坐标给定值进行比较，求出关节误差，经数字 PID 运算输出关节速度控制系统的控制信号，经 D/A 变换后送到速度控制单元。数字 PID 算式是带有前馈和积分分离的 PID 算式：

$$u(k) = K_p e(k) + K_d \Delta e(k) + K_I \sum_{i=0}^{k} e(i) + K_f \Delta\theta(k)$$

当 $|e(k)| \leq \varepsilon$ 时引入积分，当 $|e(k)| > \varepsilon$ 时取消积分。式中, K_p 为比例常数；K_d 为微分常数；K_I 为积分常数；K_f 为前馈常数。前馈信号的引入是为了提高系统的速度跟踪精度，积分项是为了提高系统抗负载扰动的能力，比例项是为了保证位置精度，而微分项是为了提高系统的稳定性。

三、装配机器人（SCARA 型）

装配机器人在水平方向具有顺应性，而在垂直方向则具有很大的刚性，最适合于装配作业使用。SCARA 是 Selective Compliance Assembly Robot Arm 的缩写，意思是具有选择顺应性的装配机器人手臂。装配机器人有大臂回转、小臂回转、腕部升降与回转四个自由度，图 8-1(d) 所示。下面以 ZP-1 型多手臂装配机器人为例作一简单介绍。

该机器人装配系统用于装配 40 火花式电雷管，代替人从事易爆易燃的危险作业。电雷管的组成如图 8-10(a)所示,机器人完成的工作是,①将导电帽弹簧组合件装在雷管体上;② 将小螺钉拧到雷管体上,把导电帽、弹簧组合件和雷管体联成一体;③检测雷管体外径、总高度及雷管体与导电帽之间是否短路。装配前雷管体倒立在 10 行×10 列的料盘 5 上,弹簧与导电帽的组合件插放在另一个 10 行×10 列的料盘 6 上,小螺钉散放在振动料斗 8 中,装配好的成品放在 10 行×10 列料盘 7 上,如图 8-10(b)所示。机器伤在装配点的重复定位精度可达 ±0.05 mm,电雷管重约 100 g,一次装配过程约需 20 s。

(1) 机械系统构成

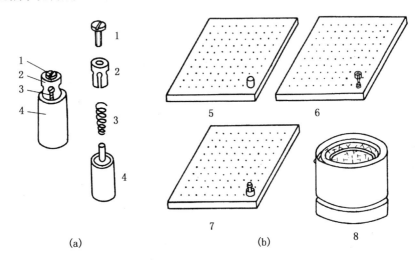

图 8-10 40 火花式电雷管的组成及料盘
1—螺钉;2—导电帽;3—弹簧;4—雷管体;5、6、7—料盘;8—振动料斗

该机器人机械系统构成如图 8-11 所示,由左、中、右三只手臂组成,左右手臂的结构基本相同,大臂长 200 mm,小臂(肘关节至手部中心)为 160 mm。两立柱间距为 710 mm,总高度约 820 mm(可适当调整)。左(右)手臂各有大臂 1(1′)、小臂 2(2′)、手腕 3(3′)和手部 4(4′);驱动大臂的为步进电动机 5(5′)及谐波减速器 6(6′)与位置反馈用光电编码器 7(7′);驱动小臂的为步进电动机 8(8′)及谐波减速器 9(9′)与位置反馈用光电编码器 10(10′);另外还有平行四连杆机构 11(11′);整个手臂安装在支架和立柱 12(12′)上,并由基座 19(19′)支承。手腕的升降、回转和手爪的开闭都是气动的,因此有相应的气缸、输气管路。右臂右侧雷管料盘为 13′、左臂左侧为导电帽与弹簧组合件料盘 13。第三只手臂(中臂)为拧螺钉装置,放在左、右手臂中间的工作台上,装有摆动臂 14 和气动改锥 15,它的左侧装有供螺钉用的振动料斗 16,成品料盘 18 安装在右手壁的右前方。

(2) 驱动系统

该机器人两手臂在 X-Y 平面内的运动是由步进电动机驱动的,所选用的步进电动机型号为 70BF10、六相、按 2-3 方式分配,共 12 拍,电动机的启动频率为 600 步/s,达到运行频率 24000 步/s,所需的启动时间为 0.6 s。一个关节的电动机驱动系统如图 8-12 所示。

(3) 控制与检测传感系统

控制与检测传感系统原理如图 8-13 所示,由七个 CSA-816 型电涡流传感器分别检测两手臂到达装配点的位置、雷管的直径与高度、手爪是否抓住雷管体与弹簧组件以及雷管体与导

第8章 典型机电一体化系统(产品)设计简介

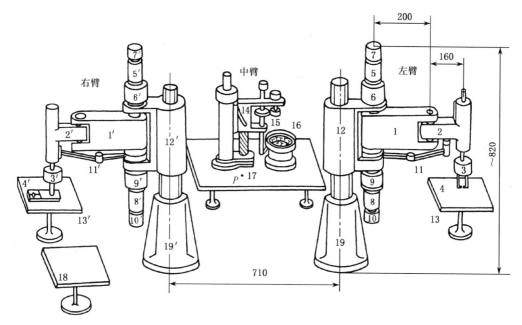

图 8-11 ZP-1型机器人机械系统构成

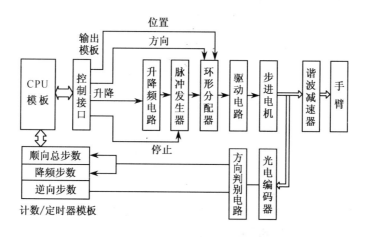

图 8-12 一个关节的步进电动机驱动系统

电帽的短路状态等。这些信号送到测量仪与设定值进行比较,确定是否合格或过、欠,再经过测量接口电路,送到 CMC80 工业控制机进行处理、产生中断信号。

计算机的输出口有两部分,一部分有 17 路,通过控制接口电路、功率放大电路,驱动气动电磁阀。根据计算机指令,使左、右手腕分别作升、降、回转动作,使手爪作闭合夹紧动作等。另一部分有 16 路,通过控制接口电路分别向 4 台步进电动机发出置位、升降速、方向及停止信号,并通过升降速电路、脉冲分配器、功率驱动电路,使步进电动机按照预定的程序作启动、升速、高速运行和降速、停止等动作。

四台步进电动机的轴伸端分别与左、右大小管联结,使手臂在装配点与取(放)工件点之间运动。当手臂回到装配点时,相应的电涡流传感器发出到位信号,计算机收到这一信号后,发出停止命令,使步进电动机与相应的手臂停止运动。当手臂到达取(放)工件点时,由计数器记

· 289 ·

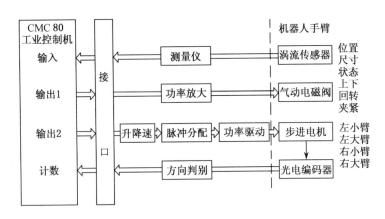

图 8-13 控制与检测传感系统原理框图

录的步进电动机步进步数与预置步数相一致时,计算机发出停止命令。这是在步进电动机的另一轴伸端分别连接一个光电编码器,步进电动机每走一步,光电编码器发一个脉冲。步进电动机的转动方向由方向判别电路判别。

(4) 微机控制系统组成

该机器人选用 CMC80 微型计算机作为主控制器,具有比较丰富的功能模板,可根据需要选用若干模板组成预定功能的自动检测和控制系统。采用国际通用的微机用 STD 标准总线,系统的组成和扩展比较方便。CMC80 微机控制系统组成如图 8-14 所示,各块模板的主要功能如下:

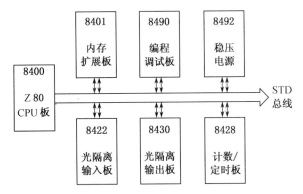

图 8-14 CMC80 微机控制系统的组成

CMC80 计算机组成 CPU 板(编号 8400)——采用 Z80CPU,主频 2MHz,允许三种中断方式;板上内存 RAM(2116)或 EPROM(2716)为 2K~16K;板上有一个编程调试板接口;一个 2×8 位并行接口、一个 RS232C 串行接口。

内存扩展板(8401)——可将内存扩展 16K~32K,RAM(2116)或 EPROM(2716)均可,寻址空间为 4000H 至 BFFFH。

32 路输入板(8422)——内有两片 Z80-PIO,其中一片经光电耦合器(TIL113)接受外部输入信号,即 16 路光隔离输入信号。一片经反相器接受外部输入信号,即 16 路 TTL 输入,每路输入均可产生中断信号。

64 路光隔离输出板(8430)——内有 8 片 8D 锁存器,共 64 位,全部经过光电耦合器(TIL113)输出。

32 路计数/定时器板(8428)——内装 8 片 Z80-CTC,每片有 4 个计数/定时器通道,共 32 个通道,其中 16 个为光电隔离计数/定时器通道、16 个为 TTL 计数/定时器通道,每个通道均可产生中断。

编程调试板(8490)与 CPU 板相配合进行人机联系,用于编制程序,进行系统和接口的调试、诊断、运行,可直接在板上进行 EPROM 的写入、程序的转储、数字结果的显示等。该板上有 6 个七段 LED 显示、30 个小键盘、磁带机接口等。

机箱电源－微机机箱采用 19 英寸标准机箱,内装有六路高抗干扰、高精度直流稳压电源供机箱各模板使用,也可由面板引出线供外部电路使用。各路电源均有短路、过载保护,过载时有声光报警。

(5) 电雷管的装配过程

开机后,计算机发出指令,首先使两手臂先后返回装配点清零,然后,右手移动到雷管体料盘停在预定的某行某列位置上,手腕下降、手爪夹紧雷管体,手腕抬起并翻转 180°使雷管体杆芯朝上。与此同时,左手移动到导电帽、弹簧组件料盘并停在某行某列位置上,手腕下降,手爪夹紧导电帽、弹簧组件,手腕抬起。此后,右手返回到装配点。接着左手也返回到装配点,手腕边压下;边回转,将导电帽弹簧组件套到雷管体的杆芯上,左手离开装配点。此时螺钉已在振动料斗中自动整列排队、逐个落下,第三只手臂取螺钉后摆动到装配点,压下气动改锥将螺钉旋入雷管体杆芯的螺孔中,右手抓取雷管体时检测直径是否过大(不合格)或过小(抓空),左手抓取弹簧导电帽组件时,检测是否抓空,第三只手的改锥压下之前检测螺钉有无,装配完成后检测雷管高度是否合格,是否符合短路要求。如果没有螺钉,第三只手返回,再次去取螺钉,进行拧螺钉动作。对于不合格品则放到备好的废品盒内。计算机对总工件数和废品数进行统计,当装满一料盘成品(100 件)时发出呼叫信号,工人将成品盘撤走,换上一个空料盘,继续装配。

§8.2 计算机数字控制(CNC)机床设计简介

一、简述

数字控制(NC – Numerical control)技术,简称数控技术,是指用数字化信息(数字量及字符)发出指令并实现自动控制的技术。数控装置是数控设备的控制核心,通常由一台通用或专用微型计算机构成。数控装置根据输入的指令,进行译码、处理、计算和控制,实现其数控功能。数控设备的数控功能用专用计算机的硬件来实现的数控,称为硬件数控。主要是以小型通用计算机或微型计算机的系统控制程序来实现部分或全部数控功能,习惯上称为软件数控或简称为 CNC(Computer Numerical Control)。CNC 系统是现代主流数字控造系统,用 CNC 系统控制机床称为计算机数控机床,简称 CNC 机床,是一种由计算机或专用控制装置控制的高效自动化机床,是综合应用计算机技术、自动控制技术、精密机械设计技术以及精密测量等技术的典型机电一体化产品。

CNC 机床具有高效、高精度、低劳动强度和高度自动化等特点,最适合于多品种、小批量零件的加工。随着微电子技术的飞跃发展,能够自动更换刀具的高度自动化的计算机数控机床－机械加工中心(MC – Machining Center)发展更为迅速。各工业发达国家相继出现了双工位和多工位交换工作台的加工中心,与工业机器人等组成的柔性制造单元(FMC – Flexible Manufacturing Cell),以及由多台数控机床、加工中心与物料搬运装置(搬运机器人、运输小车等)组成的柔性制造系统(FMS – flexible Manufacturing System),在此基础上又发展成为自动化工厂(FA –

Factory Automation)或计算机集成系统(CIMS – Computer Integrated Manufacturing System)等。

在普通机床上加工零件时,机床运行的起始、结束、运动的先后次序以及刀具和工件的相对位置等都是由人工操作完成的。而 CNC 机床加工零件时,则是将被加工零件的加工顺序、工艺参数和机床运动要求用数控语言记录在数控介质(穿孔纸带、磁盘等)上,然后输入到 CNC 数控装置,再由 CNC 装置控制机床运动从而实现加工自动化。其加工过程原理如图 8 – 15 所示。在机械加工中心上加工零件所涉及的技

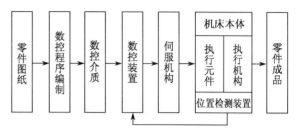

图 8 – 15 CNC 机床加工过程原理框图

术范围比较广,与相应的配套技术有密切关系,图 8 – 16 为 CNC 机床加工时需考虑的问题。对于一个合格的编程员来说,首先应该是一个合格的工艺员,应熟练掌握零件的工艺设计和切削用量的选择,并能合理的提出正确的刀具和夹具方案,懂得刀具测量方法,了解机床的性能和特点,熟悉程序编制和输入方式。

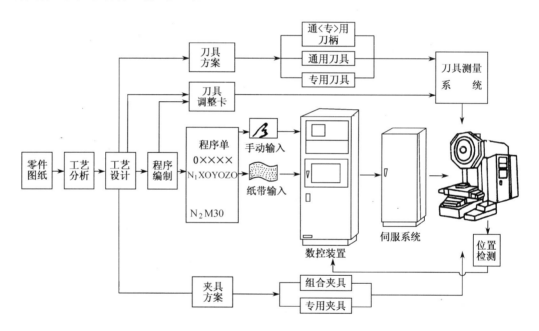

图 8 – 16 CNC 机床(或加工中心)加工时需考虑的问题

二、CNC 机床的分类及控制方式

按工艺用途分类可分为普通数控机床、机械加工中心、多坐标数控机床。普通数控机床与传统的通用机床相似,有数控车、铣、镗、钻、磨、插齿、滚齿等机床,它们的工艺可能性与通用机床一样,所不同的是能自动加工复杂形状的零件;机械加工中心是在一般数控机床的基础上发展起来的,配有刀库(可容纳 10~100 多把刀具)和自动换刀装置,与一般数控机床不同的是工件经一次装夹后,就能自动更换刀具,完成铣(车)、镗、钻、铰及攻丝等多道工序;多坐标数控机

床是为某些形状复杂的零件(例如螺旋桨)的加工需要而出现的,其特点是数控装置控制的轴数较多,机床结构也比较复杂,其坐标轴数取决于被加工零件工艺要求的复杂程度,目前常用的多为3~5个坐标轴。

按刀具相对工件移动的轨迹分类,可分为点位控制数控机床、点位直线控制数控机床、轮廓控制数控机床。点位控制数控机床的数控装置只能控制机床移动部件从一个位置(点)精确地移动到另一个位置,在移动过程中不进行任何加工,如数控坐标镗床、数控钻床和数控冲床等;点位直线控制数控机床的特点是不仅要控制两相关点之间的位置,还要控制两相关点之间的移动路线(轨迹),它与点位控制数控机床的区别在于当机床移动部件移动时,可以沿一个坐标轴的方向进行切削加工,而且其辅助功能也比较多,常用的有简易数控车床、数控镗铣床和自动换刀数控铣床等。轮廓控制数控机床同时对两个或两个以上的坐标轴进行连续轨迹控制,故能加工形状复杂的零件,其辅助功能亦比较齐全,常用的有数控车床、数控磨床、数控铣床及铣削加工中心等。

从CNC伺服控制系统的控制方式来看,有开环伺服控制系统、闭环伺服控制系统和半闭环伺服控制系统。①开环控制系统是不把控制对象的输出与输入(CNC装置输出指令)进行比较的控制系统,即机床没有检测反馈装置,如图8-17(a)所示。CNC装置发出的指令脉冲信号是单方向的,所以不存在系统不稳定的问题。由于信号是单方向的,指令发出后,经电动机的驱动电路驱动步进电动机,经齿轮传动副和丝杠传动副使机床工作台运动,没有被控对象运动的反馈,故称为开环。其运动精度主要取决于伺服系统的性能,因此运动精度一般不高,但开环控制系统的结构简单、造价低、维护较容易。这种控制方式多用于机床的机电一体化改造。②闭环控制系统,如图8-17(b)所示,与开环控制系统不同的是在工作台上安装了位移检测传感器,可以实现工作台位移的位置反馈,反馈信息与CNC装置的指令值进行比较,所得差值再经D/A转换、放大,对伺服电动机进行控制,从而经传动机构使工作台按规定移动,直至差值趋于零时为止,以期达到预定的高精度。这种从指令输入到工作台移动,再经检测传感器检测得到的实际位移反馈回来,通过比较回路与指令值进行比较,这一闭合回路称为位置闭环回路。为了改善位置环的控制品质,在位置环内加了一个速度检测传感器实现速度反馈的闭环回路。闭环控制系统的控制精度主要取决于位移检测传感器的精度,但并不意味着可降低对机床结构和传动装置的要求,因为从伺服电动机、减速器、滚珠丝杠到工作台,均包含在闭环控制回路内,传动环节的各种非线性因素(如传动间隙、弹性变形等),都会影响动态调节参数。具有闭环控制系统的CNC机床的加工精度高、速度快、技术要求高,制造成本也高。③半闭环控制系统,如图8-17(c)所示,它的控制方式与闭环控制方式相类似,其主要区别在于未将减速器、滚珠丝杠、工作台包含在闭环环路之内,因此该方式较易获得稳定的控制特性,只要检测传感器的检测精度高、分辨力高、丝杠副的传动精度高,就可以获得比开环控制系统高得多的控制精度和速度。这种控制方式的结构简单,调试比闭环控制方式方便,又能达到较高的位置精度,因此它广泛应用于中小型CNC机床。

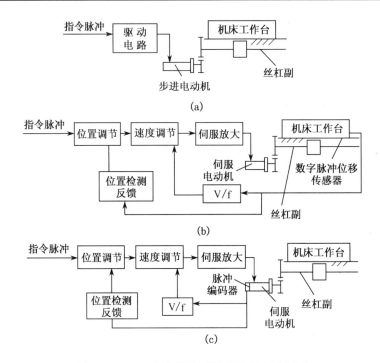

图 8-17 CNC 伺服控制系统的控制方式框图

三、CNC 系统的组成和作用

图 8-18 为 CNC 系统构成框图。CNC 系统是由程序、输入/输出设备、计算机数字控制装置(CNC 装置)、可编程控制器(PLC)、主轴驱动和进给驱动装置等组成。CNC 装置是 CNC 系统的核心。

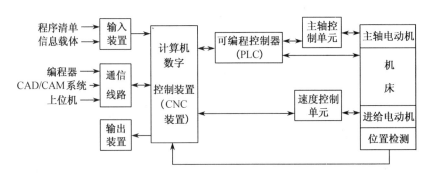

图 8-18 CNC 系统构成框图

CNC 系统的主要作用是对刀具和工件之间的相对运动进行控制：在作好相关准备工作之后，进行零件加工程序的输入、数控加工程序的译码和预处理、插补计算、位置控制等。

在加工控制信息输入后，启动加工运行，此时 CNC 装置在系统控制程序的作用下，对其进行预处理，即进行译码和预计算（如刀补计算、坐标变换等）。由图 8-19 可知，进行译码时，将其区分成几何的、工艺的数据和开关功能。几何数据是刀具相对工件的运动路径数据，如有关

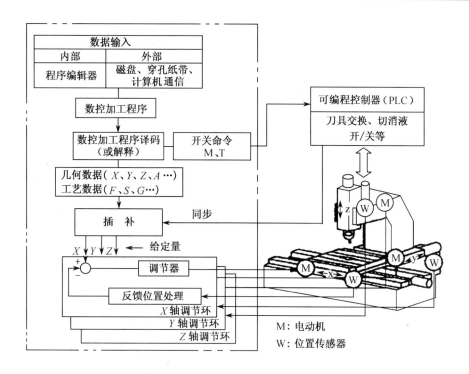

图 8-19 CNC 系统的主要工作过程

G 功能和坐标字等，利用这些数据可加工出要求的工件几何形状。工艺数据是主轴转速（S 功能）和进给速度（F 功能）等功能。开关功能是对机床电器的开关指令（辅助 M 功能和刀具选择 T 功能），例如主轴起/停，刀具选择和交换、冷却液的启/停等。编程时，一般不考虑刀具的实际几何数据，CNC 装置根据工件几何数据和在加工前输入的实际刀具参数，进行刀具长度补偿和刀具半径补偿计算，简称刀补计算。为方便编程，CNC 系统中存在着多种坐标系，故 CNC 装置还要进行相应的坐标变换计算。

CNC 装置发出的开关指令送给 PLC，在系统程序的控制下，在各加工程序段插补处理开始前或完成后，开关命令和机床反馈的应答信号一起被处理和转换为机床开关设备的控制命令，实现程序段所规定的 T 功能、M 功能和 S 功能。

四、CNC 控制程序编制基础

（1）CNC 加工程序编制的内容及步骤

数控加工的特点是加工内容十分具体、加工工艺相当严密、加工工序相对集中。数控机床是严格按照从外部输入的程序来自动地对工件进行加工的。把从外部输入的、直接用于加工的程序称为数控加工程序；简称加工程序。加工程序是用自动控制语言和格式表示的一套命令，简称指令。加工程序是机床数控系统的应用软件。数控加工程序是人的意图与数控加工之间的桥梁。所谓数控加工程序编制，就是指根据零件的图形尺寸、工艺过程、工艺参数、机床的运动以刀具位移等内容，按照数控机床的编程格式和能识别的语言记录在程序单上，再按规定把程序单制备成控制介质（程序信息载体），如程序穿孔纸带或磁盘，变成数控系统能读取的信息，再通过输入设备送入数控装置进行试切，若不合格就修改程序，直至合格为止。这个过程,还包括编程前的一系列准备工作和编程后的善后处理工作。

加工程序编制一般包括以下主要内容:选择并确定进行数控加工的零件及内容;对零件图进行数控加工的工艺分析,数控加工的工艺处理,对零件图形的数学处理,编写加工程序单,按程序单制作控制介质,程序的校验与修改,首件试加工与现场问题处理,数控加工工艺技术文件的定型与归档等。具体来讲数控程序编程的步骤如下:

1) 分析零件图纸:通过对零件的材料、形状、尺寸和精度、表面质量、毛坯情况和热处理等要求进行分析,确定该零件是否适合于在数控机床上加工,应在哪种数控机床上加工,加工哪些工序。

2) 确定工艺过程:在分析零件图样的基础上,确定零件的加工工艺(如决定定位方式,选用工夹具等)和加工路线(如确定对刀点、走刀路线等),并确定加工余量、切削用量。

3) 数值计算:计算走刀轨迹,得出刀位数据。对于没有刀具补偿功能时,就需要进行各线段的基点、节点、圆弧中心等坐标的计算;对于零件廓形复杂的零件,要充分利用插补功能和刀具补偿功能来简化计算;对于自由曲面、列表曲线等零件,数学处理更为复杂,需要借助专门软件进行计算。

4) 编写程序单:程序员根据工艺过程、数值计算结果以及辅助操作要求,按照数控机床的编程规定(程序指令、程序格式等)填写程序单。

5) 制作程序载体:将程序单的内容,通过纸带穿孔机,制作在纸带上,称为数控带;或者将程序单用键盘键入计算机,再拷贝在磁盘上。

6) 程序校验及首件试切:程序必须校验和试切削,才能正式加工。

一般说来,常用数控绘图仪、数控机床进行空运转画图。在具有图形显示屏幕的数控机床上,用显示走刀轨迹或模拟刀具和工件的切削过程的方法等对程序进行校验。这些方法,只能检查刀具的运动轨迹是否正确,检查不出零件的加工精度等指标是否合格,故必须试切后才能验证。若不符合要求,或修改程序单,或采取尺寸补偿等措施。

(2) 普通程序格式及典型程序代码

1) 程序的构成:数控加工中零件程序组成的形式,随数控装置功能的强弱而略有不同。对功能较强的数控装置,零件加工程序由主程序和子程序组成。主程序和子程序的程序格式相同。一个主程序按需要可以有多个子程序,并可重复调用。用这种程序结构,可以大大简化编程工作。

2) 程序段格式:不论是主程序还是子程序,均是由许多程序段组成。每一个程序段执行一个动作或一组操作。程序段由若干个字或指令组成。程序段格式是程序段中的字(指令)、字符和数据的排列形式。目前广泛采用的是地址符程序段格式,即程序段中的每个指令(字)由英文字母后跟几位数字组成的。程序段格式由三部分组成:在程序段开始是顺序号字,程序段结尾是程序段结束符,中间是若干指令(字)。典型的数控加工程序的程序段格式如图 8 - 20 所示。

例如:

N05 G02 X ± 042 Y ± 042 Z ± 042 F04 S04 T04 M02 LF

N05 - 5 位数字的程序段号

G02 - 2 位数字的准备功能字,有标准

X ± 042 - X 尺寸字,取正或负号,小数点前 4 位数字,小数点后 2 位数字

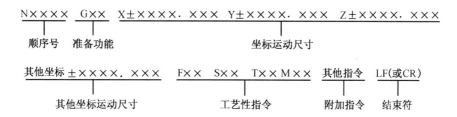

图 8-20 数控加工程序的程序段格式

Y±042、Z±042 - Y、Z 尺寸字,同 X 尺寸字

F04 - 进给速度功能字,4 位代码

S04 - 主轴转速功能字,4 位代码

T04 - 指定刀具功能字,4 位代码

M02 - 2 位数字的辅助功能字,有标准

LF - 程序段结束符

机床数控系统的制造商必须遵守 ISO 标准的规定,ISO 标准也允许制造商做一些专门规定。因此,编程前务必详细阅读该机床数控系统说明书的有关规定。

3) 常用指令代码简介:常用的 G 指令代码见表 8-2,常用的 M 指令代码见表 8-3。

常用的 M 功能指令代码好理解,不一一介绍。下面介绍常用的 G 功能指令如下:① 坐标平面选择指令(G17、G18、G19)。用坐标平面选择指令实现不同平面的运动轨迹。G17 为 XY 平面,G18 为 ZX 平面,G19 为 YZ 平面;② 绝对值和增量值编程指令(G90、G91)。一般数控机床可以用绝对值或增量值或混合编程。G91 为增量值编程指令,有 G91 的程序段的坐标值,除坐标系设定指令外,为刀具实际移动距离,例如直线段的坐标值即为直线终、起点坐标值之差。使用绝对值编程指令为 G90,程序段中的坐标值是指刀具运动的终点在工件坐标系中的坐标值;③ 快速点定位指令(G00)。G00 指令使刀具从所在点以固定的快速移至坐标系的另一点。在有 G00 的程序段,无需进给速度 F 指令;④ 直线插补指令(G01)。该指令是单轴运动或多轴联动方式的直线插补指令。典型的程序格式如下:

表 8-2 常用的辅助功能指令代码

指 令	功 能	指 令	功 能
G00	点位控制,将工件定位到编程位置	G40	取消刀具偏移
G01	直线插补	G41	刀具左偏
G02	顺时针方向圆弧插补	G42	刀具右偏
G03	逆时针方向圆弧插补	G60~G79	保留用于点位系统
G17	XY 平面选择	G80	取消固定循环
G18	ZX 平面选择	G81~G89	用于镗孔、钻孔、攻丝等的固定循环"1~9"
G19	YZ 平面选择	G90	绝对坐标编程
G33	螺纹切削,等螺距	G91	相对坐标编程

表8-3 常用准备功能指令代码

指 令	功 能	指 令	功 能
M00	程序停机	M07	开#号冷却液
M01	选择停机,按下"选择停"按钮后才起作用	M08	开*号冷却液
M02	程序结束,到下一程序的起点	M09	关闭冷却液
M03	主轴顺时针方向旋转	M10	夹紧
M04	主轴逆时针方向旋转	M11	松开
M05	主轴停转	M30	程序终了,返回到程序起点
M06	换刀		

$$\left.\begin{matrix}G90\\G91\end{matrix}\right\} G01 \quad X\_\_\_\_ \quad Y\_\_\_\_ \quad Z\_\_\_\_ \quad F\_\_\_\_$$

G90 时,X、Y、Z 的坐标值就是直线终点在工件坐标系中的坐标值。

G91 时,X、Y、Z 的坐标值是直线终点相对起点的坐标增量值。

5) 圆弧插补指令(G02、G03)。G02、G03 指令是实现指定平面两坐标联动方式的顺时针、逆时针圆弧轨迹。其程序段格式如下:

$$\left.\begin{matrix}G17\\G18\\G19\end{matrix}\right\} \left.\begin{matrix}G90\\G91\end{matrix}\right\} \left.\begin{matrix}G02\\G03\end{matrix}\right\} \begin{matrix} X\_\_\_ Y\_\_\_ \left\{\begin{matrix}R\_\_\_\_\\I\_\_\_ J\_\_\_\end{matrix}\right\} F\_\_\_\_ \\ X\_\_\_ Z\_\_\_ \left\{\begin{matrix}R\_\_\_\_\\I\_\_\_ K\_\_\_\end{matrix}\right\} F\_\_\_\_ \\ Y\_\_\_ Z\_\_\_ \left\{\begin{matrix}R\_\_\_\_\\J\_\_\_ K\_\_\_\end{matrix}\right\} F\_\_\_\_ \end{matrix}$$

圆弧的加工平面用 G17、G18、G19 指令选择,用 G02、G03 确定圆弧的加工方向,用 G90、G91 指定为绝对值或增量值编程。X、Y、Z 的坐标值在 G90 指令时,为圆弧终点在工件坐标系中的坐标值,在 G91 指令时,为圆弧终点相对圆弧起点的增量值。I、J、K 的坐标值,无论是 G90,还是 G91 指令时,均是圆心相对于圆弧起点的增量值;若用 R(半径参数),圆弧小于或等于 180°时用 +R,大于 180°时用 -R。⑥刀具半径补偿指令(G40、G41、G42)。G41-左偏刀具半径补偿指令。沿刀具前进方向看(假设工件不动),刀具位于零件左侧时的刀具半径补偿;G42-右偏刀具半径补偿指令。沿着刀具前进方向看(假设工件不动),刀具位于零件右侧时的刀具半径补偿;G40-刀具半径补偿指令注销指令。使用 G40 后,使 G41、G42 指令无效。

用 G41、G42 指令时,可以使用 D02 指令,即用 D 后跟二位数字的 D00 - D99,表示某一刀具半径值的存储器号,加工前实测刀具半径值,并存储在对应的刀具半径值存储器中。

有了 C 功能的刀具半径补偿指令 G40、G41、G42,若铣削零件轮廓时,不需计算刀具中心运动轨迹,而只需按零件轮廓编程。当数控装置执行程序时,能按刀具对应 D×× 存储器中的刀具半径值,自动地计算出刀具中心轨迹的坐标值,对零件的编程带来极大方便。按零件轮廓编程有如下好处:① 编程时不必考虑刀具半径的大小;② 当实际使用的刀具半径与开始加工时设定刀具半径不符时,例如刀具磨损或重磨,仅改变 D×× 中的半径值即可,不必重新编程;

③ 同一把铣刀,改变键入的半径值,同一个程序可进行粗、精加工;改变键入的半径值的正负号,可加工阴阳模;④ 同一把刀具可有不同的 D 存储器单元,即可有不同的补偿设定值,便于加工。

4) 数控机床联动轴 X、Y、Z 和 A、B、C 的定义规则:按标准,数控机床坐标系采用右手直角笛卡儿坐标系,如图 8-21 所示。

图 8-22 为数控机床坐标系的举例。确定机床坐标系时,假定刀具相对工件作相对运动。该标准规定机床传递切削力的主轴轴线为 Z 坐标。当机床有几个主轴时,则选一个垂直于工件装夹面的主轴为 Z 轴。规定增大工件和刀具距离(工件尺寸)的方向为 Z 的正方向。

X 坐标是水平的,它平行于工件的装夹面。对工件旋转的机床,取刀具远离工件的方向为 X 的正方向。对于刀具旋转的机床则规定:当 Z 轴为水平时,从刀具主轴后端向工件方向看,X 正方向为向右方向;当 Z 轴为垂直时,对单立柱机床,面对刀具主轴向主轴方向看,右手方向为正方向。

Y 坐标轴按右手直角笛卡儿坐标系确定其正方向。

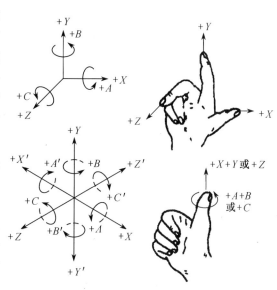

图 8-21 右手直角笛卡儿坐标系

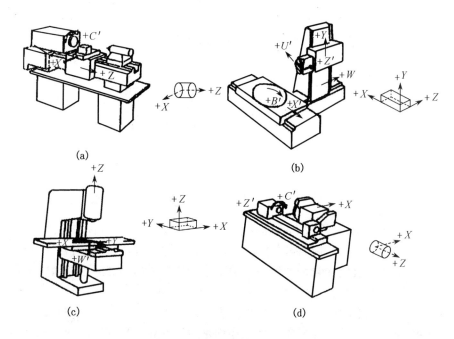

图 8-22 数控机床坐标系的举例

(3) CNC 程序编制方法

1) 手工编程与自动编程及其比较。由分析零件图、制订工艺规程、计算刀具运动轨迹编写零件加工程序单、制作程序介质直到程序校验，整个过程主要由人来完成，这种人工制备零件加工程序的方法称为手工编程（Manual Programming）。图 8-23 示出了手工编程工作过程。手工编程中也可以利用计算机辅助计算出坐标值，再由人工编制加工程序。

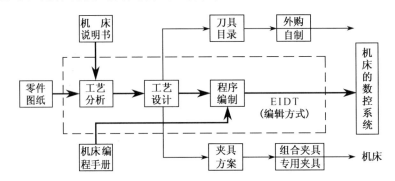

图 8-23 手工编程工作过程

编制零件加工程序的全部过程主要由计算机来完成，此种编程方法称为自动编程（Automatic Programming）。语言输入式自动编程的工作过程如图 8-24 所示。由图看出，编程人员只

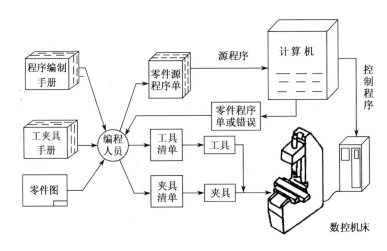

图 8-24 自动编程工作过程

需根据零件图和工艺过程，使用规定的数控语言编写一个较简短的零件加工源程序，输入到计算机中，计算机由通用（前置）处理程序自动地进行编译、数学处理，计算出刀具中心运动轨迹，再由计算机中的后置处理程序自动地编写出适合指定机床的零件加工程序单，并输出加工程序单或错误，经修改源程序直至输出正确的零件加工程序单。

目前，在编程的各项工作中，除工艺处理仍主要依靠人工进行外，其余的工作，包括数学处理、编写程序单、纸带穿孔和程序校验各项工作均是通过计算机自动完成的，编程计算机（简称编程机）的作用几乎贯穿于整个编程过程。但是随着自动编程技术的发展和数控工艺技术的成熟，编程机在工艺处理阶段必将越来越多地发挥作用。成熟的工艺经验将大量地纳入自动

编程系统,供用户选择甚至代为用户进行工艺决策,自动编程系统将更多地体现"专家"色彩。

语言输入方式的自动编程,在信息输入的过程中看不到图形,最后的编程结果已能显示刀具轨迹,但仍不能在编程过程中出现图形显示。凡有错误,都是到最后出现,不能提醒编程人在编程过程中随时纠正。

随着计算机图形显示技术的发展,出现了人机对话式自动编程。对话式自动编程又称交互式,是以图形显示技术为其基础的。在人机对话的工作方式下,编程人员按菜单提示的内容反复与计算机对话,陆续回答计算机的提问,直到把该答的问题全部答完。人机对话的方式离不开图形显示,从工件的图形定义、刀具的选择、起刀点的确定、走刀路线的安排直到各种工艺指令的及时插入,全在对话过程中告诉了计算机。对话式图形显示,贯穿于整个编程过程,很直观,若有错也可及时改正,最后得到正确的、所需的零件加工程序。

根据数控加工实践的总结,属下列情况之一的应尽可能采用自动编程:① 工件更换频繁,常有新产品加工,且属多品种、小批量特点的;② 虽属二维编程,但经常出现繁杂的计算(如带非圆曲线或列表曲线的零件编程);③ 加工程序长度在3K字节以上;④ 有 $2\frac{1}{2}$、3、4、5轴联动加工程序的编制要求;⑤ 经常出现因等待编程而使机床停工的状况;⑥ 经常出现因加工程序不佳而引起的加工程序返工,原因在于编程的某些环节中手工工作量过大;⑦ 由于编程水平的问题而使数控机床的闲余时间较多;⑧ 编程人员对手工编程的工作方式不太适应,需靠自动编程避开复杂的数学处理;⑨ 一人负责多台数控机床的编程,而这些设备的数控编程格式又有较大的差别;⑩ 数控机床上的加工件经常为加工周期必保的短线关键件,且工件毛坯(或半成品)价值高,加工程序较复杂。

属于下列情况之一者,应选用手工编程:① 加工程序简单;② 批量较大,零件加工程序又不很复杂;③ 编程零件虽复杂,但时间充足,而且编程人员不感到负担很重。

2) 手工编程例。对于零件轮廓简单,不需要经过复杂的计算,程序段不多,采用手工编程方法是适宜的。工件坐标系在编程时使用,由编程人员在工件上指定某一固定点为原点建立工件坐标系。工件装上机床后,两个坐标系保持一定的关系。工件坐标系原点在机床坐标系中称为调整点,调整点的选择应使工件上最大尺寸能加工出来。机床坐标系与工件坐标系的两个原点存在一定的关系,通过 G92 指令,可将工件坐标系原点的偏置值在加工开始前就输入到数控装置的内存中。例如:当执行程序段 N01 G92 X100 Y50 后,数控系统自动地将这一设定的调整点的坐标值加到程序段的坐标字的位移中去,使编程坐标系平移。也就是说,数控系统将按工件坐标系给定的编程尺寸自动地转换到机床坐标系中去。值得注意的是:在执行G92 指令时,并不使机床产生运动,而只是记录调整点设定坐标值,将它存入数控装置的内存中。

3) 程序语言方法自动编程流程及 APT 编程简例。由于手工编程既繁琐又枯燥,并影响和限制了 NC 机床的发展和应用,因而在 NC 机床出现不久,人们就开始了对自动编程方法的研究。随着计算机技术和算法语言的发展,首先提出了用"程序语言"的方法实现自动编程。

所谓"程序语言"就是用专用的语言和符号来描述零件图纸上的几何形状及刀具相对零件运动的轨迹、顺序和其他工艺参数等,这个程序称为零件的源程序。为了使计算机能够识别和处理由相应的数控语言编写的零件源程序,事先必须针对一定的加工对象,将编好的一套编译程序存放在计算机内,这个程序通常称为"数控程序系统"或"数控软件"。"数控软件"分两步对零件源程序进行处理。第一步是计算刀具中心相对于零件运动的轨迹,由于这部分处理不涉及具体 NC 机床的指令形式和辅助功能,因此具有通用性;第二步是针对具体 NC 机床的功能产生控制指令的后置处理程序,后置处理程序是不通用的。由此可见,经过数控程序系统处理后输出的程序才是控制 NC 机床的零件加工程序。

数控程序语言自动编程的一般处理过程如图 8-25 所示。

零件的源程序是编程员根据被加工零件的几何图形和工艺要求,用数控程序语言(如 APT)编写的计算机输入程序是生成零件加工程序的根源,故称为零件源程序。它包含零件加工的形状和尺寸、刀具动作路线、切削条件、机床的辅助功能等。编译程序是把输入计算机中的零件源程序翻译成等价的目标程序。编译程序也称为系统处理程序,是自动编程系统的核心部分。编译程序根据数控语言的要求,结合生产对象和具体的计算机,由专家应用汇编语言或高级语言编好的一套庞大的程序系统。在编译程序的支持下,计算机就能对零件源程序进行如下的处理:

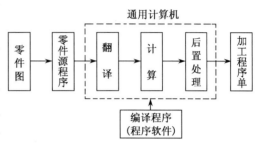

图 8-25 数控程序语言自动编程的流程

• 翻译阶段:识别语言,并理解其含义。

• 计算阶段:经过几何处理、工艺处理和走刀轨迹的处理,进行复杂数值计算和逻辑运算,生成一系列的刀位数据。此阶段通常称为前置处理或信息处理。

• 后置处理阶段:后置处理是将刀位数据(走刀运动的坐标值、工艺参数)转换为数控机床的程序。例如,把计算结果圆整到机床控制系统要求的数据位数;把程序段整理成规定的程序段格式;核对计算数据是否超出数控系统的容量;根据机床能力选择合理的切削用量等。

最后,根据需要打印出程序清单或制作穿孔纸带或直接将加工程序输入到数控机床的 CNC 装置中。

由此可知,要实现数控语言自动编程,数控语言、编译程序、通用计算机三者缺一不可。对一般用户来说,关键是学习和掌握数控语言,正确地编出零件源程序。

自动编程的数控语言是一种描述零件几何形状和刀具相对工件运动的一种特定的符号,例如典型的一种数控程序语言 APT 是 Automatically Programmed Tools 的缩写。

APT 源程序的结构举例。其结构推荐如下:

PARTNO 部件名称和数量

MACHIN/后置处理程序名称

零件几何形状的描述和定义

刀具和容差规范

加工条件

运动语句

主轴和冷却液开关

FINI

通过对图 8-26 所示零件程序的编写,进一步说明 APT 源程序的结构。源程序括号中的内容为每条语句的说明。

源程序为:

1. RARINO TEMPLATE(初始语句,给源程序冠以标题,便于检索)
2. REMARK KS-002 2004.5.26(注释语句,说明零件图号,编程日期)
3. MACHIN/F240,2(表示后置处理程序名称)
4. CLPRNT(需要打印刀位文件)
5. OUTTOL/0.002(给定外容差0.002mm)
6. INTOL/0.002(给定内容差0.002mm)
7. SYN/P,POINT,L,LINE,C,CIRCLE,F,FEDRAT(用户自行确定同义字,起简化作用。此句效果是POINT可简化为P;……)
8. CUTTER/10(选用直径φ10 mm的刀具)
9. $ $ DEFINTION(双货币号的作用是注释符号,表明以下为几何定义语句)
10. LN1 = L/20,20,20,70(以点(20,20)和点(20,70)定义直线LN1)
11. LN2 = L/(P/20,70),ATANGL,75,LN1(以点(20,70)和对LN1的夹角75°定义直线LN2)
12. LN3 = L/(P/40,20),ATANGL,45(以点(40,20)和对X轴夹角45°定义直线LN3)
13. LN4/20,20,40,20(以点(20,20)和点(40,20)定义直线LN4)
14. CIR = C/YSMALL,LN2,YLARGE,RADIUS,10(定义圆CIR。该圆半径为10mm,并与LN2和LN3均相切。"YSMALL,LN2"定义了圆在LN2的下方;"YLARGE,LN3"定义了圆在LN3的上方)
15. XYPL = PLANE/0,0,1,0(定义平面XYPL。"0,0,1,0"是该平面方程$ax + by + cz = d$的四个系数a,b,c,d)
16. SETPT = P/-10,-10,10(定义三维空间坐标(-10,-10,10)的点为SETPT)
17. $ $ MOTION(注释以下为运动语句)
18. FROM/SETPT(指定"SETPT"为起刀点)
19. F/500(选用500mm/min速度移动)
20. GODLTA/20,20,-5(刀具走刀量。在X、Y、Z三方向上分别移动20mm、20mm和-5mm)
21. SPINDL/ON(启动主轴)
22. COOLNT/ON(开启冷却液)
23. F/100(选用100mm/min速度移动)
24. GO/TO,LN1,TO,XYPL,TO,LN4(初始运动指令。将刀具引至与LN1,XYPL和LN4均相切的位置)
25. F/40(指定切削速度40mm/min)
26. TLIFF,GOLFT/LN1,PAST,LN2(控制刀具左切(TLLFT)LN1(顺刀具前进方向分左右),直到走过LN2,并保持与LN2相切。"GOLFT"是方向指示符,表示刀具以上次走刀运

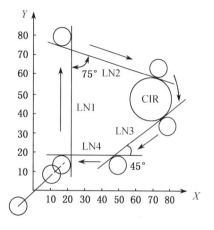

图8-26 APT语言编程简例图

动转入本次走刀运动时是向左拐)

27. GORGT/LN2,TANTO,CIR(向右拐,沿 LN2 直走到与 CIR 相切。前句中"TLLFT"续效(下同),故仍为对 LN2 的左切)
28. GOFWD/CIR,TANTO,LN3(向前走,左切 CIR 直走到 CIR 与 LN3 的切点上)
29. GOFWD/LN3,PAST,LN4(向前走,左切 LN3 直走到 LN4 与之相切)
30. GORCT/LN4,PAST,LN1(向右拐,左切 LN4 直到走过 LN1 并与之相切)
31. F/100(指定速度为 100mm/min)
32. GODLTA/0,0,10(走刀增量。Z 抬起 10mm)
33. SPINDL/OFF(主轴停)
34. COOLNT/OFF(关冷却液)
35. GOTO/SETPT(走到走刀点"SETPT")
36. END(机床停止运行)
37. PRINT/3,ALL(打印源程序中所有几何元素的标准格式下的参数)
38. FINI(源程序结束)

(4) 直线插补与圆弧插补

用数字信息描述的零件廓形,是通过数控装置有规律地控制机床各个轴的运动,从而实现刀具与工件的相对运动,以完成零件廓形的加工。简言之,零件轮廓上的已知点之间,用通过有规律地分配各个轴的运动而逼近零件廓形,即称为插补。图 8-27 为直线插补(a)和圆弧插补(b)。

在数控加工中,根据给定的数学函数,诸如线性函数、圆函数或高次函数,在理想的轨迹或轮廓上的已知点之间,确定一些中间点的一种方法,就称为插补。

一般零件的轮廓,常以直线段和圆弧段组成,其他二次曲线或高次函数可由直线和圆弧段逼近,故一般数控装置中均有直线插补和圆弧插补功能。

直线插补方式,给出两端点间的插补数字信息,借此信息控制刀具的运动,加工出预期的直线。

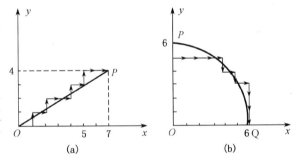

图 8-27 直线和圆弧插补

圆弧插补方式,给出两端点间的插补数字信息,借此信息控制刀具的运动,加工出预期的圆弧。

还有二次曲线插补(如抛物线插补)、高次函数插补(如螺旋线插补)等插补方式。处理这些插补的算法,称之为插补运算。插补运算是由计算机完成的。

五、BKX-I 型变轴计算机数控(CNC)机床设计

BKX-I 型变轴计算机数控机床是以 Stewart 平台为基础构成的一种新型并联型机床,由六根伸缩杆带动动平台实现刀具的六个自由度运动,从而实现复杂几何形状表面零件的加工。机床的结构模型如图 8-28 所示。机床的基本性能参数如表 8-4 所示。图 8-29 为单伸缩

杆硬件系统示意图。

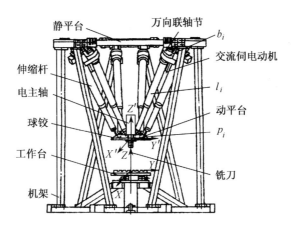

图 8-28 机床的结构模型

表 8-4 "BKX-I型变轴数控机床"规格与性能指标

数控控制轴数		六 轴 联 动
作业空间/mm		350×350×350
总体尺寸/mm		2400×2400×2270
主轴电动机	功率/kW	1
	转速/(r·min^{-1})	0-4000(变频调速)
	冷却方式	水冷
	刀具装夹/mm	$\varphi 4 \sim \varphi 16$
伺服与驱动系统	交流伺服电动机/kW	6台/0.4
	控制系统	iPC-500EⅡ工控机 PMAC-8轴控制卡
重复定位精度/μm		≤20
单轴控制分辨力/μm		0.25
控制柜尺寸/mm		600×600×1600
机床总质量/kg		1000

1. BKX-I的机构原理及其坐标设置

如图 8-30 所示,BKX-I 机床主要由三部分组成:支架顶部的静平台、装有电主轴的动平台和六根可伸缩的伺服杆,伺服伸缩杆的上端通过万向联轴节与静平台相连接,下端通过球铰与动平台相连接。每个伺服伸缩杆均由各自的伺服电动机,通过同步带与滚珠丝杠传动,带动动平台进行 6 自由度运动,从而改变电主轴端部的刀具相对于工作台上所装工件的相对空间位置,满足加工中刀具轨迹的要求。机床整体结构自封闭,具有较高的刚性。部件设计模块化,易于异地重新安装。

为研究方便,在 BKX-I 机床的结构模型上建立与动平台固联的动坐标系 $O'-X'Y'Z'$(相

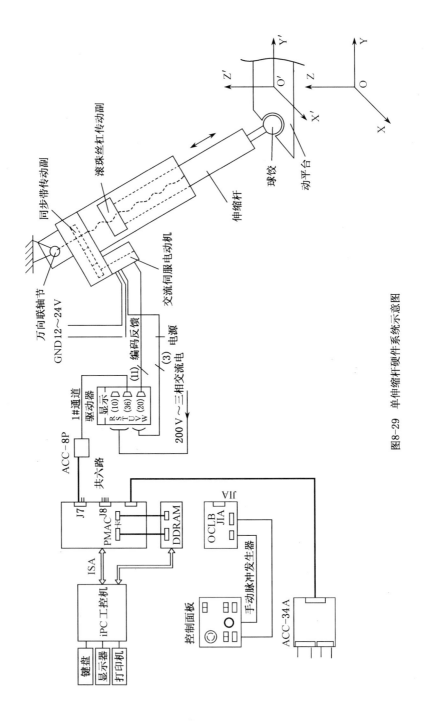

图8-29 单伸缩杆硬件系统示意图

对坐标系),在工作台上建立静坐标系 $O-XYZ$(绝对坐标系),如图 8-30 所示。动、静平台均为半正则六边形结构,机床在初始位置时,动静平台俯视图如图 8-31 所示。于是静平台各铰

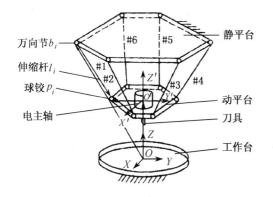

图 8-30 BKX-I 型机床的坐标设置

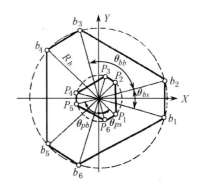

图 8-31 BKX-I 在初始位置时动静平台俯视图

链中心点的绝对坐标 $\boldsymbol{X}_{bi}=(x_{bi},y_{bi},z_{bi})^{\mathrm{T}}$ 可以表示为

$$\begin{cases} x_{bi} = R_b\cos\left[\dfrac{\pi}{3}(i-1)-\dfrac{\theta_{bs}}{2}\right] \\ y_{bi} = R_b\sin\left[\dfrac{\pi}{3}(i-1)-\dfrac{\theta_{bs}}{2}\right] \\ z_{bi} = h \qquad (i=1,3,5) \end{cases} \tag{8-1}$$

$$\begin{cases} x_{bi} = R_b\cos\left[\dfrac{\pi}{3}(i-2)+\dfrac{\theta_{bs}}{2}\right] \\ y_{bi} = R_b\sin\left[\dfrac{\pi}{3}(i-2)+\dfrac{\theta_{bs}}{2}\right] \\ z_{bi} = h \qquad (i=2,4,6) \end{cases} \tag{8-2}$$

动平台上铰点的相对坐标 $\boldsymbol{X}_{pi}=(x'_{pi},y'_{pi},z'_{pi})$ 可以表示为

$$\begin{cases} x'_{pi} = R_p\cos\left[\dfrac{\pi}{3}(i-1)-\dfrac{\theta_{pb}}{2}\right] \\ y'_{pi} = R_b\sin\left[\dfrac{\pi}{3}(i-1)-\dfrac{\theta_{pb}}{2}\right] \\ z'_{pi} = 0 \qquad (i=1,3,5) \end{cases} \tag{8-3}$$

$$\begin{cases} x'_{pi} = R_p\cos\left[\dfrac{\pi}{3}(i-2)+\dfrac{\theta_{pb}}{2}\right] \\ y'_{pi} = R_b\sin\left[\dfrac{\pi}{3}(i-2)+\dfrac{\theta_{pb}}{2}\right] \\ z'_{pi} = 0 \qquad (i=2,4,6) \end{cases} \tag{8-4}$$

式中　R_b——静平台的外接圆半径;
　　　R_p——动平台的外接圆半径;
　　　θ_{bb}——静平台长边对应的圆心角;
　　　θ_{bs}——静平台短边对应的圆心角;

θ_{pb}——动平台长边对应的圆心角;

θ_{ps}——动平台短边对应的圆心角;

h——静平台铰联中心点所在的平面到工作台的垂直距离。

在设计中,我们取 $\theta_{bb} = \theta_{pb} = \dfrac{\pi}{2}$,$\theta_{bs} = \theta_{ps} = \dfrac{\pi}{6}$,$R_b = 800 \text{ mm}$,$R_p = 200 \text{ mm}$,$h = 1\,600 \text{ mm}$。

2. 位置分析与姿态描述

所谓位置分析就是求解机构的输入和输出之间的位置关系,是机构运动学分析的基本任务,也是速度、加速度、静力学、误差、工作空间和动力学分析以及机构综合的基础。位置分析包括位置正解和位置逆解,位置正解是指已知输入量求解输出位姿,位置逆解是指已知输出位姿求解输入量。对 BKX-I 机床来说,输入量是六个伺服伸缩杆的长度,输出位姿是动平台的位姿,因此 BKX-I 机床的位置逆解就是已知动平台位姿,求解对应的各个伺服伸缩杆的长度,这是一组解耦的非线性方程,可用显式的数学表达式描述,从控制的角度来讲这是十分有利的。但是 BKX-I 机床的位置正解非常复杂,需要求解非线性强耦合的方程组,而且解的结果不唯一,为测量和误差补偿带来了很大困难。这里首先给出 BKX-I 机床的动平台位姿描述方法,并结合具体加工中给定的刀具位姿,得出由刀具位姿求解动平台位姿的方法。最后给出位置逆解的显式表达方法。

把动平台看作一个刚体,其位置可以用动平台中心在绝对坐标系中的坐标 $\boldsymbol{X}_{o'} = (x_{o'}, y_{o'}, z_{o'})^{\text{T}}$ 来描述,而姿态的表示方法有很多,最常用的为旋转矩阵法。旋转矩阵又分为绕固定坐标轴旋转的 RPY 法和绕运动坐标轴旋转的欧拉角法,这些方法的特点在于:以一定的顺序绕不连续重复的坐标轴旋转三次得到姿态的描述。基本的旋转矩阵表示为

$$\left.\begin{array}{l}\text{Rot}(x, \alpha) \begin{bmatrix} 1 & 0 & 0 \\ 0 & \cos\alpha & -\sin\alpha \\ 0 & \sin\alpha & \cos\alpha \end{bmatrix} \\ \text{Rot}(y, \beta) \begin{bmatrix} \cos\beta & 0 & \sin\beta \\ 0 & 1 & 0 \\ -\sin\beta & 0 & \cos\beta \end{bmatrix} \\ \text{Rot}(z, \gamma) \begin{bmatrix} \cos\gamma & -\sin\gamma & 0 \\ \sin\gamma & \cos\gamma & 0 \\ 0 & 0 & 1 \end{bmatrix}\end{array}\right\} \quad (8-5)$$

旋转矩阵就是由这三个基本矩阵相乘得到的,在 RPY 法中按旋转顺序对基本矩阵左乘,在欧拉角法中按旋转顺序对基本矩阵右乘。RPY 法与欧拉角法是对偶的,各有 12 种,如何选择取决于个人的习惯以及研究的方便。但无论采取何种方法,动平台的姿态都可由三个姿态角 $\boldsymbol{\Omega} = (\alpha, \beta, \gamma)^{\text{T}}$ 来描述。综上所述,动平台的位姿可由 $\boldsymbol{X}_{o'}$ 和 $\boldsymbol{\Omega}$ 中的六个参量来完整地表示。

3. 刀具位姿到动平台位姿的转化

通常在轨迹规划中给定的是刀尖位置 $\boldsymbol{X}_t = (x_t, y_t, z_t)^{\text{T}}$ 和刀轴方向矢量 $\boldsymbol{N}_t = (n_{tx}, n_{ty}, n_{tz})^{\text{T}}$。由于电主轴与动平台固定连接,且垂直于动平台,因此 $\boldsymbol{X}_{o'}$ 和 $\boldsymbol{\Omega}$ 可以用 $\boldsymbol{X}_t$ 和 $\boldsymbol{N}_t$ 来表示。动平台中心与刀尖位于刀轴矢量的两端,可直接建立二者之间的关系:

$$\boldsymbol{X}_{o'} = \boldsymbol{X}_t + l_t \boldsymbol{N}_t \quad (8-6)$$

式中，l_t 为刀轴（O' 至刀尖）的长度。

由刀轴姿态 N_t 求解动平台的姿态 Ω。假设动平台姿态由 $Z-X-Z$ 欧拉角来表示，即动平台由初始位置（与绝对坐标系平行）先绕其 z 轴旋转 α，再绕新坐标系的 x' 轴旋转 β，再绕新坐标系的 z'' 轴旋转 γ，旋转过程如图 8-32 所示，三次旋转后形成的旋转矩阵可以表示为：

$$\begin{aligned}
\boldsymbol{R} &= \mathrm{Rot}(z,\alpha)\mathrm{Rot}(x,\beta)\mathrm{Rot}(z,\gamma) \\
&= \begin{bmatrix} \cos\alpha & -\sin\alpha & 0 \\ \sin\alpha & \cos\alpha & 0 \\ 0 & 0 & 1 \end{bmatrix} \begin{bmatrix} 1 & 0 & 0 \\ 0 & \cos\beta & -\sin\beta \\ 0 & \sin\beta & \cos\beta \end{bmatrix} \begin{bmatrix} \cos\gamma & -\sin\gamma & 0 \\ \sin\gamma & \cos\gamma & 0 \\ 0 & 0 & 1 \end{bmatrix} \\
&= \begin{bmatrix} \cos\alpha\cos\gamma - \sin\alpha\cos\beta\sin\gamma & -\cos\alpha\sin\gamma - \sin\alpha\cos\beta\cos\gamma & \sin\alpha\sin\beta \\ \sin\alpha\cos\gamma + \cos\alpha\cos\beta\sin\gamma & -\sin\alpha\sin\gamma + \cos\alpha\cos\beta\cos\gamma & -\cos\alpha\sin\beta \\ \sin\beta\sin\gamma & \sin\beta\cos\gamma & \cos\beta \end{bmatrix}
\end{aligned}$$

(8-7)

该矩阵的物理含义为：每一列分别表示动平台坐标系的 Z'，Y'，Z' 轴在绝对坐标系中的投影。由于刀具的方向与 Z' 一致，因此由 $\boldsymbol{R}(1,3) = [\sin\alpha\sin\beta, -\cos\alpha\sin\beta, \cos\beta]^\mathrm{T} = [n_{tx}, n_{ty}, n_{tz}]^\mathrm{T}$ 可得到三个方程

$$\begin{cases} \sin\alpha\sin\beta = n_{tx} \\ -\cos\alpha\sin\beta = n_{ty} \\ \cos\beta = n_{tz} \end{cases} \tag{8-8}$$

由式(8-8)便可求出 Ω 中的 α 和 β，剩下的就是姿态角 γ 如何确定，实际上在刀具的三个姿态变量 $n_{tx}^2 + n_{ty}^2 + n_{tz}^2 = 1$ 中有，即式(8-8)中只有两个变量是独立的，γ 理论上可以取满足约束条件的任意值。由于实际加工中所用的刀具都是旋转体，因此动平台没有必要自转，下面的问题就是如何选择这三个角度才能保证动平台不自转。尽管旋转矩阵是经过三次旋转变换得来的，但还可以绕等效旋转轴的等效旋转来表示。动平台不自转的充要条件是其等效旋转轴 $\boldsymbol{k}$ 必与 $X-Y$ 平面平行，即 $\boldsymbol{k}$ 与 Z 与垂直，假设 Z 轴的单位矢量为 $\boldsymbol{e}_3$，则等效转轴为 $\boldsymbol{k} = \dfrac{\boldsymbol{e}_3 \times \boldsymbol{N}_t}{|\boldsymbol{e}_3 \times \boldsymbol{N}_t|}$，等效转角为 $\phi = \arccos(\boldsymbol{N}_t \cdot \boldsymbol{e}_3)$，等效旋转图解如图 8-33 所示：

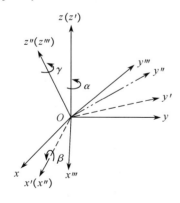

图 8-32 欧拉角的旋转过程

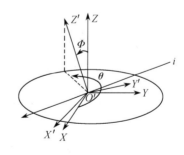

图 8-33 动平台等效旋转示意图

图中，θ 为刀具方向矢量在 $X-Y$ 平面上的投影矢量的极角，$\theta = \arctan2(n_{tx}, n_{ty})$。经过等效旋转后的旋转矩阵为：

$$R' = \text{Rot}(k,\beta) = \begin{bmatrix} \sin^2\theta(1-\cos\phi)+\cos\phi & -\sin\theta\cos\theta(1-\cos\phi) & \cos\theta\sin\phi \\ -\sin\theta\cos\theta(1-\cos\phi) & \cos^2\theta(1-\cos\phi)+\cos\phi & \sin\theta\sin\phi \\ -\cos\theta\sin\phi & -\sin\theta\sin\phi & \cos\phi \end{bmatrix}$$

(8-9)

由于动平台只能在1、2、3、4卦限活动,所以对有关角度做如下范围限制 $0 \leq \phi < \frac{\pi}{2}, 0 \leq \beta < \frac{\pi}{2}, 0 \leq \theta \leq 2\pi$。

根据 $R(3,3) = R'(3,3)$ 得 $\cos\beta = \cos\phi$,故

$$\beta = \phi \tag{8-10}$$

由 $R(1,3) = R'(1,3)$ 得 $\sin\alpha = \cos\theta$,$R(2,3) = R'(2,3)$ 得 $\cos\alpha = -\sin\theta$,故

$$\alpha = \frac{\pi}{2} + \theta \tag{8-11}$$

由 $R(3,1) = R'(3,1)$ 得 $\sin\gamma = -\cos\theta$,$R(3,2) = R'(3,2)$ 得 $\cos\gamma = -\sin\theta$,故

$$\gamma = -\left(\frac{\pi}{2}+\theta\right) = -\alpha \tag{8-12}$$

式(8-6)~式(8-10)便是动平台不自转时,由刀具位姿求解动平台位姿的过程,从中可以发现动平台不自转的条件为 $\gamma = -\alpha$。

4. 位置逆解

由图8-30可看出,杆长矢量可以表示为

$$l_i = l_i \cdot n_i = r_{o'} + o'p_i - ob_i, \quad i = 1,2,\cdots 6 \tag{8-13}$$

这里 l_i 为杆长,$n_i = (n_{ix}, n_{iy}, n_{iz})^T$ 为杆长的单位方向矢量,$r_{o'} = (x_{o'}, y_{o'}, z_{o'})^T$ 为动平台中心点的位置矢量,$o'p_i$ 代表动平台中心到其上各个铰链中心点的矢量(相对于绝对坐标系),它可以用动平台的旋转矩阵和相对矢量表示,即 $o'p_i = R(o'p_i)$。

$o'p_i$ 代表工作台中心到静平台上各个铰链中心点的矢量,所以杆长可以表示为

$$l_i = | r_{o'} + o'p_i - ob_i | \tag{8-14}$$

在机构参数和绝对坐标系选定后 $o'p_i$ 和 ob_i 就可以确定。当刀具位姿(动平台位姿)被确定后,R 和 $X_{o'}$ 就被唯一确定,因此并联机构的位置逆解具有唯一性,但它与刀具的位姿之间仍然是非线性关系。

5. BKX-I机床计算机数控(CNC)系统原理

在其机械系统中,数控加工所需的刀具运动轴 X、Y、Z、A、B、C 并不真正存在,不能对其直接控制,而直接可控的为关节空间六个伺服杆的伸缩长度 l_i。伺服杆的伸缩将改变动平台在操作空间的位姿,从而实现给定的加工任务。图8-30中 $O-XYZ$ 为与工作台固联的参考坐标系,$O'-X'Y'Z'$ 为与动平台固联的相对坐标系。动平台在工作空间中的位置用其中心点的坐标 $(x_{o'}, y_{o'}, z_{o'})$ 表示,姿态用 $Z-X-Z$ 欧拉角矩阵描述。利用BKX-I的逆运动学,l_i 可以用 $(x_{o'}, y_{o'}, z_{o'})$ 和 (α, β, γ) 显式表示

$$l_i = | P_i B_i | = | X_{bi} - (RX'_{pi} + X_{o'}) |$$

式中 X_{bi}——静平台上铰链中心点的参考坐标;

X'_{pi}——动平台上铰链中心点的相对坐标;

R——由 α, β, γ 表示的姿态矩阵;

$X_{o'}$——动平台中心的参考坐标。

由于 l_i 与操作空间中的六个运动自由度之间是非线性关系,无法直接使用现有数控算法。为解决此问题,采用"工业 PC + DSP"的主从式控制策略,即工业 PC 作为主机,在操作空间对刀具轨迹进行规划,求出一系列的刀位数据,并通过逆运动学将其映射为关节空间的伸缩杆长,而 DSP 作为从机,对关节空间的离散点列做进一步的密化并驱动执行机构实施,其控制系统原理如图 8 - 34 所示,图 8 - 35 为 BKX - 1 型变轴数控机床的控制系统的功能模块图。

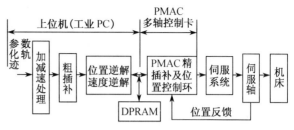

图 8 - 34 BKX - 1 型变轴数控机床的数控系统原理

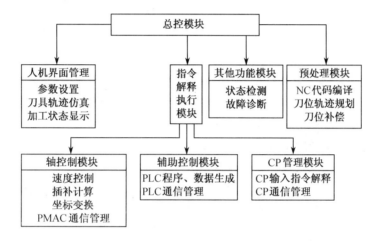

图 8 - 35 BKX - 1 型变轴数控机床的控制系统功能模块图

(1) 硬件平台

图 8 - 36 为 BKX - 1 系统硬件平台。上位机选用美国 CONTEC 公司的工业 PC - iPC - 500EⅡ,标准 PC 总线,PⅡ450 CPU、标准监视器、内存 64M、硬盘 10G。DSP 选用美国 DeltaTau 公司的 8 轴 PMAC (Programmable Multi - Axis Controller)运动控制卡。PMAC 卡的 CPU 选用 MotorolaDSP56001,主频 20M,PC 总线方式,$128K \times 8E^2 PROM$,284K 静态 RAM,可同时控制 8 个伺服轴,伺服更新时间为 442 μs,具有 LINEAR、SPLINE、PVT、CIRCLE 插补方式。通过 PMAC 的 JMACH1 和 JMACH2 两个接口将 6 套交流伺服系统与 PMAC 的 6 个通道分别相连,实现交流电动机转速信号的输出及光电编码器反馈信号的采集,以控制各轴的运动。通过 PMAC 卡 I/O 接口和内置 PLC,实现检测行程限位、机床回零、控制电主轴电动机和面板操作等功能。PMAC 卡直接插在工业 PC 的 ISA 插槽中,接收主机发来的指令并分析执行,同时也将响应数据上传给主机。当工业 PC 与 PMAC 卡之间有大量数据传输时,这样的方式显然造成了通讯瓶颈,难以实现实时控制,为此采用 $8K \times 16$ 位 DPRAM - Dual Port RAM(具有两套独立的地址、数据和控制总线)为工业 PC 和 PMAC 卡开辟共享快速缓存区,实现主从计算机信息高速并行传输。主机完成计算后,不断将位置数据写到 DPRAM 中,由 PMAC 读取后执行;PMAC 实时将系统的状态信息写入 DPRAM 中,由工业 PC 读取后显示。如此重复,直至完成加工任务。驱动系统由松下 MINAS 驱动器和交流伺服电动机组成,脉冲分辨率 10 000P/r,电动机上带有制动器,掉电时电动机制动,避免丝杠松脱。

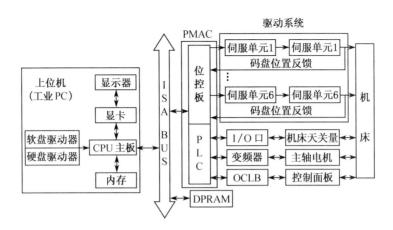

图 8-36 BKX-I 系统硬件平台

(2) 软件平台

BKX-I 的数控系统在 Windows 下用 Visual Basic 编写完成。在 VB 中调用 Delta Tau 的 PCOMM32 动态连接库实现工业 PC 与 PMAC 卡的通讯和工业 PC 对 DPRAM 的读写。系统软件采用模块化设计,各功能模块如图 8-37 所示。

主程序:负责整个系统的管理。

参数设置模块:可以设置或修改机构参数。

轨迹规划模块包括两部分,一是对典型形状零件(如直线型、圆型和球面型等)的轨迹进行规划并生成 6 坐标的刀位文件(X、Y、Z、A、B、C);一是与 CAD/CAM 接口,读取生成的刀位文件。

轨迹校验模块:对 6 坐标的刀位文件进行运动学逆运算,并根据机构自身的约束条件判别轨迹是否在机构的有效工作空间之内,若满足约束条件则生成又 6 个杆长组成的控制文件,若不满足则给出警告信息。

通讯模块:初始化并设置工业 PC 与 PMAC 卡和 DPRAM 之间的通讯。

点动模块:实现在操作空间和关节空间的点动运动,以灵活调整动平台的位姿。

I/O 模块:检测行程限位、机床回零、控制电主轴电动机和面板操作等。

人机交互模块:实时接收由外设输入的在线命令,实时显示加工过程的三视图和有关数据等。

加工运行模块:若轨迹校验通过了,则可以运行控制文件,完成加工任务。

(3) 加工实例

利用所开发的数控系统在 BKX-I 机床上进行了加工试验,图 8-38 为在直径 80 mm 的铝件上刻写的"BIT"字样。

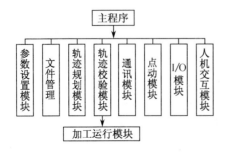

图 8-37 BKX-I 机床数控系统软件功能模块

图 8-38 BKX-I 加工例

六、PRS-XY 型混联 CNC 机床设计

1. PRS-XY 型混联 CNC 机床的结构分析

PRS-XY 型混联 CNC 机床采用了串联、并联混合结构,有效地克服了纯并联机床在加工范围上的限制。该机床的上半部分为三自由度的 3-PRS 型并联机构,包括固定平台和动平台,固定平台和动平台之间通过三根定长杆件连接,每一杆件链包含移动副(P)、转动副(R)和球面副(S),三个移动副水平 120°均匀分布在与固定平台垂直的立柱上。三个移动副是 PRS 并联机构的主动关节点,即输入构件,由直线电动机驱动;动平台为受动装置,即输出构件,电主轴垂直安装于动平台中心。按照机构学理论计算,PRS 结构具有 3 个自由度,动平台在空间上可实现沿 Z 轴的平动,在姿态空间上实现绕 X 轴和 Y 轴的转动(A、B 轴)。下半部分为 $X-Y$ 工作台,是传统的串联结构形式,设计为伺服电动机-滚珠丝杠驱动方式,具有两个平动自由度(X、Y 轴)。

PRS-XY 型混联结构模型如图 8-39 所示。动平台的球铰中心 C_1、C_2、C_3 均匀分布在以 r 为半径的动平台上。连杆、滑块间用转动副 B_1、B_2、B_3 连接,u_1、u_2、u_3 是三个转动副轴线的单位方向矢量。$X-Y$ 工作台上平面与三根竖直滑轨延长线交于 A_1、A_2、A_3,这三点均匀分布在以 R 为半径的圆上。固定坐标系 $O-XYZ$ 建立在等边三角形 $A_1A_2A_3$ 的几何中心,$\overrightarrow{OA_2}$ 为 Y 轴,Z 轴竖直向上。动平台上的动坐标系 $O_1-X_1Y_1Z_1$ 原点位于等边三角形 $C_1C_2C_3$ 的几何中心 O_1 处,Y_1 轴沿 $\overrightarrow{O_1C_2}$ 方向,Z_1 轴向上垂直于动平台。设连杆长均为 L,转动副 B_1、B_2、B_3 与平面 $A_1A_2A_3$ 的距离分别为 S_1、S_2、S_3,刀具长度 $\overrightarrow{O_1t}$ 为 l_t。

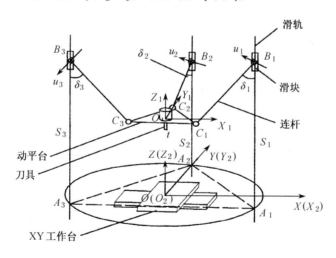

图 8-39 PRS-XY 型混联结构模型

2. PRS 并联机构逆运动学分析

PRS 并联机构部分包含一个 Z 方向的移动自由度和两个独立的转动自由度。利用齐次变换矩阵表示 S_1、S_2、S_3。A_1、A_2、A_3 点在 $O-XYZ$ 坐标系下的绝对坐标为

$$\begin{cases} A_1 = \left(\dfrac{\sqrt{3}}{2}R,\ -\dfrac{1}{2}R,\ 0\right)^{\mathrm{T}} \\ A_2 = (0,\ R,\ 0)^{\mathrm{T}} \\ A_3 = \left(-\dfrac{\sqrt{3}}{2}R,\ -\dfrac{1}{2}R,\ 0\right)^{\mathrm{T}} \end{cases} \qquad (8-15)$$

B_1、B_2、B_3 点在 $O-XYZ$ 坐标系下的绝对坐标为

$$\begin{cases} B_1 = \left(\dfrac{\sqrt{3}}{2}R,\ \dfrac{1}{2}R,\ S_1\right)^{\mathrm{T}} \\ B_2 = (0,\ R,\ S_2)^{\mathrm{T}} \\ B_3 = \left(-\dfrac{\sqrt{3}}{2}R,\ -\dfrac{1}{2}R,\ S_3\right)^{\mathrm{T}} \end{cases} \qquad (8-16)$$

三个转动副轴线的单位方向矢量 u_1、u_2、u_3 为：

$$\begin{cases} u_1 = \left(\dfrac{1}{2},\ \dfrac{\sqrt{3}}{2},\ 0\right)^{\mathrm{T}} \\ u_2 = (-1,\ 0,\ 0)^{\mathrm{T}} \\ u_3 = \left(\dfrac{1}{2},\ -\dfrac{\sqrt{3}}{2},\ 0\right)^{\mathrm{T}} \end{cases} \qquad (8-17)$$

C_1、C_2、C_3 点在动坐标系 $O_1-X_1Y_1Z_1$ 下的坐标为

$$\begin{cases} C_1^e = \left(\dfrac{\sqrt{3}}{2}r,\ -\dfrac{1}{2}r,\ 0\right)^{\mathrm{T}} \\ C_2^e = (0,\ r,\ 0)^{\mathrm{T}} \\ C_3^e = \left(-\dfrac{\sqrt{3}}{2}r,\ -\dfrac{1}{2}r,\ 0\right)^{\mathrm{T}} \end{cases} \qquad (8-18)$$

动坐标系 $O_1-X_1Y_1Z_1$ 对定坐标系 $O-XYZ$ 的齐次坐标变换矩阵可表示为

$$\boldsymbol{T} = \begin{bmatrix} l_x & m_x & n_x & x_c \\ l_y & m_y & n_y & y_c \\ l_z & m_z & n_z & z_c \\ 0 & 0 & 0 & 1 \end{bmatrix} = \begin{bmatrix} \boldsymbol{l} & \boldsymbol{m} & \boldsymbol{n} & \boldsymbol{O}_1 \\ 0 & 0 & 0 & 1 \end{bmatrix} \begin{bmatrix} \boldsymbol{R}_o & \boldsymbol{O}_1 \\ \boldsymbol{0} & 1 \end{bmatrix} \qquad (8-19)$$

上述矩阵中的左上角3阶子矩阵的3列分别为动坐标系的 X_1, Y_1, Z_1 轴相对于定坐标系的 X, Y, Z 轴的方向余弦,动坐标系3轴正交,其9个元素间存在6个约束方程

$$\begin{cases} \boldsymbol{l} \cdot \boldsymbol{l} = \boldsymbol{m} \cdot \boldsymbol{m} = \boldsymbol{n} \cdot \boldsymbol{n} = 1 \\ \boldsymbol{l} \cdot \boldsymbol{m} = \boldsymbol{m} \cdot \boldsymbol{n} = \boldsymbol{n} \cdot \boldsymbol{l} = 0 \end{cases} \qquad (8-20)$$

x_c、y_c、z_c 为 O_1 点的绝对坐标,由此可得 C_1、C_2、C_3 的绝对坐标

$$\begin{bmatrix} \boldsymbol{C}_i \\ 1 \end{bmatrix}_{XYZ} = \boldsymbol{T} \cdot \begin{bmatrix} \boldsymbol{C}_i^e \\ 1 \end{bmatrix}_{X_1Y_1Z_1} \qquad i = 1,2,3 \qquad (8-21)$$

C_i^e 为 C_1、C_2、C_3 在动坐标系 $O_1-X_1Y_1Z_1$ 中的坐标。

平面约束方程。连杆 $\overline{B_1C_1}$、$\overline{B_2C_2}$、$\overline{B_3C_3}$ 的运动分别被限制在垂直于 u_1、u_2、u_3 且包含 B_1、B_2、B_3 的平面之内,即

$$\boldsymbol{u}_i \cdot \overrightarrow{C_iB_i} = 0 \qquad i = 1,2,3 \qquad (8-22)$$

定长约束方程。连杆长均为 L，即

$$|\overrightarrow{B_iC_i}| = L \qquad i = 1,2,3 \qquad (8-23)$$

联立约束方程(8-17)~(8-20)，可求出 S_1, S_2, S_3

$$\begin{cases} S_1 = \sqrt{L^2 - \left(\frac{\sqrt{3}}{2}R - \frac{\sqrt{3}}{2}rl_x + \frac{3}{2}rm_x\right)^2 - \left(-\frac{1}{2}R - \frac{\sqrt{3}}{2}rl_y + \frac{1}{2}rl_x\right)^2} + \\ \qquad \frac{\sqrt{3}}{2}rl_z - \frac{1}{2}rm_z + Z_c \\ S_2 = \sqrt{L^2 - \left(R + \frac{1}{2}rl_x - \frac{3}{2}rm_y\right)^2} + rm_z + z_c \\ S_3 = \sqrt{L^2 - \left(-\frac{\sqrt{3}}{2}R + \frac{\sqrt{3}}{2}rl_x + \frac{3}{2}rm_x\right)^2 - \left(-\frac{1}{2}R + \frac{\sqrt{3}}{2}rl_y + \frac{1}{2}rl_x\right)^2} - \\ \qquad \frac{\sqrt{3}}{2}rl_z - \frac{1}{2}rm_z + z_c \end{cases} \qquad (8-24)$$

运动平台为刚体，其位置可用动平台中心在绝对坐标系 $O-XYZ$ 中的坐标 (x_c, y_c, z_c) 来表示，而姿态用 $Z-X-Z$ 欧拉角 $\alpha、\beta、\gamma$ 来表示，即相对坐标系 $O_1-X_1Y_1Z_1$ 先绕绝对坐标系的 Z 轴旋转 α，再绕旋转后坐标系的 X 轴转动 β，最后绕第二次旋转后坐标系的 Z 轴转动 γ。下面建立刀具的位姿参数与动平台中心以及表示动平台位姿的欧拉角之间的关系。

(1) 用刀具轴线的方向余弦角来表示欧拉角

用欧拉角表示的旋转矩阵只需要三个参数，这是它的优点。但是，欧拉角不直观，一般情况下，很难想象出用欧拉角表示的动平台(或刀具)的姿态，而且，轨迹规划当中，首先要规划出刀具的位姿参数。因而，用刀具的方向余弦表示欧拉角是不可缺少的一步。

设刀具轴线的单位矢量为 $\boldsymbol{N}_t = (n_{tx}, n_{ty}, n_{tz})^T$，欧拉角为 $\alpha、\beta、\gamma$，刀具与绝对坐标系坐标轴的方向余弦角为 $\theta_x, \theta_y, \theta_z$。

为了计算方便以及保证 $n_{tx}、n_{ty}、n_{tz}$ 与 $\alpha、\beta、\gamma$ 为单值对应，需要对欧拉角做如下规定

$$\alpha \in \left[-\frac{\pi}{2}, \frac{\pi}{2}\right] \quad \beta \in \left[-\frac{\pi}{2}, \frac{\pi}{2}\right] \quad \gamma \in \left[-\frac{\pi}{2}, \frac{\pi}{2}\right] \qquad (8-25)$$

刀具轴线的单位矢量即为方向余弦：

$$n_{tx} = \cos\theta_x \qquad n_{ty} = \cos\theta_y \qquad n_{tz} = \cos\theta_z \qquad (8-26)$$

根据本课题的实际情况，n_{tz} 不能取负值，所以有

$$\theta_x \in (0, \pi) \qquad \theta_y \in (0, \pi) \qquad \theta_z \in [0, \pi/2) \qquad (8-27)$$

用欧拉角表示动平台姿态的旋转矩阵为：

$$\boldsymbol{R}_1 = \begin{bmatrix} \cos\alpha\cos\gamma - \sin\alpha\cos\beta\sin\gamma & -\cos\alpha\sin\gamma - \sin\alpha\cos\beta\cos\gamma & \sin\alpha\sin\beta \\ \sin\alpha c\gamma + \cos\alpha\cos\beta\sin\gamma & -\sin\alpha\sin\gamma + \cos\alpha\cos\beta\cos\gamma & -\cos\alpha\sin\beta \\ \sin\beta\sin\gamma & \sin\beta\cos\gamma & \cos\beta \end{bmatrix}$$

$$(8-28)$$

因为刀具轴线与所定义的动坐标系的 Z_1 轴重合，旋转矩阵 $\boldsymbol{R}_1$ 的最后一列正好是动坐标系 Z_1 轴的单位矢量，所以可以得到三个方程：

$$\begin{cases} \sin\alpha\sin\beta = \cos\theta_x \\ -\cos\alpha\sin\beta = \cos\theta_y \\ \cos\beta = \cos\theta_z \end{cases} \tag{8-29}$$

式(2-29)中,只有两个式子独立,因为:$\cos^2\theta_x + \cos^2\theta_y + \cos^2\theta_z = 1$,所以只能求出三个欧拉角中的两个 α、β。

由式 $\cos\beta = \cos\theta_z$、$\beta \in \left[-\dfrac{\pi}{2}, \dfrac{\pi}{2}\right]$ 和 $\theta_z \in [0, \pi/2)$,可得

$$\beta = \pm\theta_z \tag{8-30}$$

当 $n_{ty} > 0$ 时,$-\cos\alpha\sin\beta = \cos\theta_y = n_{ty} > 0$;因为 $\cos\alpha \geqslant 0$,所以 $\sin\beta < 0$,$\beta < 0$,取负号;同理 $n_{ty} < 0$ 时,$\beta > 0$,取正号;又由 $\sin\alpha\sin\beta = \cos\theta_x$,可得 $\alpha = \pm\arcsin(\cos\theta_x/\sin\theta_z)$;当 $n_{ty} > 0$ 时,α 取负号;$n_{ty} < 0$ 时,α 取正号;当 $n_{ty} = 0$ 时,刀具轴线在 XOZ 平面内时,取 $\alpha = -\dfrac{\pi}{2}$、$\beta < 0$;刀具轴线在 XOZ 平面内时,取 $\alpha = \dfrac{\pi}{2}$、$\beta < 0$;当 $\sin\theta_z = 0$ 时,刀具的轴线与定坐标系的 Z 轴重合,此时 α 无法由上式得到。由 $\theta_z = 0$ 和 $\cos^2\theta_x + \cos^2\theta_y + \cos^2\theta_z = 1$ 可得:

$$\theta_x = \theta_y = \frac{\pi}{2} \tag{8-31}$$

由 $\sin\alpha\sin\beta = \cos\theta_x$ 得 $\sin\alpha \times 0 = 0$,故 $\sin\alpha$ 可以是 $[-1,1]$ 内的任意值,即 α 可取任意角度,为计算方便,取 $\alpha = 0$。所以两个欧拉角 α、β 可以由刀具的方向余弦角 θ_x、θ_y、θ_z 完全确定。用欧拉角表示动平台姿态的旋转矩阵每一列分别表示动平台坐标系 X_1、Y_1、Z_1 轴对 X、Y、Z 轴的方向余弦,于是有

$$\boldsymbol{R}_0 = \boldsymbol{R}_1 \tag{8-32}$$

上式中的对应矩阵元素相等,因此可将前述逆运动学分析中的齐次坐标变换矩阵和用欧拉角表示的动平台姿态联系起来。

由动平台不自转的条件:$\gamma = -\alpha$,有:

$$\begin{cases} l_x = \cos\alpha\cos\gamma - \sin\alpha\cos\beta\sin\gamma = \cos^2\alpha + \sin^2\alpha\cos\beta \\ l_y = \sin\alpha\cos\gamma + \cos\alpha\cos\beta\sin\gamma = \sin\alpha\cos\alpha - \cos\alpha\cos\beta\sin\alpha \\ l_z = \sin\beta\sin\gamma = -\sin\alpha\sin\beta \end{cases} \tag{8-33}$$

$$\begin{cases} m_x = -\cos\alpha\sin\gamma - \sin\alpha\cos\beta\cos\gamma = \sin\alpha\cos\alpha - \sin\alpha\cos\beta\cos\alpha \\ m_y = -\sin\alpha\sin\gamma + \cos\alpha\cos\beta\cos\gamma = \sin^2\alpha + \cos^2\alpha\cos\beta \\ m_z = \sin\beta\cos\gamma = \sin\beta\cos\alpha \end{cases} \tag{8-34}$$

(2) 用刀尖坐标表示动平台中心坐标

通常在轨迹规划中给定的是刀尖的位置 $\boldsymbol{O}_t = (x_t, y_t, z_t)^T$ 和刀轴的方向矢量 $\boldsymbol{N}_t = (n_{tx}, n_{ty}, n_{tz})^T$。动平台中心与刀尖位于刀轴矢量的两端,可直接建立二者之间的关系

$$\boldsymbol{O}_1 = \boldsymbol{O}_t + l_t \boldsymbol{N}_t \tag{8-35}$$

由此可表示出

$$z_c = z_t + l_t n_{tx} \tag{8-36}$$

将 $l_x, l_y, l_z, m_x, m_y, m_z$ 的表达式带入公式(8-24)中 S_1、S_2、S_3 的表达式中,可以求出 S_1、S_2、S_3。即 S_1、S_2、S_3 可以由刀尖的位置 $\boldsymbol{O}_t = (x_t, y_t, z_t)^T$ 和刀轴的方向矢量 $\boldsymbol{N}_t = (n_{tx}, n_{ty}, n_{tz})$

求解。

将 $\theta_z = \arccos\sqrt{1 - \cos^2\theta_x - \cos^2\theta_y}$ 代入 α、β 的表达式中，α、β 只含有参数 θ_x，θ_y，再将 z_c、α、β 的表达式代入 S_1、S_2、S_3 的表达式中，可以得到 S_1、S_2、S_3 只含有 z_t、θ_x、θ_y，这说明只要给定三个参数 z_t、θ_x、θ_y 就可以确定 S_1、S_2、S_3，从而也说明该机构有且仅有三个自由度。

3. $X-Y$ 工作台的逆运动学分析

在 $X-Y$ 工作台上建立参考坐标系 $O_2-X_2Y_2Z_2$，其初始位置与固定坐标系 $O-XYZ$ 完全重合。设某时刻刀尖位置和刀轴的方向矢量在 $O_2-X_2Y_2Z_2$ 中为 (x_t^e, y_t^e, z_t^e) 和 $(n_{tx}^e, n_{ty}^e, n_{tz}^e)^T$；由于对 $X-Y$ 工作台平动，所以 $n_{tx}^e = n_{tx}$，$n_{ty}^e = n_{ty}$，$n_{tz}^e = n_{tz}$，即刀具轴线与动坐标系 $O_2-X_2Y_2Z_2$ 各轴的夹角就是刀具轴线与固定坐标系 $O-XYZ$ 各轴线的夹角。同时，又有 $z_t^e = z_t$，这时由 PRS 并联机构部分的分析已可以完全确定 S_1、S_2、S_3。

由前述的 PRS 逆解部分联立约束方程式(8 – 20) ~ 式(8 – 23)也可以得到以下等式

$$x_c = -rm_x \tag{8-37}$$

$$y_c = \frac{1}{2}rm_y - \frac{1}{2}rl_x \tag{8-38}$$

$$l_y = m_x \tag{8-39}$$

可以看出，x_c、y_c 是受约束的，公式(8 – 37)和(8 – 38)即是其约束方程，从而可以根据 $\boldsymbol{O}_1 = \boldsymbol{O}_t + l_t \boldsymbol{N}_t$，求出刀尖点在 $O-XYZ$ 中的 X、Y 方向的坐标

$$\begin{bmatrix} x_t \\ y_t \end{bmatrix} = \begin{bmatrix} x_c \\ y_c \end{bmatrix} - l_t \begin{bmatrix} n_{tx} \\ n_{ty} \end{bmatrix} \tag{8-40}$$

于是，该时刻动坐标系 $O_2-X_2Y_2Z_2$ 的 O_2 点在 $O-XYZ$ 中的 X、Y 方向的坐标为

$$\begin{cases} x_{o2} = x_t - x_t^e \\ y_{o2} = y_t - y_t^e \end{cases} \tag{8-41}$$

4. PRS – XY 数控系统的综合逆运动学变换

在 PRS – XY 型混联机构逆运动学分析中，驱动关节点的位置表达式是由刀尖坐标和欧拉角或余弦角表达，对于轨迹规划中给定的是刀尖的位置和方向余弦的情况，如部分自动编程系统产生的刀位文件，这种计算表达是很方便的。而对于标准的数控编程指令，如一般的加工中心，应使用标准轴坐标进行编程和加工控制。PRS – XY 型混联机床为五轴数控机床，在数控系统中规定采用 X、Y、Z、A、B 轴坐标进行轨迹编程和加工控制。下面分析在 PRS – XY 数控系统中实际使用的基于轴坐标的逆运动学变换模型。

从前面的逆运动学分析中，可得到以刀尖坐标和余弦角表达的逆运动学变换公式。令：$S_4 = x_{o2}$，$S_5 = y_{o2}$，$x = x_t^e$，$y = y_t^e$，$z = z_t^e$，则逆运动学变换可统一表示为

$$S_i = f_i(x, y, z, \theta_x, \theta_y, \theta_z) \qquad i = 1, 2, \cdots, 5 \tag{8-42}$$

其中 S_1、S_2 和 S_3 为 3 – PRS 并联机构驱动关节点坐标，即三台直线电动机移动量；S_4 和 S_5 分别为旋转伺服电动机驱动下的 X – Y 工作台沿 X 和 Y 方向的运动量；x、y、z 为刀尖在工件坐标系下的坐标，即虚轴编程坐标；θ_x、θ_y 和 θ_z 为表示刀具轴姿态的余弦角。

用 A、B 轴转角代替余弦角来表示刀具姿态，是实现标准化编程加工的关键，为此借鉴普通加工中心，引入 PRS – XY 型混联机床 A、B 轴定义：① A 轴绕 X 轴旋转，B 轴绕 Y 轴旋转，

旋转正方向符合右手螺旋规则；②刀杆与 Z 轴平行的位置定义为初始位置，A、B 轴转角为零；③ B 轴为主动轴，A 轴附加在 B 轴上。由刀具轴姿态余弦角与 A、B 轴转角的几何关系，将公式(8-42)变换成基于虚轴坐标的逆运动学公式

$$S_i = g_i(x, y, z, a, b) \qquad i = 1, 2, \cdots, 5 \tag{8-43}$$

5. 基于"PC + Turbo PMAC"的数控系统工作原理

在"PC + Turbo PMAC"的构建模式下，PC 机作为上位机主要完成管理工作，而数控的核心工作几乎全部由下位机 Turbo PMAC 多轴运动控制器完成，数控系统的工作原理如图 8-40 所示。Turbo PMAC 是美国 Delta Tau 公司在 PMAC 的基础上推出的基于工业 PC 和 Windows 操作系统的开放式多轴运动控制器，它采用了更高速度的 DSP56300 系列数字信号处理器，提供全新的高性能技术和 Windows 平台接口，满足用户在运动控制各个领域的需要。

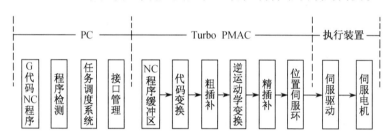

图 8-40　基于 Turbo PMAC 数控系统工作流程

Turbo PMAC 提供了一种机制，使用户能够实现复杂的运动学运算。当刀尖坐标和关节坐标之间为非线性关系时，运动学计算功能变得尤为重要。在并联机床控制中，只要将机构的运动学程序嵌入到 Turbo PMAC 控制器中，Turbo PMAC 可以根据刀尖运动轨迹自动按照给定的运动学算法计算出关节坐标轴运动的对应位置。Turbo PMAC 的这种能力，允许我们在笛卡尔坐标系对刀尖轨迹编程，而不用考虑实际关节坐标轴的形态。PRS-XY 型混联机床数控系统充分利用了 Turbo PMAC 提供的运动学计算功能，将逆运动学计算程序嵌入到 Turbo PMAC 中，并且由 Turbo PMAC 来完成粗插补处理，极大地降低了 PC 与 Turbo PMAC 之间的数据传输量。粗插补采用了时间分割算法，通过 Turbo PMAC 提供的段细分功能实现。精插补采用 Turbo PMAC 内置的三次样条插补功能，以此来提供伺服控制所需的位置指令数据。对于标准的数控程序，可直接进入 Turbo PMAC 中，只需要在 Turbo PMAC 中进行简单的代码转换，就可以替换成 Turbo PMAC 指令格式，由 Turbo PMAC 自动完成粗插补、运动学变换和实轴电动机控制。

6. PRS-XY 数控系统设计

控制系统采用"PC + Turbo PMAC"的开放模式，形成以 PC 机为上位机、Turbo PMAC 多轴控制卡为下位机的分布式控制。硬件配置如图 8-41 所示，主要硬件模块包括工控机、Turbo PMAC 卡、I/O 模板、伺服驱动和检测、主轴驱动等。PC 工控机选用研华 AWS-8248VTP 作为数控系统上位机，完成数控系统的控制管理和任务调度功能。AWS-8248VTP 集成了 CPU 卡、防水触摸键盘和 15"TFT 液晶显示器，14-SLOT 底板包含 PCI 和 ISA 总线接口。选用配置为：内存 256M、硬盘 40G、CPU-P4/1.8G。

控制系统包含五套伺服驱动系统，分别用于并联机构的三组直线电动机驱动和工作台的

第8章 典型机电一体化系统(产品)设计简介

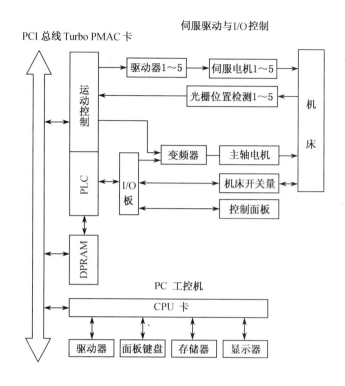

图 8-41 数控系统硬件构成

两组交流伺服电动机驱动,均采用光栅尺进行位置检测。直线电动机为 TB3810 - ES - A4 - C0 - TH,筒式结构,3 相交流驱动输入,霍尔元件模拟换相,输出推力为 3960/880/223N,驱动器为 Copley 7426AC,霍尔元件换相检测,单相 AC220V 供电,三相驱动输出。交流伺服电动机为 GYS401DC2 - T2,最大转速 3000 r/min,三相交流输入,功率 0.4 kW;驱动器为 RYC401D3 - VVT2,单相 AC220V 供电,三相驱动输出。光栅尺分辨力为 0.1 μm,有零位和双极限检测。通过 Turbo PMAC 的五个伺服控制通道,实现五组伺服系统的闭环控制。

下位机软件系统由 PLC 程序、用户数控程序、固定功能运动程序、算法程序和相关变量定义构成,如图 8-42 所示。Turbo PMAC 内置了 PLC 功能,且支持多程序运行,通过 PLC 程序实时监测设备运行状态,并检测和执行上位机发来的指令信号,其主要功能包括安全运行监控、机床回零控制、特定运动控制、进给倍率控制和主轴控制。固定功能运动程序完成预先定义的运动,包括换刀后的坐标修正、数控程序中断后的电动机位置修正、程序代码解释、点动运行。算法程序是运行于 Turbo PMAC 中的特殊程序,包括定制的伺服算法程序和运动学程序。变量定义主要完成 PMAC 环境和功能的设置,包括 I 变量定义、M 变量定义、机床结构参数(Q 变量)定义、运动学轴(虚轴)定义和超前观测缓冲区定义。

上位机软件系统的目的是为用户提供良好的管理、操作和观察界面,实现与普通加工中心相同的操作特性,对用户屏蔽并联机构运动的复杂性。上位机系统软件基于 Windows 操作系统平台,采用 C++ Builder6.0 开发。数控系统的实时控制并不依赖于上位机操作系统,对系统的实时性要求并不很高。软件系统采用多任务调度模式开发,根据预定的调度策略调整各功能事件的运行状态,如图 8-43 所示,整个任务系统包括两大模块:系统管理和机床控制。

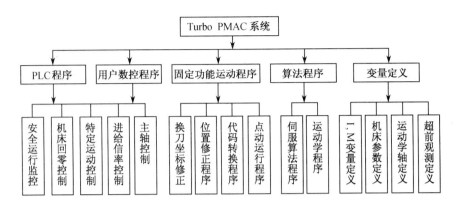

图 8-42 控制系统下位机软件模块

数控操作方式包括自动（Auto）、手动（MDA）和点动（Jog）操作方式，分别由对应的模块完成。手动指令可通过指令分析模块进行检查，运行中的数控程序通过程序跟踪模块实时跟踪程序运行过程，也可通过轨迹跟踪模块实时显示刀尖运动轨迹。

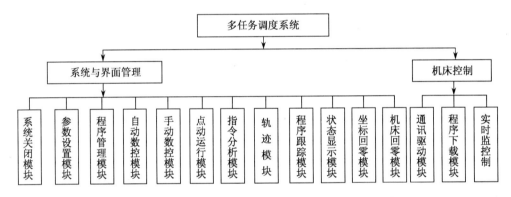

图 8-43 控制系统上位机软件模块

7. 机床的主要参数和样件加工

机床主要参数有①工作台参数：工作台面积（250×250 mm^2）、工作台到主轴端面距离（340 mm）；② 行程参数：X 轴（195 mm）、Y 轴（195 mm）、Z 轴（185 mm）、A 轴（$\pm 27°$）、B 轴（$\pm 27°$）；③ 主轴参数：最大功率（1 kW）、最高转速（24 000 r/min）、输出转矩（0.4 Nm），调速方式为变频无级恒转矩调速，冷却方式为循环水冷却；④刀具参数：直柄刀具，直径为 $\phi 3 \sim \phi 6$，弹簧夹头夹持；⑤电气参数：工作电压为单相 AC220V $\pm 10\%$，最大工作电流为 25A。

典型样件切削加工含平面、圆槽、圆环槽倒角（24°）与球冠加工。数控加工程序采用 G 代码编制，切削条件如下：工件材料为 $\phi 60$ mmAL12 铝合金棒料；切削刀具为 $\phi 4$ 高速钢 2 齿键槽铣刀。图 8-44 为加工的典型样件。

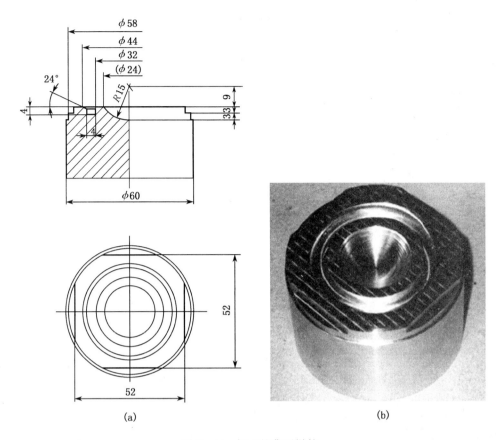

图 8-44 加工的典型样件
(a) 典型样件图；(b) 典型样件

七、CNC 机械加工中心(MC)

(1) 基本构成

机械加工中心作为机电一体化的典型产品，靠机电之间的互相促进，得到了很大发展，开发加工中心的目的是实现加工过程自动化，减少切削加工时间和非切削加工时间，提高劳动生产率。

以日本 FHN100T 机械加工中心为例，其机械装置的规格如表 8-5 所示。机械加工中心通常由以下几部分构成：①数控 X、Y、Z 三个移动装置；②能够进行工件多面加工的回转工作台；③自动换刀装置(ATC)；④CNC 控制器。

表8-5 FHN100T机械加工中心规格

	项　　目	规　　格
机械本体	回转工作台尺寸	1050×1050(mm)
	回转工作台的分度角	5°(自动)
	工作台移动距离(X轴)	1600(mm)
	主轴头移动距离(Z轴)	1200(mm)
	立柱移动距离(Y轴)	1050(mm)
	快速进给速度	10000(mm/min)
	切削进给速度	1~3600(mm/min)
	主轴中心与工作台面间	100~1300(mm)
	主轴端面与工作台中心的距离	250~1300(mm)
	主轴转速(变速方法)	20~3600(r/min))(无级调速)
	主轴端锥度	ISOR297/锥度 No.50
	主轴用电动机	AC26(30min 额定)/22(kW)(连续)
	所需安装底面积(装有随行夹具交换装置时)	5100×5100 (6600×5000)(mm²)
	净重(装有随行夹具交换装置时)	205000(245000)(N)
ATC(自动换刀装置)	刀具存放数量	48把,64把
	刀具选择方式	随机选择
	刀具(直径×长度)	ϕ120×400(mm)
	刀具重量	250N

(2) 机床的机械装置(如图8-45所示)

1) 床身、工作台、立柱。床身上装有两个正交导轨,以实现工作台的 X 轴运动和立柱的 Y 轴运动。在立柱上设置有主轴头上、下(Z轴)运动的导轨,以实现 Z 轴运动。各轴都通过与伺服电动机直接连接的大直径滚珠丝杠驱动,以实现高精度定位。

2) 回转工作台。安装工件用回转工作台,由电动机驱动进行粗定位,并通过具有 72 个齿的(每齿 5°)端齿分度装置进行精密定位。

3) 主轴头。主轴头通过 26 kW(30 分额定)/22 kW(连续额定)的交流伺服电动机实现 20~3600 r/min 之间的无级调速驱动。主轴轴承使用了具有高刚性和高速性的双列向心球轴承和复合圆锥滚子止推轴承,并使用控制温度的润滑油进行强制循环来抑制热变形。

4) 自动换刀装置(ATC)。ATC 由存放 48、64 把刀具的刀库和换刀机械手组成。刀具是按就近判别刀具号码进行选择并迅速更换的。

5) 随行夹具更换装置。在前一个工件的加工过程中,就要进行下一个工件或夹具的安装,以便第一个工件加工完后,立即更换装有下一个工件的随行夹具。随行夹具存放处一般可存放 6~10 个随行夹具,以实现长时间地无人化加工。

6) 立式加工设备。该加工中心还备有立式加工设备。这种设备由垂直刀架和垂直加工

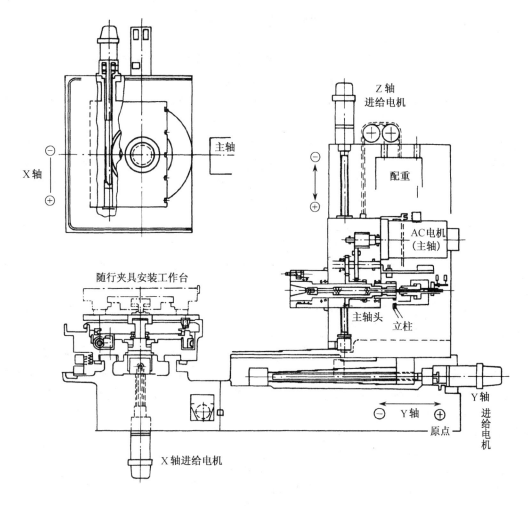

图 8-45 机床的机械装置

用刀具及其输送装置组成(如图 8-46 所示)。垂直刀架由垂直输送装置搬送并安装到主轴上。

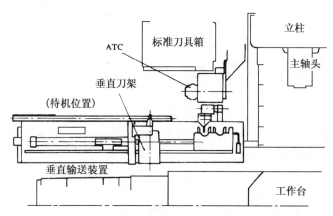

图 8-46 立式加工设备(俯视图)

标准刀库存放的刀具可利用同一输送装置装在垂直刀架上。

(3) CNC 系统

本机的控制系统框图如图 8-47 所示,控制电路中采用了高速微处理器及许多专用大规模集成电路。它以顺序控制为主,实现接触式传感功能、管理功能、自适应功能,利用工(刀)具码(T 码)选择工(刀)具,利用速度码(S 码)选择主轴转速,以及回转工作台的分度控制等。控制系统的人机对话型 CNC 系统框图如图 8-48 所示。

1) 接触式传感器功能:如图 8-49 所示,①自动定心功能以主轴中心孔为基准,实现工(刀)具的自动定心。工(刀)具以此孔为加工基准,可以连续自动运转,不受主轴热变形和不同工件的影响,维持较高的工作精度。②刀具折损检测功能能判断刀具的折损,使机床停止运转,从而防止下一把刀具的折损或损伤工件。它采用在切削进给中预先设定的刀具与工件未接触的范围内进行检测的方式;③缩短空切时间功能是在切削进给行程范围内,以指定空切范围内以进给速度(v_f)的两倍的速度自动空切送进,当检测到工具与工件接触时,开始用正常进给速度进给,从而缩短了空切时间。④X、Y、Z 轴基准面校正功能,该功能可自动检测并求出主轴位置与基准面之间的关系(测试 X_1、Y_1 决定基准面 A(X 轴)和 B(Y 轴),以此为加工基准实施程序),并以其实际位置为加工基准,连续自动运转的功能。这种功能消除了热变形和不同工件尺寸变化的影响,提高了加工精度。⑤自动检测校正系统利用接触式传感技术,自动检测孔径大小,并以该检测结果自动调整刀具,以确保加工尺寸的自动校正。自动检测校正的目的有二个,一是掌握批量生产中工件尺寸的变化,适时校正刀头伸出量,确保加工工件的尺寸接近目标值;另一个是使批量生产的首件加工靠操作人员试削→检测→调整刀头的过程实现自动化。

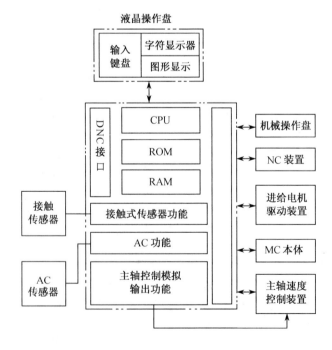

图 8-47 控制系统框图

第8章 典型机电一体化系统(产品)设计简介

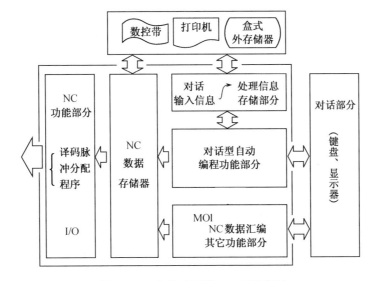

图 8-48 人机对话型 CNC 系统框图

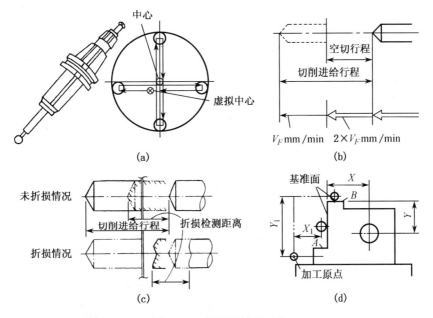

图 8-49 接触传感器功能
(a) 自动定心刀具和定心功能;(b)缩小空切时间功能;(c)工具折损检测功能;(d)基准面校正功能

2) 管理功能:①刀具的寿命管理。通过预先设定的刀具寿命与实际使用时间进行比较来更换刀具。②备用刀具的自动更换功能。如果刀库中预先准备有备用刀具,则这种功能通过刀具寿命管理功能,在发出更换刀具指令时便可自动地换成备用刀具。③监视功能和故障诊断功能。更换刀具的 T 码显示和接触式传感器校正量的显示等,在监视各种管理信息的同时,通过时序电路、输入/输出信号的显示,便可发现确切的故障,从而大幅度地减少故障时间。

3) 自适应控制(AC)功能:这种功能是通过为各轴进给电动机和主轴电动机设置的检测器,检测加工过程中的负载变化情况,如负载值在设定值范围内变化,则属正常;如负载突然减小、到设定范围以下可自动加快进给速度、缩短加工时间;如负载突然增大超过设定范围,可自动降低进给速度,以防止刀具损伤;如果负载变化过大,应做异常处理。

§8.3 汽车的机电一体化

一、简述

当代汽车为了提高其动力性、经济性、安全性以及减少排放污染、增强舒适性等原因,汽车的机电一体化已成为一种不可阻挡的潮流,且技术日益成熟和普及。汽车的机电一体化使汽车性能焕然一新。当今对汽车的控制已由发动机扩大到全车,例如实现发动机的燃油喷射电子控制、自动变速换挡、防滑制动、雷达防碰撞、自动调整车高、全自动空调、自动故障诊断及自动驾驶等。

汽车机电一体化的中心内容是以微机为中心的自动控制改善汽车的性能、增加汽车的功能,实现汽车降低油耗、减少排气污染,提高汽车行驶的安全性、可靠性、操作方便和舒适性。汽车行驶控制的重点是:①汽车发动机的正时点火、燃油喷射、空燃比和废气再循环的控制,使燃烧充分、减少污染、节省能源;②汽车行驶中的自动变速和排气净化控制,以使其行驶状态最佳化;③汽车的防滑制动、防碰撞,以提高行驶的安全性;④汽车的自动空调、自动调整车高控制,以提高其舒适性。要实现上述各种控制,传感检测技术是重要的一环。

二、汽车用传感器

现代汽车发动机的点火时间和空燃比的控制已实现用微机控制系统进行精确控制。例如美国福特汽车公司的电子式发动机控制系统(EEC)如图8-50、日本丰田汽车公司发动机的计算机控制系统(TCCS)如图8-51。从图可以看出,上述控制系统中,必不可少的使用了曲轴位

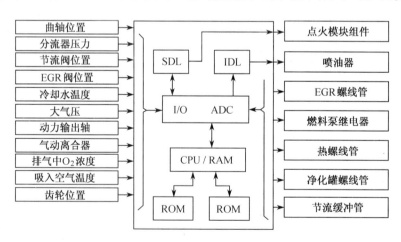

图8-50 EEC框图

置传感器、吸气及冷却水温度传感器、压力传感器、氧气传感器等多种传感器。表8-6示出了汽车发动机控制用典型传感器的技术指标。表8-7示出了汽车常用传感器及检测对象。表8-8为发动机控制用传感器例。

第8章 典型机电一体化系统(产品)设计简介

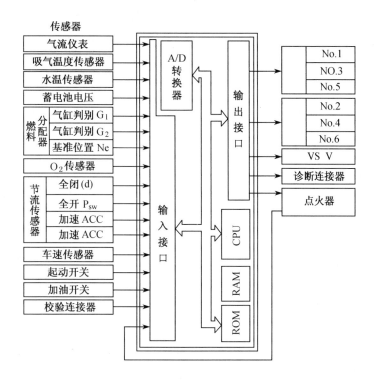

图8-51 TCCS框图

发动机控制用传感器的精度多以%数表示,这个%数值必须在各种不同条件下满足燃料经济性指标和排气污染指标规定。控制活塞式发动机,基本上就是控制曲轴的位置。利用检测曲轴位置的传感器,可测出曲轴转角位置从而计算点火提前角,并用微机计算出发动机转速,其信号以时序脉冲形式输出。燃料供给信号可以用两种方法获得,一种是直接测量空气的质量流量;另一种是检测曲轴位置,再由技管绝对压力(MAP)和温度计算出每个气缸的空气量。燃料控制环路多采用第二种方法,或采用测量空气质量流量的方法。因此MAP传感器和空气质量流量传感器都是重要的汽车用传感器。MAP传感器有膜盒线性差动变换传感器、电容盒MAP传感器和硅膜压力传感器。在空气流量传感器中,离子迁移式、热丝式、叶片式传感器是真正的空气质量流量计。涡流式、涡轮式是测量空气流速的,需把它换算成质量流量。为算出恰当的点火时刻,需要检测曲轴指示脉冲、发动机转速和发动机负荷三个参量。其中,发动机负荷可用吱管负压换算。在美国的发动机控制系统中,虽然前两个参量均用曲轴位置传感器测量,但其控制环路的组成方法不同。有的系统直接测量歧管负压,有的系统采用类似MAP传感器的传感器测量环境空气压力(AAP),用减法算出歧管负压。后者可用准确的环境空气压力完成海拔高度修正,以便对燃料供给和EGR(废气再循环)环路进行微调。

表8-6 汽车发动机控制用传感器的技术指标

性能参数	曲轴转角位置	压力	空气流量	温度	氧分压	燃料流量比	油门角度
满度值	—	107kPa	236l/min	150℃	1.1kPa	30加仑/h	—
准确度	±0.5°	40kPa时±0.4kPa	7l/min时±1%	±2℃	±0.13kPa	1加仑/h时的1%	±1°
量程或安全比	360°	4:1	30:1	-50~+120℃	0~1.1kPa	30:1	90°
输出	脉冲最小0.25V	0~5V	0~5V	0~5V	0~1V	0~5V	0~5V
分辨力	0.1°	140Pa	数值的1%	0.5℃	60Pa	数值的1%	0.1°
响应时间	10μs	10ms	1ms	空气1s 冷却水10s	10ms	1s	—
可靠性	4000h 0.999	2000h 0.997	2000h 0.997	4000h 0.999	2000h 0.999	2000h 0.997	4000h 0.997

表8-7 汽车用传感器及检测对象

项 目	检测量、检测对象
温 度	冷却水、排出气体(催化剂)、吸入空气、发动机油、室外(内)空气
压 力	吸气压(计示压力、绝对压力)、大气压、燃烧压、发动机油压、制动压、各种泵压、轮胎压
转 数	曲柄转角、曲柄转数、车轮速度、发动机转速
速度,加速度	车速(绝对)、角加速度
流 量	吸入空气量、燃料流量、排气再循环量、二次空气量
液 量	燃料、冷却水、电池液、洗窗器液、发动机油、制动油
位移方位	节流阀开口度、排气再循环阀升降量,车高(悬置、位移)、行驶距离、行驶方位
排出气体	O_2、CO_2、CO、NO_x、碳氢化合物、柴油烟
其 他	转矩、爆震、燃料酒精成分、湿度、玻璃结露、鉴别饮酒、睡眠状态、电池电压、电池储能多寡、灯泡断线、荷重、冲击物、轮胎失效率、液位

在点火环路中,歧管负压信号响应性要快,但准确度并不需 MAP 和 AAP 那么高。过去的火花点火发动机是在很宽的空燃比范围内工作的,因而并不要求计算化学当量,由于汽车排气标准的确定,需从根本上改进发动机的工作情况。为此,很多汽车采用了一种三元催化系统,

其三元催化剂只有在废气比例较小时,才能有效地净化 HC、CO 和 NO_x。所以,发动机必须在正确计算化学当量的 7% 范围内工作。带催化剂的发动机可看做气体发生器,按要求需在燃料供给环路中加装氧环路,这一环路的关键传感器是氧传感器,它可以检测废气中是否存在过剩的氧气。氧化锆氧传感器和二氧化钛氧传感器可以完成此任务。为了确定发动机的初始条件或随时进行状态修正,还需使用一些其他传感器如空气温度传感器、冷却水温度传感器等,在某些汽车中,还装了爆震传感器,涡轮增压发动机在中速或高负荷状态下,震动较大,从而带来许多问题,安装爆震传感器后,当震动超过某一限度时,就自动推迟点火时间,直至震动减弱为止。这就是说,发动机在无激烈震动时提前点火,找出了最佳超前量。机械共振传感器、带通振动传感器和磁致伸缩传感器可以提供这种震动信息。

表 8-8 汽车发动机控制用传感器例

传感器名称	测量范围	要求精度	例
空气吸入量传感器	5~500 m^3/h (2000 ml 发动机)	±2%	⓪旋转板、电位计式 ⓪卡尔曼涡流式 ·涡轮式 ·红外线式 ·离子漂移式 ·超声式
吸气管压力传感器、 大气压传感器	$(0.13~1.04)×10^5$ Pa (绝对压力) $(0.7~1.04)×10^5$ Pa (绝对压力)	±2% ±2%	⓪真空膜盒式气压计/差动变压器式 ·真空膜盒式气压计/电位计式 ⓪振动膜/半导体应变计式 $\begin{cases}\text{扩散型}\\\text{Au-Cu 蒸发型}\\\text{厚膜电阻}\end{cases}$ ⓪电容器式 ·振动膜/声表面波式 ·振动膜/晶体振动式 ·振动膜/碳堆式
温度传感器(水温、吸气温度)	-40℃~120℃	2%	⓪热敏电阻式 ⓪线绕电阻式 ·半导体式 ·临界温度电阻器式(开关用) ·正温度系数热敏电阻式(开关用) ·热敏铁氧体式(开关用)

续表

传感器名称	测量范围	要求精度	例
曲柄转角传感器(曲柄基准位置传感器)、(发动机转数传感器)	1°~360°	±0.5%	⓪电磁传感器式 ·磁敏三极管式 ⓪磁式 ⓪霍尔元件式 ⓪压电式 ·光电式 ·韦格纳效应式 ·可变电感式
位置传感器(排气再循环式阀的升降、节气门角度)	0~5mm	±3%	⓪电位差方式 ⓪差动变压器式
车速传感器	0~170 km/h	±1~4%	⓪舌簧接点开关式 ⓪电磁传感器式
氧传感器	0.4%~1.4%	±1%	⓪ZrO_2 元件 ·TiO_2 元件 ·CoO 元件(低级的空燃比 A/F 传感器)
爆震传感器	1~10kHz	±1%	⓪压电元件式 ⓪磁致伸缩式

为了提高汽车行驶的安全、可靠、操纵方便及舒适性,还采用了非发动机用传感器,如表 8-9 所示。工业自动化领域用的各类传感器直接或稍加改进,即可作为汽车非发动机用传感器使用。

表 8-9 非发动机用传感器

项　　目	传　　感　　器
防打滑的制动器	对地速度传感器、车轮转数传感器
液压转向装置	车速传感器、油压传感器
速度自动控制系统	车速传感器、加速踏板位置传感器
气胎	雷达、G 传感器
死角报警	超声波传感器、图像传感器
自动空调	室内温度传感器、吸气温度传感器、风量传感器、湿度传感器
亮度自动控制	光传感器
自动门锁系统	车速传感器
电子式驾驶	磁传感器、气流速度传感器

三、数字式电子点火系统

机械式点火系统由于机械系统的滞后效应、磨损以及装置本身的机械记忆量等因素的影响,不能保证发动机点火时刻处于最佳值,因此需要数字控制装置取代机械式点火提前装置。数字式电子点火系统应满足下述要求:①能在整个转速范围内提供点火所需的定值点火能量,即足够的点火电压和跳火持续时间。②在不同负荷和转速条件下,能为发动机提供最佳点火时间。特别是在小负荷时能提供较大的点火提前角。③能把点火提前到发动机刚好不致于发生爆震的范围。数字式电子点火系统一般由传感器、A/D 转换器、微型计算机及点火控制器等部分组成,其原理框图如图 8-52 所示。

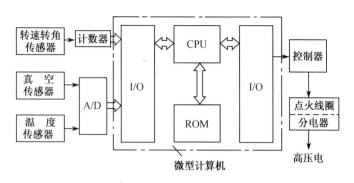

图 8-52　微机控制数字式电子点火系统原理框图

图 8-53 为第一代数字点火系统框图。点火提前装置除能适应发动机转速控制初级线圈通电时间外,还可以通过电子手段调整点火提前角。它的一个存储片储存能根据这些数据给出某一工况下的最佳点火提前角,使发动机在功率、经济性、加速性和排放控制方面达到最佳。影响点火提前角的两个主要因素是:发动机转速和发动机负荷。图 8-54 显示的是输入存储片的一个标准三维点火特性曲线图。图中三个轴分别代表发动机转速、点火提前角和发动机负荷。如已知转速和负荷就可以从图中找出相应的最佳的点火提前角。在标准的特性图中,发动机负荷轴分为 16 个节气门位置,发动机转速轴有 16 个位置。因而可得到 16×16,即 256 个点火提前角调整点。装在控制组件中的微机需要三个基本输入信号,就能从储存的特性图中检索出正确的点火时间,据以触发火花塞跳火。这些信号是有关发动机转速、发动机曲轴位置和发动机负荷的数据信号。后者可通过进气管的真空度或节气门的位置标定。通常先由模拟传感器取得这些信息,然后以电信号传送给控制组件,由 A/D 转换器转换成数字数据。图 8-55 为展示存

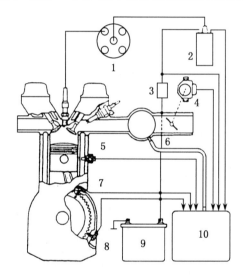

图 8-53　第一代数字式点火系统实装原理
1—分电器;2—点火线圈;3—一点火开关;
4—节气门电位器;5—温度传感器;6—发动机负荷传感器;7—基准标记传感器;8—发动机转速传感器;9—蓄电池;10—电子控制组件

储装置中储存数据的另一种方法。它有两个轴,分别代表指示发动机正确点火提前角所需的两个数字信号,即转速和负荷(以进气真空度标志),例如:当从转速和负荷传感器接收到的数字信号是 3(纵轴)和 2(横轴)时,从其交点可读出 32,就代表在此工况下的最佳提前角数据。微机将此信号输出,经过处理后,控制装置就能依据曲轴位置传感器送来的基准信号,在上止点前 32°触发点火。发动机每旋转一周后,计算机就可读取一次点火提前角的调整数据,因此当传感器测出的曲轴位置、转速或负荷有变化时,控制装置就能立即使点火时间做出相应的变化。电子点火提前系统使用了两个有关曲轴转速(或转角)的检测传感器。它们可以安装在分

电器内。如果要求更高的精确度,则可安装在靠近飞轮齿圈处,一个传感器用来检测发动机转速,另一个为点火脉冲提供给定的基准点信号,如上止点前 $10°$。发动机负荷检测可使用节气门电位器或气歧管压力传感器(如硅杯应变器)。为进一步改善电子控制装置(ECU)的性能,可以在基本系统之处再增加一些传感器,如发动机温度传感器和爆震传感器。

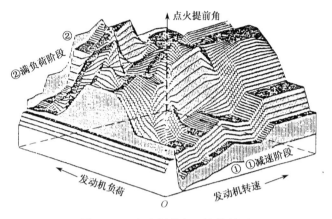

图 8-54 点火提前角三维控制图

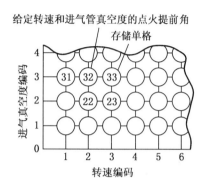

图 8-55 存储点火提前角数据的储存装置

图 8-56 是微机控制的多环路控制系统。该系统具有爆震传感检测环路、温度检测环路及其他控制环路。到底是把微处理器控制的环路集中在一起好呢,还是一个微处理器只控制几个随动环路呢,或者用一个中央处理器(CPU)进行控制好呢,说法不一,但图中包括的基本要点均是不可缺少的。

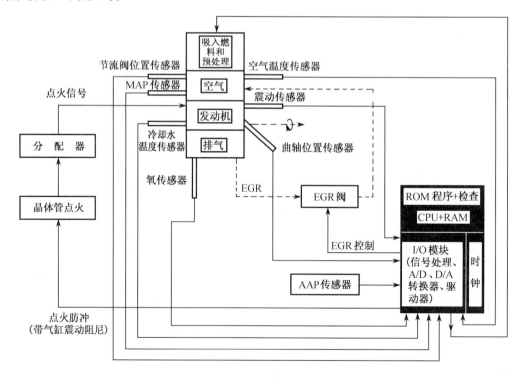

图 8-56 微机控制约多环路点火控制系统

底盘接地是汽车行业的惯例,因此,目前的控制系统中,每个传感器都配有自己的单芯或双芯高电平模拟信号专用电缆,然后把它们集中起来进行传输。由于控制环路不断地增加,区分传感器和电气配线就令人十分苦恼。因此需要解决传输系统合理化的问题。比如时域模拟输出传感器的标准化等。

设计微机系统时可采用多种信号变换方法。曲轴位置和发动机转速由时钟脉冲计数得到,为保证长期准确度,必须采用晶体稳频时钟(兼作微机时钟),角度内插至少需要 11 位的精度。为不产生附加误差,MAP 传感器输出电压变换(在 3:1 动态范围达 1%)需要 9~10 位 A/D 变换器,通常采用双斜式变换器。多路传输时,应考虑双斜式 A/D 变换器的速度。精度要求较低时,可把多路传感信号加到 8 位逐次逼近 A/D 变换芯片上。I/O 接口电路的发展趋势是用混合电路,其中包括双斜式 A/D 变换器,单片逐次逼近 A/D 变换器,输出驱动电路,D/A 变换器及微机控制缓冲寄存器。缓冲寄存器有一个独立的只读存储器芯片(ROM),其上存有适于某一特定汽车型号和发动机的固定程序和换算常数。目前在高级轿车上应用的数字点火系统已得到极大的改进。其适应性和控制能力都已达到前所未有的程度。在微机 ROM 中存有约五百万个数据,可针对发动机的不同工况对点火参数做出全面调整。

四、电子控制的自动变速器

自动变速器是为降低变速器的功率损耗、提高动力传递系统的有效功率、增加变速挡数以适应汽车行驶条件的最佳速比、实现汽车的省能、省力、安全、舒适之目的而出现的。

图 8-57 为以电子控制实现变速器自动换挡的程序控制原理框图。

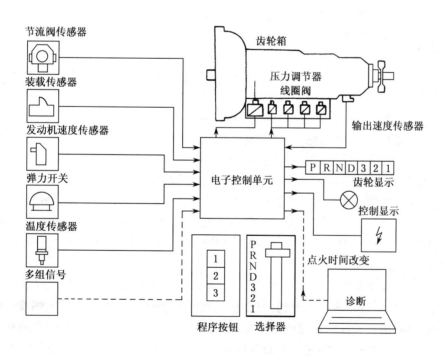

图 8-57 电子控制的自动变速器原理框图

发动机的工况由各种传感器进行检测,所获得的信息输入到电子控制装置进行处理,并根据换挡信息,程序开关及自动跳合开关的信息,由电子控制装置选择满足行驶条件的最佳挡位信息、并被变换为控制电-液执行元件的液压变量来控制换挡。在换挡过程中,电子控制装置不仅由电-液压力调节器来控制作用于变速器摩擦片上的压力,而且还可通过发动机控制系统来降低发动机输出转矩,故在冷车状态也能平稳地换挡。自动变速器有两套控制程序,一是最大动力因数程序,二是最大油耗经济性程序,由程序开关进行程序选择。其中对于进一步提高油耗经济性的方法是采用电子控制的锁止液力变矩器。自动变速器的监测电路可对系统电子控制装置进行自检及失效监测,即在行驶前,对所有电路自动进行检测,车子起动后,报警灯处于熄灭状态,说明其功能正常;否则,系统存有故障,自动变速器进入非电控程序状态,此时,虽然已失去电子控制的优化功能,但是变速器仍能进行工作。

日美西德等发达国家,为了占领国际市场而不断提高汽车的性能/价格比,其主要手段是通过各种传感器获取必要信息.从而实现汽车的机电一体化。

我国的汽车工业面临激烈竞争局面。为了提高竞争能力,应加速汽车用传感器的发展,在上批量的同时,还要使汽车在性能上了一个新台阶。发达国家的实践证明,政府制定的限制油耗和排气污染的政策法规,不仅保护了环境,还有力地推动了传感检测技术的发展。这也是值得我国借鉴的。

五、汽车自动空调系统

汽车的空调系统,经过不断发展、元件的改进、功能的完善和电子化,最终发展成为自动空调系统。自动空调系统的特点为:空气流动的路线和方向可以自动调节,并迅速达到所需的最佳温度;在天气不是燥热时,使用设置的"经济挡"控制,使空压机关掉,但仍有新鲜空气进入车内,既保证一定舒适性要求,又节省制冷系统燃料,具有自动诊断功能,迅速查出空调系统存在"曾经"出现过的故障,给检测维修带来极大方便。

图8-58为自动空调系统框图。它由操纵指示(显示)装置、控制调节装置、空调电动机控制装置以及各种传感器和自动空调系统各种开关组成;温度传感器是系统中应用最多的,一般是采用NTC热敏电阻,它是由锰、钴、镍、铟和钛等金属氧化物,按特定的工艺制成的热敏元件。有两个相同的外部温度传感器,分别安装在蒸发器壳体和散热器罩背后,计算机感知这两个检测值,一般用低值计算,因为在行驶时和停止时,温度会有很大差别。高压传感器实际上是一个负温度系数的热敏电阻,起保护作用。它装在冷凝器和膨胀阀之间,以保证压缩机在超压的情况下,如散热风扇损坏时关闭并被保护。各种开关如防霜开关、外部温度开关、高/低压保护开关、自动跳合开关等,当外部温度$T \leqslant 5$ ℃时。可通过外部温度开关关断压缩机电磁离合器,自动跳合开关的作用是在加速、急踩油门踏板时关断压缩机,使发动机有足够的功率加速,然后再自动接通压缩机。

某Audi轿车自动空调系统中的传感器,各种开关及各种装置的安装位置如图8-59所示。自动空调系统无疑带来很大便利,但也使系统更为复杂,给维修带来很大困难。但采用了自动诊断系统后,给查找故障和维修都带来极大方便。某Audi车采用的自动诊断系统是采用频道代码进行自动诊断的。即在设定的自检方式下,将空调系统的各需检测的内容分门别类地分到各频道,在各个频道里用不同的代码表示不同的意义,然后查阅有关的专用手册,便可确定系统各部件的状态。

第8章 典型机电一体化系统(产品)设计简介

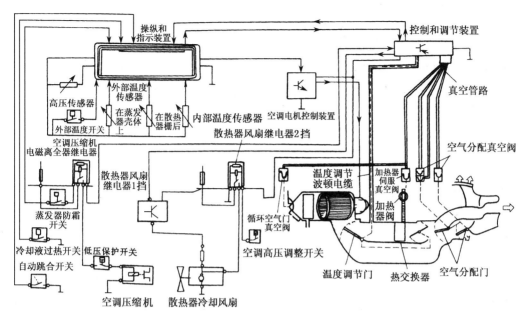

图 8-58 自动空调系统例

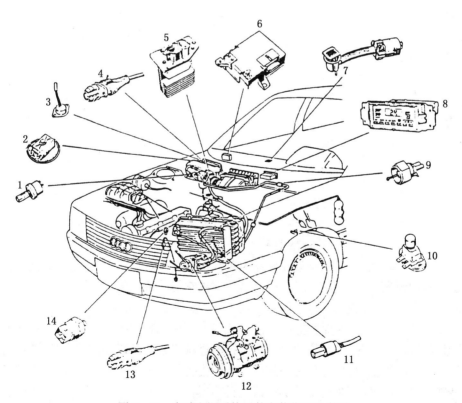

图 8-59 自动空调系统元件安装位置示意图

1—低压保护开关；2—防霜开关；3—外部温度开关；4—安装在蒸发器壳体上的外部温度传感器；
5—空调电动机控制装置；6—控制和调节装置；7——内部温度传感器；8—操纵机构；9—高压传感器；
10—自动跳合开关；11—高压保护开关；12—压缩机；13—安装在散热器栅处的外部温度传感器；14—水温传感器

§8.4 电 子 秤

典型的电子秤通常都采用模拟伺服系统或光电编码器来显示重量值,结构比较简单。但是随着电子秤外部设备的省力化和系统化的进展,对电子秤也开始要求更高的精度,更多的功能、更高速的数据处理和数据传输。这些,如果不采用最新的电子技术是不可能实现的。在电子秤的重量传感部分、A/D 转换部分、控制运算部分、数据显示部分及传输部分使用了和其他电子设备一样的 CPU、各种存储器、高精度线性集成电路等电子元部件。此外,各种软件也开始在电子秤中应用。

目前使用的电子秤有组合秤、连续供料秤、陀螺天平、自动重量分选机等多种形式。下面对组合秤、连续供料秤和自动重量分选机作简要说明。

(1) 组合秤

组合秤主要用于水产品、食品及点心糖果等固态物体的称量。它可将这些固态物品按预先给定的重量自动集中,连续送往下一道包装工序包装。其构造及工作原理如下:

组合秤的构造示于图 8 - 60。物品由送料传送带送入振动加料器。通过振动送料器将大致均等的物品送入供料斗,开始投入所有计量料斗。各个重量信号 W_1、W_2、…、W_m 作为负载传感器的输出信号,用图 8 - 61 运算功能框图中所示的几个放大器分别放大,再经过模拟多路转换器,按序号进

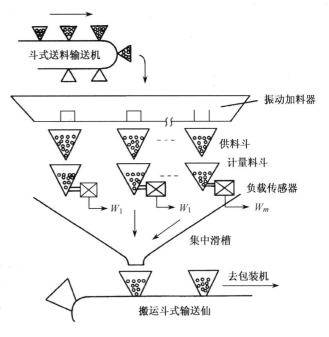

图 8 - 60 组合秤的构造原理

行 A/D 转换,存储在 n 个重量值存储器中。接着,按运算电路指示的序号,从 n 个存储器重量值中选择 m 个组合,再将它们的重量值和组合秤的 m 个编号分别存入组合重量存储器和组合秤编号存储器中。然后,仍在重量存储器中对其他组合重量进行运算,把运算的总值与上次总重量值一起和预先给定的基准重量进行比较,求出它们的偏差值。

该偏差与上一次的偏差相比较,如果不到"+"一边,就要将上次两方面的值分别更新为这次的值。如果过"+"一边,就保留上次的值,依次到全部组合完毕为止,再重复相同的运算操作,最后保留最接近"+"的基准值数值。然后再通过从组合秤号码存储器来的指令,打开这种组合中包含的每次称重的料斗门,使物品落入集中滑槽中。所集中的物品通过斗式输送机送往包装机进行包装后出厂;对于排空了的计量料斗,打开供料门投入物品,从新开始进行组合运算。

(2) 连续给料装置

这种装置主要用于在皮带输送机上连续输送的粉粒状物品的称量,也可用于将几台秤上

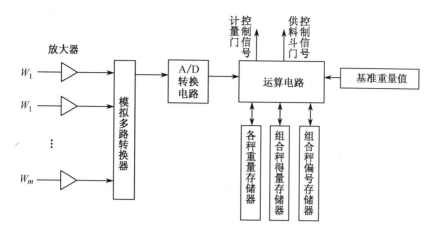

图 8-61 组合秤的运算功能

的几种原料按一定比例混合起来的系统。主要通过控制输送带驱动电动机的速度来控制原料重量。图 8-62 为连续给料装置的构成和工作原理框图。图中，皮带输送机上流动的原料通过计量输送机时，用测力传感器检测出其重量，经放大传给 A/D 转换器。另一方面，利用安装在传送带的驱动电动机上的脉冲发生器，使传送带每前进一定的距离就产生一个脉冲，将这个脉冲加到 A/D 转换器，作为 A/D 转换的启动信号。实际瞬间输入量或累计输送量 W_T 或 W_L 与设定值 W_{TS} 或 W_{IS} 之间的偏差，通过 PI 控制器与 D/A 从转换器变换成模拟量输入到调速（VS）放大器中，对输送带电动机进行速度控制，从而控制输送带的输送速度。

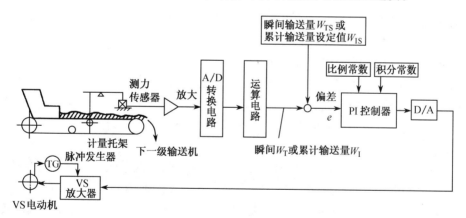

图 8-62 连续供料装置的构成和工作原理

根据上述结构、原理，输送带每前进 $\Delta L(m)$，其重量为 kW_i（单位为 N/m），k 为比例常数。传送带上通过的原料的累计重量 $W_I = \sum_{i=1}^{n} kW_i \cdot \Delta L = k \cdot \Delta L \sum_{i=1}^{n} W_i$ 可通过运算电路求得。另一方面，瞬时输送量 W_T 可由计数器仅在一定时间 T 秒进行计数，并根据其间的累计重量值 W'_I 即可用下式求得

$$W_T = k_1 \cdot \frac{W'_I}{T}$$

式中 k_1 是 W_T 的单位换算常数。

设定目标值累计输送量为 W_{IS},瞬间输送量为 W_{TS},则偏差 e 可用下式求得

$$e_1 = W_{IS} - W_I$$
$$e_2 = W_{TS} - W_T$$

在控制累计输送量不变的控制方式下使用 e_1,在控制瞬时输送量不变的控制方式下使用 e_2,将 e_1 或 e_2 送至 PI 控制器。根据模拟 PI 控制方式:

$$P = K\left(e + \frac{1}{T_I}\int e \cdot dt\right)$$

式中　P——输出;
　　　K——比例增益;
　　　T_I——积分时间。

从而推导出差分式如下

$$P_n = K\left(e_n + \sum \frac{\tau}{T_I} e_n\right)$$

式中　P_n——输出;
　　　e_n——偏差;
　　　τ——采样周期;
　　　n——采样时刻。

P_n 可在控制器内通过运算电路求出,并作为输出信号再通过 D/A 从转换器被转换成模拟信号,经 VS 放大器放大实现对输送带的速度控制。

(3) 自动重量分选机

自动重量分选机应用在点心、糖果等固体包装线、农产品、水产品的出厂处理线及汁液、咖啡等液体充填线上用来检查物品的重量。这些物品需要短时间内大量计量,因此,通常应是对物品边在输送带上移动边进行计量的机构。

称量工业产品时,由于产品的重量大致是均匀的,重量分选往往也只是将比规格轻的用连接在下一级的分离器分开,但是,像水产品那样,因为是以自然产物为计量对象的,所以即使是同一类产物,其重量分布也是随时变化的,并且变化范围大。因此,往往使用比区分合格品或次品的方式更多等级的重量顺序分类。

自动重量分选机的计量部分一般有如图 8-63 所示的输送带式(a)、链轮链条式(b)和滑动导轨式(c)三种形式。自动重量分选机的测量和运算功能框图如图 8-64 所示。在计量传送带的入口和后端分别安装两组光电传感器,传感器 1 是在自动零校正时,用来判断传送带上是否装入物品。传感器 2 用于捕捉计量时刻,物品挡住传感器 2 光线时,用 A/D 转换器使来自测力传感器的、通过放大的重量信号数字化而成为计量值 W。在运算电路中,将预先设定的基准值 W_S,下限偏差值 $-W_L$,上限偏差值 W_H 和计量值 W 进行比较,判定如下情况:

$W_S - W_L > W$ 时,重量轻。
$W_S - W_L \leqslant W \leqslant W_S + W_H$ 时,重量适当。
$W_S + W_H < W$ 时,重量超重。

将根据判断结果的分开信号送往分离器,排除不能出厂的产品。

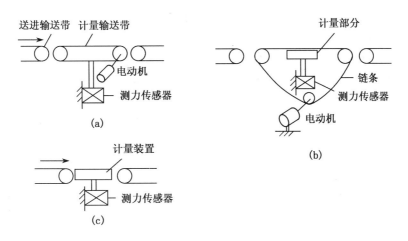

图 8-63 重量分选机的计量部分

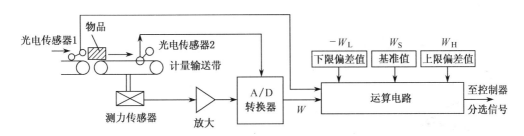

图 8-64 测量与运算功能框图

§8.5 三坐标测量机

在汽车和家电等为主的几乎所有行业均拥有三坐标测量。其测量对象不单是机械加工零件,而且还可用于现场测量具有复杂自由曲面的模具或成型品等的位置、尺寸和形状。

(1) 基本构成

三坐标测量机的构成框图如图 8-65 所示,其测量部分主体形式如图 8-66(a)~(i)所示,由于图(c)形式装卸操作工件较自由、自由度空间较大,故实际应用较多。利用探测头测量放在主体上的工件的各个测点的三维坐标(X,Y,Z)的数值,通过计数器得到数据并输出。利用测量部分主体前边的键盘,键入指示处理码。例如,指示根据三处测点的数据求出圆心,或是求出面,根据这个指令,计算机进行数据处理。经计算机进行一系列处理后,再通过绘图机绘图、打印机输出。

(2) 探测头形式

将不同形式的探测头安装在三坐标测量机 Z 轴下端,沿 X、Y、Z 轴方移动进行测量。根据被测对象不同,常用图 8-67 几种形式。

(3) 计算机数据处理

计算机处理的内容如下:①选定基准(求取作为测量基准的一组数据,即求出并确定工件的坐标系);②根据需要对各测量点的数据进行处理;③对工件形状的测量数据的处理;④数据

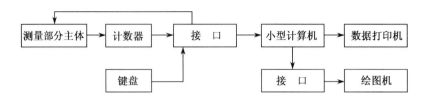

图 8-65 三坐标测量机构成框图

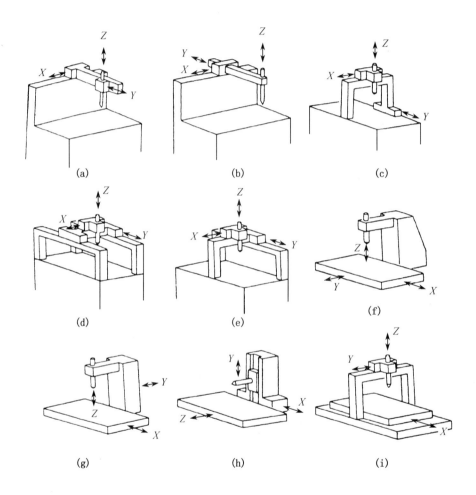

图 8-66 测量部分主体形式

的统计分析(平均值、标准偏差等);⑤三坐标测量机的自动运转(操纵杆的操作等)。

在设计运行程序时,必须注意其可操作性,故应考虑以下几点:

· 工件的安置与固定(尽可能预先调整好,易于安装)。

· 尽量减少固定、调整的次数。

· 以简明易懂的形式选定测量法。

· 测量操作要简单。

· 避免同一点的重复测量(要充分灵活运用存储功能)。

· 测量结果的输出要容易读、容易整理。

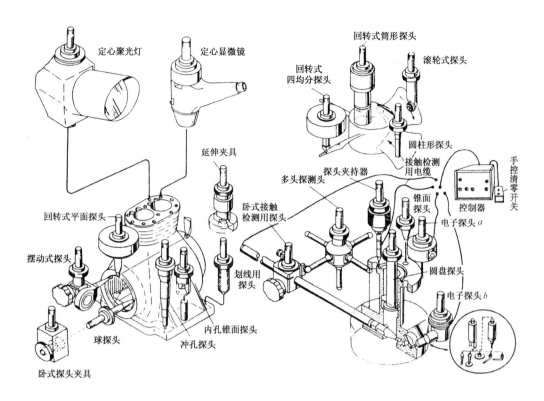

图 8-67 测头的形式

- 能及早发现测量差错并容易恢复正常。
- 免去相同形状零件的处理指定。
- 明确显示测量部位和数量（灵活运用显示功能）。
- 利用测量误差和工件形状误差的均一性来提高测量精度（最小二乘法）。

常用的有效数据处理方式有自动测量法、与设计值的比较法、运用数据存储及坐标存储功能方法，以及最小二乘法（误差的平方和为最小的一种回归分析方法）。

(4) CNC 型三坐标测量机

CNC 型三坐标测量机的优点是：①测量是有一定顺序的，不会出现不同人操作有不同测量误差的现象。②由于是自动测量，能够极大地减少人为误差，而且测量力也能保持一定。例如，因为温度不同而造成的误差会减少。③大批测量同一形状，或类似形状的零件时，测量效率高。④夜间或节假日可无人运转。

CNC 三坐标测量机可通过操纵示教杆进行示教，也可利用带有 CNC 软件的数据处理系统进行示教，若采用后者，则 X、Y、Z 轴的进给控制，探测头的姿态控制可完全自动进行。

下面给出卡尔蔡斯 PMC 测量机所具有的软件供参考。

通用程序（UMESS）：用于手动和自动测量的基本程序、坐标变换、测量值之间的运算。

编辑程序（ACE）：用于在远离测量机的地方，预先编制对工件进行自动测量顺序的程序。

统计程序（SAM）：用通用程序进行测量，并对测量结果进行统计处理的程序。

曲线测量程序（KUM）：用于测量涡轮叶片、泵转子等零件的自由曲面形状。

凸轮测量程序（NOM）：用于测量凸轮轴的程序。可以对工件安装时的倾斜或其他影响进行修正。表面形状测量程序(TOP):用于测量曲面及厚度的程序。测量自由曲面的形状时,曲面性质不同,测量数据的利用目的及处理水平也不同。

§8.6 电子灶烹调自动化

微波电子灶与普通灶具的加热方式、控制方式不同,它有多种功能,不但省力、省时,又清洁又卫生,做出来的菜味美可口,因此备受人们的喜爱。这一成功是微机与传感器技术的应用的结果。

电子灶烹调自动化是从安装电脑(单片微机)开始的,输入温度、时间,由传感器检测温度、湿度、气体等信息,由电脑自动定时。

(1) 电子灶的温度传感器控制

日本三洋公司生产的电子灶,是采用 $LiTaO_3$ 晶体热电式红外传感器检测食物的表面温度进行控制的。这种传感器比一般红外传感器测量范围广、价格也便宜。

如图 8-68 传感器安装在灶具上方的天井里。热电型红外传感器需要斩波器,机械式斩波以每秒十几转的速度在传感器面前旋转。为避免油污附着在传感器上,从传感器侧面向灶腔内送入冷气流。尽管包括斩波器的外部电路复杂,但由于有市售的 IC,该方法是切实可行的。图中食物放在食品台中心,并由电动机驱动边加热边旋转。烹调时,可根据不同的食物确定加热时间。

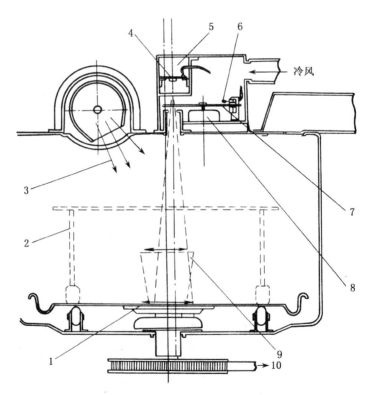

图 8-68 微波炉中传感器配置示意图
1—转台;2—烹调罩;3—微波;4—红外线温度传感器;5—检测箱;
6—温度校正二极管;7—斩波器;8—电动机;9—容器;10—至电动机

(2) 电子灶的湿度传感器控制

日本某公司采用的 $MgCr_2O_4 \cdot TiO_2$ 半导体多孔质陶瓷湿度传感器是耐高温材料且具有疏水性,既可用加热清除油、烟等污染物质,排除其影响,又不受湿气的影响。图 8-69 是传感器在微波炉内的安装及烹调情况的例子。按图中位置装好湿度传感器,测量前先加热活化,烹调开始后,食品受热、相对湿度一度减小,当食品中的水沸腾时,相对湿度又急剧上升。控制时,检测到这一变化点后,还不能立即停止微波加热,此后的控制由软件实现。烹调的材料不同,时间常数也不同,通过实验分析、整理可以设计出供电子灶应用的软件。图 8-70 为传感器控制电路简图。

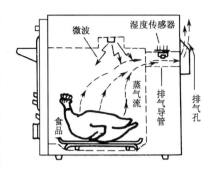

图 8-69 传感器安装在排气通道内

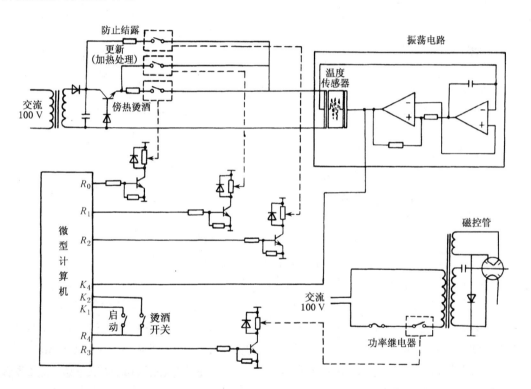

图 8-70 传感器控制电路简图

(3) 电子灶的气体传感器控制

某公司采用 SnO_2 烧结型气体传感器进行控制。这种传感器可耐 400 ℃ 高温,具有电路简单之特点。一般的气体传感器多检测甲烷、丙烷等低分子量气体,与此不同,这种传感器可检测食物产生的高分子量气体;传感器也放在排气通道内,对不同的食物挥发气体的浓度和烹调情况之间的关系,通过实验、分类整理,编制成应用软件即可。

§8.7 自动售票机

随着电子技术的发展,自动售票机和数据累计机将一起担负车站售票的重要任务。发达国家几乎所有的地铁和铁路车站都设有自动售票机。

(1) 自动售票机的构成

如图 8-71 自动售票机由模块组合而成,用控制部分对整个设备进行控制,各部分的主要功能介绍如下。

硬币机构:它的作用是辨别投入硬币的真伪,区分钱的种类,投入硬币的一次性储存,找给零钱等。纸币机构是:纸币机构用来判定插入纸币的真伪、按面值分类、一次统一核算和收纳纸币。印字机构:它的作用是把卷成辊状的车票纸切成车票,按照控制部分发出的指令进行印字并发出车票。在自动检票机通过的车票,印字后,在车票的背面写入磁信息发出。外部补充零钱部分:它由零钱补充箱和补充盒构成,是把找零钱用硬币供给硬币机构的部分,向找零钱补充箱补充硬币由补充盒进行。

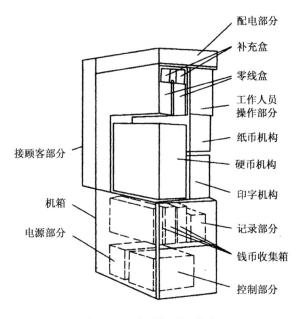

图 8-71 自动售票机构成

工作人员操作部分:它由电源的通断、发售和停售的设定、回收、数据截止、日期设定等操作开关或显示零钱及辊筒票纸的有无、异常地方的监视显示灯等构成,是进行售票机操作和监视的部分。记录部分:它是把售票机的发售数据或操作数据打印输出的部分。将几台售票机连接到数据累计机上进行总的累计业务的售票机省去了记录部分,为了进行操作数据的记录,设有能连接便携式打印机的连接器。配电(电源)部分:它是自动售票机 AC 电源的输入并将 AC 和 DC 电源分配给各部件部分,控制部分:它是将 CPU、存储器、各部分的 I/O、外接设备的 I/O 等印刷电路板装在机柜中,与各部分的数据或控制信号进行交换以及运算的部分。它对整个售票机进行集中控制。另外还附有纸币机构,该机构输入纸币、输出车票、找回零钱,并能对插入的纸币辨别真伪。

(2) 自动售票机的工作原理

从投入硬币或纸币之后到给出车票为止的基本工作流程,示于图 8-72,各功能框间的硬币或纸币、车票及信号的流程示于图 8-73。控制这些流程的就是控制部分,在最新的售票机中已使用微型电子计算机。为了能够适应重新组装部件构成不同功能的售票机控制,各部件内也装了小型微机用来担负部件中进行处理的细微控制。控制部分采用了二级控制,实现控制的分工协作。

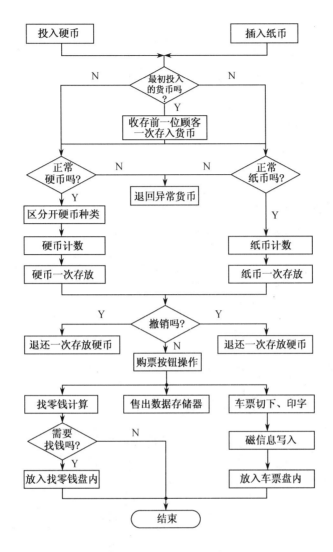

图 8-72 基本工作流程

(3) 主要部件的构成

1) 硬币验钞机构：硬币验钞机构的概貌示于图 8-74。辨别硬币的真伪有机械检测与电子检测两种方式。机械检测方式是测量并判定硬币的外径、厚度、图样的印痕、周缘的刻纹及有无孔等硬币形状的方式。此外还有一种根据硬币材料检测的方式，即当导体（硬币）在磁场中通过时，导体中就会产生涡流，利用控制导体通过磁场的速度进行检测的方法。这种方式利用了电导率高的材料的硬币产生的涡流强，速度变化也增大的原理。机械检测方式速度慢，故一般用电子检测方式。电子检测方式是用检测器收集硬币的材料性质或形状等信号，与预先存储的每种钱币的信息相比较进行判定的方法。电子检测方式达到完全实用的原因之一是由于单片 CPU 的出现，可以瞬时处理复杂的硬币信息，并能够装在小盒子里。这种方式区分开硬币种类是用电磁螺线管使对应于已判定的硬币种类的闸门开闭、转换硬币通路来实现的。检测并区分开的硬币存放在一次存放部分。该部分是将硬币水平堆积在按硬币种类设有圆筒

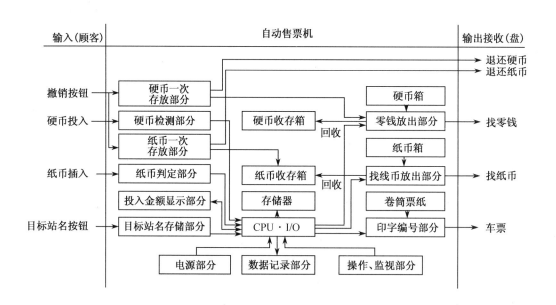

图 8-73 硬币或纸币、车票及信号的流程

孔的透明装置内,存放投入硬币的确认或取消操作退还硬币的地方。投入的硬币存放到发出车票后,下一个顾客购票操作开始为止。

找钱的付出方法有零散收容硬币的箱斗边旋转带孔或销孔的圆板、边。一枚枚取出的箱斗式和把硬币平堆在筒内、从底下一枚枚压出的筒式。对于筒式,把硬币补充到筒里时,为了不使硬币立起,从找钱补充斗供给硬币的硬币机构可以使用补充方便的斗式。取出的零钱通过光电开关,每种逐枚计数直到与控制部分输出的应找钱的枚数一致为止,然后便连续付出。

2) 纸币机构:纸币机的概貌如图

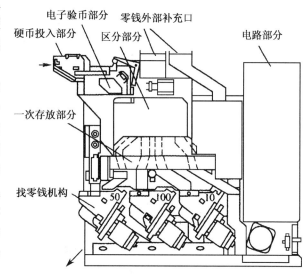

图 8-74 硬币验钞机构简图

8-75。纸币真伪的辨别方法是,先把纸币的外形尺寸及纸币固有的信息等用检测器收集,然后与机构预先存储的纸币信息相比较,最后得到判定结果。一次存放处的作用与硬币机构的相同。纸币的存放张数,随着特快车票或联用票等高额票的发行,需要纸币张数增多,故设有 7~15 张的存放处。已存放的纸币,通过下一顾客的购票操作而被储存在纸币储存箱内。储存箱是一张张堆积储存的,可避免散乱。

纸币的票据机构中设置了找小面值纸币的机构。它是将横着叠放在盒中的纸币一张张地付出的,采用了真空吸附装置只吸附一张纸币取出的方法。也可以利用橡胶辊一张张反复取出的方法。该方法是利用橡胶与纸币的摩擦系数不同,一张张取出纸币的。此外,一旦两张重叠一起送出时,利用检测光的透过量及厚度测出异常,便会收回重叠纸币、重新付出。

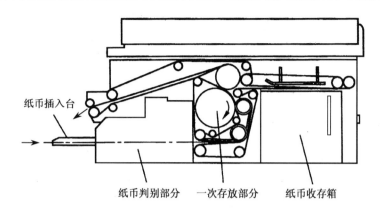

图 8-75 纸币机构简图

3) 印字机构:印字机构的概貌如图 8-76 用于印字机构的辊筒票纸有两种尺寸。一种是以车票的短边宽度卷成辊状的,使用这种车票纸的印字机构称为纵切式。另一种是以车票的长边宽度卷成辊状的,这称为横切式。纵切式从长边切断,横切式从短边切断来完成车票的尺寸。

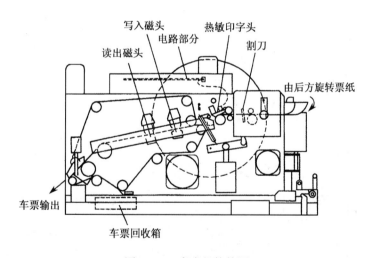

图 8-76 印字机构简图

售票机用印字方法目前以热印式(即热敏点直接印字方式)为主,其特点是:①不使用墨水,故不会脏手;②印刷文字全部可以用软件(程序)处理,故能任意改变印字内容;③不需补充油墨,可用开关操作来变更日期(年、月、日),故操作方便、安装简单;④不需要存放印版的空间,印刷机构可装小盒子中,并可印出多种车票;⑤因没有印版选择的打印机构,因此可无噪声地进行印刷。因为发行的每张车票不同,故需要对每次印字内容进行编辑。这种编辑全部由 CPU 处理,印刷内容分下面三部分:①车票发售的部分;②车票编号、年、月、日等按规定改变的部分;③车票金额每次发售都可任意选择的部分。

近年来又研究出各种自动售票机,并且随着机电一体化的发展,将继续朝着操作简便、购买速度快、省能、超省力(无人售票车站)型的售票机方向发展。

§8.8 自动售货机

目前自动售货机在一些国家已达到普及的程度。自动售货机有自动售饮料机、自动售香烟机和自动服务机等等。下面以应用最多的自动售饮料机为对象来介绍自动售货机。自动售货机上装备的机电一体化装置有硬币机构、纸币确认机构、主控制箱等。另外为了促进商品销售,还配有机电一体化的供顾客选用装置、语音合成装置(可发出"欢迎光临"、"谢谢"等声音)和节能装置。

(1) **硬币验钞机构**

硬币验钞机构用于检测所投入的硬币的真伪。对伪币退回到硬币退还口,真币则合计金额并与所售商品价格作比较。如果投入的金额等于或大于商品售价,则发出允许出售信号。待接到售货终了信号后,进行找零钱计算,并起动找零钱电动机,把以不同币种适当组合而成的零钱,送到退还口。它要求机械技术与电子技术紧密地结合。现在所有的货币机构都由微机进行控制。

图 8-77 为验钞机的结构简图。由硬币检测部分、运算控制部分;找零钱机构、自动售货机主体和接口部分组成。硬币验钞机构中机电一体化最引人注目的是钱币检查部分实现了电子化。

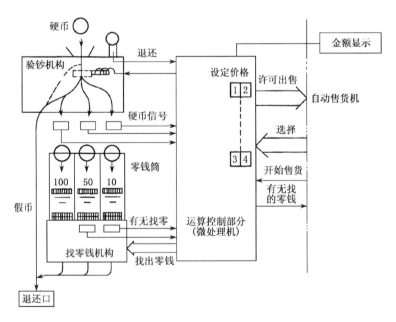

图 8-77 硬币验钞机构简图

(2) 纸币验钞确认机构

纸币验钞确认机的功能是识别纸币真伪。只有真纸币,才向外部发出"收到"的信号。其控制部分也由微机构成。纸币验钞确认机的构成简图如图 8-78。

纸币验钞确认机已实现机电一体化。纸币即使有一点插入纸币插入口,便会由位置传感器检测到,并起动机内电动机使其正方向旋转,通过传送带,拉进机器内,同时进行真伪鉴别。如是假币,则电动机逆转,退还纸币;如是真币,则发出"收进"的信号,并往里稍拉进一些,以暂存状态等待。其理由是,若顾客确要买东西,则与上述硬币机联动,从其找

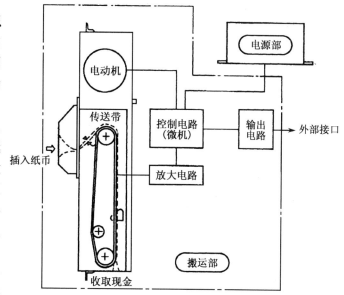

图 8-78 纸币验钞确认机构简图

零钱部找出适当的零钱,机器完成正常收款动作。顾客若改变想法,中止购物时,按下自动售货机的退返按钮,则纸币验钞确认机的电动机逆转,把原纸币退还。

(3) 自动售货机的控制系统

纸杯式果汁售货机售出的饮料是根据顾客的要求进行调配的。顾客按下桔汁或葡萄汁等品种选择按钮后,机器自动调理机内原料,即把水、二氧化碳气体、糖浆、冰等进行调理,然后供给取出口。该售货机的控制系统构成如图 8-79。输入微机的信号有:来自硬币机构的可出售信号,选择按钮信号,原料系统的原料售完传感器信号,以及从用于调配原料的时间和分量的设定数字开关来的输入信号等等。其输出信号有:表示"在该品种选择按钮,已投足所定金额,可以出售"的指示灯信号。运送杯子用电动机的驱动信号,原料排放阀的开、关控制信号,以及制冰或冷水用压缩机的起动、停止等信号。

自动售货机的内部有两个控制系统,即计算硬币数目的硬币机的控制系统和主机控制系统。作为自动售货机主机控制的今后发展方向,是要把二者归为一体。其理由如下:①原来的设计,硬币机是以继电器式顺序控制方式同被控制的主机连接的。因此,当主机控制电子化后,则出现了一个多余的接口部分而造成很大的浪费;②现在的两个控制部分,分别有各自的微机。如果它共用一台微机,既能充分满足控制要求,而且又不需要相互间的联系,可以非常简单化。

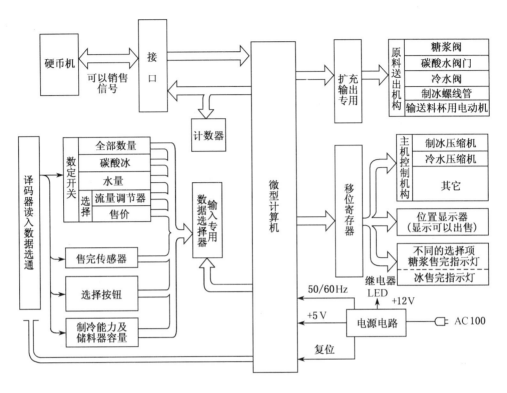

图 8-79 自动售货机的控制系统构成

思考题和习题

8-1 工业机器人的坐标形式分类。

8-2 何谓工业机器人的自由度?

8-3 工业机器人的主要技术参数

8-4 何谓 CNC 机床?

8-5 MC、FMC、FMS、FA、CIMS 的含义。

8-6 从 CNC 伺服控制系统的控制方式来看,控制方式有哪几种?

8-7 数控机床坐标系统的定义规则。

8-8 简述 CNC 加工程序编制的主要内容。

8-9 简述并联加工机床的主要组成。

8-10 简述汽车机电一体化的相关内容。

8-11 典型电子秤的工作原理。

8-12 三坐标测量机探测头的形式。

8-13 三坐标测量机的主体形式。

8-14 微波电子灶的功能原理。

8-15 自动售票机的功能构成原理。

8-16 自动售货机的功能构成原理。

第 8 章 典型机电一体化系统(产品)设计简介

附录 常用基本逻辑符号的中外及新旧标准对照表

名称	中国旧标准(部标)		美国 MIL 标准		中国新标准(国标)	
	正逻辑	负逻辑	正逻辑	负逻辑	正逻辑	负逻辑
与门(AND)	A与B为1,则C为1	A与B为0,则C为0	A与B为1,则C为1	A与B为0,则C为0	a与b为1,则c为1	a与b为0,则c为0
或门(OR)	A或B为1,则C为1	A或B为0,则C为0	A或B为1,则C为1	A或B为0,则C为0	a或b为1,则c为1	a或b为0,则c为0
非门(NOT)	A为1,则B为0	A为0,则B为1	A为1,则B为0	A为0,则B为1	a为1,则b为0	a为0,则b为1
跟随器(NON-INV)	A为1,则B为1	A为0,则B为0	A为1,则B为1	A为0,则B为0	a为1,则b为1	a为0,则b为0
与非门(NAND)	A与B为0,则C为1	A与B为1,则C为0	A与B为0,则C为1	A与B为1,则C为0	a与b为0,则c为1	a与b为1,则c为0
或非门(NOR)	A或B为0,则C为1	A或B为1,则C为0	A或B为0,则C为1	A或B为1,则C为0	a或b为0,则c为1	a或b为1,则c为0

续表

名称	中国旧标准（部标）		美国 MIL 标准		中国新标准（国标）	
	正逻辑	负逻辑	正逻辑	负逻辑	正逻辑	负逻辑
异或门 (EXOR)	A、B 输入 ⊕ C 输出；A与B相异，则C为1	A、B 输入 ⊙ C 输出；A与B相同，则C为0	A、B 输入 C 输出；A与B相异，则C为1	A、B 输入 C 输出；A与B相异，则C为0	a、b 输入 =1 c 输出；a与b相异，则c为1	a、b 输入 =1 c 输出；a与b相异，则c为0
同或门	A、B 输入 ⊙ C 输出；A与B相同，则C为1	A、B 输入 ⊕ C 输出；A与B相同，则C为0	A、B 输入 C 输出；A与B相同，则C为1	A、B 输入 C 输出；A与B相同，则C为0	a、b 输入 =1 c 输出；a与b相同，则c为1	a、b 输入 =1 c 输出；a与b相同，则c为0
RS 触发器（例）	$\bar{Q}$ Q / R_D S		$\bar{Q}$ Q / R S		S R	
D 触发器（例）	$\bar{Q}$ Q / CP D / R_D S_D		$\bar{Q}$ Q $\overline{PR}$ $\overline{CLR}$ CK D		S 1D C1 R	
JK 触发器（例）	$\bar{Q}$ Q / K CK J / R_D S_D		$\bar{Q}$ Q $\overline{PR}$ $\overline{CLR}$ K CK J		S 1J C1 1K R	

参考文献

1. 牛志刚.PRS-XY型混联机床开放式数控系统关键技术研究(D).北京:北京理工大学,2005
2. 机械设计手册编委会.机械设计手册(新版)第5卷.北京:机械工业出版社,2004
3. 郝娟.BKX-I型变轴数控加工机基础理论及数控系统开发与应用(D).北京:北京理工大学,2001
4. 焦振学主编.微机数控技术.北京:北京理工大学出版社,2000
5. 赵长德主编.工业用微型计算机.北京:机械工业出版社,2000
6. 张建民主编.传感器与检测技术.北京:机械工业出版社,2000
7. 陈 瑜主编.机电一体化产品设计指南.北京:机械工业出版社,2000
8. 王信义主编.机电一体化技术手册.第二版.北京:机械工业出版社,2000
9. Westkaemper E, Osten-Sacken D V D. Product Life Cycle Costing Applied to Manufacturing System. Annals of the CIRP, 1998.47: 353-356
10. 朱庆保等编.微型计算机系统及接口应用技术.南京:南京大学出版社,1997
11. 于军,蔡建国.绿色产品设计及其关键技术.机械设计与研究,1997(4):12-14
12. 王承发,刘岩主编.微型计算机接口技术.北京:高等教育出版社,1996
13. 安维蓉主编.微型计算机接口技术.北京:中国铁道出版社,1994
14. 高钟毓编著.机电控制工程.北京:清华大学出版社,1994
15. 张新义等编.经济型数控机床系统设计.北京:机械工业出版社,1994
16. 赵松年等编.机电一体化数控系统设计.北京:机械工业出版社,1994
17. 胡佑德主编.伺服系统原理与设计.北京:北京理工大学出版社,1993
18. 薛钧义等编.微机控制系统及其应用.西安:西安交通大学出版社,1993
19. 熊世和等编:机电系统计算机控制技术.成都:成都电子科技大学出版社,1993
20. 张建民编著.机电一体化原理与应用.北京:国防工业出版社,1992
21. 张建民编著.工业机器人.北京理工大学出版社,1992
22. 林其骏主编.微机控制机械系统设计.上海:上海科学技术出版社,1991
23. Bradley D A. Mechatronics:Electronics in products and processes.London:Chpman and Hall, 1991
24. 林其骏主编.机床数控系统.北京:中国科学技术出版社,1991
25. 何立民编.MCS-51系列单片机应用系统设计.北京:北京航空航天大学出版社,1991
26. DinsdaleJ.Mechatronics and Asics.Annals of the CIRP, 1989 ,2(38):627634
27. 郑学坚等编.微型计算机原理与应用.北京:清华大学出版社,1989
28. 精密工学会编.メカトロニクス.オーム社,1989
29. Daniel Hunt V. Mechatronics-Japan's New est Threat.New York:Chapman and Hall, 1988
30. 王沛民等编.微型计算机原理及接口技术.西安:西北电讯工程学院出版社,1987

31　徐祥和主编．电子精密机械设计．北京：国防工业出版社，1986
32　白英彩主编．微型计算机系统与应用．北京：国防工业出版社，1985
33　见诚尚志等．小形モータの基礎とマィコン制御．综合电子，1985
34　日本机械学会编．メカトロニクス入門．技报堂出版，1985
35　杨润生等编．微型计算机及其应用．北京：机械工业出版社，1984
36　日本メカトロニクス编辑委员会编．メカトロニクス实用便览．技术调查会，1993
37　须田健二等著．メカトロニクス入門．共立出版株式会社．1981
38　杉田捻等著．マイコンニよる机械制御技术．日刊工业新闻社，1981